전기기기공학

尾本義一, 多田隈 進, 山下英男, 山本充義, 米山信一 지음
한양대학교 에너지변환연구실 옮김

Electric Machinery Engineering

I

홍릉과학출판사

머리말

일본전기학회는 1888년에 창립된 학자, 기술자 및 전기관계법인의 회원으로부터 구성되었으며, 그 주된 목적은 [전기에 관련된 연구와 진보, 그 성과의 보급을 도모하고, 이로써 학술발전과 문화향상에 기여한다.]는 것에 있다. 창립 110주년을 기점으로 하여 활동범위를 더욱 확대하려 하고 있다.

전기학회의 상기 목적을 출판 사업을 통해 달성하기 위해 대학 강좌 시리즈를 시작으로 그 출판도서로 가장 많은 것이 대학 · 고등전문학교 등의 교과서로서 사용되어 전기주임기술자, 에너지 관리사 또는 정보처리기술자 등의 자격취득자를 배출하는 등 기술자 양성의 중요한 임무를 맡고 있다.

그러나 과학기술의 진보에 동반하여 새로운 기술 분야가 지속적으로 생겨나고 종래분야를 융합한 학제적 지식이 기술자에게 요구되도록 되어져왔다. 이것을 반영하여 대학공학부의 강의과목과 그 내용은 다양화되는 경향이다.

전기학회는 기술의 진보와 교육방법의 개혁에 대처하기 위해, 예를 들어, 전국 대학의 전기공학 및 관련학과의 강의과목, 내용, 강의시간수를 분석하여 한층 더 본 학회 발행도서를 강의에 사용하는 교수님들의 의견을 듣고 그 결과, 시대에 적용될 교과서의 제작 및 근본적인 개정을 진행하고 있다.

더욱이 산업계의 요구에 부응하여 현장기술자 및 연구자에 업무상 바로 도움이 될 만한 특별한 내용의 전문 기술서를 시의 적절하게 발행하는 것도 실행하고 있다.

전기공학 또는 전자공학의 성과는 현재의 대략 모든 기술, 산업에 받아들여져 그 발전에 기여하고 있다고 해도 과언이 아닐 것이다. 그에 따라 전기 · 전자공학의 지식과 그 변화는 전공하는 학생과 전기 · 전자기술자뿐만 아니라, 여러 기술 분야에 종사하는 사람들이 몸에 익힐 수 있도록 하는 것을 바라고 있으며, 한편 전기 · 전자기술자에게는 관련 기술 분야의 지식이 필요하다.

이와 같은 관계로 전기학회에서 제작한 교과서 · 도서로 공부한 사람들의 수가 벌써 수백만에 다다르고 있고, 당초 학생은 이미 각계의 지도자로서 활약하고 있어 하나의 전통을 만들어가고 있다.

이상과 같은 목적과 배경의 근본으로 조직적으로 제작된 지혜로움의 결과인 본 책의 내용이 독자 누구에게나 공유되고 능력향상에 도움이 되길 바란다.

마지막으로 여러 귀중한 의견 · 자료를 제공해주신 대학 · 고등전문학교의 교수님들을 시작으로 관계자 분들께 진심으로 감사드리며, 편집제작의 추진에 관계된 임원, 편집 · 집필위원자분들께 깊은 감사의 말씀을 드린다. 또, 실무에 종사하며 노력하시는 직원 분들의 공로를 인정한다.

1999년 9월
(사)일본전기학회 출판사업위원회

INTRO 개정에 대해서

전기기기공학 I, 전기기기공학 II의 초판 발행연도는 1964년이다. 전기기기학의 교과서로서 높은 평가를 받아 30판을 거듭하였지만, 초판으로부터 20년을 넘는 사이 전기 · 자기재료의 진보, 제조기술의 진보, 기기의 고성능화와 대용량화, 파워일렉트로닉스의 도입 등에 의해 1987년 전면적으로 개정하였다. I권은 전자기기를 중심으로 기술하였고, II권은 파워일렉트로닉스를 중심으로 기술하여 내용적으로 2학기 정도로 끝나도록 압축하였다.

개정판의 출판으로부터 20년이 경과하였다. 이 사이 파워일렉트로닉스의 주역은 사이리스터에서 자기소호형 소자로 바뀌고, 마이크로컴퓨터의 도입으로 당초 예측할 수 없었던 새로운 기술이 실현될 수 있는 환경이 되었다. 근래 전기기기로 주목해야 할 내용은 다음과 같은 것을 들 수 있다.

- 직류기에 있어서는 제어용 모터로서 코어리스 모터가 보급되었다.
- 변압기 분야에서는 자성재료와 가공기술의 진보로 고주파변압기가 보급되었다.
- 유도전동기는 슬립에 착안한 제어뿐 아니라 자속의 위상과 크기에 근거하여 토크를 표기할 필요가 생겼다.
- 중 · 소형 동기발전기에 있어서는 고성능 영구자석의 이용이 많아져 리액션 토크를 포함한 전력변환을 수식으로 표기할 필요가 생겼다.

전기기기학의 기본원리는 변하지 않지만 기기의 세부까지 발을 들여놓고 의논하기에는 개론에 처음부터 끝까지 전부 열거한 해설서가 아닌 실제로 사용되는 기기에 대해서도 해설할 필요가 있다. 약간 욕심낸 내용이 되겠지만, 대학 · 고등전문학교의 교실에서 배우는 기초이론과 함께 전문기술자용의 실무에도 대응할 수 있는 교과서가 필요하다. 그것이 전기기기공학 I, II(구판)의 바램이었으며, 개정판이기 때문에 그 바람이 변한 것은 아니다. 본 서적(개정판)의 특징을 열거하면,

1. 제1장의 서론에서 전자기기를 지배하는 전자현상을 평이하게 설명했다.
2. 직류기에 있어서는 전기자권선법과 정류현상의 기술에 지면을 할애하였다.
3. 변압기에 있어 철심의 구조와 접속법의 실례를 많이 기재하여 데이터를 풍부하게 하여 실무에도 사용할 수 있는 내용으로 하였다.
4. 유도전동기의 설명은 일반적으로 변압기의 등가회로를 기본으로 하지만, 이를 뛰어넘어 등가회로를 설명하는 것이 아닌, 왜 변압기의 등가회로로 설명할 수 있는가에 초점을 맞췄다.
5. 동기전동기는 약간 복잡한 식을 사용하지만, 돌극기, 비돌극기에 있어서 전력의 변환을 자세하게 설명하였다.
6. 전기기기공학 II(2판 개정)는 파워일렉트로닉스와 전동기 구동의 기초를 중심으로 설명하였다.

등이다.

대학과 고등전문학교에 있어 제한된 시간 내에 본 서적의 전부를 이해하는 것은 어려울지도 모르겠지만, 전문성 강한 부분에 대해서는 기업에 들어가 실무를 담당하게 되고 나서부터 참고서로서 사용하는 것도 하나의 방법이다. 그 의미로 본 서적은 교실 내 강의에도, 실무자 교육에도 대응할 수 있는 내용이다.

이번 개정에 있어 전기기기공학 I, II의 정신을 이어나가 최근의 고도화된 시스템에도 대응할 수 있도록 되었다고 생각한다. 독자 모든 분들의 비판을 기다릴 뿐이다.

山本 充義
多田隈 進

범례

1. 학술용어는 문부성 제정의 기술용어, 전기학회전문용어집 및 일본공업규격에 채용된 용어에 의했다.
2. 단위는 국제단위계(SI)에 의한 것을 원칙으로 하였다.
3. 중요하다고 생각되는 용어는 그 용어가 주로 설명되어있는 부분, 또는 처음 명시되는 부분에 특히 굵은 글자로 표기하였다.
4. 중요한 용어에는 주로 본문 내에서 처음 나올 때, 그 뒤에 괄호 내에 대응하는 영어를 표기하였다.
5. 본문 기술 내에 보충적인 설명을 필요로 하는 것은 각주로써 이를 실었다.
6. 그림, 표 및 식의 번호는 본문 중(문제, 해답을 제외)에는 각 장에 있어 일련번호로서 인용의 편리를 도모하였다. 문제, 해답 내의 그림, 표에는 그것이 속한 문제번호를 붙였다.
7. 그림과 표를 본문으로 최초로 인용한 경우에는 그 그림 번호와 표 번호를 굵은 글자를 이용하여 나타내었다.
8. 그림 기호는 원칙으로서 일본공업규격[JIS C 0301 전기용 그림기호]을 따랐다.
9. 단위기호와 수량기호는 일본공업규격[JIS Z 8202 양 기호, 단위기호 및 화학기호]에 따라 수량기호는 V, I, Φ 와 같이 이탤릭체를, 단위기호는 V, A, Wb와 같이 로마체를 사용하였다. 단, 벡터는 $\dot{V}$, $\dot{I}$ 로 표기하였다.
10. 수량기호 이후에 단위를 붙이는 경우는 둘의 구분을 명확하게 하기 위해, 단위를 괄호 안에 표기하였다. **예** $\boldsymbol{V}$[V], $\boldsymbol{I}$[A]등.
11. 점선, 소자, 물체를 영문자를 사용해 제시하는 경우, 로마체를 사용하였다.
    예 점 P, 코일 C, 전압계 V 등.
    단, 관례로서 저항 R, 커패시터 C 와 같이, 이들의 소자가 갖는 전기량으로 소자를 표현하는 경우는 이 제한을 따르지 않는다.
12. 연산기호는 일본공업규격[JIS Z 8201 수학기호]을 따르며, 원칙으로 로마체로 표현한다.
    예 sin, d, Σ, ln, log. 단, Δ는 양의 의미인 경우는 이탤릭체를 쓴다.
13. 자연로그는 ln, 상용로그는 log로 표기한다.
14. 자연로그 e = 2.71828…… 및 허수단위 $\sqrt{-1}$ 을 표현한 j 는 일본공업규격[JIS Z 8201]을 따라 로마자를 사용하였다.
15. 그 외의 기호, 약자에 대해서는 본문 내에 필요에 따라 명시하였다.

CONTENTS

목차

제1장 서론 / 1

제2장 직류기(direct current machine) / 9

제4장 유도기(induction machine) / 163

제1장

서론

1.1 전기기기의 종류

전기기기(electrical machines)는 에너지를 변환하는 장치로서, 기계적 에너지를 전기적 에너지로 변환하는 장치를 발전기(generator), 반대로 전기적 에너지를 기계적 에너지로 변환하는 장치를 전동기(motor)라고 한다. 또, 교류의 전압, 전류를 바꾸는 장치로 변압기가 있고, 주파수를 바꾸거나 직류로부터 교류 또는 교류로부터 직류로 변환하는 변환장치(converter)가 있다.

이와 같은 장치 중 구조적으로 회전하는 것을 **회전기**(rotating machine), 정지하고 있는 것을 **정지기**(static electric device)라 하고, 이를 합쳐서 전기기기라고 부른다.

에너지를 이용하는 경우에는 일의 빠르기, 즉 전력과 기계적인 동력의 크고 작음이 중요하기 때문에 에너지의 변환이라 하지 않고, 전력의 변환 또는 동력의 변환이라고 하는 경우가 많다.

전기기기에는 직류, 교류의 구별이 있고 교류에는 단상, 다상의 구별이 있으며 또한 작동원리 및 사용목적에 의해서도 구별된다. 전기기기 안에서 주된 기기는 다음과 같이 분류된다.

(1) 회전기

- (a) 발전기, (b) 전동기
  - 직류기: 분권기, 직권기, 복권기
  - 교류기
    - 동기기
    - 비동기기
      - 유도기, 정류자기
        - 단상용
        - 다상용

(2) 정지기

(2.1) 정지유도기

- (a) 변압기, (b) 유도전압조정기, (c) 이상기(移相器), (d) 리액터
  - 단상용
  - 다상용

(2.2) 정전기기 — 콘덴서

(2.3) 변환장치

(a) 정류기, (b) 인버터, (c) 주파수변환기

회전기와 정지유도기는 모두 전자유도 작용 또는 전자력을 이용하는 것이기 때문에 전자기기라 불린다.

1.2 전자계 현상

전기기기를 공부하는 데 필수적인 최소한의 기본 전자계 현상을 알아보자. 각 장의 전기기기를 공부할 때, 반복적으로 참조하여 전기기기의 원리를 다루는 전자계 현상에 대해서 그 물리적 의미와 수량적인 관계를 이해해야 한다.

1.2.1 자계

자석이 있으면 자계가 발생한다. 자극의 세기 m[Wb]의 자극에서 m개의 자속이 나온다고 가정한다. 자속의 단위는 Wb를 사용한다. 단위 면적당 자속은 자속밀도로서, 단위는 Wb/m^2이다. SI 단위에서는 테슬라로 표현하고 기호는 T이다. 역시 CGS 전자단위계의 10^4가우스는 1T에 상응한다.

자계의 세기를 H[A/m]로, 자속밀도를 $B[\text{Wb/m}^2]$로 하면

공기 중에서는 (진공 중과 동일하다고 함) $B = \mu_0 H$ (1.1)

자성체 내에서는 $B = \mu_0 \mu_s H$ (1.2)

가 되는 관계가 있다. 자속밀도는 연속이기 때문에, B는 매질과 관계없지만 자계의 세기는 자성체 안에 들어가면, 공기 중의 $1/\mu_s$가 된다.

여기에서 μ_0는 진공 중의 투자율이며 그 값은

$$\mu_0 = 4\pi \times 10^{-7} \ \text{H/m}$$

μ_s는 자성체의 비투자율로, $\mu = \mu_0 \mu_s$는 투자율이다. 또한 공기의 투자율은 실용상 진공의 투자율과 같다고 보아도 무방하다.

1.2.2 전류가 만드는 자계

전류에 의해 발생된 자계의 방향은 암페어의 오른 나사법칙을 따른다. 오른 나사를 전류의 방향으로 감아 돌렸을 때, 자계의 방향은 돌린 방향에 일치한다. 이 관계는 암페어의 오른손 법칙으로 그림 1.1(a)와 같이 되고, 솔레노이드 코일에 흐르는 전류와 자계의 방향은 그림 (b)와 같이 되는 것을 알 수 있다.

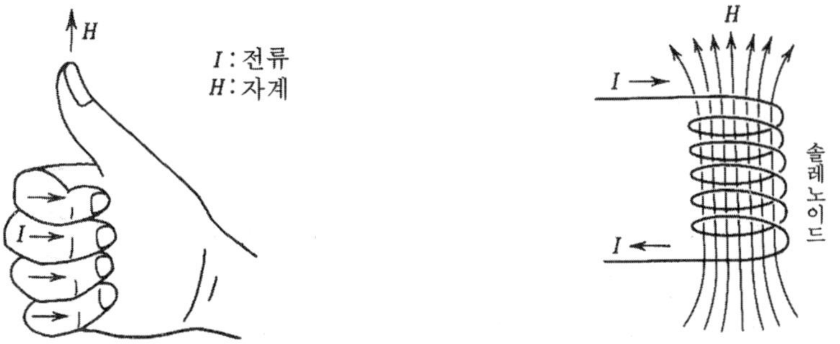

(a) 암페어 오른손 법칙　　(b) 솔레노이드 코일에 흐르는 전류와 자계의 방향

그림 1.1 전류가 만드는 자계

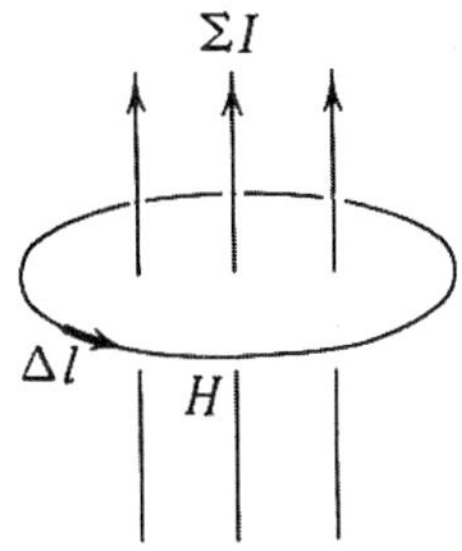

그림 1.2 전류를 일주하는 일

전류가 흐르고 있는 도체 주변의 자계에는 암페어 주회법칙이 성립한다. 그림 1.2를 보면 자계 H에서 힘이 더해지는 방향으로 단위자극을 Δl만 움직였을 때의 일 $H\Delta l$을 전류 ΣI를 둘러싸는 것과 같이 닫힌회로에 대해 서로 합치면, 그 값은 폐회로 내의 전류의 총합과 같다. 즉, 다음의 관계식이 성립한다.

$$\Sigma H\Delta l = \Sigma I \tag{1.3}$$

이 관계를 이용하여 자계를 구하는 것이 가능하다.

하나의 예로 무한정 긴 솔레노이드의 내부자계를 구해보자.

그림 1.3의 솔레노이드에 있어, 단위 길이당 권선을 N으로 하고, 이것에 I 인 전류를 흘렸을 때의 내부자계 H를 구한다.

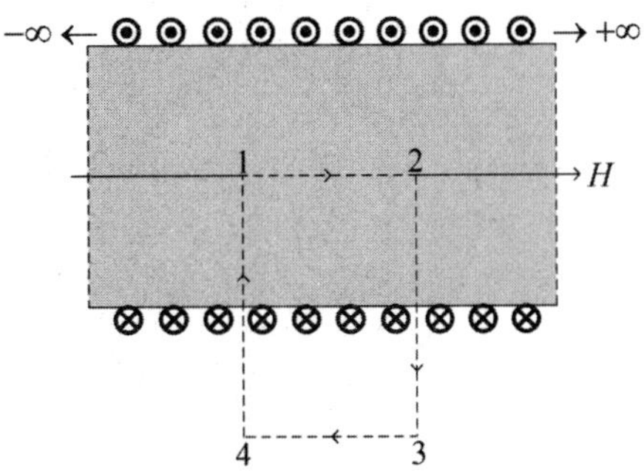

그림 1.3 솔레노이드

그림 1.3에서 폐회로 12341을 생각해보자. $\overline{41}$과 $\overline{23}$의 방향의 자계와 솔레노이드 외부에 자계는 없기 때문에 축의 길이 $\overline{12}$를 단위 길이로 취하면 $\Sigma H \Delta l = H$가 된다. 한편, 이 폐회로에 둘러싸인 전류는 NI 이기 때문에

$$H = NI \ \ [\mathrm{A/m}] \tag{1.4}$$

이 전류 I와 권수 N의 곱 NI는 기자력이라 부르며 전기회로의 기전력에 대응하는 것이다. 기자력의 단위는 암페어, 기호는 A 이다.

$B = \mu H$ 이므로, 자속밀도 B인 자속이 단위 길이 통과 시 필요한 기자력은 B/μ로 된다.

1.2.3 자기회로

자기회로는 전기회로에 대응하여 다음 식으로 취급할 수 있다. 기자력 NI는 전압, 자속 ϕ는 전류에 해당한다.

$$NI = R\phi \ \ [\mathrm{A}] \tag{1.5}$$

R은 자기저항으로 불린다. 자로의 길이를 l, 단면적을 S, 투자율을 μ로 하면

$$R = l/\mu S \tag{1.6}$$

로 나타낼 수 있다. 따라서

$$NI = lB/\mu \tag{1.7}$$

이 식에 의해, 자기회로의 각 부분의 자속밀도와 투자율을 알면 코일의 권수 N과 전류 I와의 곱 NI를 계산할 수 있다.

예를 들면, 그림 1.4와 같은 자기회로에서 철심 안의 자속밀도를 B_f라 하자. 공극 부분의 자속밀도는 자속이 철심으로부터 나오는 곳에서 퍼져 나가기 때문에, 공극 부분의 자속밀도는 B_f보다 약간 적게 나타난다. 이 평균치를 B_g라 하자. 이 경우 필요한 기자력 NI는

$$NI = \frac{l_1 B_f}{\mu_0 \mu_s} + \frac{l_2 B_g}{\mu_0} \tag{1.8}$$

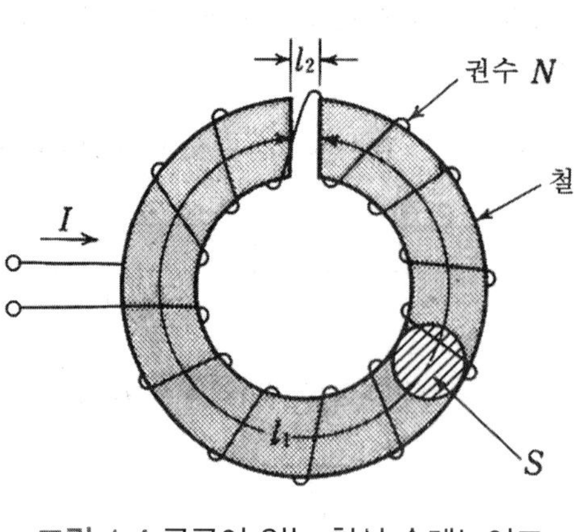

그림 1.4 공극이 있는 철심 솔레노이드

로 계산할 수 있다. $\mu_0\mu_s$는 μ_0보다 세 자리 수 정도 크기 때문에 공극에 B_g의 자속을 통과시키는데 필요한 암페어는 다음 식과 같이 나타내어도 크게 무리가 없다.

$$NI = 8 \times 10^5 B_g l_2 \tag{1.9}$$

철심부의 μ_s 값은 자속밀도에 따라 변하는데, 높은 자속밀도에서는 적게 나타나는 경향, 즉 포화특성을 갖고 있다. $\mu_s\mu_0$를 직접 사용하는 것 보다는 여러 종류의 자성재료에 대해 자속밀도와 단위 길이당 필요한 NI 값이 곡선의 형태로 표현되기 때문에 그것을 사용하는 것이 편리하다. (예: 그림 2.28)

1.2.4 전자유도와 전자력

전류에 의해 자계가 발생되는 것과 달리 자속이 변화하면 기전력이 발생한다. 이를 전자유도라 한다. 코일 내에 유도되는 기전력은 그 기전력에 의해 흐르는 전류가 코일 내 자속의 변화를 방해하는 방향으로 발생한다. 이것을 렌츠의 법칙이라 한다. 또한, 하나의 회로에 전자유도에 의해 발생하는 기전력은 이 회로에 쇄교하는 자속이 시간적으로 감소하는 비율에 비례한다. 이것이 전자유도에 관한 패러데이의 법칙이다. 이 법칙은 변압기의 원리를 다루는 법칙이다.

자계에 직교하여 도체를 움직이는 경우, 오른손 엄지와 검지와 중지를 서로 직각으로 하면, 엄지가 도체의 운동방향, 검지가 자속의 방향, 중지가 기전력의 방향으로 되어있다. 이것이 플레밍의 오른손 법칙이다.

그림 1.5(a)에 나타낸 것과 같이 자계 B 내에 있는 도체에 전류 i를 흘려주면, 자속은 도체의 좌측으로는 공간적으로 여유가 있고, 우측으로는 조밀하게 된다. 자속은 최단거리의 직선으로 되려고 하기 때문에, 그림 (b)와 같은 도체에는 좌측으로 향하는 힘 f가 발생한다. 이와 같이 자계와 전류 사이에 작용하는 힘이 전자력이다.

전자력의 방향은 이번에는 왼손의 엄지와 검지, 중지를 서로 직각으로 하면 검지가 자계, 중지가 전류, 엄지가 힘의 방향이 된다. 이것이 플레밍의 왼손법칙이다. 플레밍의 법칙은 회전기의 원리를 다루는 법칙으로써 이용된다.

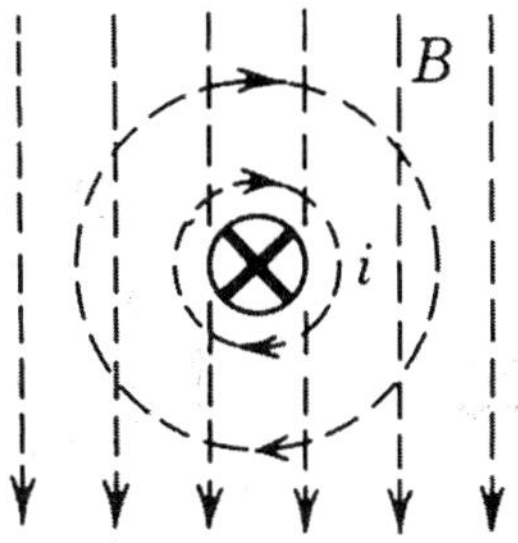

(a)

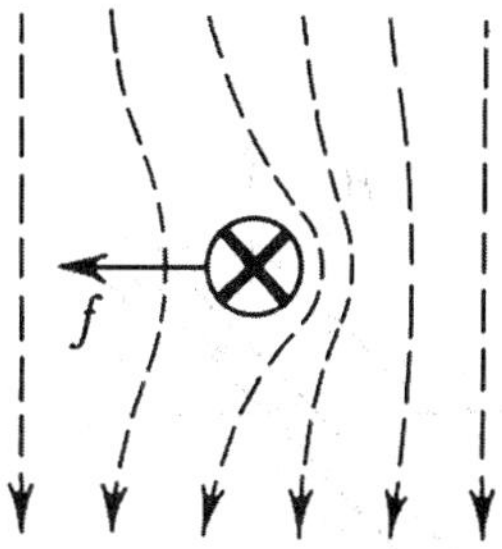

(b)

그림 1.5 자계 내를 흐르는 전류가 받는 힘

1.3 전력과 동력의 전환

그림 1.6(a)와 같이 길이 l[m]의 도체를 자속과 직각으로 두고, 도체와 자속에 직교하는 방향으로 v의 속도로 움직인다 하고, 도체의 자속밀도를 B [T=Wb/m^2]라 하면 유도기전력 e[V]의 순시값은 다음과 같이 된다.

$$e = vBl \text{ [V]} \tag{1.10}$$

기전력 e, 속도 v, 자속밀도 B의 방향은 그림 1.6(b)에 나타낸 직교좌표축에 대응하는 관계에 있다. 플레밍의 법칙이라는 것은 이 직교좌표축을 손가락으로 표현하는 것으로 각 성분방향을 기억하는 데 유용하다.

도체를 저항 R로 연결하면 기전력과 같은 방향의 전류 i [A]가 흘러 다음과 같은 식으로 표현된 전력을 생성한다.

$$P = ei \tag{1.11}$$

같은 그림 (a)와 같이, 자계 내에 있는 길이 l [m]의 도체에 전류 i [A]가 흐르면 다음 식으로 표현되는 전자력 F[N]을 발생한다.

$$F = iBl \text{ [N]} \tag{1.12}$$

힘의 방향도 그림 1.6(b)와 같이 F, i, B를 직교좌표축과 대응시켜 구할 수 있다. 도체에 F의 힘이 작용해도 원래의 v속도를 유지시키기 위해서는 F와 반대방향으로 F와 같은 큰 힘을 더해 줄 필요가 있다. 다시 말하면,

$$P_m = Fv \text{ [W]} \tag{1.13}$$

이와 같은 기계 동력을 줄 필요가 있다.

식 (1.10), (1.12)로부터 v, F를 구해서 식 (1.13)에 대입하면 다음과 같은 식을 얻는다.

$$P_m = Fv = iBl \times e/Bl = ie = P \tag{1.14}$$

이것이 동력을 전력으로 바꾸는 발전기의 원리를 나타낸 식이다.

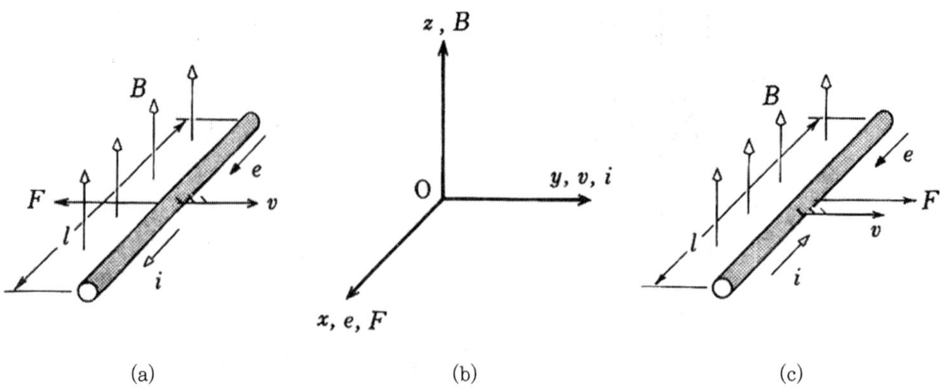

그림 1.6 전력과 동력의 변환 원리도(—► 전압, —▷ 전류, —▷ 자속)

우선 그림 1.6(c)와 같이 자계 내에 정지해있는 도체에 전압을 걸어주고 그림 (a)의 경우의 역방향으로 전류 i를 흘려주면, 식 (1.12)로 표현되는 힘 F가 도체에 발생한다. 이것에 의해 도체는 가속되어 속도 v에 도달한다고 하면, 식 (1.10)으로 표현되는 기전력e가 생성된다. 그 기전력의 방향은 전류 i와 역방향이기 때문에 이것을 역기전력이라고 한다.

도체가 정지해있는 경우에는 도체의 저항을 무시하면 이것에 전류를 흘려주기 위한 전압도 무시할 수 있다. 그러나 도체가 운동하고 역기전력 e가 발생했을 때 이것에 역으로 전류i를 유지하기에는 외부로부터 e와 같은 크기로 방향이 반대인 전압을 걸어주지 않으면 안 된다. 이때 외부에서 공급되는 전력은 $P=ei$로 표현되고 이것으로 식 (1.10), (1.12)로부터 구해지는 e, i를 대입하면 다음과 같은 식을 얻는다.

$$P=ei=vBl\times F/Bl=vF=P_m \tag{1.15}$$

이것이 전력을 동력으로 바꾸는 전동기의 원리를 나타낸 식이다.

자계와 속도의 방향과 크기가 변하지 않는다고 하면, 발전기와 전동기에 발생하는 기전력 e는 변하지 않고, 단지 전류 i의 방향이 기전력 e의 방향과 같을 때가 발전기, 그 반대의 경우는 전동기가 된다.

만약 도체가 반경 r[m]의 원운동을 한다면, 힘 F 대신 토크 τ[Nm], 속도 v 대신 각속도 ω [rad/s]를 생각해보면

$$\tau=Fr \text{ [Nm]},\ \omega=v/r \text{ [rad/s]} \tag{1.16}$$

이기 때문에

$$\tau\omega=Fv=P_m \tag{1.17}$$

로 되어, 식 (1.13), (1.14), (1.15)의 Fv를 $\tau\omega$로 치환해도 된다.

직류기 (direct current machine)

전력계통은 교류이고, 직류기는 나중에 서술할 유도기와 비교하여 구조가 약간 복잡하지만, 직류전동기는 속도제어성이 훌륭하기 때문에 지속적으로 수요가 있다. 건전지구동의 완구용소형전동기부터 기차의 모터, 제철공장용 대형전동기까지 광범위하게 사용되고 있다. 반면 직류발전기는 반도체 정류장치로 대치되는 경향이 있다. 반도체 변환장치와 교류전동기와의 조합으로 제어특성이 좋은 교류전동기 구동시스템이 만들어져있지만, 교류 전동기 속도 제어의 기본은 직류기의 특성과 같기 때문에 직류기의 모든 특성을 이해하는 것이 중요하다.

2.1 직류기의 원리

그림 2.1(a)와 같은 코일 abcd를 자극 N, S 사이에서 회전시키면 도체 ab와 cd에 기전력을 얻을 수 있기 때문에 코일 abcd는 도체 ab에서 발생하는 기전력의 2배의 기전력을 얻을 수 있다. 이 기전력을 외부에서 이용하기 위해서 1, 2와 같은 슬립링(slip ring)이라 하는 금속 고리에 코일의 a단과 d단을 접속하여 슬립링에 접속하고, 정지하고 있는 브러시(brush) B_1, B_2를 통해서 외부회로에 접속하면 도체 ab가 S극이 밑에 있는 경우와 N극의 밑에 있는 경우에서 B_1, B_2 사이의 전압 방향이 역으로 되기 때문에 교류전압이 얻어지게 된다.

그림 2.1(b)와 같이 도체 ab와 cd 각각을 두 개의 동편을 서로 절연하여 조립한 원통형 C의 각편 1, 2에 접속하고 이것에 정지한 브러시 B_1, B_2를 접촉시키면 브러시 B_1에는 항상 상부 도체가 접속되게 되어 B_1, B_2로부터 외부에서 직류전압을 얻을 수 있다. 따라서 전류도 직류를 얻을

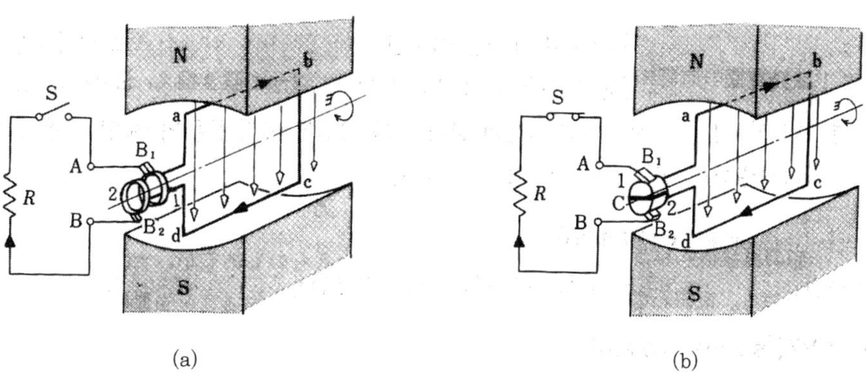

그림 2.1 유도기전력과 정류작용

수 있게 된다. 이와 같이 코일에서 발생하는 교류를 직류로 변환하는 작용을 정류라고 하고, C를 **정류자**(commutator), 각동편을 **정류자편**(commutator segment)이라 한다.

식 (1.10)에 의해 속도가 일정하다면 기전력은 자속밀도 B 에 비례하기 때문에 그림 2.1(a), (b)의 접속으로 얻을 수 있는 전압의 파형은 각각 그림 2.2(a), (b)와 같이 된다.

그림 (b)는 직류에서도 맥동이 크다. 그림 (c)와 같은 맥동이 작은 직류전압을 얻기 위해서는 이 후에 서술할 다수의 코일과 정류자편을 이용하여 각 코일에 생기는 기전력이 항상 서로 더해지도록 접속하면 된다. 이와 같은 코일의 집합을 **전기자권선**이라고 한다.

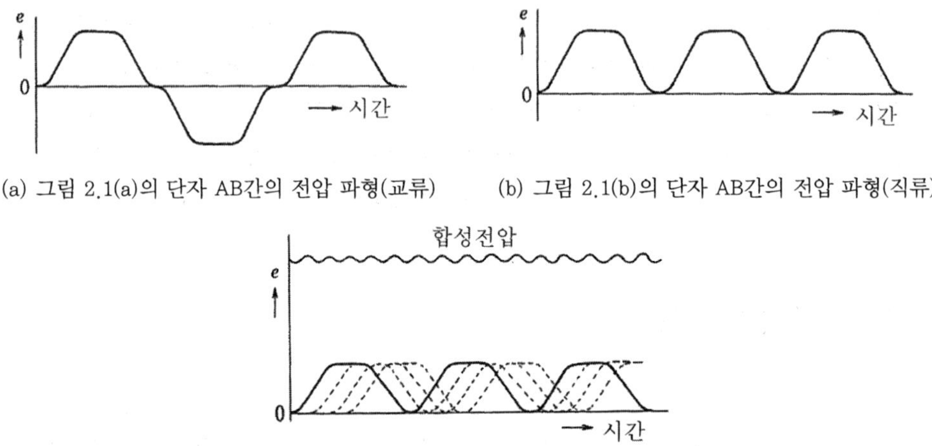

(a) 그림 2.1(a)의 단자 AB간의 전압 파형(교류)

(b) 그림 2.1(b)의 단자 AB간의 전압 파형(직류)

(c) 다수의 도체를 이용했을 경우의 전압 파형

그림 2.2 발전기 단자 간의 전압파형

그림 2.1은 발전기의 원리도이지만, 부하저항 R을 전지로 대치하고 반대로 브러시를 통해 전기자권선에 전류를 흘려보내주면 도체는 전자력을 받아 회전하고 전동기가 된다.

2.2 여자방식

극소형의 직류기에는 영구자석의 자속을 이용한 것도 있지만, 일반적으로 전자석을 이용하여 자속을 만든다. 전자석의 권선에 전류를 흘려주어 기자력을 만드는 것을 **여자**(excitation)라 한다. 직류기의 여자방식을 분류하면 다음과 같다. 그림 2.3은 여러 종류의 여자방식을 묘사한 것으로 A는 전기자권선을, F는 여자권선을 나타낸다.

(1) 타여자(separate excitation)

여자전류(exciting current)를 축전지와 다른 직류전원으로부터 얻는 것.

(2) 자기여자(self-excitation)

여자전류를 자신의 유도기전력으로 흘려준 것으로 추가적으로 다음과 같이 분류된다.

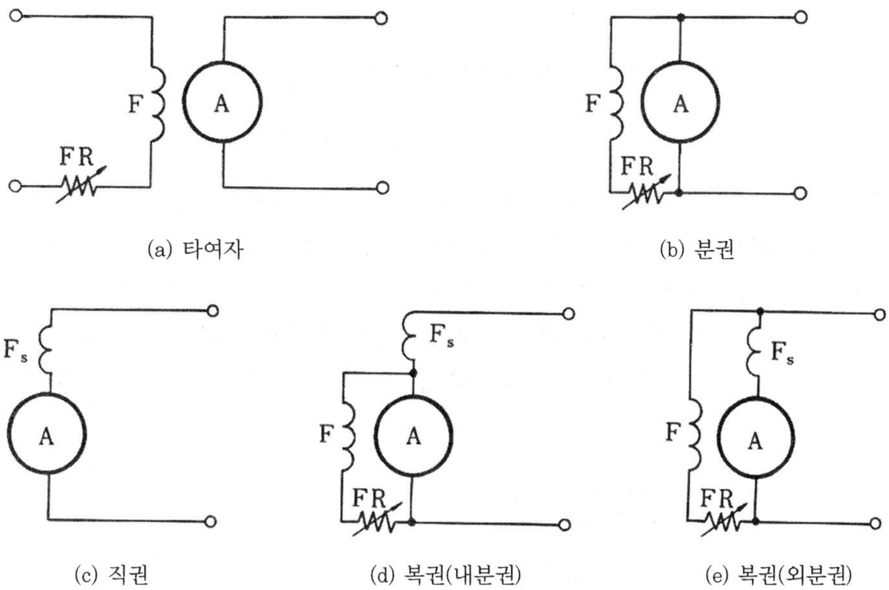

A : 전기자, F : 여자코일, FR : 계자조정기

그림 2.3 직류기의 여자방식

(a) 분권식

여자권선이 전기자권선과 병렬로 접속되어있는 형태

(b) 직권식

여자권선이 전기자권선과 직렬로 접속되어있는 형태로 부하전류에 의해 여자되는 것 (그림 2.3의 F_s는 직권의 여자권선)

(c) 복권식

분권식과 직권식 모두를 겸비한 것으로 다음의 두 가지로 나눠진다.

(i) **화동복권식** 직권권선과 분권권선이 같은 방향으로 여자하는 것

(ii) **차동복권식** 직권권선과 분권권선이 반대 방향으로 여자하는 것

복권식에서는 그림 2.3 (d),(e)와 같이 분권권선의 단자를 빼내는 위치에 의해 내분권, 외분권의 구별이 있지만, 발전기에서는 내분권식, 전동기에서는 외분권식이 표준으로 되어있다.

여자전류를 조정하기 위해서 저항기(그림의 FR)는 **계자조정기**(field regulator, field rheostat; **계자조정저항기**라 함)로 불리고 있다.

2.3 직류기의 구조

직류기의 주요부는 다음의 3가지와 같다.

(1) **계자** 자속을 만드는 부분

(2) **전기자** 기전력을 발생하고 주 전류를 통과시키기 위한 부분

(3) **정류자** 전기자권선에서 발생한 교류를 직류로 바꾸는 부분

이 외 정류자에 전류를 출입시키기 위한 브러시, 동력을 전달하기 위한 축도 중요한 부분이다.

계자와 전기자는 상대적으로 운동하면 되지만, 정류에 편리하도록 자계를 고정하고 전기자 및 정류자를 일체형으로 하여 회전시키는 회전 전기자형이 대부분 이용되고 있다. 또한, 후반에 서술할 동기기에서는 계자가 회전하고 전기자가 고정된 회전계자형이 일반적이다.

그림 2.4는 계자와 전기자 및 정류자의 배치를 나타내는 것으로 그림 2.5는 직류전동기의 구조와 일치한다.

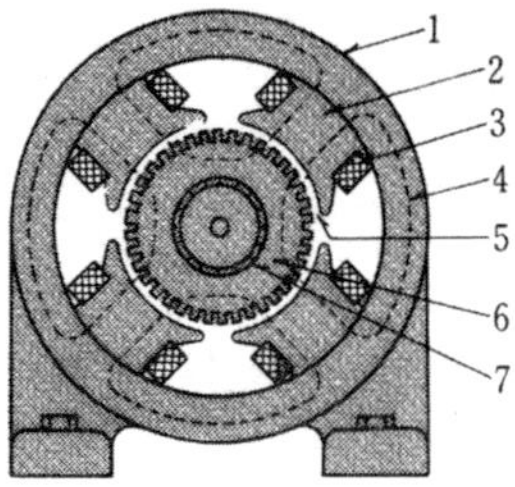

1 : 자기틀(계철)
2 : 자극철심 3 : 계자권선
4 : 자기회로 5 : 공극
6 : 전기자철심 7 : 정류자

그림 2.4 직류기의 자기회로(4극기)

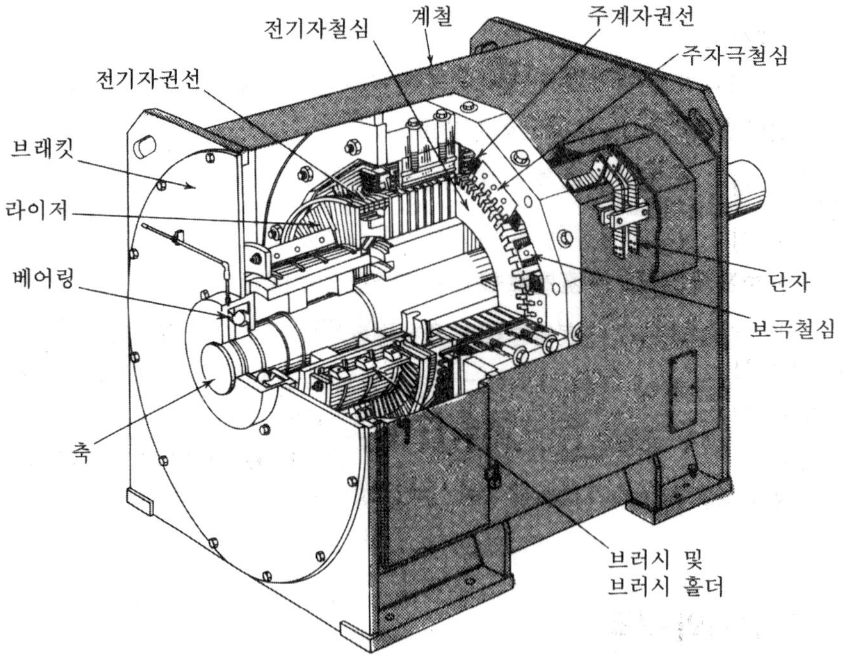

그림 2.5 직류전동기의 구조

2.3.1 계자

계자는 계철, 자극 및 계자권선으로 되어있고, 약간의 간격을 두고 공극이 존재하며 전기자에 마주보며 그림 2.4에서와 같이 점선으로 나타낸 자기회로를 형성하고 있다.

1. 계철(yoke ; 자기 테두리라고도 함)　계철은 자속을 통과시키는 것과 기계의 외측 틀로 되어 자극과 베어링, 브래킷을 지지하는 역할이 있기 때문에 기계적으로도 견고해야 된다.

계철은 주강제 또는 연강판의 용접 조립한 것이 이용된다. 특히 , 대형기는 제작 및 운반이 어렵기 때문에, 상하의 두 부분을 분할하여 만들고 볼트로 조여 만든 것이다.

2. 주자극(main pole)　주자극은 **철심**(pole core)부와 **자극편**(pole shoe, pole piece)부로 되어있다. 통상 두께 0.8~1.6 mm 정도의 강판을 그림 2.6에 표현한 것과 같은 형태로 뚫어 적층하여 만들어진다.

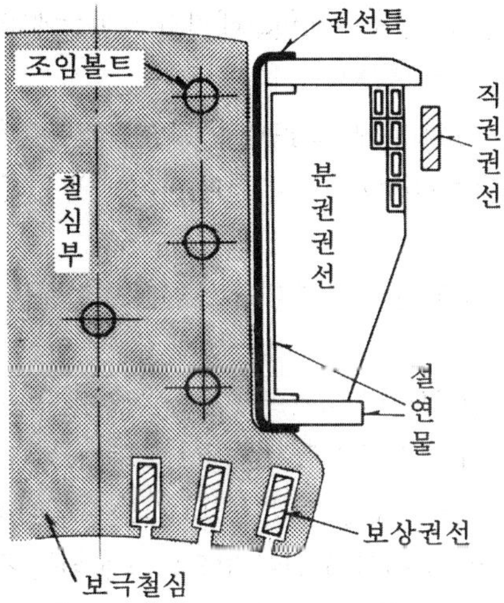

(a) 대형직류기 계자권선(복권)

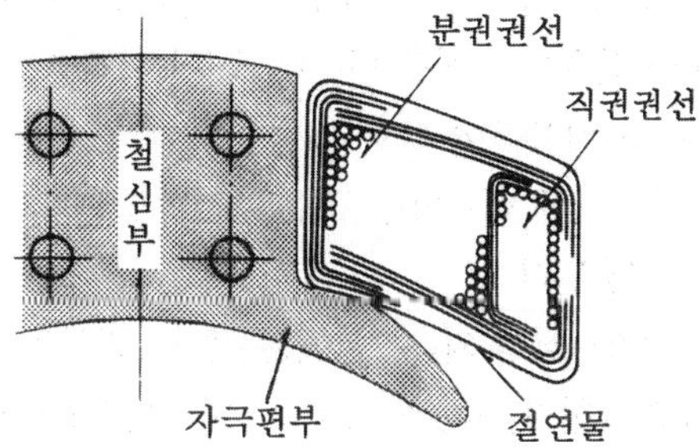

(b) 소형직류기 계자권선(복권)

그림 2.6 주자극과 주계자권선의 예

철심부를 통하는 전자속은 시간적으로 변하지 않지만, 자극편부에서는 마주보는 전기자 슬롯의 이동에 따라 자속이 맥동하기 때문에, 와전류손을 줄이기 위해서 적층할 필요가 있다. 적층한 자극편을 주조로 만들어진 자극철심에 볼트로 조여 만든 구조이지만, 제작상 위에서 서술한 바와 같이 전부 적층하는 것이 유리하다. 자극편부는 자속이 전기자철심에 유효하게 유입될 수 있도록, 철심부에 비해 넓게 만든다.

3. 주계자권선(field winding)　주계자권선은 주자극에서 사용되는 권선으로 주 자속을 만든다. 분권권선은 일반적으로 도체의 단면적이 작고 권수가 많다. 직권권선은 도체의 단면적이 크고 권수가 적다. 도체는 전류의 크고 작음에 의해 평각동선 또는 환선을 이용한다.

4. 보극(interpole, commutating pole)　주자극의 중간에 있는 작은 자극으로 정류를 개선하기 위한 것이다.

보극철심은 연강판을 사용하는 것이 보통이나, 급격하게 변화하는 부하에 이용하는 기계에서는 와전류에 의한 자속의 뒤짐을 방지하기 위해 강판을 적층하여 만든 것도 있다.

보극권선에는 전기자전류가 흐르기 때문에 주자극의 직권권선과 비슷한 구조로 된다.

5. **보상권선**(compensating winding) 보상권선은 정류개선을 위해 전기자전류의 기자력을 없애는 것으로 그림 2.6(a)와 같이 주자극의 자극편에 설치된 슬롯에 넣어, 전기자전류를 흐르게 한 권선이다. 정류자편 사이의 전압이 특히 높은 기계, 속도와 전압을 광범위하게 조정할 필요가 있는 기계, 과부하내량이 특히 큰 기계 등에 이용된다.

2.3.2 전기자(armature)

전기자는 전기자철심과 전기자권선으로 되어있다.

1. **전기자철심**(armature core) 전기자철심은 계자와 함께 자기회로를 만드는 부분이지만, 전기자의 회전과 함께 그 내부 자속의 방향이 변하고, 와전류와 히스테리시스 현상에 의한 손실을 발생한다.

이 철손을 줄이기 위해서 두께 0.5 mm 또는 0.35 mm의 규소강판[1])을 그림 2.7과 같은 형태로 뚫어 적층한 철심을 만든다. 이것을 **적층철심**(laminated core)이라 한다. 규소강판은 절연 바니시[2])를 사용하여 서로 절연한다.

직류기에 이용하는 규소강판은 기계적 강도가 요구되기 때문에 저규소강판(Si 함유율 1~1.4%)이 이용된다.

전기자철심 외측부분에는 전기자권선을 감기 위한 구멍이 설치되어있다. 이것을 슬롯(Slot)이라고 말한다. 슬롯의 형태는 그림 2.8에 나타낸 것이 일반적으로 사용된다. 그림 (a)는 소형기에 한정되며 일반적으로 그림 (b), (c)의 개방형이 사용된다. 같은 그림 (b)의 개방 슬롯에서는 코일을 넣고 나서 철심에 강선의 바인딩선(binding wire)을 감아 코일이 밖으로 노출되는 것을 방지한다. 그림 (c)의 쐐기 개방형 슬롯에서는 목재·파이버·합성수지 등 비자성체의 쐐기(wedge)를 끼워 맞춰 권선을 집어넣는다. 슬롯과 슬롯의 간격 부분을 치(tooth)라고 한다.

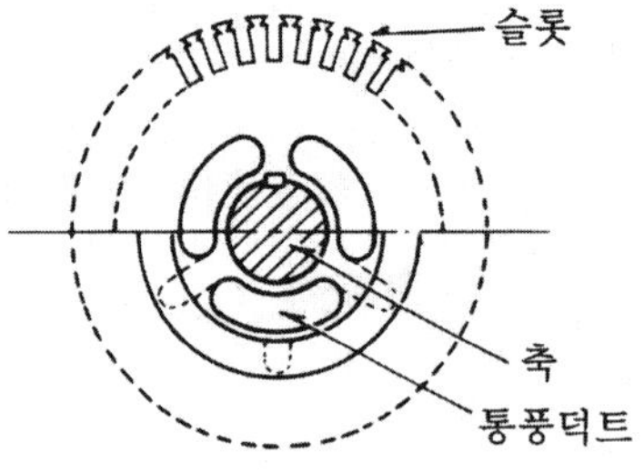

(a) 소형 및 중형기용

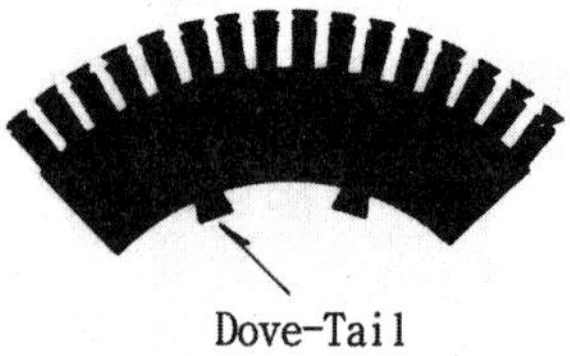

(b) 대형기용

그림 2.7 전기자 철심용 강판

1) 일본공업규격 JIS C 2552「무방향성 전기강판」
2) JIS C 2355「코어 바니시(core vanish)」

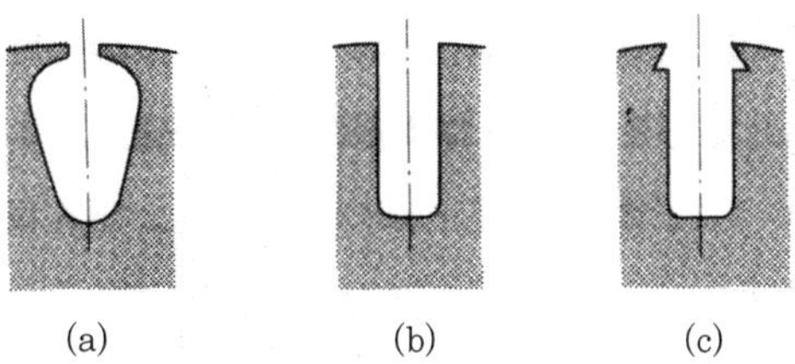

(a): 반폐 슬롯(소형 직류기)
(b): 개방 슬롯(중소형 직류기)
(c): 쐐기를 사용한 개방 슬롯(일반 직류기)

그림 2.8 슬롯의 형태

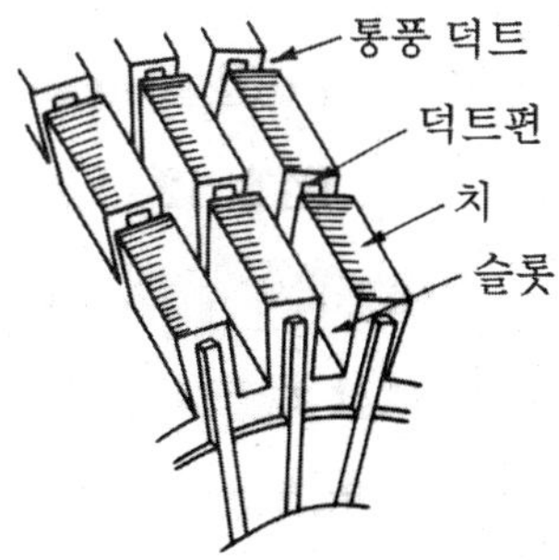

그림 2.9 전기자철심

두껍고 길게 적층된 철심은 전기자 내의 손실(철심 내 철손 및 코일의 저항손)에 의해 열을 발산하기 때문에 철심 길이 50~100 mm마다 폭 10 mm정도의 **통풍 덕트**(air duct)를 설치한다(그림 2.9 참조).

소형기에서는 그림 2.7(a)와 같이 축에 직접 철심을 끼우지만, 중형과 대형기에서는 그림 2.10(a)와 같은 주철 또는 주강제의 **전기자 스파이더**(armature spider)를 이용하여 이 위에 철심을 조립한다. 대형기에서 극수가 많은 경우에는 그림 2.7(b)와 같은 부채형으로 뚫어 만든 것을 그림 2.10(b)와 같이 층마다 이음매의 위치를 어긋나게 적층해간다. 이때 도브테일(비둘기의 꼬리의 의미)은 스파이더로의 위치결정과 고착의 역할을 한다.

슬롯이 없는 **평활철심**(smooth core)이라는 것이 있다. 권선을 고정한 것에는 바인드선, 또는 접착제로 붙여 구성한다. 이 구조에서는 슬롯의 부분만 전기자의 반경을 작게 할 수 있는 것으로 관성모멘트가 작고 전기자권선의 리액턴스도 작게 할 수 있기 때문에, 속도응답성이 좋은 전동기로서 예를 들면, 미너셔 모터[3] 등에 사용된다. 또, 기전력의 맥동이 작은 것이 필요한 분야에 이용되며, 통신용 전원으로도 사용된 예가 있다.

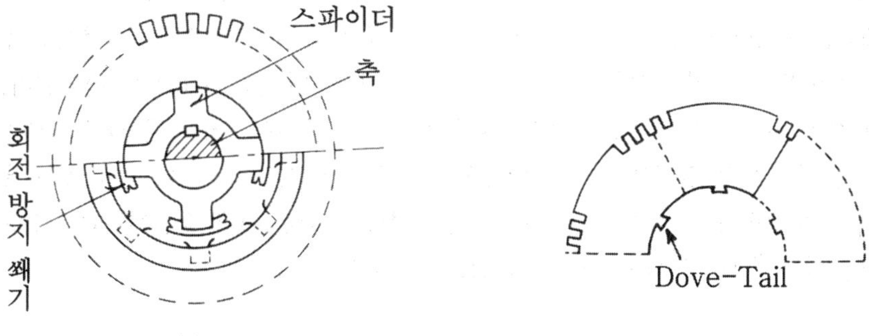

(a) (b)

그림 2.10 전기자철심의 조립

3) 미너셔 모터(minertia motor) : minimum + inertia의 합성어로 관성이 작은 특징을 갖는 모터이다.

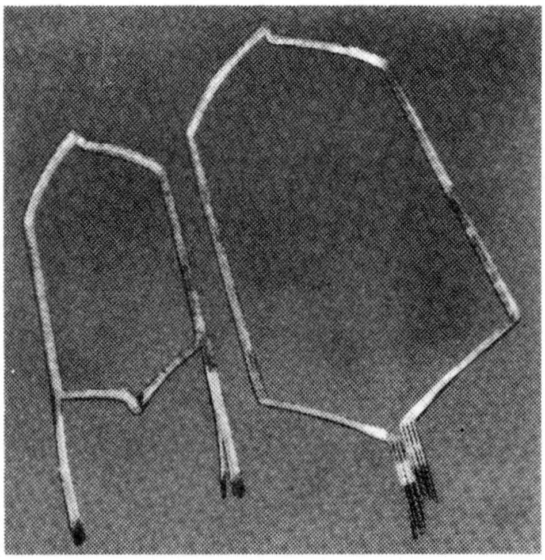

그림 2.11 전기자 코일(귀갑형 형권)

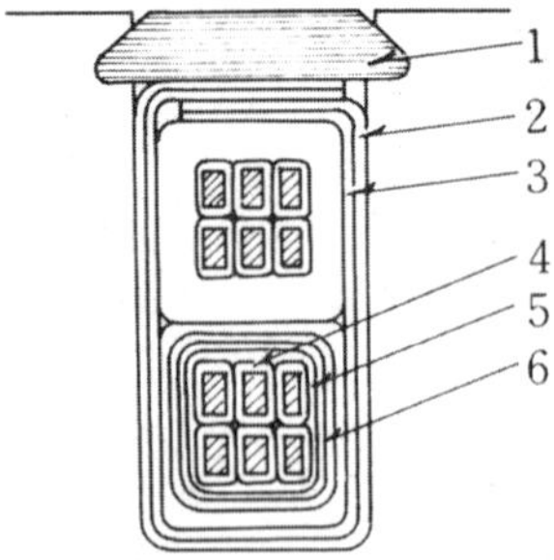

1: 슬롯 쐐기(나무·흰 섬유 또는 페놀수지)
2: 양피지 종이
3: 절연지 4: 피복 동선
5: 절연 바니스 도포
6: Varnish cross 또는 운모지

그림 2.12 쐐기를 사용한 개방 슬롯(A종 절연)

2. 전기자권선 일반적으로 그림 2.11과 같은 형권코일(formed-wound coil)로 구성된다. 극소형의 반폐 슬롯의 경우에는 손으로 감은 것도 있다. 코일의 슬롯에 들어간 부분을 코일변(coil side), 슬롯 외부의 부분을 코일단(coil end)이라 부른다.

코일에는 그림 2.12에 단면을 나타낸 것과 같이 도체피복, 코일의 절연 및 슬롯의 절연이 시행된다.

도체피복에는 에나멜(소부), 포르말, 무명실, 유리섬유 등이 이용된다. 리본형의 평각선에는 솜 테이프 또는 종이테이프가 감겨져 있다. **코일절연**은 주절연이며, 대지 절연내력은 주로 이 절연을 말하는 것이다. 도체피복을 한 도체를 코일 1개분으로 모아 정형한 다음 전압에 맞춰, 적당한 두께로 바니시 크로스, 운모지 등의 코일절연을 하고, 바니시 처리를 한다. **슬롯절연**은 주로 슬롯에 코일을 쉽게 넣기 위한 것과 코일절연을 기계적으로 보호하기 위한 것으로 프레스보드(pressboard), 경화섬유(horn fiber), 양피지(parchment) 종이 등이 사용된다.

절연조직을 구성하고 있는 절연재료, 바니시의 종류에 의해 각 기기들의 허용온도 상승이 다르다. 예를 들면 운모, 유리섬유만을 이용하여 이것에 내열성이 높은 에폭시수지와 실리콘바니스를 함침시킨 것은 높은 온도를 견딜 수 있기 때문에 출력을 증가시키거나 큰 과부하 내량을 가지게 할 수 있다. 이를 위해 절연에 필요한 비용의 상승은 있지만, 그 정도는 높지 않고 유리한 면이 많아 보다 내열성이 높은 절연조직을 사용하려는 경향이 있다. 사용 절연재료와 허용온도에 대해서는 2.10.6절의 온도 상승과 정격 항을 참조하기 바란다.

2.3.3 정류자(commutator)

정류자는 운전 중에 항상 브러시와 접촉하여 마모할 뿐 아니라 불꽃 등에 의해 상당히 온도가 높아지기 때문에 전기적, 기계적으로 내구성이 있게 만들어져 있다.

정류자는 그림 2.13에 나타낸 것과 같이 경인동의 정류자편을 양질의 운모판(편간운모)으로 서로를 절연하여 원통형으로 조립한 것이다.

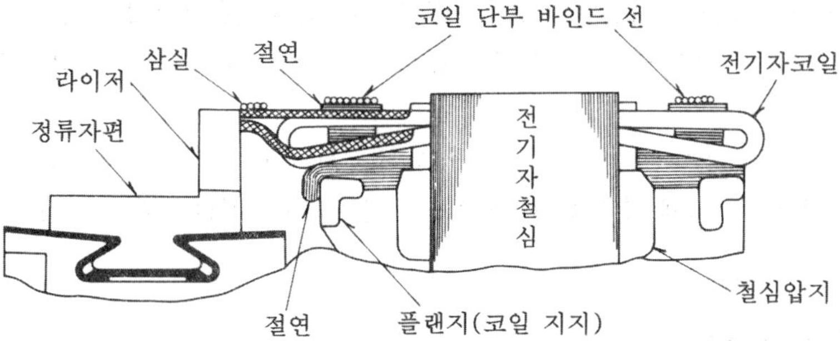

그림 2.13 전기자 단면도

정류자와 전기자코일의 접속은 그림 2.13과 같이 라이저(riser)를 통해 하는 것이 보통이다. 라이저는 정류자편에 리벳을 하여 고정하고 전기자코일과 납땜한다. 정류자와 전기자가 거의 같은 직경이라면, 전기자코일은 직접 정류자편에 접속된다.

고속기계의 정류자와 축방향 길이가 큰 정류자에는 은이 들어간 정류자편을 사용한다. 이 재료는 0.03~0.3%의 은이 함유되어 있어 기계적 강도가 높고, 끓는점이 높은(약 300℃) 것이 특징이다.

2.3.4 브러시(brush)

직류기에 이용되는 브러시에는 탄소질, 흑연질, 전기흑연질 및 금속흑연질의 4종류가 있다.

1. 탄소질브러시 탄소질브러시는 피치코크스를 원료로 하여 성질이 치밀하고 단단하며 약간의 연마성이 있다. 저항률, 마찰계수가 높고 허용전류는 작다. 소형기, 저속기 등에 사용된다.

2. 흑연질브러시 이것은 천연흑연을 원료로 한다. 성질은 부드럽고 윤활성이 풍부하며 저항률, 접촉저항이 작고, 허용전류는 크다. 중간이하 전압의 고속기 또는 대전류기에 사용된다.

3. 전기흑연질브러시 이것은 피치코크스, 카본블랙 등을 고온전기로를 이용하여 연소시켜 흑연화한 것을 원료로 한다. 불순물의 함유량이 적고 접촉저항이 크며, 정류능력이 높다. 마찰계수는 작고 허용전류는 흑연질브러시 다음으로 크다. 일반적인 직류기에 사용된다.

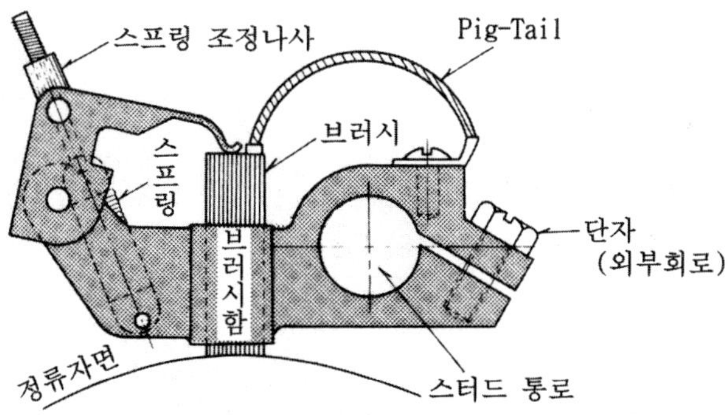

그림 2.14 브러시 보존기

4. 금속흑연질브러시 이것은 금속(주로 동)의 가루와 흑연을 원료로 한 것으로 금속 50%부터 90%정도까지 있다. 저항률, 접촉저항이 상당히 낮고, 허용전류는 크다. 저전압대전류기에 사용된다.

브러시는 그림 2.14와 같이 다수의 가는 연동선을 꼬아서 만든 피그테일(pig-tail)을 설치하고 브러시홀더의 브러시함에 넣게 된다. 전류는 브러시홀더 단자를 통해 외부와 접속된다.

2.4 전기자권선(armature winding)

2.4.1 전기자권선

전기자에는 2.3.2절의 2에서 말한 것과 같이 다수의 도체, 즉 코일이 배열되어 있기 때문에 각 도체에 발생되는 기전력이 유효하게 더해지도록 도체를 접속하고 또한, 정류작용도 용이하게 될 수 있게 해야만 한다. 이 때문에, 도체를 그림 2.15와 같이 고상권으로 배열된 권선구조가 사용된다.

그림 2.15에 나타낸 권선을 임의의 한 점으로부터 진행시키면 다시 처음으로 돌아온다. 이와 같은 권선을 폐로권이라 한다. 직류기의 권선은 전부 폐로권이다.

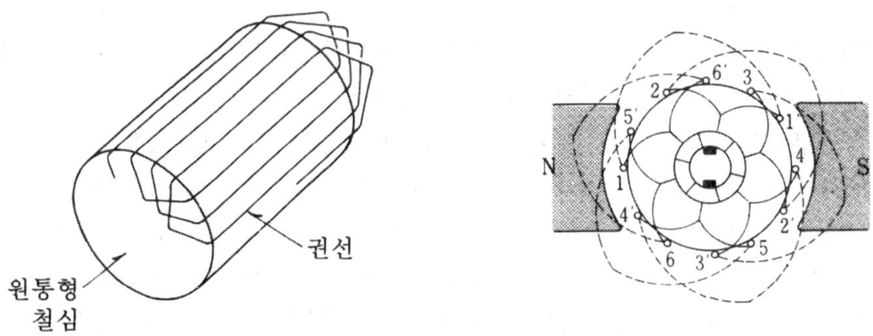

그림 2.15 고상권

2.4.2 코일의 모양과 피치

전기자권선에 이용되는 코일에는 그림 2.16(a)~(c)와 같은 중권용으로 사용되는 것과 그림 (d)~(f)와 같은 파권용으로 사용되는 것이 있다.

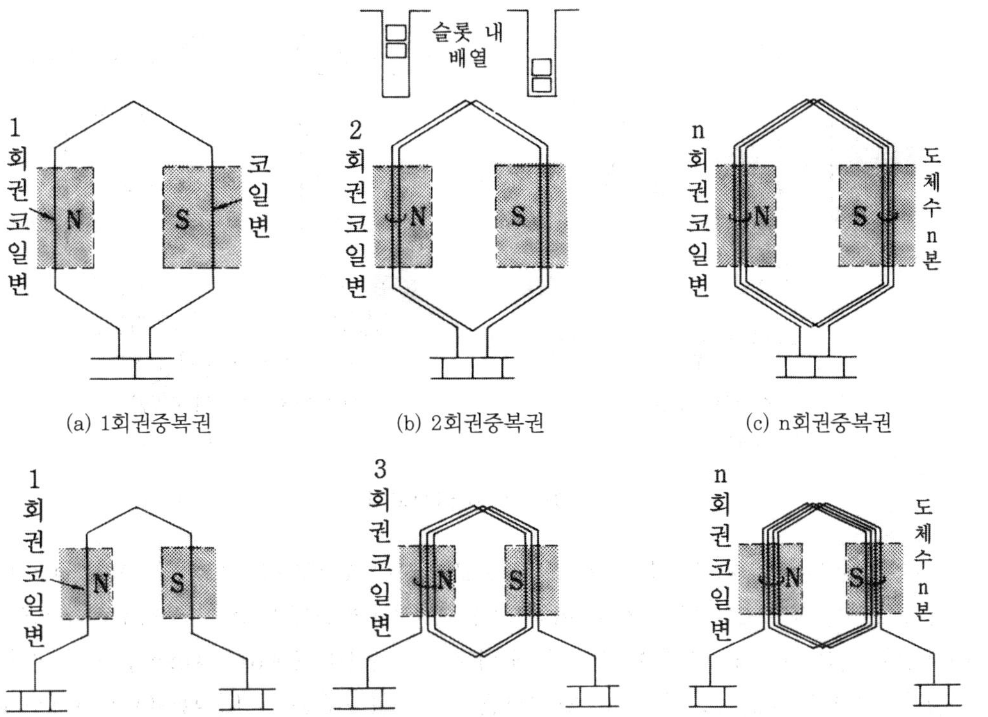

(a) 1회권중복권 (b) 2회권중복권 (c) n회권중복권

(d) 1회권파권 (e) 3회권파권 (f) n회권파권

그림 2.16 중권 및 파권

코일을 슬롯에 넣을 때, 그림 2.17에 나타낸 것과 같이 각 슬롯에 코일변이 상하 2층에 겹치도록 한다. 이것을 **2층권**(double-layer winding)이라 한다.

중권용의 코일을 2층권으로 한 경우에는 그림 2.18에 나타낸 것과 같다. 슬롯의 상부에 넣은 코일변에 순차적으로 1, 2, 3, ……의 번호를 붙이고, 그 하부 코일변의 번호를 1′, 2′, 3′, ……으로 표현한다. 코일변 1과 6′이 정류자의 반대측에 접속되어 하나의 코일을 형성하고 있다. 코일변 6′은 정류자편 2를 통하여 그 다음의 코일변 2로 접속된다.

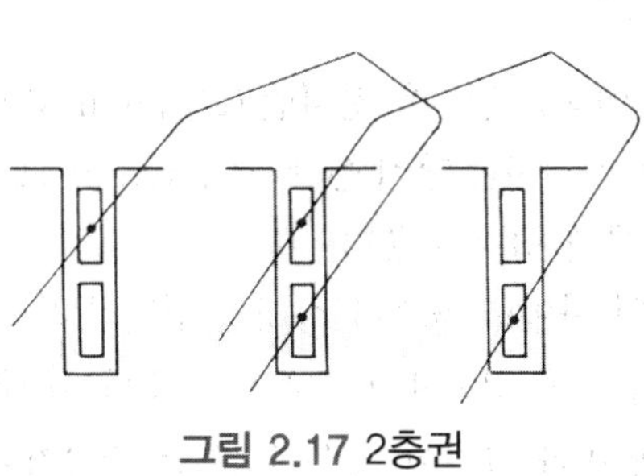

그림 2.17 2층권

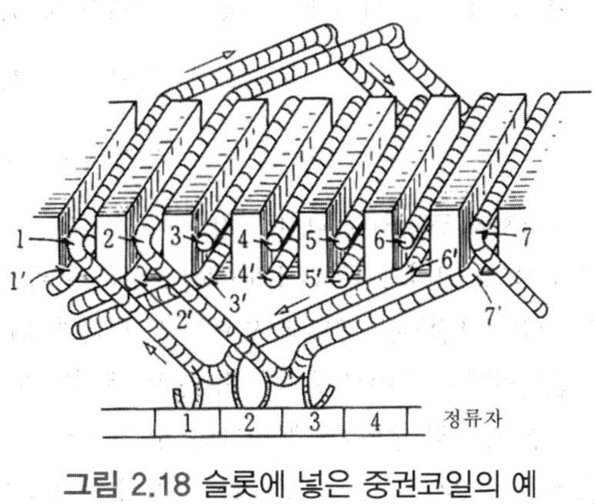

그림 2.18 슬롯에 넣은 중권코일의 예

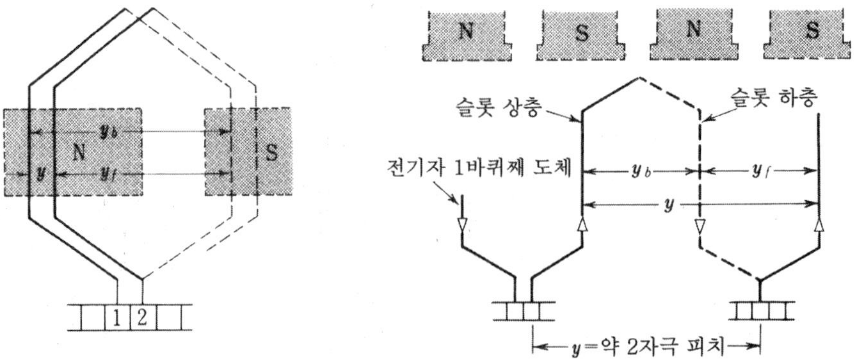

실선 : 슬롯 상층의 코일변

(a) 중권

파선 : 슬롯 하층의 코일변

(b) 파권

그림 2.19 권선피치

그림 2.19(a)는 이 권선의 일부분을 도식적으로 나타낸 것으로 상부측 코일변을 실선으로, 하부측 코일변을 점선으로 표현하였다. 이와 같이 코일상부의 코일변으로부터 하부측의 코일변을 이어가면, 다음 코일의 상부측이 바로 옆에 나열되는 권선을 **중권**(lap winding)이라 한다.

그림 2.19(b)는 파권용 코일의 배치를 나타낸 것으로 이와 같은 권선을 **파권**(wave winding)이라 한다.

서로 이웃한 자극의 중심 사이간격을 **극피치**(pole pitch)라 한다. 이것에 함께, 코일변 사이의 간격을 **권선피치**(winding pitch)라 하며 다음과 같이 표현한다.

(1) **뒷피치**(back pitch)　이것은 정류자와 반대 측에 접속된 양 코일변의 간격이며 코일의 폭에 상응한다. 이것을 y_b로 표현한다.

(2) **앞피치**(front pitch)　이것은 정류자 측에서 접속된 양 코일변의 간격이며, 이것을 y_f로 표현한다.

(3) **합성피치**(resultant pitch)　이것은 순차적으로 접속된 코일 간의 간격이며 이것을 y로 표현한다.

이 y_b, y_f, y 사이에는 다음의 관계가 있다.

$$\left.\begin{array}{ll} \text{중권} & y = y_b - y_f \\ \text{파권} & y = y_b + y_f \end{array}\right\} \tag{2.1}$$

극피치와 코일의 뒷피치(코일의 폭)가 같은 코일을 이용한 권선을 **전절권**(full pitch winding)이라 하고, 코일의 폭이 극피치보다 작은 코일을 이용한 권선을 **단절권**(short pitch winding)이라 한다. 단절권은 코일의 인덕턴스가 작게 되기 때문에 정류에 좋다.

권선피치는 길이로 표현하지 않고 코일변의 번호의 차이로 표현하는 것이 편리하다.

그림 2.18의 중권의 예를 들면, $y_b = 6-1=5$, $y_f = 6-2=4$, $y=2-1=1$로 식 (2.1)을 만족하는 것을 알 수 있다. 각 코일의 상측부의 코일변과 그것이 접속되어있는 정류자편과는

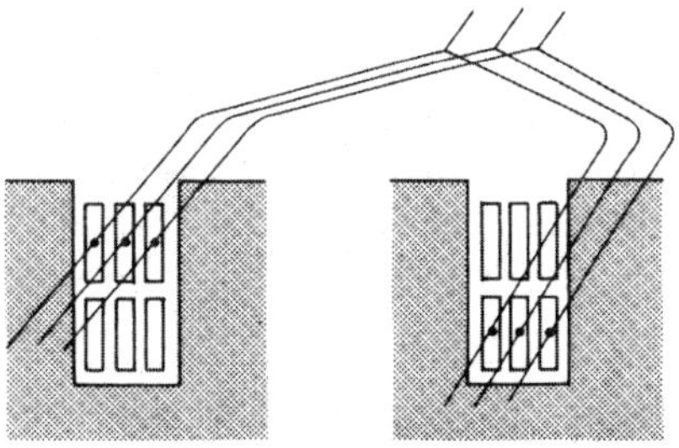

그림 2.20 3개의 코일변을 동일한 슬롯에 넣은 경우(u=3)

같은 번호이기 때문에, 코일수와 정류자편의 수는 일치하고 이와 같이 나타내는 피치를 **정류자피치**(commutator pitch)라 한다.

권선피치는, 또한 슬롯의 번호의 차이로도 표현할 수 있으며 이때에는 **코일피치**(coil pitch)라 한다.

그림 2.20과 같이 하나의 슬롯에 나란히 나열되어있는 코일변의 수 u가 2이상의 경우에는 상층 코일변(또는 정류자편)의 수는 슬롯수의 u배가 되기 때문에 정류자피치는 슬롯피치의 u배가 된다.

2.4.3 중권

1. 권선도 그림 2.21은 간난한 중권 코일의 배치를 나타낸 그림으로 권선도라고 불리는 것이다. 그림 (a)는 실제 전기자 상부의 코일배치에 가까워 알아보기 쉽지만, 그림을 그릴 때 불편하기 때문에 보통은 그림 (b)와 같은 전개도의 형태가 사용된다. 전개도에서는 좌우양단의 연결이 약간 보기 어렵게 되어있지만, 그림을 그릴 때는 용이하다. 그림 (b)의 전개도에서는 상하에 걸쳐 있는 코일변을 나열하고 각각의 실선과 점선으로 구별하였지만, 그림 (c)와 같이 하측부의 코일변을 생략하는 도시법도 있다. 이 경우에는 예를 들어, 코일변 4의 하부에 코일변 4′이 있어 점선 코일단에 접속되어있다고 생각하면 된다.

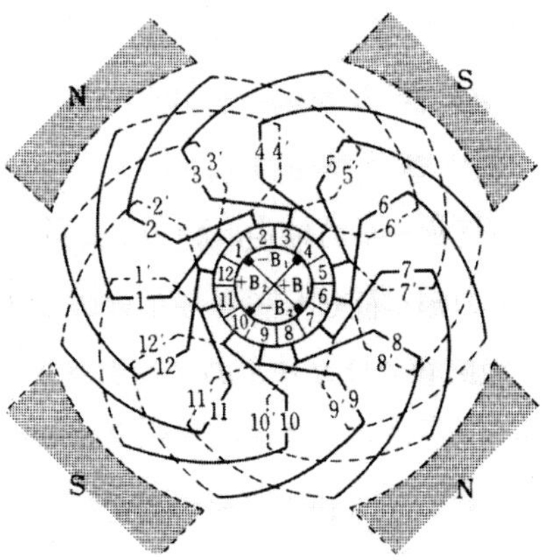

(a)

그림 2.21 중권의 권선도

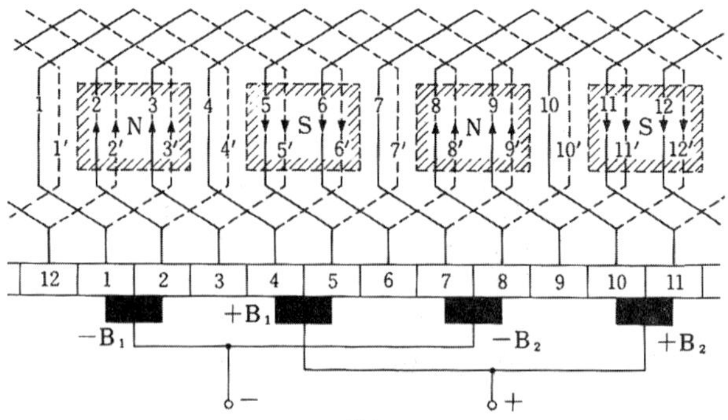

(b)

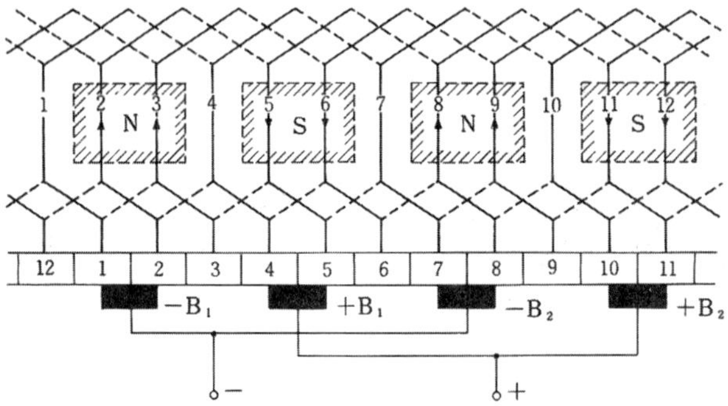

(c)

그림 2.21(계속) 중권의 권선도

그림 (b)에서는 각 자극을 N, S로 표현하고 N극은 아랫방향, S극은 윗방향으로 자속이 발생한다고 생각하여 전기자가 오른쪽으로 움직였을 때의 코일변에 발생하는 기전력의 방향을 화살표로 표현하고 있다. 정류자편 1에서부터 시작하여 코일을 따라가면, 그림 2.22에 나타낸 것과 같이 4개의 병렬회로가 만들어지는 것을 알 수 있다. 브러시에서 단락된 코일에는 기전력이 발생되지 않는다. 이때 자극 수, 브러시 수, 병렬회로 수는 같게 된다.

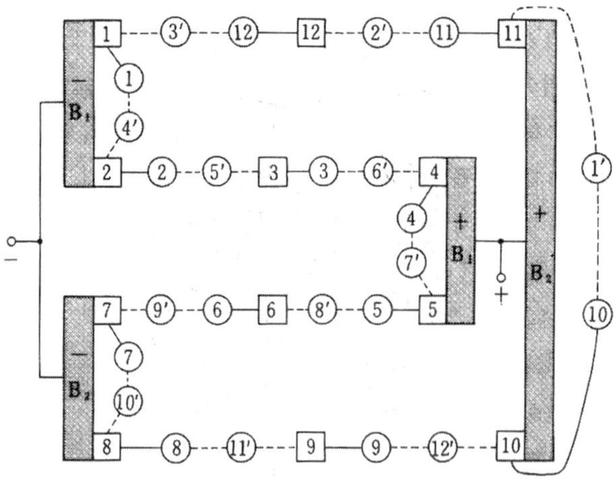

그림 2.22 전기자권선의 내부회로(중권)

2. 단중권(simplex winding)**과 다중권**(multiplex winding)

$$y = y_b - y_f = m \tag{2.2}$$

로 두면, 위의 예에서는 $m = 1$이며, 정류자편 1부터 출발하여 권선을 따라가면, 전기자를 1번 주회하여 원래로 돌아올 때까지 모든 코일을 통과한다. 이와 같은 권선을 단중권이라 하며 가장 많이 사용되는 권선이다.

이와 달리, m이 2이상의 경우에는 권선을 따라 전기자를 1번 주회시키면 전체 코일의 거의 m분의 1정도 밖에 통과하지 못한다. 이와 같은 권선을 다중권이라 하고 $m = 2$의 경우를 2중권(duplex winding)이라 한다. m중권에서는 병렬회로 수가 브러시 수의 m배가 된다.

3. 단구권(singly re-entrant winding)과 **복구권**(multiply re-entrant winding) 그림 2.23은 환상권선의 2중권선을 나타낸 것이다.

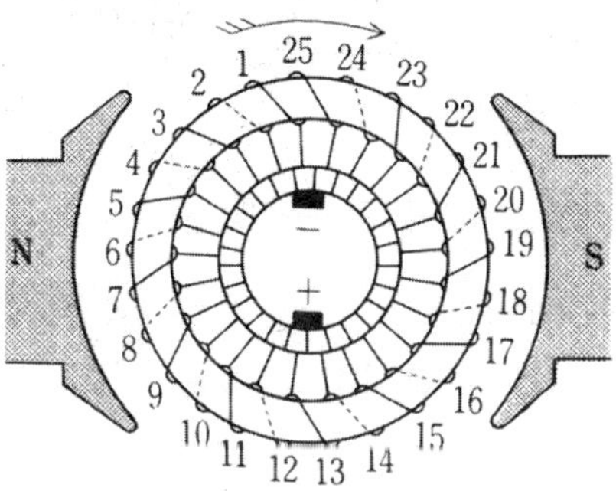

(a) 단구 2중권

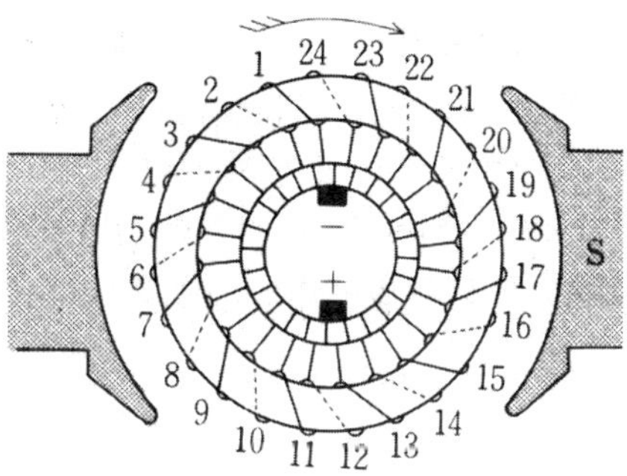

(b) 복구 2중권

그림 2.23 환상 2중권

그림 (a)에서는 1번 코일부터 시작하여 홀수번호의 코일만 따라가고, 전기자를 1회 주회하여 25에 도달하면, 짝수번호의 코일에 접속하고 다시 한 번 주회하여 처음으로 돌아간다. 이와 같이 전체에서 1개의 폐회로권이 된 것을 단구권이라 한다. 그림 (b)에서는 홀수번호 코일만의 폐로권의 사이를 연결한 짝수번호 코일의 폐로권이 있다. 이와 같이 여러 개의 독립된 폐로권의 집합을 복구권이라 한다.

4. 병렬권 중권은 많은 병렬회로를 만들기 때문에 병렬권이라고도 한다.

극수를 $2p$, 병렬회로 수를 $2a$로 두면, 다음의 관계가 있다.

$$\text{단중권 } 2a = 2p, \quad m\text{중권 } 2a = 2pm \tag{2.3}$$

중권은 병렬회로 수가 많이 만들어져 저압대전류에 적당하다.

5. 중성축과 브러시수 그림 2.21에서 브러시에 접속되는 코일변은 자극 중간에 있어 기전력을 유도하지 않는다. 이와 같은 위치에 브러시를 둔 것을 중성에 브러시를 둔다고 한다. 이와 같은 위치의 수는 자극수와 같기 때문에, 중권에서는 자극수와 브러시수가 같은 것이다.

6. 중권의 조건식 중권에서는 다수의 병렬회로를 만들지만, 각각의 병렬회로의 기전력과 저항을 평형시키기 위해서는 다음과 같은 조건이 만족되어야 한다.

$$Z = \text{전기자 도체 총 수}, \quad w = \text{코일 1개 내의 권수}$$

$$N_s = \text{슬롯수}, \quad k = \text{정류자편 수}, \quad 2p = \text{극수}$$

라 하면, 코일변의 수는 Z/w, 코일 수는 $Z/2w$이 되기 때문에

$$k = Z/2w, \quad N_s/p = \text{정수}, \quad k/p = \text{정수} \tag{2.4}$$

이며, 뒷피치 y_b는 가능한 $k/2p$에 가까운 값을 선택한다.

7. 균압결선 위에 서술한 것과 같은 조건을 만족하는 중권을 사용해도 공극과 자극의 자기저항의 불균형으로 인해 각 병렬회로의 기전력에 불평형이 발생된다. 이때 브러시를 통해 순환전류가 발생되면 브러시에 불꽃이 발생되거나 전기자에 국부적으로 과열이 발생되기도 한다. 이를 방지하기 위해서는 그림 2.24에 나타낸 권선의 등전압이 되는 점을 저항이 작은 도선으로 접속하여 순환전류가 브러시를 통하지 않게 하고 이 도체를 통해서 흐르게 하면 된다. 이와 같은 접속을 **균압결선**(equalizing connection) 또는 **균압환**(equalizer, equalizing ring)이라 한다.

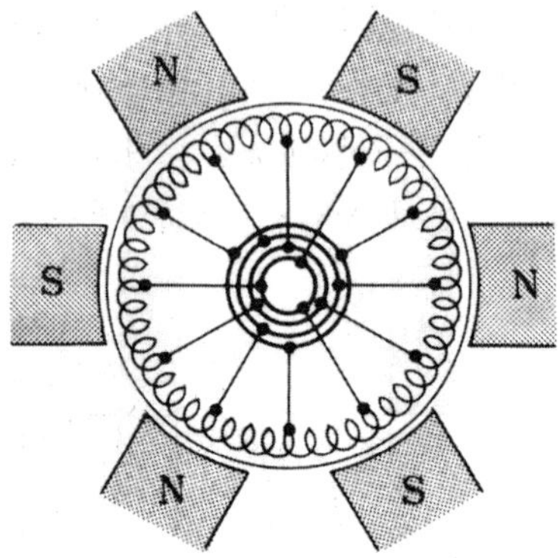

그림 2.24 균압 접속

2.4.4 파권

1. 파권의 접속법 그림 2.25는 파권의 한 예를 나타낸 권선도이다. 이와 같은 경우에는 뒷피치 $y_b = 6 - 1 = 5$, 앞피치 $y_f = 10 - 6 = 4$, 합성피치 $y = 5 + 4 = 9$로 되어있다. 이와 같이 파권에서는 합성피치가 크고 대부분이 극피치의 2배가 된다.

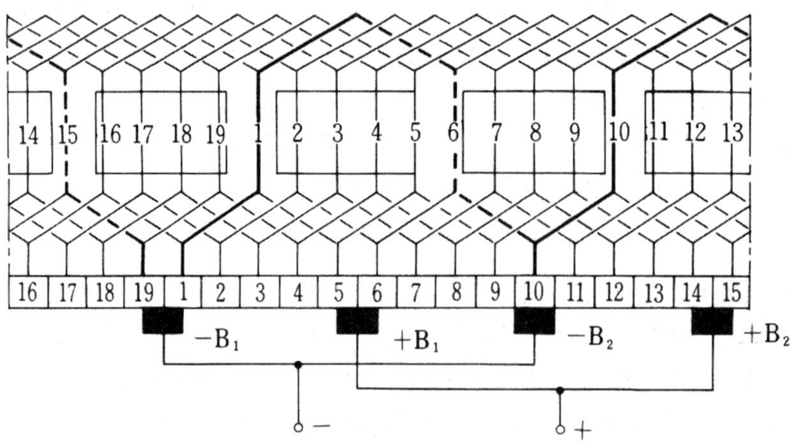

그림 2.25 파권의 권선도

2. 직렬권 파권에서는 극수에 관계없이 단 2개의 병렬회로가 만들어진다. 그림 2.25에서 $-B_1$의 브러시에서 오른쪽으로 약 5번 이동하면 전체 코일의 절반의 수를 지나 $+B_1$브러시에 도달하며, 왼쪽으로 약 5번 이동하면 남은 절반의 수 코일을 지나 $+B_1$브러시에 도달한다. 그림 2.26은 이를 나타내는 것이다. 따라서

$$2a = 2 \text{ (단중 파권)} \tag{2.5}$$

브러시는 중성축에 위치하기 때문에 브러시 $-B_1, +B_1$ 혹은 브러시 $-B_2, +B_2$를 설치해도 브러시 $+B_1$과$+B_2$ 또는 $-B_1$과$-B_2$사이에는 거의 전압차가 없기 때문에 각각을 병렬로 해도 무방하며, 또 $-B_1, +B_1$만을 남기고 다른 것을 생략해도 된다.

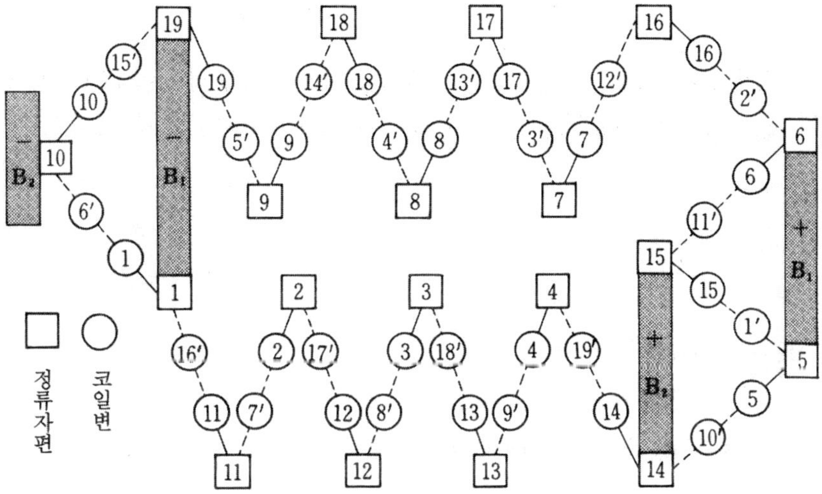

그림 2.26 파권의 회로(직렬권)

이와 같이 파권에서는 병렬회로가 2개밖에 없기 때문에, 직렬에 접속되는 코일 수가 많아지기 때문에, 직렬권이라고도 불린다. 따라서 파권은 고전압, 저전류에 적합하다. 또, +, −의 브러시 사이에 접속된 코일은 모든 극 내에 분포되어있기 때문에 병렬회로의 기전력은 평활되며 균압환은 불필요하다.

3. 파권의 조건식

$$N_s = \text{슬롯수}, \quad k = \text{정류자편 수}, \quad y = \text{합성피치}, \quad 2p = \text{극수}$$

로 두면 단중 파권에서는 코일 1부터 출발하여 합성피치 y의 코일을 p개 통과시킨 후의 코일인 k에 도달하기 때문에 다음 식이 성립한다.

$$N_s = k = py \pm 1, \quad y = \frac{k \mp 1}{p} \text{(단중 파권)} \tag{2.6}$$

이것을 적당하게 뒷피치 y_b와 앞피치 y_f에 분배한다.

여기서 p, y는 정수이기 때문에 k 및 N_s는 윗 식에 의해 한 제한을 받게 된다. 그림 2.25의 경우는 $p = 2$, $y = 9$이므로 $N_s = k = 19$가 된다.

파권에서도 다중권을 만들 수 있다. 그것은 식 (2.6)에서 1 대신에 m을 둔 경우이다. 같은 슬롯 내에 u열 코일을 나란히 나열한 경우를 생각하면 다음 식을 얻을 수 있다.

$$k = uN_s = py \pm m, \quad y = \frac{uN_s \mp m}{p} \quad (m\text{중 파권}) \tag{2.7}$$

m중 파권에서는 병렬회로 수가 다음 식으로 얻어진다.

$$2a = 2m \quad (m\text{중 파권}) \tag{2.8}$$

파권에서도 다중권인 경우에는 균압환이 필요하게 된다.

식 (2.7)이 정수가 되지 않는 경우에는 x개 코일을 사용하여

$$y = \frac{uN_s - x \mp m}{p} \quad (m\text{중 파권}) \tag{2.9}$$

이 정수가 되게 한다. 사용한 x개 코일은 평활을 유지하기 위해 남겨두게 되지만, 전기적으로는 이용되지 않기 때문에 **더미코일**(dummy coil)이라 한다. 이 경우 정류자편수는

$$k' = uN_s - x \tag{2.10}$$

을 만족한다.

2.5 직류기 이론

2.5.1 자기회로(magnetic circuit)

직류기의 자기회로는 그림 2.27에 화살표로 나타낸 것과 같이 공극, 전기자 치, 전기자철심, 전기자 치, 공극, 주자극, 계철, 주자극순으로 흐른다.

이 자기회로에 자속 Φ[Wb]가 흐르게 하기 위해 필요한 기자력 AT를 얻으려면 우선, 각 부분에 필요한 기자력을 계산하여 이를 합산하면 된다. 단, 각 자극에 대해서 상부의 자기회로 절반을 생각하면 된다.

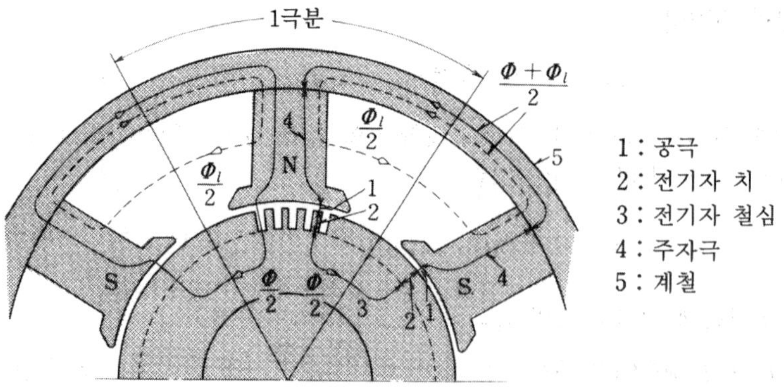

그림 2.27 직류기의 자기회로

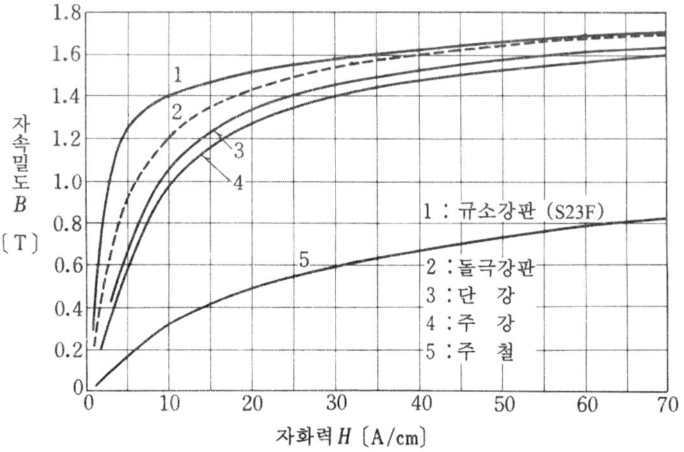

그림 2.28 철의 자화특성 곡선

1. 철의 각 부분에서 요하는 기자력 철의 각 부분을 흐르는 자속과 그 단면으로부터 자속밀도 B [T]를 산출하여 그림 2.28에 나타낸 것과 같이, 각 부분 재료의 자화곡선으로부터 이 B에 상응하는 자화력 at [A/cm]를 구하여 이것에 각 부분의 자기회로 길이 l [cm]을 곱하여 필요한 기자력 AT_m 을 산출하고, 이것을 합산하면 된다.

$$AT_m = atl\,[\mathrm{A}] \tag{2.11}$$

단, 주자극 철심과 계철에는 그림 2.27에 나타낸 것과 같이 공극을 통해 흐르는 주자속 Φ 외에 Φ_l로 나타낸 **누설자속**(leakage flux)이 흐르는 것을 고려해야 한다.

$$\Phi + \Phi_l = \sigma\Phi\,(\sigma = 1.1\sim1.3) \tag{2.12}$$

로 두고, 계수 σ를 **누설계수**(leakage coefficient)라 부른다.

주자극에는 $\sigma\Phi$, 계철에는 (1/2) $\sigma\Phi$가 흐르도록 하여 계산한다.

2. 공극에서 요하는 기자력 공극에서 필요한 기자력 AT_g는 다음 식으로부터 얻어진다.

$$AT_g = 8\times10^5 B_g k_c \delta\,[\mathrm{A}] \tag{2.13}$$

δ [m]는 공극의 길이, B_g는 슬롯의 존재를 무시하고 계산한 공극의 자속밀도, k_c는 슬롯의 영향을 고려하기 위한 계수이다. 이 k_c는 카터의 연구에 의해 얻어진 것으로 **카터 계수**(Carter's coefficient)라 불리며, 개방 슬롯에 대해서는 다음과 같은 식으로 얻어진다.

$$k_c = \frac{t}{t-\gamma\delta}, \quad \gamma \fallingdotseq \frac{(s/\delta)^2}{5+(s/\delta)} \tag{2.14}$$

단, δ, t, s는 그림 2.29에 나타낸 치수이다.

3. 전체 기자력 전체 기자력 AT [A]는 다음과 같은 식으로 얻어진다.

$$AT = 8\times10^5 B_g k_c \delta + \Sigma atl\,[\mathrm{A}] \tag{2.15}$$

이 기자력을 발생시키도록 여자전류와 여자권선의 권수를 정하면 된다.

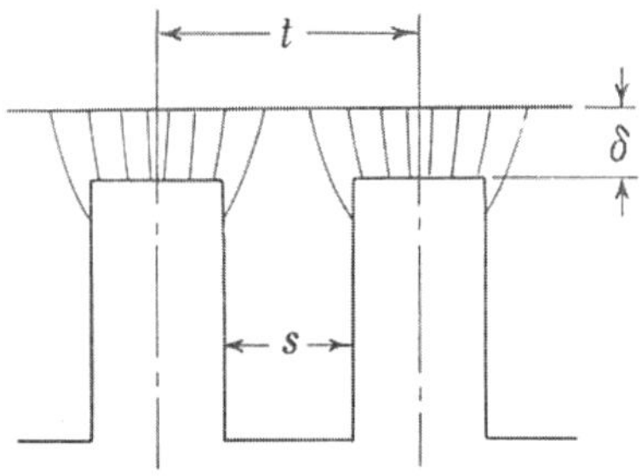

그림 2.29 치 끝의 자속

2.5.2 전기자 반작용(armature reaction)

1. 전기자 작용 전기자권선에 전류가 흐르지 않으면, 상기의 기자력에 의해 공극에서 발생하는 자속은 그림 2.30(a)에 나타낸 것과 같은 분포를 갖는다. 즉, 자극편 내에서는 자속밀도가 거의 일정하고 자극의 중간에서는 0이 된다. 그 자속밀도가 0이 된 위치를 nn′으로 표현하고 이것을 **기하학적 중성축**이라 한다. 전기자권선은 실제로는 2층권으로 되어 있지만, 여기에서는 간단하게 1층권으로 그려 놓았으며 브러시가 직접 도체에 접해있도록 나타내었다.

전기자를 화살표 방향으로 회전시키면, 그림 (b)에 ⊗⊙으로 표시된 방향으로 기전력이 발생하며, 발전기라면 기전력과 같은 방향으로, 전동기라면 기전력과 역방향으로 전류가 흐른다. 그림 (b)는 브러시를 중성축으로 둔 경우 도체 내의 전류분포를 나타낸다.

이 전류에 의한 기자력 분포는 그림 2.31에 나타낸 것과 같은 계단형 곡선으로 표현되지만, 직류기는 도체수가 많기 때문에 기자력 분포를 그림 2.30(b)의 점선으로 나타내어도 된다. 이 전기자전류에 의한 기자력에 의해 공극에서 발생하는 자속 분포는 그림 2.30(b)의 굵은 선과 같이 된다. 전기자 기자력이 최대가 되는 중성축에 가까운 곳에서는 자기저항이 크기 때문에 자속밀도는 오히려 작게 된다.

실제로 발전기가 부하전류를 흘려준 경우의 자속분포는 그림 2.30(c)와 같다. 이것은 그림 2.30(a)와 2.30(b)의 자속분포를 합성한 것으로, 자속이 회전방향으로 이동하면 주자극의 앞단 L, L′ 근처에서 자속밀도는 최대가 된다. 또, 기하학적 중성축에서 회전방향으로 약간 앞선 위치에서 자속밀도가 0이 된다. 이 위치를 **전기적 중성축**이라 한다. 브러시의 불꽃을 적게 하기 위해서는 브러시를 전기적 중성축으로 옮기면 된다.

그림 2.30(d)는 전기자의 회전방향이 동일하고, 전동기로서 운전하고 있는 경우의 전기자전류에 의한 기자력과 자속의 분포를 나타낸 것이며, 그림 2.30(e)는 실제 전동기가 운전하고 있을 때의 공극자속분포를 나타낸다.

이 경우에는 주자극의 뒷단 T, T′ 근처에서 자속밀도가 최대가 되고 전기적 중성축이 회전방향에 뒤진 위치로 이동한 것을 알 수 있다. 따라서 불꽃을 적게 하기 위해서는 발전기라면 회전방향으로 브러시를 앞서게 하고, 전동기라면 반대로 뒤지게 하면 된다.

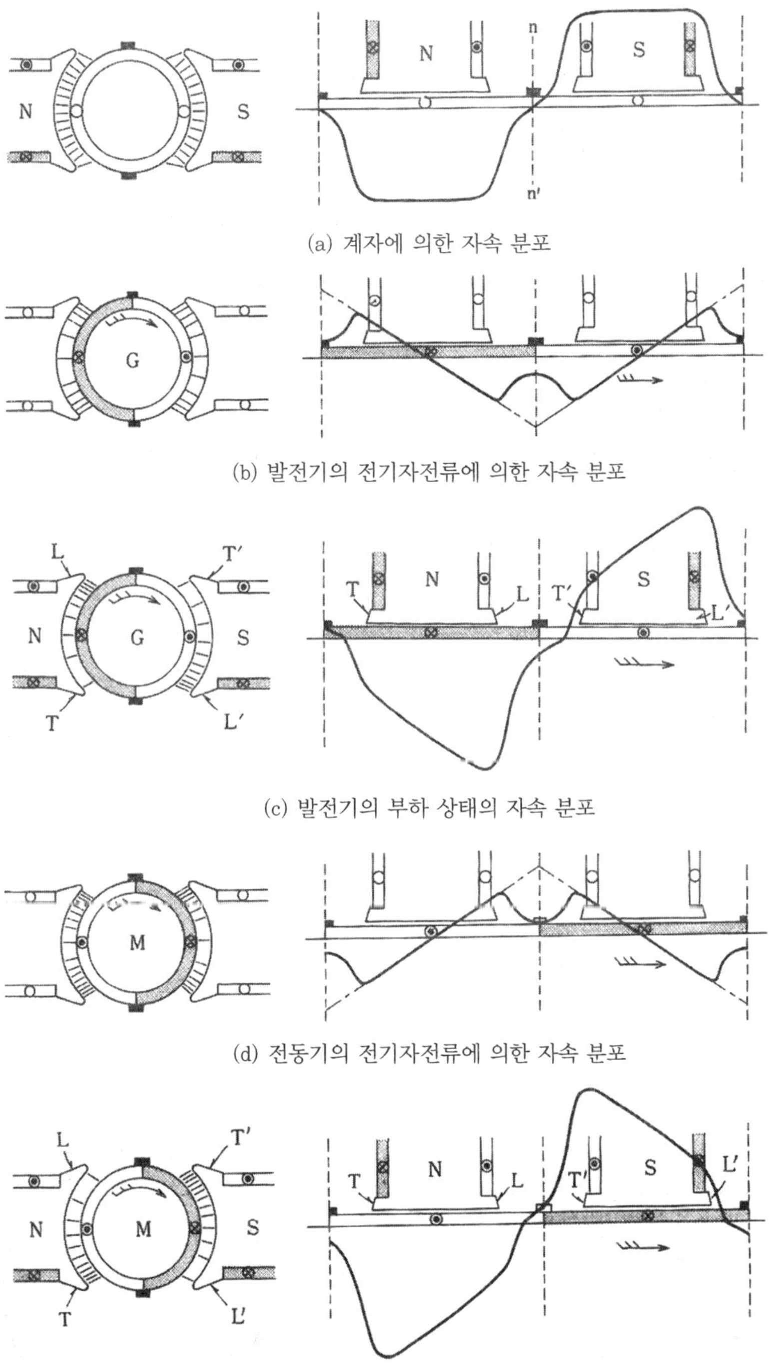

(a) 계자에 의한 자속 분포

(b) 발전기의 전기자전류에 의한 자속 분포

(c) 발전기의 부하 상태의 자속 분포

(d) 전동기의 전기자전류에 의한 자속 분포

(e) 전동기의 운전 상태의 자속 분포

그림 2.30 전기자 반작용의 설명

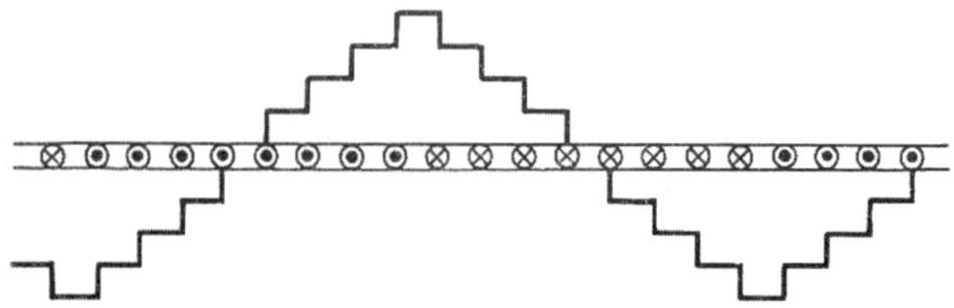

그림 2.31 전기자전류에 의한 기자력 분포

이와 같은 전기자전류가 주자극에 의한 자속분포를 나타내는 영향을 총칭하여 전기자 반작용이라 한다. 전기자 반작용에 동반하는 현상은 다음의 3가지이다.

(1) 전기적 중성축이 이동한다.

(2) 주자속이 감소한다.

(3) 정류자편 사이의 전압이 불균일하게 되어 국부적으로 전압이 높게 된다.

자극편의 한쪽 끝에서는 자속이 증가하고 다른 쪽 끝에서는 자속이 감소하지만, 자속의 증가는 자기포화에 의해 영향을 받기 때문에, 공극자속이 감소하게 되는 것이다. 그림 2.32는 이 관계를 설명한 것이다.

그림 2.32의 곡선 Oas 는 직류기의 주자극 기자력과 자속 Φ와의 관계를 나타낸 것으로 **자화곡선**(magnetization curve)이라고 불린다. 자극 내에는 자속밀도가 일정하고 자속 Φ와 자속밀도 B가 비례한다고 볼 수 있기 때문에, 자화곡선은 기자력 AT와 자속밀도 B와의 관계를 나타낸다고 생각할 수 있다. 주자극의 기자력을 $\overline{OA}$, 전기자전류 기자력의 최대치를 $\overline{A_1A} = \overline{AA_2}$로 하면, 자극의 양단에 있어서의 합성 기자력은 $\overline{OA_1}, \overline{OA_2}$로 표현된다.

전기자전류가 없으면 자극 내 자속분포는 변함이 없기 때문에 장방형 A_1dbA_2의 면적으로 전체 자속을 나타낼 수 있다. 전기자 반작용이 발생하면 자속밀도의 분포는 곡선 eac로 변하게 되며, 자속의 증가분을 나타낸 면적 acb는 자속의 감소분을 나타낸 면적 aed보다 작기 때문에 자속은 감소하게 된다.

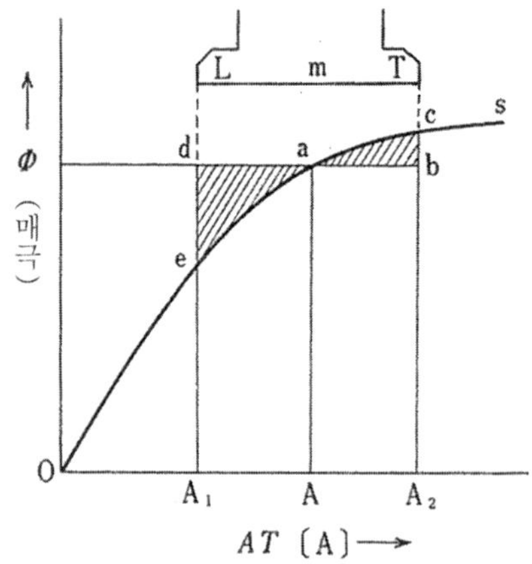

그림 2.32 주자속의 감소

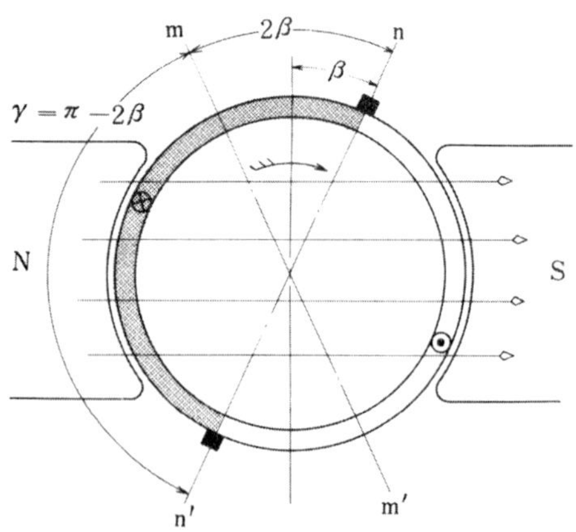

그림 2.33 직축 및 교차기자력

2. 브러시가 중성축에서 이동하는 경우 브러시를 기하학적 중성축에서 각 β만큼 이동시키면, 전기자전류 분포는 그림 2.33과 같이 된다. 브러시축 nn′과 대칭축 mm′을 고려하면, nn′과 mm′사이의 각 2β에 포함되는 도체는 주자극의 기자력과 역방향 기자력을 만든다. 이것을 **직축 기자력**(direct-axis magnetomotive force)이라고 하며, **감자작용**을 갖고 있다.

또, 남은 도체는 각 $\gamma = \pi - 2\beta$의 안에 있고, 이것은 그림 2.30(b)와 같도록 기하학적 중성축의 방향으로 최대치를 갖는 기자력 분포를 발생한다. 이와 같은 기자력을 **교차 기자력**(cross magnetomotive force)이라 한다.

Z = 전기자의 도체총수, I_c = 각 도체에 흐르는 전류, $2p$ = 극수

로 두면 교차 기자력의 최대치 AT_c와 직축 기자력 AT_d는 다음과 같은 식으로 얻어진다.

$$\left.\begin{aligned} AT_c &= \frac{ZI_c}{2\times 2p}\cdot\frac{\pi-2\beta}{\pi} \quad [\text{A/매극}] \\ AT_d &= \frac{ZI_c}{2\times 2p}\cdot\frac{2\beta}{\pi} = \frac{ZI_c}{2p\pi}\beta \quad [\text{A/매극}] \end{aligned}\right\} \tag{2.16}$$

브러시가 기하학적 중성축에 있는 경우에는 $\beta = 0$으로 다음과 같이 된다.

$$AT_c = \frac{ZI_c}{4p},\quad AT_d = 0 \tag{2.17}$$

이 경우 교차 기자력만 발생하지만 이전에 서술한 감자작용을 갖게 된다.

3. 정류자편 간 전압의 불균일 전기자 반작용에 의해 자속분포가 같아지지 않으면 전기자코일에 발생하는 기전력의 크기도 균일하지 못하게 되어 자속밀도가 높은 부분에 있는 코일에는 높은 기전력이 발생하여 이 부분의 정류자편에 불꽃이 발생하고 결국에는 다른 극 브러시 사이의 단락, 즉 **섬락**(flashover)을 일으키는 경우가 있다.

이것을 방지하기에는 2.3.1절의 5에서 서술한 것과 같이 보상권선을 설치하여 전기자 반작용을 없애도록 하면 된다. 단, 보상권선을 이용하는 경우에는 브러시를 기하학적 중성축에 둔다.

2.5.3 전기자 유도기전력

전기자 반작용을 무시하면 전기자주변의 자속분포는 1극만을 생각하면 그림 2.34(a)의 곡선 B로 표현된다. 평균 자속밀도는 곡선 B와 가로축을 둘러싸는 면적과 같은 면적을 갖게 하는 그림과 같은 장방형의 높이가 된다.

이 자속을 끊고 길이 l [m]의 전기자도체가 일정속도 v [m/s]로 운동할 때 도체에 발생되는 기전력의 시간에 대한 파형은 그림 (b)의 곡선 e와 같은 자속밀도의 공간분포곡선 B와 같은 형태이다. 따라서 기전력의 평균치 e_a는 다음과 같은 식으로 얻어진다.

$$e_a = vB_a l \tag{2.18}$$

D : 전기자 직경 [m], $2p$: 극수, Φ : 매극의 자속 [Wb]
n : 매초 회전수 [s^{-1}], Z : 도체총수, $2a$: 브러시 사이의 내부 병렬회로 수

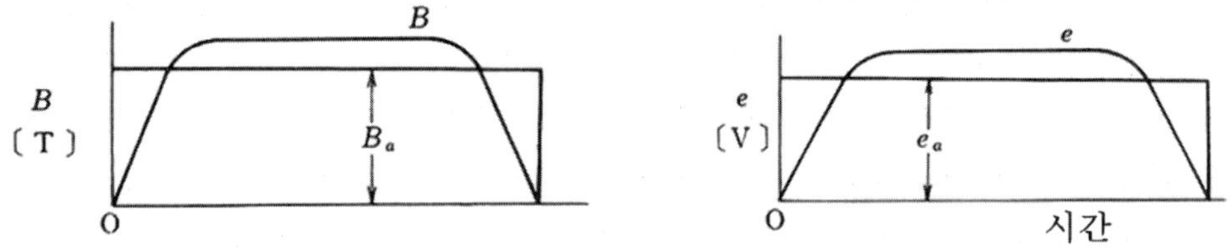

(a) 1극에서의 자속밀도분포　　(b) 전기자 유도기전력의 파형

그림 2.34 전기자 유도기전력

로 하면 전기자가 1회전하면 도체는 πD 만큼 움직이기 때문에 회전속도는

$$v = \pi D n \ [\mathrm{m/s}] \tag{2.19}$$

이 된다. 이것을 식 (2.18)에 대입하면 다음과 같은 식을 얻을 수 있다.

$$e_a = \pi D n B_a l \ [\mathrm{V}] \tag{2.20}$$

윗 식에 의해 $\pi D l$은 전기자 주변의 전체 표면적이기 때문에 1극당 면적은 $\pi Dl/2p$로 되어 다음과 같이 된다.

$$B_a = \Phi/(\pi Dl/2p) = 2p\Phi/\pi Dl \tag{2.21}$$

이것을 식 (2.20)에 대입하면 다음 식을 얻는다.

$$e_a = 2pn\Phi \ [\mathrm{V}] \tag{2.22}$$

브러시 간의 직렬에 접속된 도체는 $Z/2a$개 있고, 모두 동일한 기전력을 발생시키기 때문에 단자 간의 기전력 E [V]는 다음과 같은 식으로 얻어진다.

$$E = \frac{Z}{2a} \cdot e_a = \frac{Z}{2a} \cdot 2pn\Phi = \frac{p}{a} Z n \Phi \ [\mathrm{V}] \tag{2.23}$$

이것이 직류기의 유도기전력을 나타내는 기본식이다.

단중권에서는 중권이라면 $p/a = 1$이 되고, 파권이라면 $p/a = p$가 된다.

전기자전류를 I_a [A], 전기자저항을 R_a [Ω]으로 두면, 발전기는 유도기전력 E로부터 저항강하 R_aI_a를 뺀 것이 단자전압 V가 되기 때문에 다음과 같이 된다.

$$E = V + R_aI_a \ [\mathrm{V}] \ (\text{발전기}) \tag{2.24}$$

전동기는 단자전압 V로부터 저항강하 R_aI_a를 뺀 것이 유도기전력 E가 되기 때문에 다음과 같은 식으로 된다.

$$E = V - R_aI_a \ [\mathrm{V}] \ (\text{전동기}) \tag{2.25}$$

전기자 반작용이 발생하면 유도기전력은 윗 식의 값보다 감소한다.

2.5.4 토크(torque)

평균 자속밀도 B_a [T]의 자계 내에 둔 길이 l [m]의 도체에 전류 I_c [A]가 흐르면 그림 2.35와 같이 도체에는 다음과 같은 식으로 표현된 힘 F [N]이 작용한다.

$$F = I_c B_a l \text{ [N]} \tag{2.26}$$

브러시가 기하학적 중성축에 있으면 각 도체에 작용하는 토크 τ [Nm]는 각 자극 내에 동일한 방향으로 있으며

$$\tau = \frac{D}{2}F = \frac{D}{2} I_c B_a l \text{ [Nm]} \tag{2.27}$$

로 표현된다. 따라서 모든 도체에 의한 전체 토크 T [Nm]는

$$T = Z\tau = \frac{Z}{2} D I_c B_a l \text{ [Nm]} \tag{2.28}$$

이 된다. 또, 전기자전류를 I_a, 병렬회로 수를 $2a$로 두면

$$I_c = \frac{I_a}{2a} \tag{2.29}$$

이다. 식 (2.28)에 식 (2.29)와 식 (2.21)을 대입하면

$$T = \frac{1}{2\pi} \cdot \frac{p}{a} Z\Phi I_a \text{ [Nm]} \tag{2.30}$$

이 된다. 즉, 직류기의 토크는 자속 Φ와 전기자전류 I_a와의 곱에 비례한다.

전동기의 경우는 이것이 외부의 부하를 운전하는 토크를 나타내며, 발전기의 경우는 원동기로부터 공급받은 토크를 나타낸다.

식 (2.30)의 토크의 원래 속도 n [s^{-1}]로 회전하고 있을 때 식 (2.23)에 나타낸 것과 같이 $E = (p/a)Zn\Phi$의 기전력을 발생하기 때문에 식 (2.30)의 $(p/a)Z\Phi$는 E/n으로 표현되며 식 (2.30)은

$$T = \frac{EI_a}{2\pi n} = \frac{P}{\omega} \text{ [Nm]} \tag{2.31}$$

이 된다. 여기에서 P [W]는 변환전력, $\omega = 2\pi n$ [rad/s]은 각속도이다.

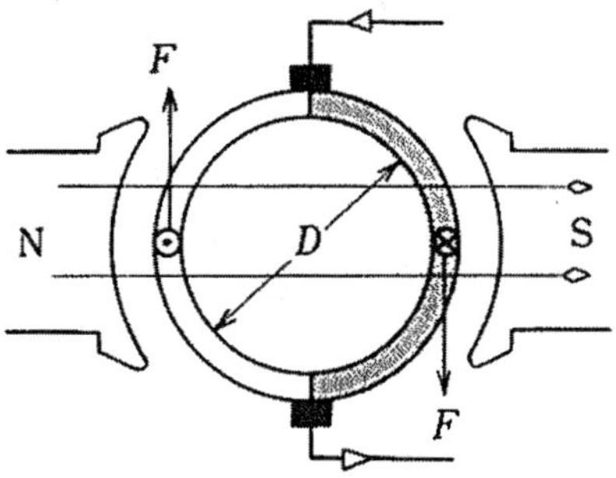

그림 2.35 전기자권선의 도체에 작용하는 힘

2.6 정류

2.6.1 정류

직류기는 전기자권선에서 발생하는 교류를 정류자에 의해 직류로 바꾸지만, 정류할 때 브러시 부분에서 불꽃이 발생하여 정류자가 손상될 위험이 있다. 이 불꽃을 방지하고 양호한 정류를 하기 위하여 여러 방법이 사용된다.

2.6.2 정류작용

그림 2.36은 정류할 때 코일 내 전류의 방향이 반전되는 상황을 나타낸 것이다. 그림 (a)에 의해 전기자가 화살표 방향으로 회전할 때 코일이 bb′의 위치로부터 브러시 밑을 지나 dd′의 위치로 이동할 때 코일 내 전류방향이 반전되지 않으면 안 된다.

그림 (b)에서는 브러시가 정류자편 5에만 접촉하고 있다. 이때, 굵은 선으로 표기한 코일 4－7′을 흐르는 전류 I_c와 코일 8′－5를 지나는 전류 I_c와의 합 $2I_c$가 정류자편 5를 지나 브러시를 통과한다.

그림 (c)는 전기자가 약간 오른쪽으로 이동하고 브러시가 정류자편 4,5의 중앙에 있을 때를 나타낸 것이다. 이때는 굵은 선으로 표기한 코일 4－7′의 전류는 0이 되고, 코일 3－6′을 흐르는 전류 I_c가 정류자편 4를 지나며, 코일 8′－5를 지나는 전류 I_c는 정류자편 5를 지나고, 두 전류의 합 $2I_c$가 브러시를 흐른다.

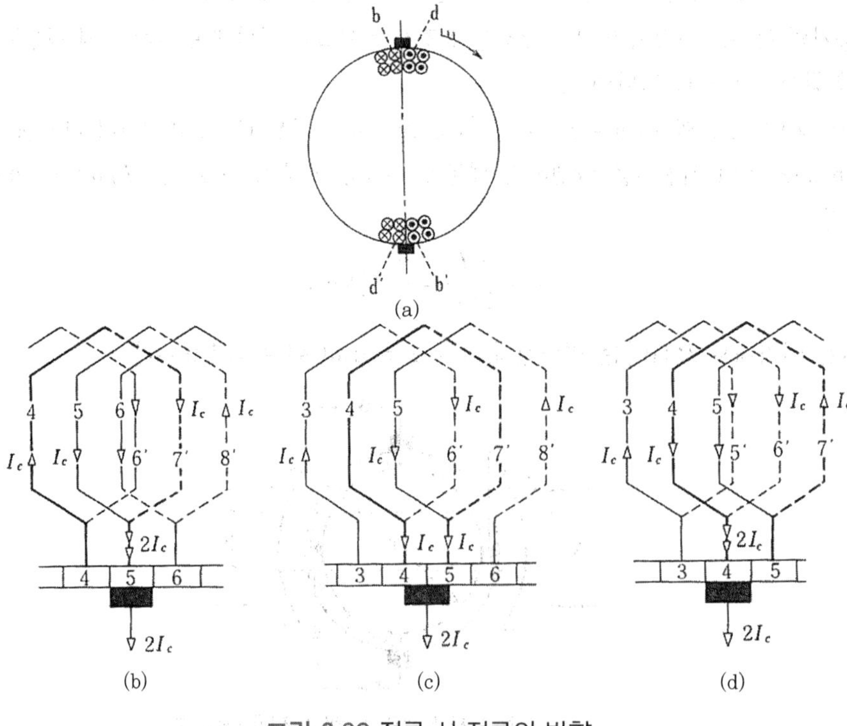

그림 2.36 정류 시 전류의 방향

그림 (d)는 전기자가 이미 오른쪽으로 이동하고 브러시가 정류자편 4에만 접촉되어 있을 때를 나타낸다. 이때는 코일 $3-6'$을 흐르는 전류 I_c와 코일 $7'-4$를 흐르는 전류 I_c의 합 $2I_c$가 정류자편 4를 지나 브러시로 흐른다.

그림 (b)와 그림 (d)에서는 굵은 선의 코일 $7'-4$ 내의 전류 방향이 반전하고 있다. 코일 내의 전류는 반전되지만 브러시를 통해 외부에 흐르는 전류의 방향은 변하지 않는다. 이것이 즉, 정류작용이다.

2.6.3 정류시간(commutating period)

그림 2.37에 나타난 것과 같이 정류자편은 두께 δ [m]의 운모로 절연시켜 주고 브러시 두께를 b [m]로 둔다. 브러시가 그림과 같은 정류자편 5에만 접해있는 위치로부터, $b-\delta$만 정류자가 오른쪽으로 이동하면 브러시가 정류자편 5를 벗어나 정류자편 4에만 접속되게 되어 그 사이 정류자편 4, 5에서 단락된 코일의 정류가 일어난다. 정류자 주변속도를 v_c [m/s]로 하면, 위에서 서술한 정류가 일어나는 시간 T_c [s]는 다음 식으로 얻어지며 이것을 정류시간이라 한다.

$$T_c = \frac{b-\delta}{v_c} \ [\mathrm{s}] \tag{2.32}$$

$b-\delta = 0.01\,\mathrm{m}$, $v_c = 10\,\mathrm{m/s}$로 하면 $T_c = 0.001\,\mathrm{s}$이 되기 때문에 정류시간은 극히 짧다.

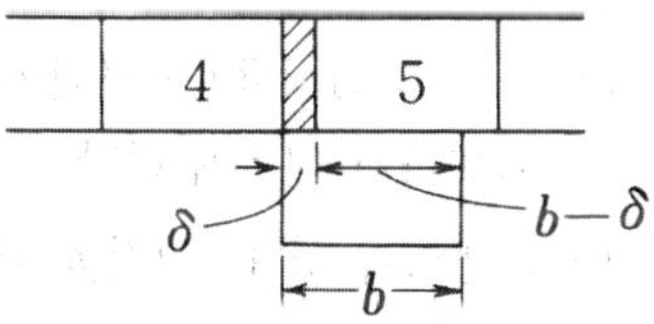

그림 2.37 정류시간

2.6.4 정류곡선(commutating curve)

정류를 거친 코일에서는 그 전류 i가 그림 2.38에 나타낸 것과 같이 정류시간 T_c 동안 $+I_c$에서 $-I_c$로 (또는 $-I_c$에서 $+I_c$로) 변화한다. 이 전류변화를 나타낸 곡선을 정류곡선이라 한다.

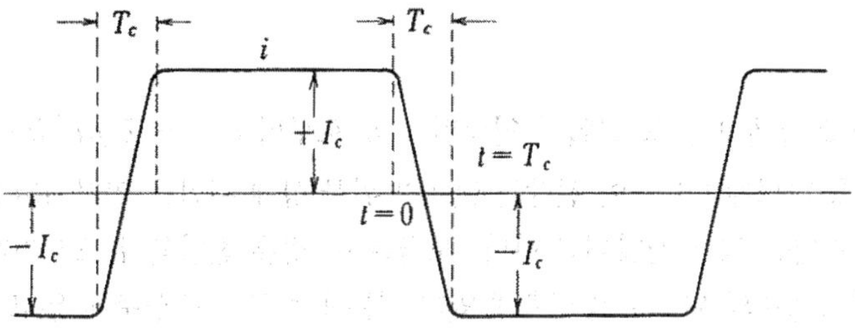

그림 2.38 코일 내의 전류변화

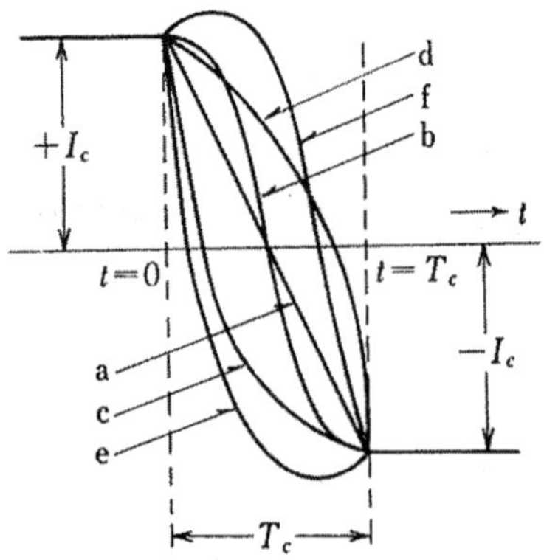

그림 2.39 정류곡선

그림 2.38에서는 정류시간 내 전류 i의 변화를 직선으로 나타내었지만 실제로는 그림 2.39와 같이 여러 종류의 곡선을 얻게 된다.

1. 직선 정류 그림 2.39 곡선 a는 전류 i가 직선적으로 변화하는 것으로 직선 정류라 하며 정류를 논할 때 기준이 되는 값이다.

2. 정현파 정류 곡선 b는 전류 i의 변화가 정현파로 나타낸 것으로 정현파 정류라고 부른다. 정류 시작점($t=0$)과 종료점($t=T_c$)에 전류 i의 변화가 완만하게 되기 때문에 브러시의 앞단, 뒷단에 불꽃의 발생을 막을 수 있다.

3. 부족 정류(under commutation) 그림 2.39의 곡선 d와 f는 전류 i의 변화가 늦고 정류 종료점($t=T_c$) 근처에서 전류 i가 급변하기 때문에 단락된 코일의 인덕턴스에 보다 큰 전압이 발생하고 브러시의 뒷단에 불꽃이 발생되기 쉽다. 이것을 부족 정류라 한다.

4. 과정류(over commutation) 그림 2.39의 곡선 c와 e는 전류 i의 변화가 매우 빨라 정류 시작점($t=0$) 가까이에서 전류가 급변하기 때문에 큰 전압을 발생시키며 브러시의 앞단에 불꽃을 발생시키기 쉽다. 이것을 과정류라 한다.

5. 스파크리스 정류(sparkless commutation) 결국, 정류곡선에서 곡선 a 또는 b의 형태가 이상적이며 불꽃이 발생하지 않기 때문에 스파크리스 정류라 한다.

식 (2.32)로부터 알 수 있는 것처럼 정류자 주변속도가 크게 되면 T_c는 작아지고 전류 i의 변화가 빠르게 일어나기 때문에 정류가 곤란하게 된다.

2.6.5 보극

정류를 거친 코일에서는 그 코일의 인덕턴스 L 로부터 $e_r = -L(di/dt)$의 리액턴스 전압이 유도되고 정류를 나쁘게 한다. 이 전압을 없애기 위한 상쇄 전압을 인가시켜주면 직선 정류가 된다. 이와 같은 전압을 정류 전압이라 한다. 보극은 이 정류 전압을 유도시키기 위한 소자극이다.

정류를 거친 코일변의 위치는 중성축에 있기 때문에 보극은 중성축에 두고, 보극권선은 전기자 전류로 여자한다. 보극의 극성은 그림 2.40에 나타난 것과 같다.

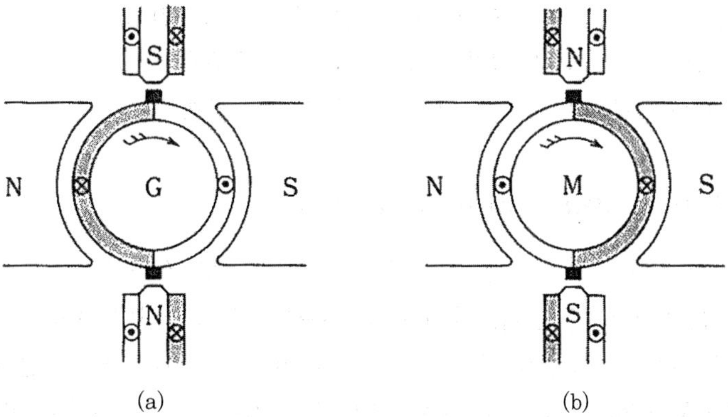

그림 2.40 보극의 극성

보극의 작용은 인덕턴스에 의해 전류 변화가 늦어지는 것을 방지하기 위한 것이다. 발전기에서는 전기자의 유도기전력과 전류가 같은 방향이기 때문에 전류의 변화를 촉진하기 위해서는 그림 (a)와 같이 보극의 극성을 다음에 오는 주자극과 같은 극성으로 하면 된다. 전동기의 경우에는 전기자의 유도기전력과 전류가 반대 방향이기 때문에 보극의 극성도 반대로 그림 (b)와 같이 하면 된다.

실제로는 전기자 반작용 때문에 기하학적 중성축 근처의 자속분포가 그림 2.30(c), (e)와 같은 형태로 되기 때문에 정류자계를 발생시키려면 우선 전기자 반작용을 없애고, 정류자계를 발생시키기 위한 기자력을 보극권선에 인가시켜야만 한다(그림 2.41 참조). 보상권선이 있는 경우에는 보상권선에 의해 전기자 반작용이 없어지기 때문에 보극의 기자력은 적게 해도 무방하다.

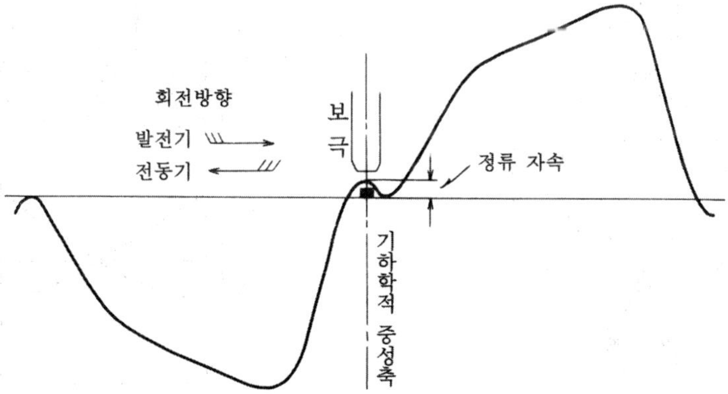

그림 2.41 보극이 있는 경우 공극에서의 자속분포

2.6.6 브러시의 이동

발전기의 경우에는 브러시를 중성축으로부터 회전방향으로 진행시키면 정류가 되는 코일이 다음의 주자극의 자속을 끊게 되어 정류가 촉진되기 때문에 보극이 없는 경우에는 적당히 브러시를 이동시키는 것이 좋다.

전동기의 경우에는 브러시를 회전방향과 반대로 이동시키면 된다.

그러나 부하전류가 증가되면 정류 전압도 증가하기 때문에 부하전류의 크고 작음에 따라 브러시의 위치를 바꾸지 못하면, 스파크리스 정류를 할 수 없게 된다.

2.6.7 보상권선(compensating winding)

보극을 설치함에 따라 정류를 양호하게 할 수 있지만, 전기자 반작용에 의한 주자극 내 자속분포의 일그러짐을 제거 할 수 없다. 이 때문에 정류자편 간의 전압이 현저하게 높아지고 정류자편 간에 불꽃이 발생하여 아크가 되며, 결국은 정류자 전면이 아크가 퍼지게 될 위험이 있다. 대용량의 기계와 속도조정범위가 넓은 직류전동기와 같은 경우에는 그 현상이 현저하게 나타난다.

이것을 피하기 위해서는 주자극의 자극편 부분에 슬롯을 만들어 그 내부에 절연시킨 권선을 넣고, 그림 2.42에 나타낸 것처럼 이것을 상대하는 전기자도체에 흐르는 전류와 반대방향의 전류를 흘려 전기자 기자력을 없애준다. 이 권선을 보상권선이라 한다(그림 2.6(a) 참조).

2.6.8 브러시 접촉면의 전압강하

직선 정류의 경우에는 브러시접촉면에 전류밀도가 항상 균일해 지기 때문에, 접촉면의 전압강하도 그림 2.43에 나타낸 것과 같이 각 부분이 동일하게 된다. 과정류의 경우에는 브러시 앞단의 전압강하가 크게 되며, 부족 정류의 경우에는 브러시 후단의 전압강하가 크게 된다.

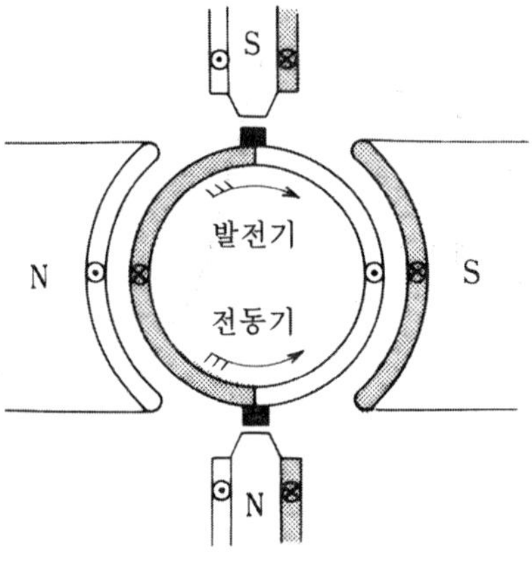

그림 2.42 보상권선의 위치 및 전류의 방향

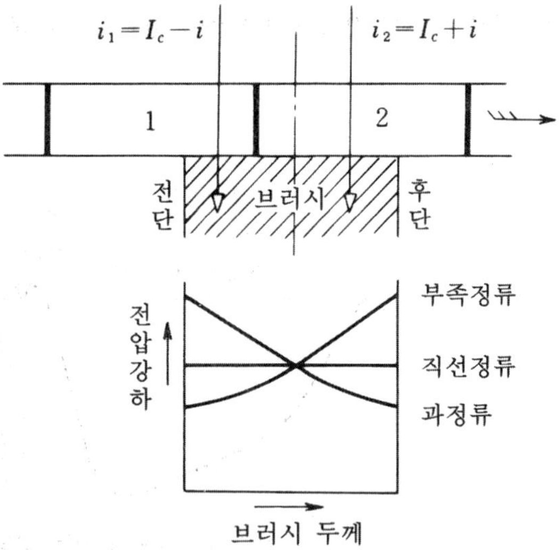

그림 2.43 브러시 밑에서 측정한 전압강하 곡선

2.7 직류발전기의 종류와 특성

2.7.1 직류발전기의 종류

여자방식에 의해 보통 직류발전기를 분류하면 다음과 같이 된다.

- 타여자발전기
- 자여자발전기
  - 분권발전기
  - 직권발전기
  - 복권발전기
    - 차동복권발전기
    - 화동복권발전기

2.7.2 발전기의 특성

발전기의 특성을 나타낸 경우에 기본이 되는 단위기호는

I_f : 계자전류 [A], I_a : 전기자전류 [A], I : 부하전류 [A]
E : 유도기전력 [V], V : 단자전압 [V], n : 회전속도 [s^{-1}]

등이 있지만, 이들 사이의 관계를 나타낸 곡선을 **특성 곡선**(charactoristic curve)이라 한다.

발전기는 정격 회전속도에서 운전되기 때문에 특성 곡선도 정격속도의 특성을 나타낸 것을 이용한다. 여기에서 정격이라는 것은 기기의 명판에 기재되어 있는 수치를 가리키는 것으로 생각하면 된다. 특성 곡선에는 다음과 같은 것이 있다.

1. 무부하 특성 곡선(no-load characteristic curve) 정격 회전속도, 무부하 상태에서 I_f와 V와의 관계를 나타내는 것으로 **무부하 포화 곡선**(no-load saturation curve)이라고도 불린다.

2. 부하 포화 곡선(load saturation curve) n, I를 정격치에 유지했을 때, I_f와 V와의 관계를 나타내는 곡선이다. I의 값으로 정격치의 3/4, 1/2 등을 이용하는 경우도 있다.

3. 외부 특성 곡선(external characteristic curve) 이것은 n, I, V가 정격치가 되도록 I_f를 조정한 후, 계자회로의 저항을 바꾸지 않고 I_f를 변화했을 경우에, I와 V와의 관계를 나타낸 것이다.

4. 전기자 특성 곡선(armature characteristic curve) 이것은 n, V를 일정하게 유지한 경우 I와 I_f와의 관계를 나타내는 곡선이다. 계자조정 곡선이라고도 한다.

이중에서, 무부하 포화 곡선과 외부 특성 곡선이 특히 중요하다.

2.7.3 타여자 발전기(separately excited generator)

1. 무부하 특성 곡선 그림 2.44는 타여자 발전기의 접속을 나타낸 것으로 유도기전력 E[V]는 식 (2.23)으로부터

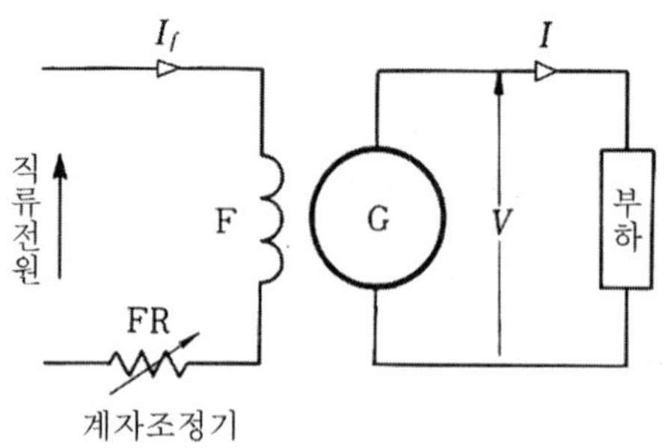

그림 2.44 타여자 발전기의 접속

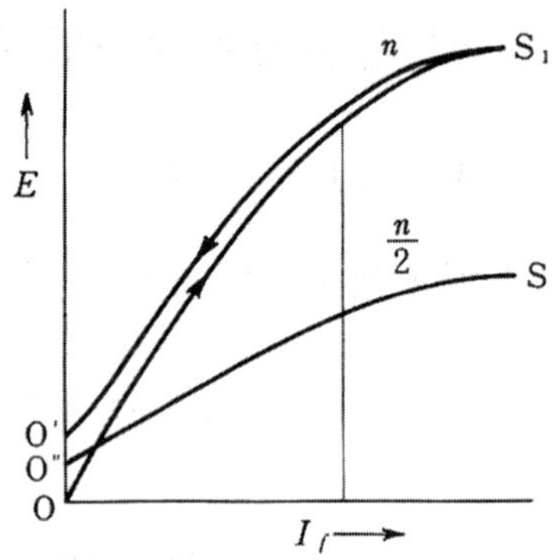

그림 2.45 타여자 발전기의 무부하 특성 곡선

$$E = \frac{p}{a} Zn\Phi = k\omega\Phi \ \ [\mathrm{V}] \tag{2.33}$$

여기서, $2p$: 극수, $2a$: 전기자의 병렬회로 수, Z: 전기자의 도체 총수,
n : 회전속도 $[\mathrm{s}^{-1}]$, Φ : 매극 자속 [Wb], $k = \frac{p}{a}Z$

무부하 때는 유도기전력이 그대로 단자전압이 된다.

여자전류 I_f를 0부터 서서히 증가시키면, 처음은 I_f에 비례해 Φ가 늘어나지만, 철심이 포화하게 되면 Φ의 증가는 한계점에 도달한다. 따라서 속도 n이 일정할 때 I_f를 0에서부터 증가시키면 그림 2.45의 OS_1과 같은 곡선과 같이 유도기전력 E가 변화한다. 또한, I_f를 최대치로부터 감소해 가면, E는 전의 곡선, OS_1보다 윗쪽의 $O'S_1$곡선을 따라 감소한다. 이것은 철의 히스테리시스 현상에 의한 것이다. 또 I_f가 0이 되어도 E는 0이 되지 않고, $\overline{OO'}$만큼 전압이 남는다. 이것을 **잔류전압**(residual voltage)이라고 하여 주자극에 남는 **잔류자기**(residual magnetism)에 의한 것이다. 타여자 발전기에는 잔류자기가 불필요하고 경우에 따라서 나쁜 영향을 주지만, 자여자의 경우에는 잔류자기가 없으면 발전을 할 수 없다.

무부하 특성으로서는 상기의 곡선 OS_1와 $O'S_1$와의 평균 곡선을 취하면 된다.

회전속도 n을 바꾸면 회전속도에 비례하여 유도기전력도 변화해 무부하 특성도 변화한다.

그림 2.45의 곡선 $O''S_2$는 정격 회전속도의 1/2인 경우의 무부하 특성을 나타낸다.

속도계용 발전기(tachometer generator)는 n과 E가 비례하는 것을 이용한 것으로 유도기전력을 측정하는 전압계에 속도 눈금을 함께 표시하면 직접 회전속도를 알 수 있다.

타여자 발전기의 방향을 바꾸면, 유도기전력도 극성이 바뀐다. 따라서 타여자 발전기는 광범위하게 전압을 조정할 수 있는 것이 특징이다.

2. 부하 포화 곡선 타여자 발전기에서는 전기자전류 I_a와 부하 전류 I는 같다. I_a가 흐르면 전기자 반작용에 의해서 감자되고, 전기자회로의 저항에 의해서 전압강하를 일으키는 두 가지 원인에 의해서, 단자전압 V는 유도기전력보다 낮아진다. 따라서 그림 2.46의 L에 나타내는 부하 포화 특성을 얻을 수 있다.

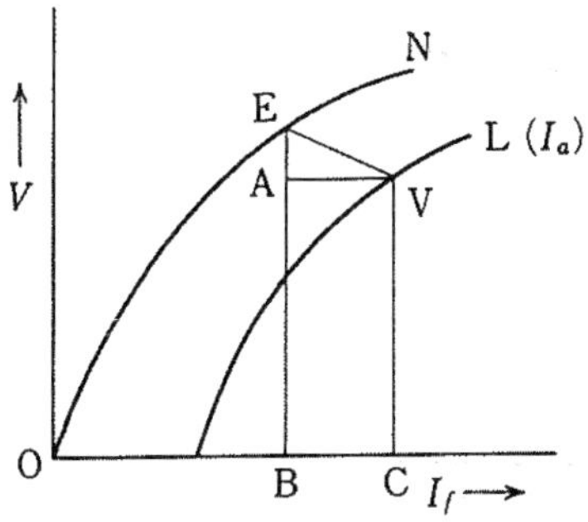

그림 2.46 타여자 발전기의 부하 특성 곡선

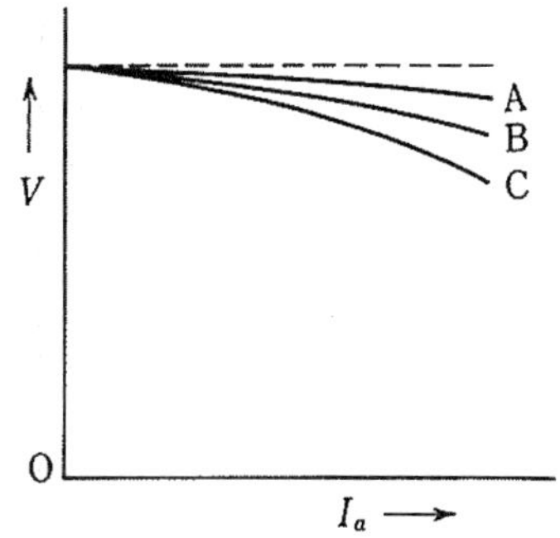

그림 2.47 타여자 발전기의 외부 특성 곡선

부하 포화 곡선 L상의 점 V로부터 횡축에 수선 $\overline{VC}$를 내리면, $\overline{OC}$가 단자전압 $\overline{VC}$에 대한 여자전류이다. 전류 I_a에 대한 감자 기자력을 계자권선의 권수로 고려하고, 여자전류로 환산한 것을 $\overline{BC}$라고 하면, $\overline{OB}$는 전기자 반작용을 고려했을 경우의 유효 여자전류를 나타낸다. 그때의 유도기전력은 점 B로부터 횡축에 세운 수선과 무부하 포화 곡선 N와의 교점을 E라고 하면, $\overline{EB}$로 나타내진다. V로부터 $\overline{BE}$에 수선 $\overline{VA}$를 그리면, $\overline{EA}$는 전기자회로에 있어서의 전압강하를 나타낸다.

전기자권선의 저항을 R_a, 보극 및 보상권선의 저항을 R_i로 두면, 전압강하는$(R_a+R_i)I_a$ 가 되어, 브러시에 있어서의 전압강하를 V_B로 두면, 전체 전압강하는

$$\overline{EA}=(R_a+R_i)I_a+V_B \tag{2.34}$$

된다. 간단히 하기 위해 $\overline{EA}$는 I_a에 비례한다 하고, 포화의 영향을 무시하여 자기 자력도에서 I_a에 비례하다고 간주하면, 직각삼가형 EVA의 형태는 일정해, 사선 $\overline{EV}$의 방향은 일정하고, 그 길이는 I_a에 비례하게 된다.

따라서 부하 포화 곡선 L는 무부하 곡선 N을 전체적으로 $\overline{EV}$만큼 감소시킨 것이다.

3. 외부 특성 곡선 그림 2.47은 타여자 발전기의 외부 특성 곡선을 나타낸다. 전기자 반작용을 무시하면, 전기자회로의 전압강하는 식 (2.34)에서 주어지기 때문에, 외부 특성 곡선은 직선 A가 된다. 전기자 반작용을 고려하면 곡선 B와 같이 된다. 이상은 I_f및 n을 일정으로 했을 경우이지만, 실제로는 전류 I_f의 증가에 따라 일반적으로 원동기의 속도가 저하하기 때문에, 외부 특성 곡선은 한층 더 감소하여 곡선 C와 같이 된다.

4. 전기자 특성 곡선 전류의 증가에 따라 단자전압이 저하하는 것을 보상하기 위해서는 I_a의 증가에 따라 계자전류를 증가하면 된다. 따라서 전기자 특성 곡선은 그림 2.48과 같이 된다.

5. 타여자 발전기의 용도 타여자 발전기는 계자전류를 일정하게 유지하면 부하에 의한 전압의 변화가 작고, 한 단자전압을 + − 로 광범위하게 자유롭고 안정되게 변화할 수 있다. 따라서 광범위하고 안정되게 전압을 변화시킬 필요가 있는 경우 및 여자기 등에 이용된다.

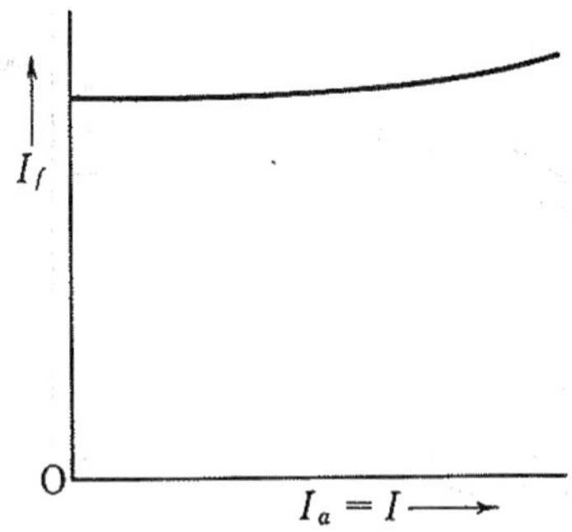

그림 2.48 타여자 발전기의 전기자 특성 곡선

2.7.4 분권발전기(shunt generator)

1. 자기여자에 의한 전압의 확립 그림 2.49는 분권발전기의 접속을 나타낸다. 분권발전기에서는 부하 전류 I, 전기자전류 I_a, 계자전류 I_f는 다음의 관계가 있다.

$$I_a = I + I_f \tag{2.35}$$

무부하 때는 $I = 0$, $I_f = I_a$가 된다.

또한, 계자권선의 저항을 R_f, 이것과 직렬로 접속한 저항기 RF(계자조정기라고 한다)의 저항을 R_r이라고 하고, 단자전압을 V라고 하면, 다음 식이 성립한다.

$$I_f = V/(R_f + R_r) \tag{2.36}$$

그림 2.50의 곡선 aS는 분권발전기를 타여자 발전기로 했을 경우의 무부하 포화 곡선으로부터 I_f에 의해서 전기자에 생기는 전압강하를 빼준 것이다. 또한, 직선 $\overline{OF}$는 계자저항선이라고 하여 식 (2.36)의 I_f와 V와의 관계를 나타내는 것이다. 저항선의 기울기를 θ라고 하면

$$\tan\theta = \frac{V}{I_f} = R_f + R_r \tag{2.37}$$

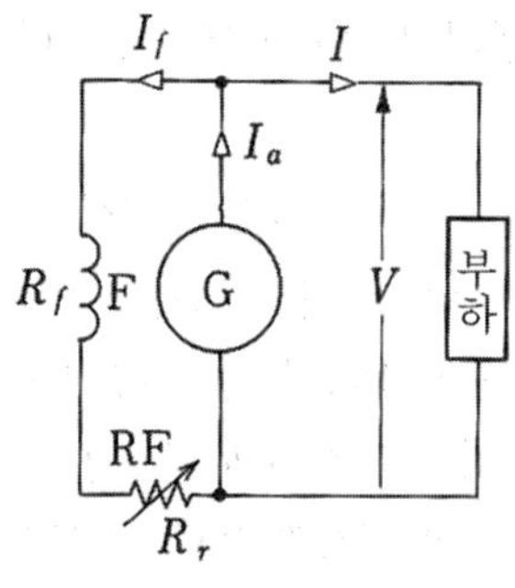

그림 2.49 분권발전기의 접속

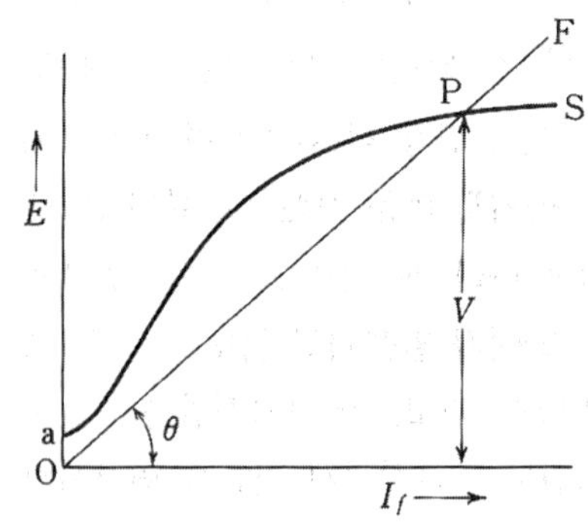

그림 2.50 계자저항선

되어, 저항이 커지면 θ는 커진다. 곡선 aS와 직선 $\overline{OF}$와의 교점을 P라고 하면, 분권발전기를 무부하 운전했을 때, 잔류 자속이 존재하는 경우에는 전압이 순차적으로 상승해 점 P에 해당하는 무부하 전압까지 상승시킬 수 있다. 잔류자기에 의해서 $\overline{aO}$로 나타낸 기전력이 생기면, 그 기전력에 의해 계자전류가 흘러 이 기자력이 잔류자기 방향으로 자속이 커지고, 기전력이 증가해, 계자전류가 늘어나는 것과 같이 되어 점 P까지 전압이 상승해간다. 다만, 전기자권선과 계자권선과의 접속이 부적당하고, 계자전류의 기자력이 잔류자기를 감소시키는 경우에는 발전할 수 없다. 또 이 접속이 올바른 경우에, 회전 방향을 반대로 하면 유도기전력의 극성이 거꾸로 되고, 여자전류가 잔류자기를 감소시키게 되어 이것 또한 발전을 할 수 없다.

잔류자기는 처음에 다른 직류 전원으로 여자 해 주는 것으로 이것에 의해서 발전기의 단자의 + −의 극성이 결정되는 것이다. 따라서 분권발전기에서는 타여자 발전기와 같이 계자전류를 + −로 바꾸어 전압의 극성을 자유롭게 바꿀 수 있는 편리성은 없다.

2. 무부하 특성 곡선 분권발전기의 무부하 특성은 그림 2.50의 곡선 aS와 같다. 이것을 그림 2.51에서는 곡선 O_1S_1로 나타내고 있다. 여자전류는 작기 때문에, 거기에 따른 전기자의 전압강하도 작고, 분권발전기의 무부하 특성은 타여자 발전기의 무부하 특성과 거의 일치한다.

그림의 $\overline{OF_1}$는 계자회로의 저항이 $R_f + R_r = \tan\theta_1$인 경우의 계자저항선이며, $\overline{OF_2}$, $\overline{OF_3}$ 등은 차례차례 R_r를 증가했을 경우의 저항선이다. 이것들에 대응하는 단자전압은 점 P_1, P_2, P_3 등으로 나타내었다. R_r를 증가해 계자저항선이 $\overline{OF_4}$과 같이 무부하 특성 곡선의 경우, 교점이 생기지 않고 따라서 전압도 확립되지 않는다. 한층 더 R_r를 증가하면, 잔류 전압과 비슷한 낮은 전압 밖에 얻을 수 없다. $\overline{OF_4}$에 대응하는 계자회로의 저항을 임계 저항(critical resistance)이라고 한다. 분권발전기는 임계 저항보다 낮은 계자저항의 경우만 안정되게 전압을 조정할 수 있고 따라서 타여자 발전기 정도의 융통성은 없다.

발전기의 회전속도를 내리면, 무부하 특성 곡선은 O_2S_2와 같이 바뀌어, 임계 저항의 값도 바뀐다.

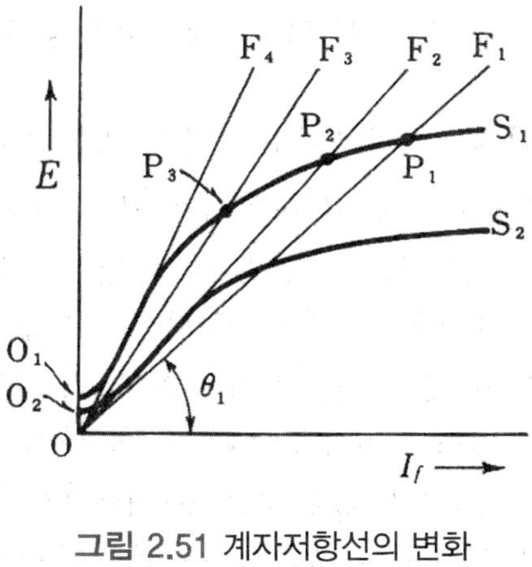

그림 2.51 계자저항선의 변화

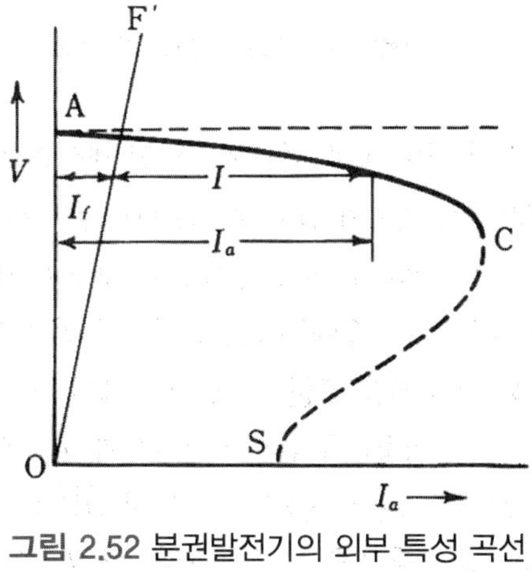

그림 2.52 분권발전기의 외부 특성 곡선

3. 외부 특성 곡선 분권발전기의 외부 특성 곡선은 그림 2.52의 곡선 AC와 같이 된다. 전기자전류 $I_a = I + I_f$가 되기 때문에, 동일 부하 전류에 대해서 타여자 발전기보다 전압강하가 커진다. 원점 O로부터 $V = (R_f + R_r)I_f$를 나타내는 $\overline{OF'}$를 그리면 $\overline{OF'}$축으로부터 우측의 전류가 I가 되고 $\overline{OA}$축으로부터 우측의 전류가 I_a가 된다. 외부 특성 곡선 가운데, 파선의 부분은 실용상 무가치이지만, $\overline{OS}$는 전기자를 단락시켜 분권발전기를 운전했을 경우의 단락 전류를 나타낸다.

4. 분권발전기의 용도 분권발전기는 별도의 여자 전원을 필요로 하지 않기 때문에 간편하고, 또한 계자 조정기에 의해 어느 범위 내에서 전압을 조정할 수 있다. 일반 직류 전원으로 이용된다. 부하에 의한 전압의 변동이 큰 특성은 전지의 정전류 충전용으로서 적당하다. 즉, 충전의 진행과 함께 전지의 전압이 상승해 전류가 감소하면, 발전기의 전압이 상승하기 때문에, 전류의 감소를 막아 거의 일정한 충전 전류로 유지하는 경향이 있다.

2.7.5 직권발전기

1. 자기 여자 그림 2.53은 직권발전기의 접속을 나타낸다. 직권발전기에서는

$$I = I_a = I_f \tag{2.38}$$

된다. 따라서 무부하 때는 계자전류도 영이 되기 때문에 발전되지 않고, 따라서 무부하 특성 곡선은 존재하지 않는다.

그림 2.54의 곡선 O′N는 타여자로 했을 경우의 무부하 특성 곡선이다.

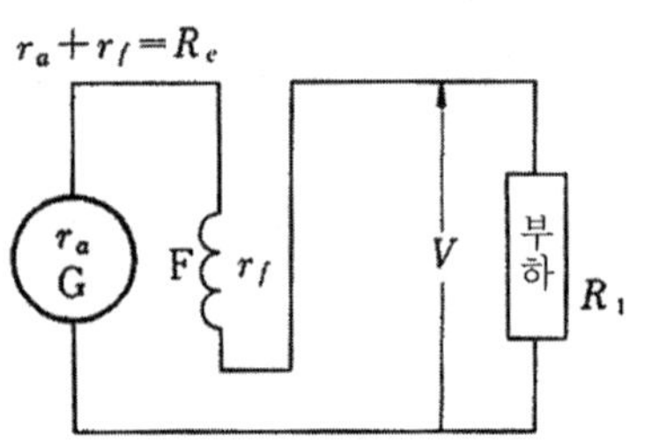

그림 2.53 직권발전기의 접속

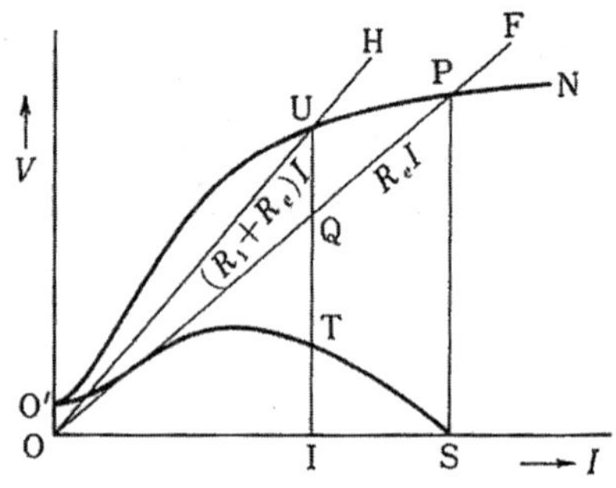

그림 2.54 직권발전기의 외부 특성 곡선

부하 저항 R_1과 전기자권선 및 계자권선을 포함한 내부 등가 저항 R_e와의 합 $R_1 + R_e$에 부하 전류 I를 흘리기 위한 전압을 나타내는 식 $V = (R_1 + R_e)I$를 나타내는 직선 $\overline{OH}$를 빼면, 자기 여자에 의해서 O′N와 $\overline{OH}$와의 교점 U에 상당하는 유도기전력을 발생시킬 수 있다. 부하 저항이 너무 큰 경우에는 분권발전기의 임계 저항 이상의 경우와 마찬가지로 발전할 수 없다.

2. 외부 특성 곡선 그림 2.54에서, $V = R_eI$를 나타내는 곡선 $\overline{OF}$와 O′N과의 교점을 P라고 하면, 이것은 발전기를 단락하여 운전했을 경우의 유도 기자력에 해당한다. 횡축상의 임의의 점 I에서 그린 수직선과 O′N 및 $\overline{OF}$ 와의 교점을 각각 U 및 Q로 하고, $\overline{IU}$ 상에 $\overline{TI} = \overline{UQ}$가 되는 점 T를 취한다. I의 여러 가지의 값에 대해 같은 방식으로 그려 얻어진 점을 이으면, 외부

특성 곡선 O′TS를 얻을 수 있다. 이것은 $\overline{TI} = \overline{UQ} = E - R_e I = R_1 I$ 가 되기 때문이다.

외부 곡선으로부터, 직권발전기에서는 부하 전류에 의해서 단자전압이 현저하게 변하는 것을 알 수 있다.

이와 같이, 직권발전기에서는 부하 저항이 정해지면 전압도 전류도 정해지지만, 계자권선에 병렬로 저항을 접속해 계자전류의 일부를 분로하면, 전압, 전류를 바꿀 수도 있다.

3. 직권발전기의 용도　직권발전기는 위에서 설명한 바와 같이 부하에 의해서 단자전압이 현저하게 변동하므로 보통 직류 전원으로서는 이용되지 않는다. 그러나 특성 곡선의 전류에 거의 비례해 전압이 상승하는 부분을 이용하고, 선로의 전압강하를 보상하기 위해서 장거리급전선에 직렬로 삽입해 **승압기**(booster)로서 이용할 수 있다.

2.7.6 복권발전기

그림 2.55는 복권발전기의 외부 특성 곡선을 나타낸다(접속은 그림 2.3(d)). 분권계자 F와 직권계자 F_s가 동일방향으로 여자하는 **화동복권발전기**(Cumulative compound generator)에서는 직권계자가 있기 때문에 분권발전기의 외부 특성보다 부하 전류에 의한 전압강하가 적어진다.

특히 무부하 전압과 전부하 전압이 동일해지도록 한 것을 **평복권**(flat compound)이라고 한다. 평복권보다 직권계자의 자석의 기자력을 강하게 하면, 무부하 전압보다 전부하 전압이 높아진다. 이것을 **과복권**(over compound)이라고 한다. 또, 평복권의 경우보다 직권계자의 기자력이 약한 것은 **부족복권**(under compound)이라 하고, 분권발전기에 가까운 외부 특성이 된다.

직권계자가 분권계자와 역방향에 여자하는 **차동복권발전기**(differential compound generator)에서는 전류의 증가에 따라 현저하게 전압이 저하한다. 이러한 특성을 수하 특성(drooping characteristic)이라고 한다.

평복권발전기는 부하에 관계없이 거의 일정한 전압을 유지하므로 일반 직류 전원 및 여자기 등에 이용된다. 과복권발전기는 광산, 전철 등의 전원으로서 장거리 급전선의 전압강하를 보상하는 목적으로 이용되기도 한다.

차동복권발전기의 수하 특성은 아크용 전원 등에 적합하다.

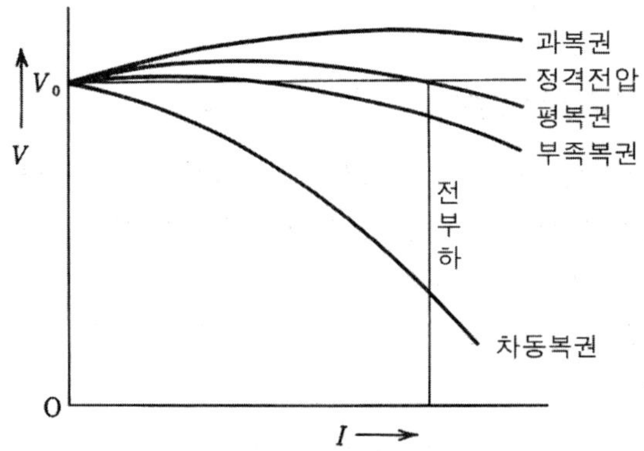

그림 2.55 복권발전기의 외부 특성 곡선

2.7.7 전압변동률(voltage regulation)

발전기의 부하가 변화하면 단자전압이 바뀌지만, 이 변화의 정도를 나타내는 데 다음 식에서 나타내지는 전압변동률 ε을 이용한다.

$$\text{백분율 전압변동률 } \varepsilon = \frac{V_o - V_n}{V_n} \times 100\,[\%] \tag{2.39}$$

여기서, V_n : 정격 전압[V], V_o : 무부하 전압[V]

다만, 계자 조정기는 전 부하 전류 때 정격 전압이 되도록 하는 저항을 이용해 무부하 시험을 하는 것으로 한다(그림 2.56 참조).

발전기의 속도가 일정하면, 발전기 자체의 전압변동률(고유 전압변동률이라고 한다)을 얻을 수 있지만, 부하를 제거했을 때에 구동기의 속도가 상승하면, 그 구동기의 속도변동률을 포함한 종합 변동율이 된다.

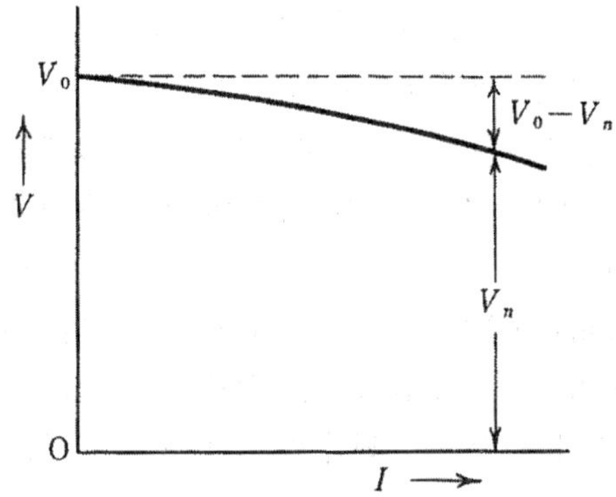

그림 2.56 전압변동률의 설명

타여자, 분권 및 부족복권발전기에서는 전압변동률이 +가 되고, 과복권발전기에서는 −가 된다. 평복권발전기의 전압변동률은 0이다.

분권식은 타여자식과 부족복권식에 비해 전압변동률이 크지만, 자기회로를 포화시켜 전압 변동에 의한 계자자속의 변화를 줄이면 상당히 좋아진다.

2.7.8 발전기의 병렬 운전(parallel running)

병렬 운전에는 동일용량, 동일특성의 발전기를 이용하는 것이 좋다. 용량 또는 특성이 다른 발전기를 병렬 운전하는 경우에는 각 발전기의 용량에 따라 전류를 분담시키도록 해야 한다. 또, 병렬 운전의 안정성도 고려를 할 필요가 있다.

그림 2.57은 분권발전기 G_1, G_2의 병렬 운전하는 경우의 접속을 나타낸다. 병렬 운전의 경우에는 다음의 조건이 만족된다.

$$V = V_1 = V_2, \quad I = I_1 + I_2 \tag{2.40}$$

여기서, V : 모선의 전압, V_1 : G_1의 단자전압, V_2 : G_2의 단자전압

I : 모선의 전류, I_1 : G_1 발전기의 부하 전류, I_2 : G_2 발전기의 부하 전류

그림 2.58은 병렬 운전이 이상적으로 할 수 있는 외부 특성의 관계를 나타내는 것으로 G_1, G_2 발전기의 외부 특성 A_1, A_2가 서로 다르고 소용량의 특성 쪽이 기울기가 큰 경우이다. 이 경우에는 분담 전류 I_1, I_2의 비는 단자전압을 변화시켜도 일정하게 유지된다.

그림 2.59는 부적당한 경우로 단자전압을 바꾸면 전류의 분담이 변화한다. 이 경우에는 과부하가 되는 발전기의 계자조정기를 조정하든지, 또는 전기자회로에 저항을 삽입해 그 외부 특성 곡선을 내리도록 하면, 과부하를 피할 수 있다.

분권발전기의 병렬 운전은 안정하다. 예를 들어, G_2의 전류가 일부 G_1으로 옮겼다고 하면, G_2기의 전압이 상승해 G_1의 전압이 하강하고, 전류의 분담이 원상에 돌아오기 때문이다.

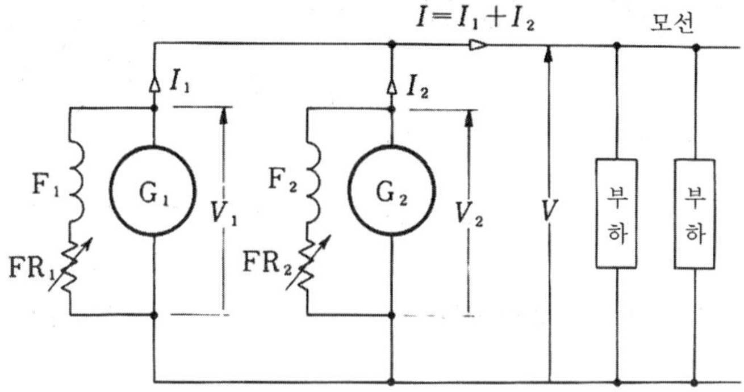

그림 2.57 분권발전기의 병렬 운전

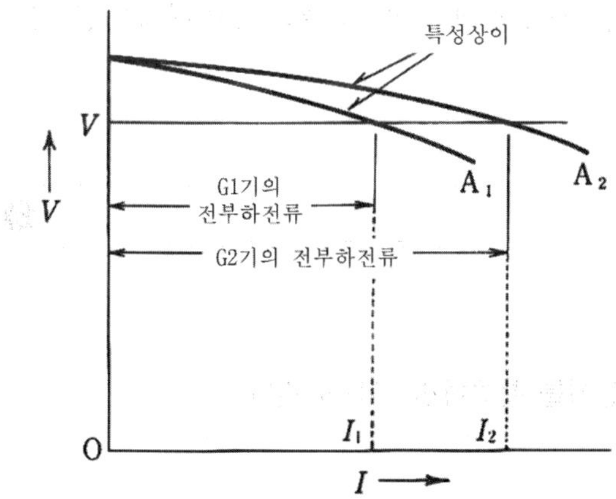

그림 2.58 이상적인 병렬 운전을 행하기 위한 외부 특성 곡선

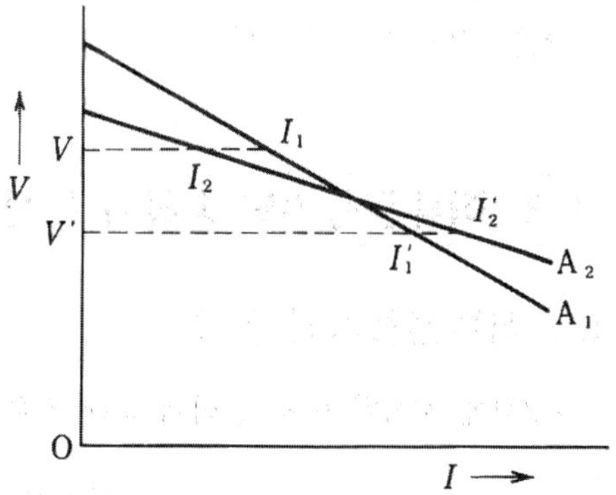

그림 2.59 부적당한 병렬 운전이 되는 외부 특성 곡선

2.7.9 전압의 맥동

직류발전기의 유도기전력을 오실로그램(oscillogram)으로 측정하면, 그림 2.60과 같이 저주파의 맥동과 고주파의 맥동이 서로 겹친 파형을 갖는다.

저주파의 맥동은 회전속도의 변동, 자기회로의 불균일, 도체 분포의 불평형, 특히 더미코일의 존재 등에 의한 것으로 1회전에 1~수회 정도가 된다.

고주파 맥동은 전기자 슬롯이나 정류자편이 있기 때문에 생기는 것으로 슬롯 리플(slot ripple) 및 정류자 리플(commutator ripple)이라 하고 정류자편의 수를 k, 슬롯수를 N_s, 운전속도를 $n[\mathrm{s}^{-1}]$이라고 하면, 각각의 주파수는 kn, $N_s n$이다.

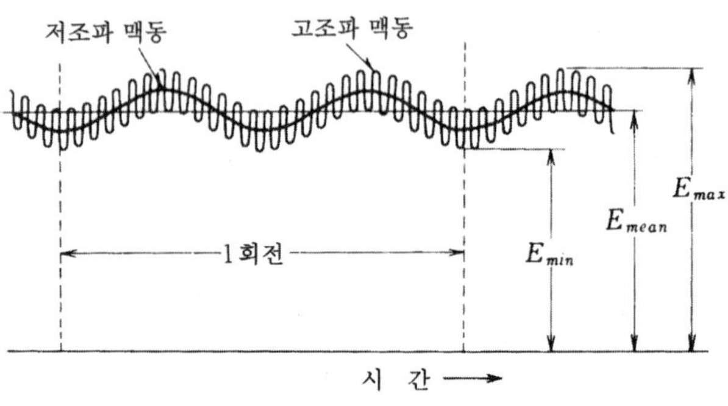

그림 2.60 전압의 맥동

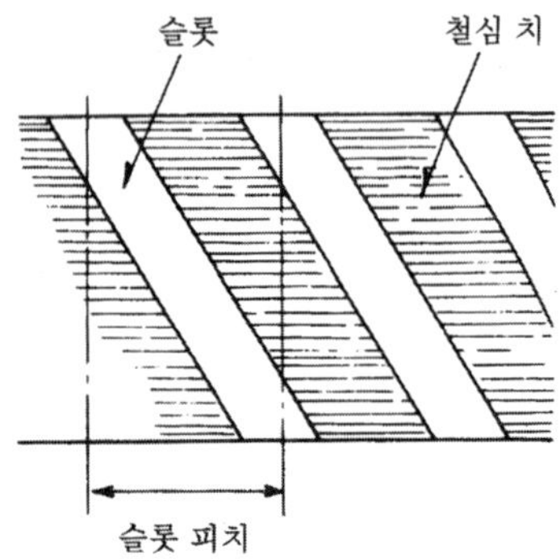

그림 2.61 스큐 슬롯

슬롯 리플을 없애려면 그림 2.61에 나타낸 바와 같이 철심을 적층할 때 조금씩 경사지게 하여 슬롯이 비스듬하게 되도록 하면 좋다. 이것을 **스큐 슬롯**(skewed slot)이라고 한다. 철심의 전체 길이에서 1 슬롯 피치만 어긋나도록 스큐 슬롯으로 하면, 철심축방향의 자기저항은 전체 회전에 대해 일정하게 되기 때문에, 슬롯 리플은 현저하게 감소된다. 또, 슬롯의 폭에 대해서 공극을 크게 하는 것도 효과가 있다.

2.8 직류전동기의 종류와 특성

2.8.1 직류전동기의 종류

2.2절에 서술한 여자 방식에 의해 직류전동기를 분류하면 다음과 같다.

- 타여자전동기
- 분권전동기
- 직권전동기
- 복권전동기
  - 화동복권전동기
  - 차동복권전동기

2.8.2 직류전동기의 특성

직류전동기의 특성 곡선으로는 다음의 3가지가 중요하다.

1. 속도 특성 곡선(speed characteristic curve) 이것은 단자전압 V [V] 및 계자회로의 전체 저항 r_f [Ω]를 일정하게 유지했을 때, 부하전류 I [A]의 함수로서 회전속도 n [s^{-1}] (분당 회전수[rpm])을 나타낸 곡선이다.

2. 토크 특성 곡선(torque characteristic curve) 이것은 단자전압 V [V] 및 계자회로의 전체 저항 r_f [Ω]를 일정하게 유지했을 때, 부하전류 I [A]의 함수로서 토크 T [Nm]를 나타낸 곡선이다.

식 (2.23)과 식 (2.25)를 조합하면 전동기의 속도를 다음 식으로 나타낼 수 있다.

$$n = \frac{V - R_a I_a}{\frac{p}{a} Z\Phi} = \frac{V - R_a I_a}{k\Phi}\ [\mathrm{s}^{-1}] \tag{2.41}$$

또한, 토크는 식 (2.30)으로 주어지지만, 이것을 다시 쓰면 아래와 같다.

$$T = \frac{1}{2\pi}\frac{p}{a} Z\Phi I_a = \frac{k}{2\pi}\Phi I_a\ [\mathrm{Nm}] \tag{2.42}$$

3. 속도 토크 특성 곡선(speed-torque characteristic curve) 이것은 V와 r_f를 일정하게 유지했을 때, 속도 n과 토크 T와의 관계를 나타내는 곡선이다.

속도 특성 곡선과 토크 특성 곡선과의 동일 전류에 대한 n과 T를 쌍으로 구하면 속도 토크 특성 곡선을 그릴 수 있다.

속도 토크 특성은 전동기 운전의 안정성을 판단하는 경우에 중요하다.

그림 2.62와 같이 전동기의 특성 M과 부하의 특성 L을 그려 교점 P를 얻을 수 있는데 그림 (a)의 경우는 안정하다. 속도가 n_p보다 상승했다면 전동기의 토크는 부하가 요구하는 토크보다 작기 때문에 감속해 점 P로 돌아오고, 속도가 n_p보다 하강했다면 전동기의 토크가 부하의 토크보다 크기 때문에 가속하여 역시 점 P로 돌아온다. 그림 (b)의 경우는 불안정하다. n_p보다 속도가

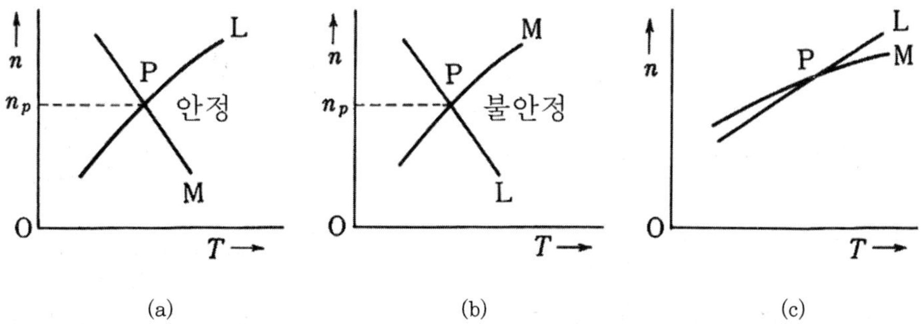

그림 2.62 직류전동기의 속도 토크 특성 곡선

상승했다고 하면 전동기의 토크가 부하의 토크보다 커지고, 더욱 더 속도가 올라가게 되고, n_p보다 속도가 하강했다고 하면 전동기의 토크가 부하의 토크보다 작아지고, 점점 속도가 떨어지게 되어, 결국 점 P에 머물 수 없기 때문이다. 그림 (c)의 경우는 M과 L 두 곡선이 가까이 접근했을 경우로 전압의 변동에 의해서 전동기의 특성이 조금 이동하더라도 교점 P가 현저하게 이동하기 때문에 역시 불안정하다고 할 수 있다.

2.8.3 타여자전동기와 분권전동기의 특성

여자전압을 V_f [V], 계자회로의 전체 저항을 r_f [Ω]라고 하면, 계자전류 I_f [A]는 다음 식과 같이 나타낼 수 있고 부하에 관계없이 일정하다.

$$I_f = \frac{V_f}{r_f} \text{[A]} \tag{2.43}$$

따라서 전기자 반작용을 무시하면, 자속 Φ [Wb]도 일정하다.

타여자전동기는 여자전압 V_f와 전기자전압 V가 서로 다르지만, 분권전동기는 $V_f = V$이다.

분권전동기의 전기자전류를 I_a[A], 부하 전류를 I[A]라고 하면, 다음의 관계가 있다.

$$I = I_a + I_f \tag{2.44}$$

일반적으로 I_f는 I_a에 비해 작기 때문에, 이후부터는 $I = I_a$로 한다.

타여자전동기에서는 $I = I_a$이다.

1. 속도 특성 곡선 식 (2.41)에서 전기자 반작용을 무시하면 Φ가 일정하기 때문에 속도 n은 전류 I_a의 일차식이 되어 속도 특성 곡선은 그림 2.63에 나타낸 Φ와 같은 직선이 된다.

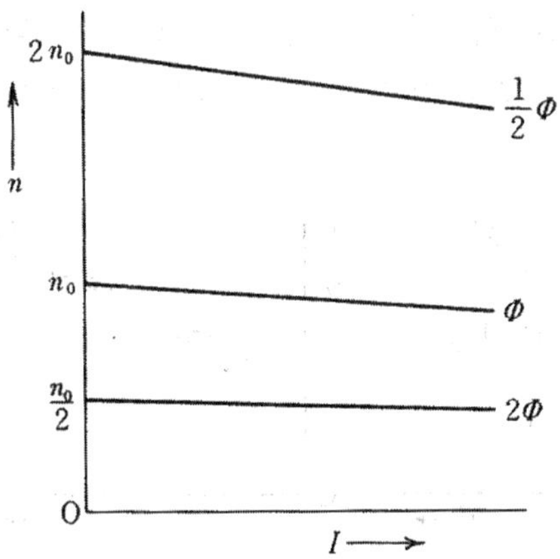

그림 2.63 분권전동기의 부하 속도 특성 곡선

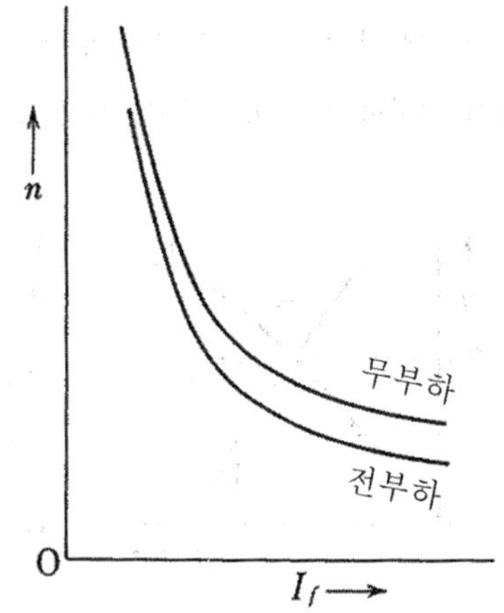

그림 2.64 타여자전동기와 분권전동기의 계자전류–속도 특성

전기자저항 R_a는 작기 때문에 부하전류에 의한 속도의 저하는 작다. 이러한 속도 특성을 **분권특성**(shunt characteristic)이라고 한다. 분권특성을 가지는 전동기를 **정속도 전동기**(constant speed motor)라고 한다.

타여자전동기로 여자전원의 전압을 변화시키던지, 분권전동기로 계자권선에 직렬로 접속된 계자 조정기(전동기의 경우에는 **속도 조정기**라고 한다)에 의해서 여자전류를 변화시키면 속도 특성을 바꿀 수 있다. 그림 2.63의 곡선 $\Phi/2$, 2Φ일 때 속도 토크 특성을 나타낸다. 이와 같이, 속도 특성 곡선을 가감할 수 있는 전동기를 **가감 속도 전동기**(adjustable speed motor)라고 한다.

타여자전동기 또는 분권전동기의 전기자전류를 일정하게 했을 때, 계자전류와 회전속도와의 관계는 그림 2.64와 같이 된다. 횡축에 자속 Φ를 취하면, 식 (2.41)에 의해 쌍곡선을 얻을 수 있으며, 그림에서와 같이 횡축에 여자전류를 취하고 있다.

계자전류를 0으로 줄이면 경부하의 경우에는 대단히 고속도가 되고, 원심력으로 파괴할 우려가 있으므로 계자회로의 접속에 충분히 주의하고, 단선 등이 일어나지 않게 해야 한다.

중부하의 경우에는 I_f가 감소하면 Φ도 감소하여 토크를 유지하기 위해서 전기자전류가 증가하기 때문에, 식 (2.41)의 분자도 감소하므로 경부하의 경우처럼 고속도는 되지 않지만 내부 저항이 작으면 역시 위험하다.

이러한 계자회로의 고장에 의한 위험을 방지하기 위해서는 축단에 일정 속도 이상으로 동작하는 원심 개폐기를 붙이던지, 또는 전기자전류의 증가에 의해서 과전류 계전기를 동작시켜 주회로를 차단한다.

분권전동기는 전원의 전압이 상승했을 경우에 식 (2.41)의 분자와 분모가 모두 커지므로 속도는 그만큼 늘어나지 않는 특징이 있다.

전동기의 회전 방향을 바꾸려면 전기자전류나 여자전류 중 한쪽만을 반대로 하면 된다. 보통은 전기자전류를 반대로 한다. 인덕턴스가 큰 계자권선의 전류를 반대로 하는 것은 속응성 측면에서 바람직하지 않다.

2. 토크 특성식 식 (2.42)에서 Φ가 일정하기 때문에 토크는 전기자전류 I_a에 비례하고, 토크 특성은 그림 2.65와 같은 직선이 된다. 단, I_f가 큰 부분에서는 전기자 반작용 때문에 Φ가 감소하므로 토크 특성 곡선의 상부는 약간 하향한다.

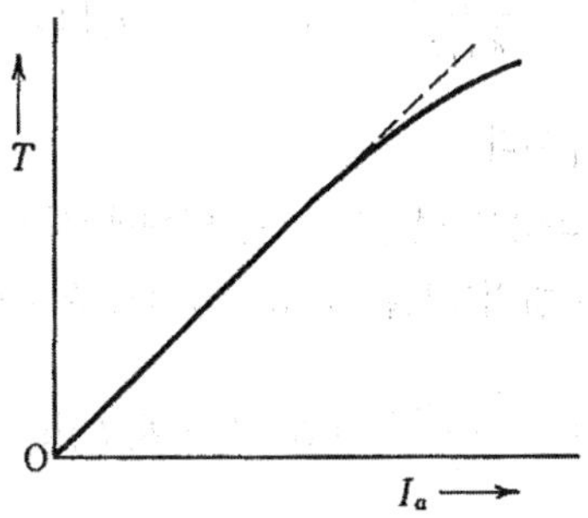

그림 2.65 타여자 분권전동기의 토크 특성 곡선

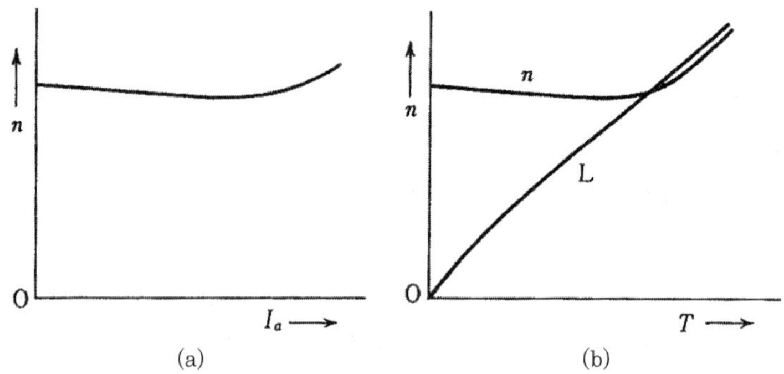

그림 2.66 전기자 반작용이 큰 전동기의 특성

3. 안정권선을 갖는 분권전동기 전기자저항이 작고, 전기자 반작용이 큰 전동기에서는 전류 I_a가 큰 경우에 자속 Φ가 감소하기 때문에 속도 특성 곡선이 그림 2.66(a)와 같이 오른쪽 위로 올라가게 된다. 이것과 그림 2.65의 토크 특성 곡선으로부터 그림 2.66(b)와 같은 회전속도와 토크의 관계를 나타내는 곡선 n을 얻을 수 있다.

부하의 토크 속도 곡선이 그림 2.66(b)의 곡선 L과 같은 경우에는 안정운전을 할 수 없다. 이러한 경우에는 보상권선을 마련해 전기자 반작용을 없애는 방법 이외에, 약간의 직권권선(안정권선)을 설치하여 전기자 반작용의 감자작용을 없애는 방법도 있다. 이러한 전동기를 안정권선 분권전동기라고 한다.

2.8.4 직권전동기의 특성

직권전동기에서는 전기자와 계자와의 권선이 직렬로 연결되어

$$I = I_a = I_f \tag{2.45}$$

가 된다. 부하전류 I의 증감에 따라 자속 Φ도 증감한다. I가 작을 때에는 I와 Φ가 비례하지만, I가 커지면 자기포화 때문에 Φ의 증가가 적게 된다.

1. 속도 특성 전류 I가 작은 범위에서는 식 (2.41)에서 $\Phi = k_1 I_a$로 둘 수 있어

$$n = \frac{V - R_a I_a}{k k_1 I_a} = K_1\left(\frac{V}{I_a} - R_a\right) [\mathrm{s}^{-1}] \tag{2.46}$$

가 된다. 여기서, $K_1 = 1/kk_1$이다.

따라서 직권전동기의 속도 특성은 전류가 작은 범위에서는 쌍곡선이 된다. 전류가 커지고, 자속 Φ가 일정하다고 할 수 있는 범위에서는 식 (2.41)에서 $\Phi = k_2$가 되어 다음 식을 얻을 수 있다.

$$n = \frac{V - R_a I_a}{k k_2} = K_2(V - R_a I_a) [\mathrm{s}^{-1}] \tag{2.47}$$

여기서, $K_2 = 1/kk_2$이다.

즉, 속도 특성은 전류가 큰 범위에서는 직선에 가깝게 된다.

그림 2.67의 곡선 n은 직권전동기의 속도 특성을 나타낸다. 이와 같이 부하가 변하면 속도가 현저하게 바뀌는 특성을 **직권특성**(series characteristic)이라고 한다. 직권특성을 갖는 전동기를 **변속도 전동기**(varying speed motor)라고 한다.

직권전동기는 무부하에 가까워지면 현저하게 고속이 되어 원심력으로 파괴될 우려가 있다. 따라서 직권전동기로 다른 기계를 운전하려면, 반드시 직결 장치, 기어 등을 이용해야 한다. 벨트는 빠질 우려가 있으므로 결코 이용해선 안 된다.

직권전동기는 단자전압의 극성을 바꾸는 것만으로는 전기자전류와 계자전류가 동시에 거꾸로 되기 때문에 회전 방향이 변하지 않는다. 회전 방향을 바꾸려면 전기자와 직권권선과의 접속을 바꾸고 한쪽 전류만 거꾸로 되도록 해야 한다.

2. 토크 특성 전류 I_a가 작을 때는 자속 Φ가 전류에 비례하기 때문에 식 (2.42)에서 $\Phi = k_3 I_a$라고 두면, 직권전동기의 토크는 다음과 같이 된다.

$$T = \frac{kk_3}{2\pi} I_a^2 = k_3 I_a^2 \ [Nm] \qquad (2.48)$$

여기서, $K_3 = kk_3/2\pi$이다.

따라서 경부하 시의 토크는 거의 전류의 제곱에 비례하고, 토크 특성은 그림 2.67의 토크 곡선에서 나타낸 바와 같이 포물선이 된다.

전류가 커지고 자기포화 때문에 Φ가 거의 일정하게 되면, 식 (2.42)에서 $\Phi = k_4$가 되어, 토크는 다음 식과 같이 된다.

$$T = \frac{kk_4}{2\pi} I_a = K_4 I_a \ [Nm] \qquad (2.49)$$

여기서, $K_4 = kk_4/2\pi$이다.

따라서 중부하 시의 토크 특성은 그림 2.67에 나타낸 바와 같이 직선에 가까워진다.

직권전동기를 기동할 때, 기동 전류에 의해서 자기회로가 포화하지 않게 되어 있으면, 기동 토크는 전류의 제곱에 비례하기 때문에, 분권전동기와 같이 토크가 전류에 비례한 것보다 큰 기동 토크를 얻을 수 있다.

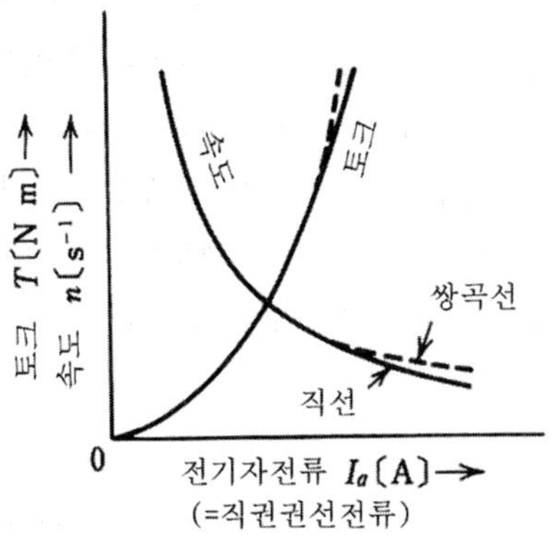

그림 2.67 직권전동기의 속도 및 토크 특성

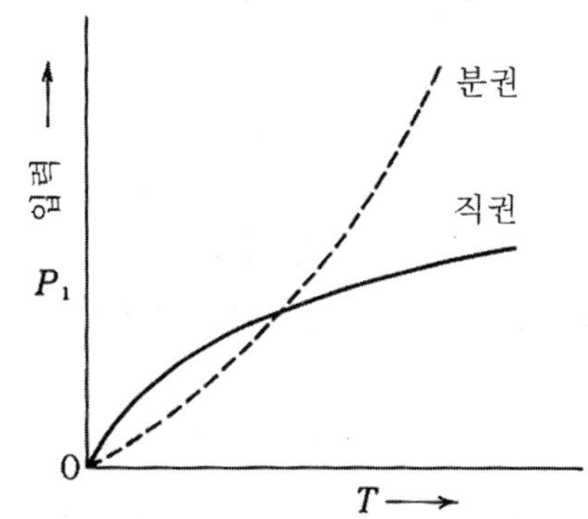

그림 2.68 전동기의 토크와 입력

식 (2.31)로부터 알 수 있는 바와 같이 전동기의 전력은 토크와 회전속도와의 곱에 비례한다. 직권전동기와 같이 전류가 작아서 토크가 작을 때에는 고속이 되고, 전류가 커서 토크가 클 때에는 저속이 되는 경우는 그림 2.68에 나타내었듯이 중부하로 토크가 증가하더라도 분권전동기의 경우와 같이 입력이 별로 커지지 않는다.

2.8.5 복권전동기의 특성

1. 화동복권전동기 화동복권전동기에서는 직권권선의 기자력이 분권권선의 기자력에 더해져 속도 특성과 토크 특성은 그림 2.69 및 그림 2.70에 나타내듯이 분권전동기와 직권전동기의 중간에 있다. 직권권선과 분권권선의 기자력의 비율에 의해 분권식에 가까운 특성으로도, 직권식에 가까운 특성으로도 된다.

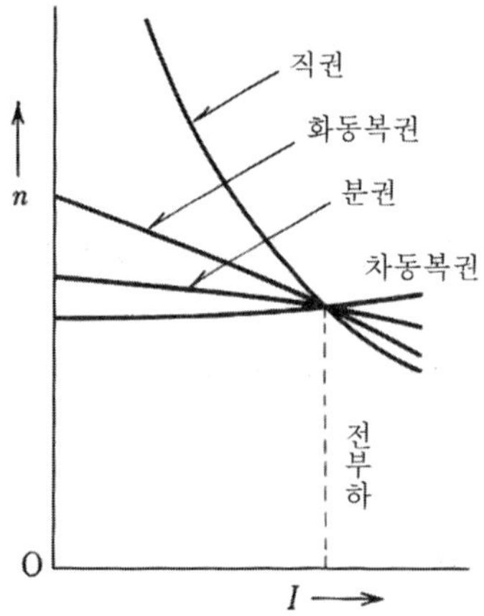

그림 2.69 전동기의 속도 특성도

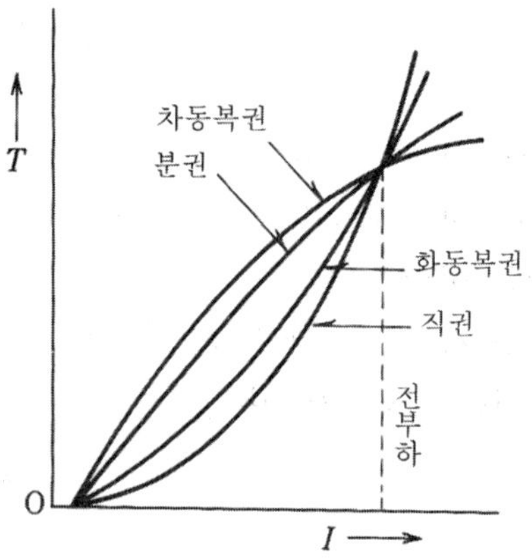

그림 2.70 전동기의 토크 특성

화동복권전동기에서는 분권권선이 있으므로 부하가 없어져도 계자에는 분권권선에 의한 자속이 존재하기 때문에 직권전동기와 같이 위험한 고속도가 될 우려는 없다. 또한, 직권권선을 갖고 있으므로 기동 토크도 상당히 크다.

2. 차동복권전동기 차동복권전동기에서는 직권권선의 기자력이 분권권선의 기자력을 감소시키도록 작용한다. 따라서 부하 전류가 늘어남에 따라 자속은 감소해 속도를 상승시키도록 작용하고, 내부 저항 강하에 의한 속도 강하를 보충한다. 그러므로 그 속도 특성 곡선은 그림 2.69와 같이 된다. 이것은 (1) 과부하 시에 속도 상승의 우려가 있는 것, (2) 기동 시에 분권권선의 리액턴스 때문에 전류의 확립 위치가 늦어지고 직권권선의 자속 쪽이 빠르기 때문에 기동 토크가 매우 작은 것, 혹은 역전하는 위험이 있는 등의 이유 때문에 거의 사용되지 않는다.

2.8.6 속도변동률(speed regulation)

분권전동기 및 복권전동기에서 무부하 속도와 정격 회전속도와의 차이의 정격 회전속도에 대한 비를 속도변동률이라고 한다.

$$\text{속도변동률} = \frac{n_0 - n_n}{n_n} \times 100\ [\%] \tag{2.50}$$

여기서, n_0 : 무부하 회전속도$[s^{-1}]$, n_n : 정격 회전속도$[s^{-1}]$

2.8.7 직류전동기의 용도

1. 분권전동기의 용도 분권전동기는 부하에 의한 속도 변화가 작다. 또한, 계자조정에 의해서 용이하게 상당히 광범위한 속도 제어를 할 수 있으므로 정속도 및 가감속도 전동기로서 중요하다. 또, 타여자전동기는 전기자전압의 변화에 의해서 정역 양방향에 광범위한 속도 제어를 할 수 있으므로 제철용 압연기, 제지기, 권상기 등 그 용도가 극히 넓다.

2. 직권전동기의 용도 직권전동기는 기동 토크가 크고 부하에 따라 자동적으로 속도를 증감해 중부하에서도 전력이 과대하게 되지 않기 때문에 전기 철도, 크레인, 권상기 등의 운전에 적당하다.

3. 복권전동기의 용도 화동복권전동기는 그 특성이 직권전동기에 가깝고 경부하에서도 위험한 고속도가 될 우려가 없기 때문에 권상기, 공작기계, 압연용 등의 전동기로 적당하다.

2.9 직류기의 운전

2.9.1 직류발전기의 기동, 운전 및 정지

발전기를 기동하려면 우선, 부하회로에서 개폐기를 열어두어 계자 조정기의 핸들을 저항 최대의 위치에 두고 구동기를 기동한다. 이상이 없으면 전압계를 보면서 서서히 계자 조정기의 저항을 제거하고 전압을 정격치까지 올린다. 이 상태로 어느 정도 회전시키고 베어링 온도, 정류 상태 및 그 외의 회전 부분 상태를 점검하고, 이상이 없는 것을 확인한 다음 부하를 건다. 부하회로에의 개폐로를 닫아 부하전류를 흘리면 전압이 떨어지기 때문에 계자 조정기에 의해서 전압을 정격치에 맞춘다. 운전 중에는 항상 전압계 및 전류계에 주의하고, 가끔 베어링 온도나 회전 부분의 평형, 정류 상태 등을 보고 이상이 있으면 조기에 발견할 수 있도록 해야 한다. 운전을 정지하는 경우에는 계자 조정기에 의해서 전압을 떨어뜨린 후에 부하 개폐기를 열어 구동기를 정지한다. 운전이 멈추면 계자 조정기의 핸들은 반드시 저항 최대의 위치로 돌려놓는다.

2.9.2 직류전동기의 기동

전동기의 전기자전류 I_a [A]는 식 (2.41)로부터

$$I_a = \frac{V - kn\Phi}{R}\ \ [\text{A}] \tag{2.51}$$

로 나타낸다.

여기서, V : 단자전압[V], k : 정수, n : 회전속도[s^{-1}],
Φ : 극당 자속[Wb], R : 전기자회로의 전저항[Ω]

정지하고 있는 전동기에 직접 회로의 전전압을 가해 기동하려고 할 때, 전기자회로에 저항이 삽입되어 있지 않으면 $R = R_a$(전기자저항)로 R_a는 극히 작고 $n = 0$이기 때문에, $I_a = V/R_a$에 상당하는 대전류가 흐른다. 이것은 정격전류의 수 배부터 수십 배에 달하기 때문에, 정류자를 손상시켜 전기자권선이나 브러시를 소실할 뿐 아니라 전원에도 큰 충격을 준다. 따라서 기동 시에는 전기자회로에 직렬로 저항(기동 저항)을 넣고, 기동 전류를 정격전류의 100~150% 정도가 되도록 한다. 큰 기동 토크를 필요로 할 경우, 기동 전류를 300% 정도로 하는 경우도 있다.

또, 기동 시에는 계자전류는 최대로 해 기동 토크를 크게 해, 속도 상승을 빠르게 하고 과전류가 흐르는 시간을 단축하도록 한다.

소형의 직권전동기에서는 전기자저항이 비교적으로 크고, 관성모멘트가 작으며, 빠르게 속도가 상승하여 전원에 주는 충격도 적지 않기 때문에 기동 저항 없이 직접 전전압을 가해 기동하는 경우가 많다.

1. 기동 저항 기동을 빠르게 하기 위해서 기동 저항은 그림 2.71의 R_s와 같이 적당하게 구분해 두고, 전동기의 속도 상승에 따라 저항을 점차 감소시켜 정해진 기동 전류가 거의 밑돌지 않게 한다. 이와 같이 기동 저항을 구분하는 것을 기동 저항의 **계단식**(grading)이라고 한다.

그림 2.72는 기동 전류 최댓값 I_m, 최솟값 I_b로 제한하여 기동하는 경우의 기동 전류의 변화를 나타낸 것이다. 처음에는 기동 저항 R_s가 전부 전기자저항 R_a와 직렬에 들어가서 전체 저항 $R_1 = R_a + R_b$가 된다. 이때, 속도 $n = 0$으로 기동 전류 $I_a = I_m$이기 때문에, 식 (2.51)에 대입하면 다음 식을 얻는다.

$$I = \frac{V}{R_1} \tag{2.52}$$

이 전류에 의해 가속되고, n이 증가함에 따라 전류가 점차 감소해, $I_a = I_b$가 되었을 때의 유도기전력을 e_1이라고 하면

$$I_b = \frac{V - e_1}{R_1} \tag{2.53}$$

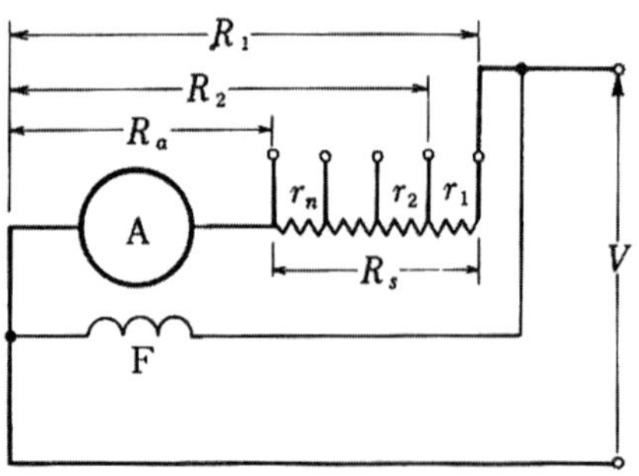

그림 2.71 기동 저항의 계단식

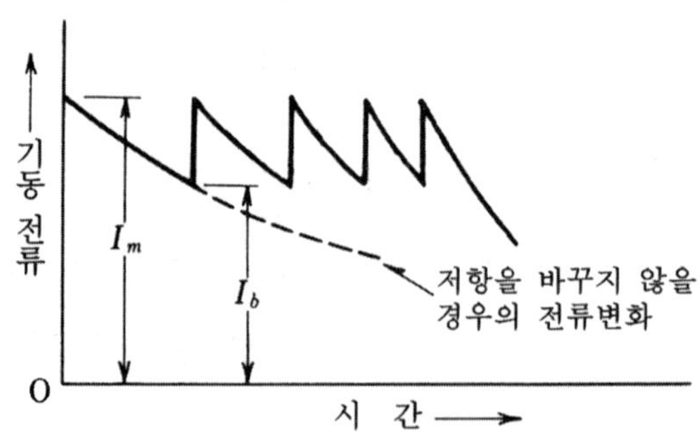

그림 2.72 전동기의 기동 전류

여기서, 기동 저항기의 노치를 하나 앞으로 하면, 저항은 r_1 만큼 감소해 R_2가 되며, 다시 기동 전류까지 증가하도록 하면

$$I_m = \frac{V - e_1}{R_2} \tag{2.54}$$

$$\therefore \ \frac{I_m}{I_b} = \frac{R_1}{R_2} \tag{2.55}$$

이와 같이 되고, 다음의 노치 저항을 R_3라고 하면

$$\frac{I_m}{I_b} = \frac{R_2}{R_3} \tag{2.56}$$

각 노치의 저항을 R_4, R_5, ……, R_n로 하여 마지막 노치로 전기자저항 R_a만 된다고 하면, 다음의 관계식을 얻을 수 있다.

$$\frac{I_m}{I_b} = \frac{R_1}{R_2} = \frac{R_2}{R_3} = \frac{R_3}{R_4} = \cdots\cdots = \frac{R_n}{R_a} \tag{2.57}$$

따라서 R을 포함한 n개의 식을 곱하면

$$\left(\frac{I_m}{I_b}\right)^n = \frac{R_1}{R_a} = \frac{R_1 I_m}{R_a I_m} = \frac{V}{R_a I_m} \tag{2.58}$$

대수를 취하면, 필요한 단수 n은

$$n = \log_{10}\left(\frac{V}{R_a I_m}\right) / \log_{10}\left(\frac{I_m}{I_b}\right) \tag{2.59}$$

또한, 식 (2.57)의 R을 포함한 분수의 분모, 분자의 뺄셈을 실시하면

$$\frac{I_m}{I_b} = \frac{R_1 - R_2}{R_2 - R_3} = \frac{R_2 - R_3}{R_3 - R_4} = \cdots\cdots = \frac{R_{n-1} - R_n}{R_n - R_a} \tag{2.60}$$

여기서, $R_1 - R_2 = r_1$, $R_2 - R_3 = r_2$, ……, $R_n - R_a = r_n$은 각 탭 사이의 저항이기 때문에, 이것을 이용하면

$$\frac{I_m}{I_b} = \frac{r_1}{r_2} = \frac{r_2}{r_3} = \cdots\cdots = \frac{r_{n-1}}{r_n} \tag{2.61}$$

식 (2.59)의 I_b는 전부하 전류 이하로 하는 것이 보통이다. 너무 I_b를 크게 취하면 n이 너무 많아진다.

2. 기동기(starter) 기동기는 기동 저항기와 저항을 바꾸어 가는 핸들, 그 핸들을 최종 위치(운전 위치)로 유지하는 장치 등으로 이루어져 있으며 수동형과 자동형이 있다.

a. 수동형 기동기 그림 2.73(a)은 분권 또는 복권전동기의 수동 기동기의 일례로 그림 (b)는 그 내부 접속을 나타낸다.

(a) 외관

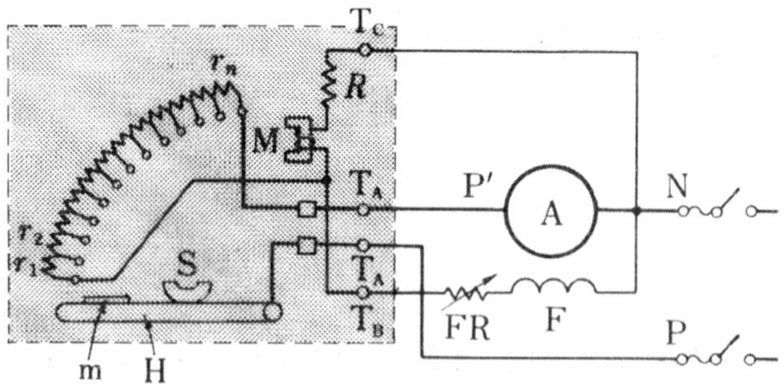

(b) 접속도

그림 2.73 기동기의 일례

2개의 단자 T_A 의 한편은 직접 전원 단자 P 에 접속되고, 다른 하나는 전기자 단자 중 분권권선과 접속되지 않는 쪽의 단자 P′에 접속된다. 반대측의 전기자 단자는 전원의 N 단자 및 기동기의 단자 T_c에 접속된다. 단자 T_B는 분권권선의 단자에 접속된다. 핸들 H 를 시계 방향으로 움직이면 기동 저항이 점차 감소해, 최종 위치에 오면 단락편 S 에 의해서 2개의 T_A 단자는 단락된다.

M 은 단자전압으로 여자된 전자석으로 **부족전압 해방기**(undervoltage release device)라고 한다. 핸들이 최종 위치에 이르렀을 때 접속편 m 을 흡착하고, 핸들을 그 위치로 유지하는 것이지만, 전동기를 정지시키기 위해서 주개폐기를 열었을 때, 또는 정전 시에는 M 이 흡인력을 잃었을 때, 핸들의 용수철의 힘으로 기동 위치에 되돌려 재기동에 방해되지 않도록 한다.

직권전동기에서는 속도 조정용 저항이 기동 저항에 겸용으로 함께 사용된다.

3. 자동 기동기 이것은 기동 저항을 바꾸는 조작을 계전기와 전자 접촉기에 의해서 자동적으로 하는 것이다. 이 기능을 반도체 제어기로 하는 것도 있다.

a. **한류형**(current-limit type) 이것은 기동 전류가 감소시켜 정해진 값이 되면 동작하는 전자 접촉기를 조합해 사용하는 방식으로 중부하를 기동할 때 적당하다.

b. **한시형**(time-limit type) 이것은 전류에 관계없이 일정한 시간 간격을 두어 기동 저항을 바꾸는 방식으로 경부하로 일정시간에 확실히 기동을 끝내고 싶은 경우에 이용된다.

4. 기동 시 주의 사항 기동 전의 준비는 발전기의 경우와 같다.

기동할 때는 기동기의 핸들이 정지 위치에 있는 것을 확인하고, 속도 조정기가 있는 경우에는 그 핸들을 저항 최소의 위치에 두고 전원 개폐기를 닫는다. 핸들을 조금 움직이면 기동 전류가 흐르기 때문에, 전류계가 있는 경우에는 이것을 주시하고, 전류가 소정의 값까지 감소했다면 노치를 움직인다.

기동기는 대개 15~30초에 기동을 끝내도록 설계되어 있기 때문에, 전류계가 없는 경우에는 이것을 기준이라고 하면 된다.

기동이 끝나면, 속도 조정기가 있는 경우에는 그 핸들을 움직여 속도를 맞춘다.

2.9.3 직류전동기의 속도 제어

1. 속도 제어의 정의 전동기로 다른 기기를 운전하고 있을 때 속도는 부하곡선과 전동기 속도 토크 곡선의 교점으로써 정해진다.

이 경우에, 전동기의 속도를 바꾸는 것은 전동기의 속도 특성을 변화시켜 부하곡선과의 교점을 바꾸어 주는 것을 의미한다.

예를 들면, 그림 2.74로 속도 토크 특성 n_1를 가지는 전동기로 속도 토크 특성 T_1을 가지는 기계를 운전할 때의 속도는 교점 P_1이 된다. 만약 전동기의 속도 토크 특성을 n_2로 변경하면, 속도는 점 P_2이 된다. 부하의 속도 토크 특성이 T_2와 같은 경우에는 전동기를 동일하게 조정하면 속도는 점 Q_1으로부터 점 Q_2로 변한다. 같은 방식으로 전동기를 조정할 때 얻을 수 있는 속도의 변화는 부하에 따라서 일반적으로 다르다. 일례로 간단하게 하기 위해서 전동기의 속도 특성의 변화만을 고찰한다.

직류전동기의 속도는 식 (2.41)을 참조하고 다음 식으로 나타낼 수 있다.

$$n = \frac{V - RI_a}{k\Phi} \ [\mathrm{s}^{-1}] \tag{2.62}$$

따라서 전동기의 속도를 바꾸려면, 다음의 세 개의 방법이 있다.

(1) **계자 제어법** 이것은 자속 Φ를 바꾸는 방법으로 분권이나 복권전동기에서는 분권권선에 직렬로 저항을 삽입하여 여자전류를 조정해 Φ를 바꾼다. 이러한 목적으로 사용하는 저항기를 **속도 조정기**(speed regulator)라고 한다.

(2) **직렬 저항 제어법** 이것은 전기자에 직렬로 저항을 삽입해 R의 값을 바꾸어 저항 강하 RI_a를 변화시키는 방법이다.

(3) **전압 제어법** 이것은 전기자에 가해지는 전압 V를 바꾸는 방법이다. 그때의 Φ를 바뀌지 않도록 타여자식으로 한다.

이하 구체적으로 속도 제어에 대해 서술하였으나, 반도체 변환 장치를 이용한 속도 제어에 대해서는 전기기기공학 II의 제7장에서 상술하므로 여기에서는 생략한다.

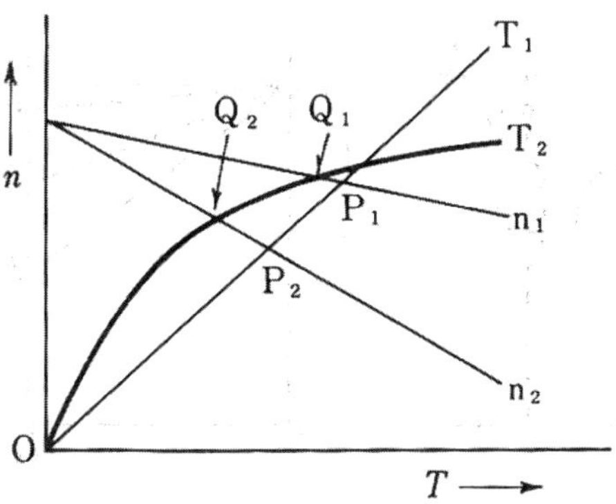

그림 2.74 직류전동기의 속도 토크 특성

2. 분권전동기의 속도 제어

a. 계자 제어법 자속을 $1/k$로 하면 속도는 k배가 되지만, 속도 특성의 기울기는 불변이다(그림 2.75 참조). 따라서 분권전동기는 속도 조정기에 의해서 속도를 바꾸어도 정속도 특성을 유지하므로 가감 속도도 전동기의 일종이다.

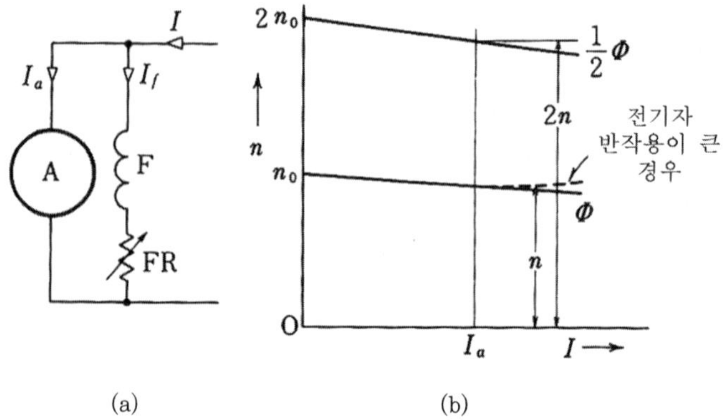

그림 2.75 분권전동기의 계자제어에 의한 속도 특성

그러나 고속을 얻기 위해서 너무 Φ를 작게 하면, 전기자 반작용 때문에 정류 불량이나 불안정의 문제가 일어나므로 보통은 속도 조정 범위가 1 : 2의 정도이다. 더 이상, 광범위의 속도 제어는 극히 소형기 또는 보상권선을 갖춘 직류전동기가 아니면 실시할 수 없지만, 보상권선을 가지고 있어도 1:5정도가 일반적인 기준이다.

일반적으로 계자제어를 실시하는 분권전동기에서는 정격 최저 회전속도에서도 다소의 조정 저항이 남아 있도록 설계된다. 저항을 단락하고, 보다 낮은 속도로 운전하면, 온도 상승이 과대하게 될 우려가 있다.

b. 직렬 저항 제어법 그림 2.76(a)과 같이, 전기자회로에 직렬로 저항 R_s를 삽입하면, $R = R_a + R_s$가 되어, 같은 전류에 대한 저항 강하가 커져, 그림 (b)에 나타내듯이, 속도 특성의 기울기가 급격하게 커진다.

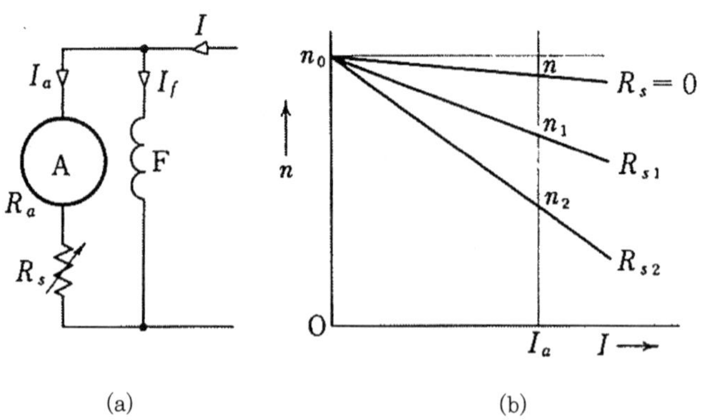

그림 2.76 분권전동기의 저항제어에 의한 속도 특성

따라서 속도를 저감할 수 있지만, 속도변동률이 커져서 부하 토크가 약간 바뀌어도 속도가 현저하게 변하는 결점이 있다. 또한, $R_s I_a^2$라고 하는 동손도 크고, R_s가 큰 만큼, 즉, 속도를 내리는 만큼 동손이 증가한다. 또한, 직렬 저항제어법은 경부하에 대해서는 I_a가 작기 때문에 별로 유효하지 않다.

c. **전압 제어법** 이것은 전동기를 타여자 식으로 하고, 전기자에 가하는 전압 V를 변화시키는 방식으로 주자속 Φ를 일정하게 유지하고 속도를 바꾸기 때문에, 정류도 양호하고, 속도변동률도 작으며 동손 역시 작다.

(1) **레오나드 방식**(Ward-Leonard system) 이 방식은 그림 2.77에 나타내듯이, 타여자 진동기 M에 대해서 전용의 타여자 발전기 G와 이 G를 구동하는 전동기 DM을 두고 G의 계자조정에 의해서 M에 가하는 전압 V를 조정하는 방식이다.

일반적으로는 전압 제어에 의해서 전전압에 도달한 다음, 전동기의 속도 조정기 FR_2에 의해 계자제어를 실시하여 속도 조정범위를 확대한다.

발전기의 계자전류를 변환 스위치 S에 의해서 반대로 하면, 전동기는 역전한다. 레오나드 방식은 속도를 광범위하게 효율적으로 제어할 수 있고, 속도변동률도 작으며 가역식이기 때문에, 최선의 속도 제어법이라고 할 수 있지만, 설비비가 고가인 것이 단점이다. 가변 전압 전원으로서 사이리스터를 이용하는 방식을 **정지 레오나드 방식**이라고 한다.

레오나드 방식의 구동 전동기를 유도 전동기로 하여 플라이휠을 추가한 방식을 **이르그너 방식**(Ilgner system)이라고 한다.

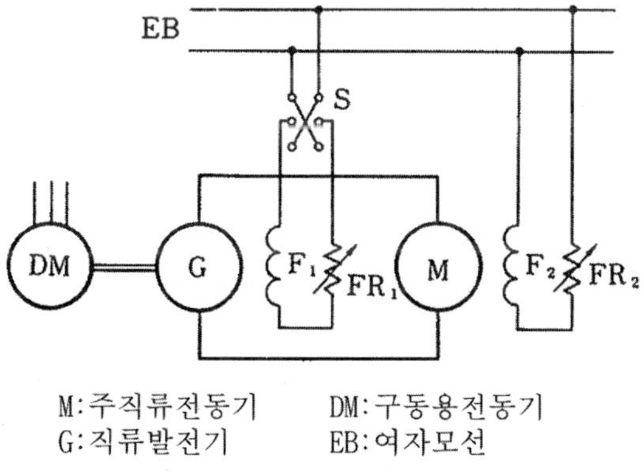

그림 2.77 레오나드 제어법

(2) **승압기 방식**(booster system) 이것은 그림 2.78과 같이 정전압 전원에 직렬로 승압기 B를 넣어 그 전압의 조정에 의해 전동기에 가해지는 전압을 변화시켜 속도 조정을 실시하는 방식이다.

승압기의 용량은 전동기의 반 정도면 되기 때문에 설비비는 적어도 되지만 레오나드 방식만큼 광범위의 속도 제어는 할 수 없다. 예를 들어, 전원 전압을 220 V 승압기의 최대 전압을 110 V라고 하면, 220±110 V의 범위 밖에 전압을 바꿀 수 없다.

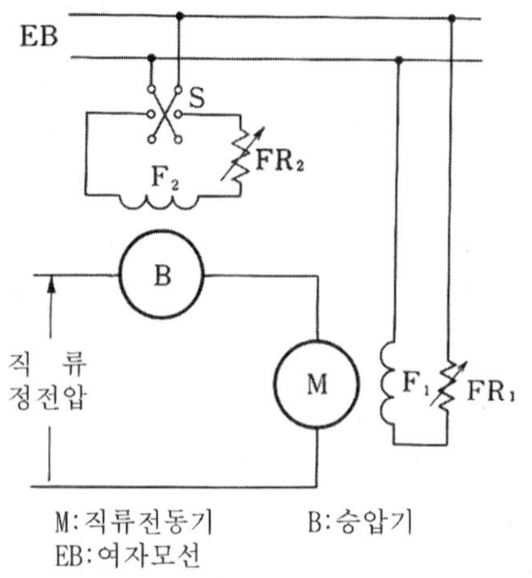

그림 2.78 승압기 방식 제어법

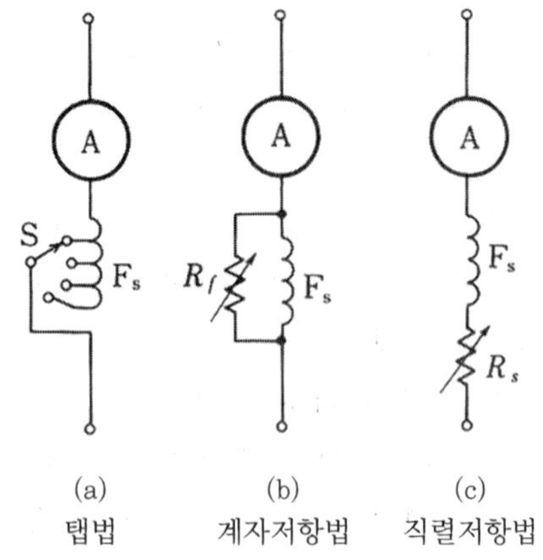

그림 2.79 직권전동기의 속도 제어

3. 직권전동기의 속도 제어

a. 계자 제어법 그림 2.79(a)와 같이 직권권선에 설치한 탭을 전환하여 기자력을 변화시키거나 그림 (b)와 같이 분류 저항기를 직권권선에 병렬에 접속해 여자전류를 감소시키는 방법이 있다. 모두 속도를 상승시키는 것이 목적이다.

b. 저항 제어법 그림 2.79(c)와 같이 전기자회로에 저항을 넣어 속도를 저하시키는 방법으로 다음의 직병렬 제어법과 함께 사용된다.

c. 직병렬 제어법 전기 철도용 전동기에 주로 이용되는 것으로 그림 2.80과 같이 짝수 개의 전동기를 직렬로 접속해 기동과 저속 운전을 하고 병렬 운전으로 고속 운전을 실시하는 방식이다. 저항제어법을 병용하면 꽤 광범위하게 속도를 제어할 수 있어 저항제어만 사용하는 것보다 손실이 적다.

4. 복권전동기의 속도 제어 복권전동기도 분권권선에 저항기를 직렬로 연결하면 속도 조정을 할 수 있다. 그러나 직권권선의 기자력이 큰 경우에는 별로 유효하지 않다.

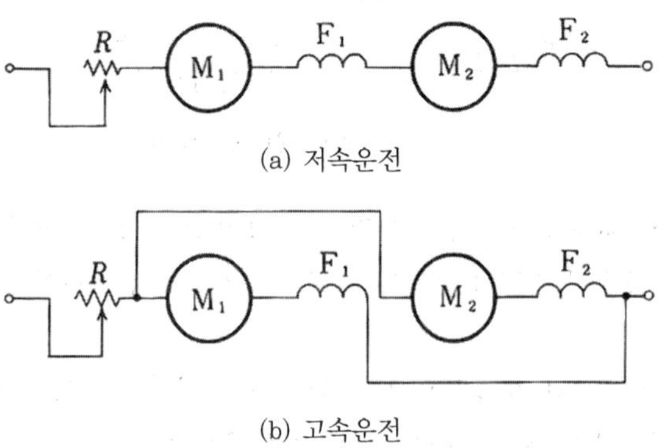

그림 2.80 전철용 직권전동기의 속도 제어

복권전동기의 주목적은 큰 토크를 내는 것이므로 속도를 광범위하게 조정할 필요가 있는 경우에는 이용하지 않는다.

2.9.4 직류전동기의 정지 및 제동

직류전동기를 정지시키려면 전원 개폐기를 열면 된다. 이때, 기동기 및 속도 조정기의 핸들이 자동으로 기동 위치에 돌아오지 않으면 반드시 수동으로 제동해둔다. 전동기는 전력의 공급을 끊어도 회전 부에 축적된 에너지가 소진될 때까지 회전을 계속한다.

급속히 전동기를 정지시키려면 회전 부분의 운동 에너지를 신속하게 분산시키는 수단을 마련하지 않으면 안 된다. 이것을 **제동**(braking)이라고 한다.

가장 간단한 제동법은 기계적으로 브레이크편(brake shoe)을 이용하여 마찰에 의해서 운동 에너지를 열로 바꾸는 방법이다.

전기적 제동법은 다음의 3종이 있다.

1. **발전제동**(dynamic braking) 이것은 전동기를 제동하기 위해서 전동기를 발전기로 작동시켜 외부의 저항기에 전류를 흘려 운동 에너지를 줄열로 소비시키는 방식이다. 분권전동기라면 전원에 접속한 채로 전기자회로만을 떼어내 양단에 저항기를 접속하면 타여자 발전기가 되어 발전제동을 한다.

직권 및 복권전동기는 직권권선의 접속을 반대로 하거나 혹은 타여자로 한다. 제동이 걸려 속도가 낮아지면 발전 제동의 작용이 약해지므로 확실히 정지시키려면 기계 제동을 함께 사용한다.

그림 2.81(a)는 복권전동기로 발전 제동을 하기 위한 접속법을 나타낸다. 전동기로서 정회전, 역전의 경우 및 발전 제동 시에 닫히는 접촉기의 번호는 그림 (b)에 O표로 나타내었다.

2. **역전제동**(plugging) 운전 중의 전동기의 전기자를 반대로 바꾸면 자속은 그대로인 채로 전기자전류가 거꾸로 되기 때문에 회선과 역방향의 토크를 일으켜 제동된다. 그대로 방치하면 역회전하기 때문에 정지되면 전원으로부터 분리한다. 이 방법은 정지할 때까지 제동 토크가 감소하지 않는 특징이 있지만, 전기자 전환 시에 충격이 있어 전동기에 격렬한 불꽃이 발생하므로 전동기에 큰 저항을 직렬로 삽입한다.

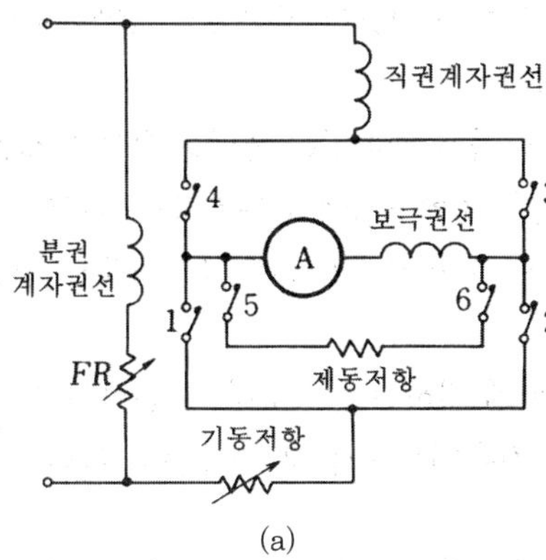

(a)

	정회전	역회전	제동
1	○		
2		○	
3	○		
4		○	
5			○
6			○

(b)

그림 2.81 복권전동기의 전기 제동법

3. 회생 제동(regenerative braking) 엘리베이터의 하강 시 크레인의 권선이 내려 갈 때 또는 전기 기관차나 전철이 비탈길을 내리는 경우 등에는 전동기가 부하에 의해서 돌게 된다. 이러한 경우에 전동기를 발전기로서 발생한 전력을 전원에 반환함으로써 전동기에 제동을 건다. 이것을 회생 제동이라고 한다.

분권발전기의 경우는 전동기 운전과 같은 접속으로 회생 제동을 해도 올바른 극성으로 발전하지만, 직권 및 복권전동기의 경우에는 직권권선의 접속을 반대로 할 필요가 있다.

2.10 직류기의 손실, 효율 및 정격

2.10.1 손실의 종류

직류기의 운전 중에 생기는 손실은 철심에서의 전력손실, 동손, 기계손 및 표류부하손으로 분류된다.

1. 철손(iron loss) 이것은 자기 회로에서 자속이 시간적으로 변화하기 때문에 생기는 철의 히스테리시스손 및 와전류의 총칭으로 철심에서의 전력손실은 주로 전기자철심, 치 및 자극편 표면에 생긴다.

2. 동손(copper loss) 이것은 저항손이라고도 하며 전기 회로 중의 저항에 의해서 생기는 손실로 전기자권선, 분권권선, 직권권선, 보극권선 및 보상권선의 저항손 외에 브러시와 정류자와의 접촉부에 생기는 저항손도 포함된다.

3. 기계손(mechanical loss) 이것은 마찰손과 풍손으로 나눌 수 있다. 마찰손은 베어링 부 및 브러시의 접촉부에서 생긴다. 풍손은 전기자의 회전에 의해 주변의 공기 유동이 생겨 발생하는 손실로 냉각팬이 있는 경우는 특히 많다.

4. 표류부하손(stray load loss) 이것은 앞에서 언급한 손실에 포함되지 않는 손실로 전기자 도체 및 정류자편 중의 표피 효과에 의한 와전류손, 전기자 반작용에 의한 자속의 편중 때문에 증가한 철손, 브러시로 단락된 권선 내의 단락 전류에 의한 동손, 각 자극의 자속의 불균일에 의해서 발생하는 전기자권선 내의 순환 전류에 의한 동손으로 이루어져 있다. 철손, 동손, 기계손에 비해 작고 정확한 결정이 어려우므로 규격에 의해 산정률이 정해지고 있어[4] 무시되는 경우도 있다. 손실의 분류법에는 다음과 같은 것도 있다.

a. **불변손**(constant loss) 이것은 부하의 변화에 관계없는 손실로 무부하 철손, 기계손, 분권 및 타여자 권선의 저항손이 포함된다. 불변손은 정속도기에서 무부하인 경우에도 발생하는 손실로 무부하손(no-load loss)이라고도 한다. 불변손이라고 해도 부하의 증가에 수반해 다소는 늘어나는 경향이 있다.

b. **변동손**(variable loss) 이것은 부하와 함께 변하는 손실로서 각 권선의 저항손 및 표류부하손을 포함하지만 직권전동기, 복권전동기의 경우에는 철손과 기계손도 가변손이 된다.

4) JEC-54에서는 최대정격전류에 대해 직류기의 기종에 따라 그 기준 출력 또는 입력의 0.5%, 또는 1%를 취하도록 정해져 있다.

2.10.2 철손

1. 히스테리시스손(hysteresis loss) 철심에 가해진 자계의 주기적인 변화에 따라 자속밀도가 변하고, 이때 그림 2.82와 같은 히스테리시스 루프가 생기면 그 면적에 비례한 손실이 생긴다. 이것을 히스테리시스손이라고 한다.

주파수 f [Hz]의 자계에 의해 철에 생기는 히스테리시스손 P_{lh} [W/kg]은 거의 다음 식으로 주어진다.

$$P_{lh} = \varepsilon \frac{f}{100} B_a^2 \ [\mathrm{W/kg}] \tag{2.63}$$

여기서 B_a : 평균 자속밀도[T], ε : 표 2.1의 정수

직류기의 전기자가 회전할 때 철심 내의 한 지점에서 자속이 회전하게 된다. 이 경우 히스테리시스손은 그림 2.83에 나타내듯이 교번자속의 경우와는 다르다.

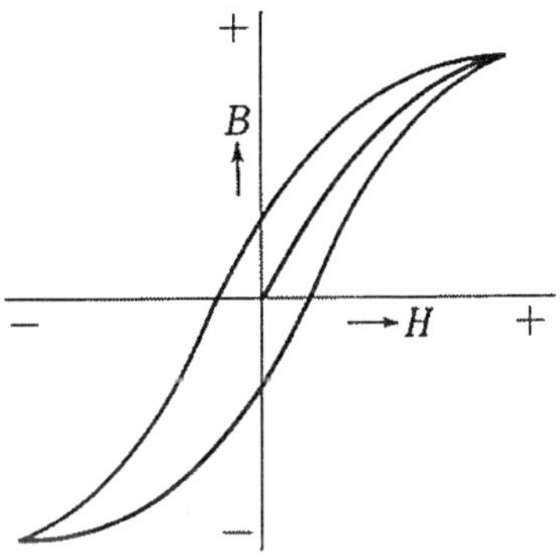

그림 2.82 히스테리시스 루프

표 2.1 ε과 σ의 값

규소강판의 종류	두께 [mm]	ε	σ
보통	1.0	4.4	22.4
	0.5	4.4	5.6
	0.35	4.7	3.2
고급	0.5	3.0	1.2
	0.35	2.4	0.6

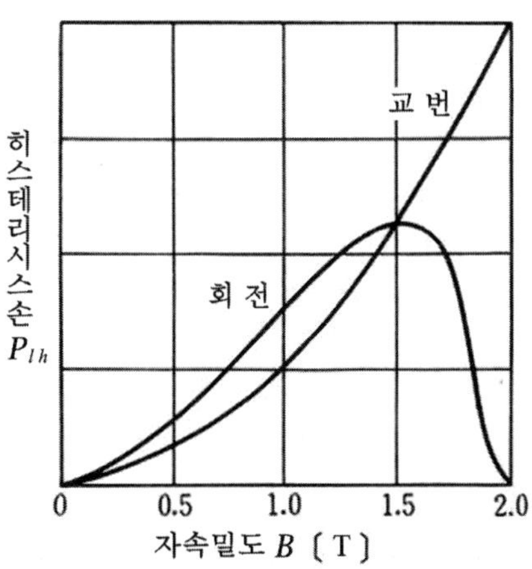

그림 2.83 히스테리시스손의 비교

2. 와전류손(eddy current loss) 철심 중에서 자속이 이동할 때 철심 중에 기전력을 발생해 이것에 의해서 철심 중에 단락 전류가 흐른다. 이것을 와전류라고 한다. 따라서 와전류손을 줄이기 위해서는 규소 강판의 적층 철심을 이용한다.

철심 중의 와전류손은 다음 식으로 계산할 수 있다. 다만 σ는 표 2.1의 정수이다.

$$P_{le} = \sigma\left(\frac{f}{100}B_a\right)^2 \text{ [W/kg]} \tag{2.64}$$

3. 종합 철손 실제 기계의 철심에서 전력손실은 식 (2.63), (2.64)로 계산한 값 보다 크다. 그 이유는 다음에 있다.

(1) 철심타발 후 생기는 기계적 왜곡에 의한 히스테리시스손의 증가

(2) 철심을 적층할 때 타발부의 공차와 적층 시 균일하지 않아 연마할 때 생기는 표면 단락에 의한 와전류손 증가

(3) 각 철심 단면에서의 자속밀도의 불균일, 철심 중의 자계에 회전 자계를 포함함에 따라 발생하는 히스테리시스손의 증가

2.10.3 동손

1. 계자권선의 동손 계자권선의 동손 P_{lf} [W], 저항 R_f [Ω], 전류 I_f [A]로 하면, 다음 식으로 계산할 수 있다.

$$P_{lf} = R_f I_f^2 \text{ [W]} \tag{2.65}$$

2. 전기자권선 중의 동손 전기자권선 중의 동손 P_{la} [W]는 정지 시에 측정한 직류 저항 R_a [Ω], 전기자전류를 I_a [A]로 하면, 다음 식에서 주어진다.

$$P_{la} = k_0 R_a I_a^2 \text{ [W]} \tag{2.66}$$

여기서, k_0는 저항비라고 하여 1.4~2.4의 값을 가진다. 전기자권선에 흐르는 전류는 사다리꼴의 교류이므로 표피 효과에 의해서 도체 내의 전류 분포가 일정하지 않고 실효 저항이 직류 저항의 k_0배가 된다.

3. 브러시 접촉면의 전기손 브러시 접촉면에서 전기손 P_{lb} [W]는 접촉면의 전압강하를 v [V]로 하면 다음 식에서 주어진다.

$$P_{lb} = 2vI \text{ [W]} \tag{2.67}$$

v의 값은 대개 다음과 같다.

탄소 브러시 1.2~1.5 V, 전기 흑연 브러시 0.9~1.1 V

금속 흑연 브러시 0.2~0.6 V

브러시의 전기손이란 전기자전류와 브러시 전압강하와의 곱을 말하며 전압강하는 전기자전류에 관계없이 일정으로 간주해 다음과 같은 값을 이용한다. 다만, 필요에 따라 운전시에는 +−를 기입한 실측한 값을 이용할 수 있다.

(1) 탄소 및 흑연 브러시　　각 브러시에 대해 1 V
(2) 금속 흑연 브러시　　각 브러시에 대해 0.3 V

2.10.4 기계손

기계손은 다음과 같은 계산식이 있다.

1. 브러시 마찰손

$$P_{bf} = 9.81\mu p_v S_b v_c \ [\mathrm{W}] \tag{2.68}$$

여기서, μ : 브러시의 마찰 계수(탄소 브러시: 0.1~0.2, 전기 흑연 브러시: 0.06~0.1, 금속 흑연 브러시: 0.1~0.2), p_v : 브러시의 용수철의 압력 [kgf/cm^2] (일반 직류기: 0.1~0.2, 전기 철도용 직류기: 0.35~0.45), S_b : 브러시의 전체접촉 면적 [cm^2], v_c: 정류자 주변 속도 [m/s]

브러시손: 브러시의 전기손과 마찰손과의 합을 브러시손이라고 한다.

2. 베어링 마찰손　소형 및 중형의 원통 베어링에 대해서는 마찰손 P_{lr} [W]

$$P_{lr} = \frac{26}{t} d_s l_s v_s^{1.5} \ [\mathrm{W}] \tag{2.69}$$

여기서, t : 베어링 온도[℃], d_s : 베어링 내의 축의 직경[cm], l_s : 베어링 내의 축의 길이[cm], v_s : 축의 주변 속도[m/s]

3. 풍손　냉각팬이 없는 전기자에서 주변 속도 v_a가 30 s/m이하인 경우, 풍손 P_{lw} [W]은

$$P_{lw} = 0.8 D_a l_a v_a^2 \times 10^{-3} \ [W] \tag{2.70}$$

여기서, D_a : 전기자 직경[cm], l_a : 전기자길이(코일 단부를 포함한다.)[cm], 날개팬의 손실 P_{lf} [W]은

$$P_{lf} = 0.6 v_f^3 D_f b_f \times 10^{-3} \ [\mathrm{W}] \tag{2.71}$$

여기서, v_f : 냉각팬의 주변 속도[m/s], D_f : 냉각팬의 외경[cm], b_f : 냉각팬의 폭[cm]

일반적으로 기계손은 제시된 식들로 정확하게 산출하는 것이 곤란하다. 만약 동일 형식의 기계에 대한 실측치가 있으면, 이것을 참고로 해 추정하는 것이 좋다.

2.10.5 효율(efficiency)

기계에 공급되는 동력(또는 전력) P_1을 **입력**(input), 발생하는 전력(또는 동력) P_2를 **출력**(output)이라고 하면 항상 출력은 입력보다 작다.

출력과 입력과의 비를 효율이라고 하여

$$\text{효율 } \eta = \frac{P_2}{P_1} \times 100 \ [\%] \tag{2.72}$$

효율에는 다음의 두 개의 계산법이 있다.

1. 실측 효율(measured efficiency)　실측 효율이란 입력 및 출력을 직접 측정하고 식 (2.72)에 의해서 계산된 효율을 말한다. 전기기계와 같이 입력이나 출력 중 한편이 기계적인 동력의 경우에는 정확한 측정이 어렵다.

2. 규약 효율(Conventional efficiency)　식 (2.72)를 변형해

$$\begin{aligned} \text{효율}\ \eta &= \frac{\text{출력}}{\text{출력}+\text{손실}} \times 100\ [\%] \quad (\text{발전기}) \\ &= \frac{\text{입력}-\text{손실}}{\text{입력}} \times 100\ [\%] \quad (\text{전동기}) \end{aligned} \tag{2.73}$$

의 형태로 하고 출력과 손실 또는 입력과 손실로부터 산정되는 효율을 규약 효율이라고 하여, 전기기기의 효율로서는 이 식이 오차가 적기 때문에 일반적으로 이용된다.

그림 2.84는 직류기의 출력에 대한 손실의 비율과 효율의 일례를 나타낸 것이다. 효율은 속도의 상승과 함께 향상하는 경향에 있다.

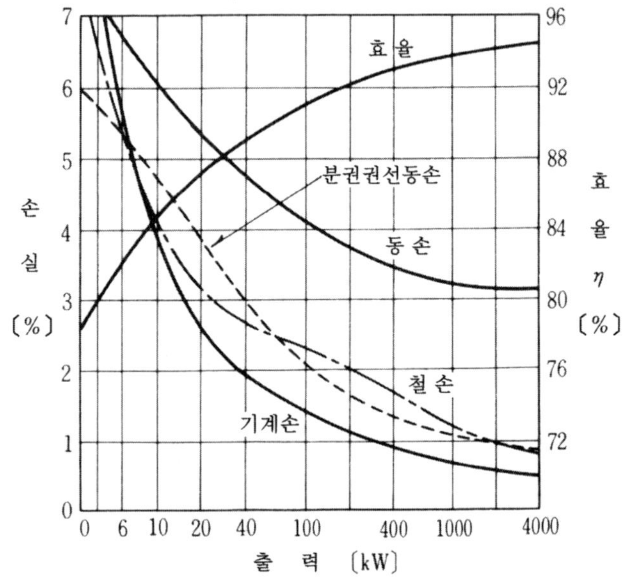

그림 2.84 출력에 대한 손실의 비율

2.10.6 온도 상승과 정격

1. 기기 절연의 종류　전기기기의 구성 재료에는 자기재료의 철, 도전재료의 동 외에 절연물이 있다.

절연은 일반적으로 고온이 되면 열화하므로 허용되는 최고 온도에 따라 표 2.2와 같이 분류[5] 되어 직류기의 사용 목적에 따라 A종부터 H종까지 사용한다.

5) JIS C 4003 [전기기기 절연의 종류] 참조.

표 2.2 허용 온도에 의한 절연의 종류[6)]

절연의 종류	Y종	A종	E종	B종	F종	H종	C종
최고 허용온도[℃]	90	105	120	130	155	180	180 초과

[주] A종 절연에 사용하는 절연물을 A종 절연물이라 한다. 그 외의 것도 동일하게 부른다.

2. 온도 상승 전기기기를 장시간 일정 부하로 운전할 때 도달하는 기기의 온도와 주위의 공기 또는 냉각수(냉각 매체라고 한다)의 온도와의 차이를 온도 상승이라고 한다. 냉각 매체의 온도가 T_c[℃] 때 온도 상승 θ_m [℃]이면 기기의 온도는 $T_c + \theta_m$ [℃]가 된다. 사용 절연물의 종류에 따르고 이 온도가 표 2.2의 값을 초과하지 않게 기기의 손실을 제한할 필요가 있다. 따라서 거기에 상당하는 기기의 출력도 제한을 받는다.

3. 냉각 방식(cooling methods) 기기의 온도가 표 2.2의 값을 넘지 않게 하기 위해서는 기기를 냉각할 필요가 있다. 직류기는 주로 공냉형의 냉각 방식이 이용되지만 공기를 향하는 형식에 따라 다음의 두 개로 분류된다.

(1) **자력형** 전기자 자신의 팬 작용, 전기자 혹은 축으로 단 팬에 의해서 공기를 보내 냉각하는 형식의 것으로 가장 일반적으로 이용되는 방식.

(2) **타력형** 독립된 팬에 의해서 공기를 공급해 냉각하는 형식으로 저속 대용량기에 이용된다.

4. 정격(rating) 전기기기의 온도 상승, 최대 토크, 정류 등을 고려하고, 전기기기의 제작자가 보증해 명판에 기재하는 출력의 한도를 그 기기의 정격 출력 또는 정격이라고 한다. 정격 출력 때의 전압, 전류, 회전속도 등을 각각 정격 전압, 정격 전류, 정격 회전속도 등이라고 한다. 정격 출력을 **전부하**라고도 한다.

특히, 냉각법을 강화하든가 혹은 기온이 극히 낮은 경우를 제외하면 전기기기에 그 정격을 초과하는 과부하를 걸면 수명이 현저하게 단축되기 때문에 주의해야 한다. 전기기기의 사용법에 의해서 정격에는 다음의 4종류가 있다.

a. **연속정격** 연속정격은 온도 상승이 일정이 되는 시간 이상 연속해서 사용하는 기기에 줄 수 있는 정격으로 보통 기기의 정격은 이것이다.

b. **단시간정격** 단시간정격은 30분, 1시간 등 지정된 단시간만 사용해 정지시키는 기기의 정격이며 기기는 최종 온도 상승에 이르기 전에 정지하기 때문에 연속정격에 비해 큰 정격 출력을 지정할 수 있다.

c. **반복정격** 반복정격은 주기적으로 일정 부하와 정지를 반복하는 기기의 정격으로 부하 시간율(부하 시간과의 일주기와의 비)은 15, 25, 40, 60%가 표준이다.

d. **공칭정격** 공칭정격은 전기 철도용의 전원기기에 적용되는 특수정격이다.

6) Y, E, F, H 등은 새롭게 추가된 것으로, 이 때문에 알파벳 순서가 맞지 않게 된 것이다.

2.11 직류기의 시험과 보수

2.11.1 시험 항목

주요 시험 항목은 다음과 같다.

(1) 자극 극성의 점검

(2) 갭의 측정

(3) 전기자 및 계자권선의 저항 측정

(4) 정류 조정 시험

(5) 특성 곡선의 측정

(6) 무부하손의 측정

(7) 온도 시험

(8) 절연 저항 측정 및 내전압 시험

(9) 과속도 시험(특별한 경우만 실시한다)

이러한 시험 항목 중 주요한 것은 이하에 서술한 실제의 시험에서는 직류기의 규격 JEC-2121 (직류기의 시험법)를 참조하는 것이 좋다.

2.11.2 특성 곡선의 측정

1. 무부하 포화곡선 무부하 포화 특성의 측정에는 발전기를 정격 속도로 무부하 운전하고 계자권선을 다른 직류 전원으로 여자하여 계자조정기에 의해 계자전류를 영으로부터 점차 증가시키면서 단자전압을 측정한다. 그때 도중에 계자전류를 감소시켜선 안 된다.

계자조정기의 저항이 영이 될 때까지 전압을 상승시켰다면 반대로 계자전류를 점차 감소시켜 영까지 내려 그때 단자전압을 측정한다. 이와 같이 하여 그림 2.85의 무부하 포화 곡선이 그려진다.

2. 무부하 속도 특성 전동기를 무부하로 운전하여 계자전류의 변화에 대한 회전속도의 변화를 구해 곡선을 그리면 무부하 속도 특성 곡선을 얻을 수 있다.

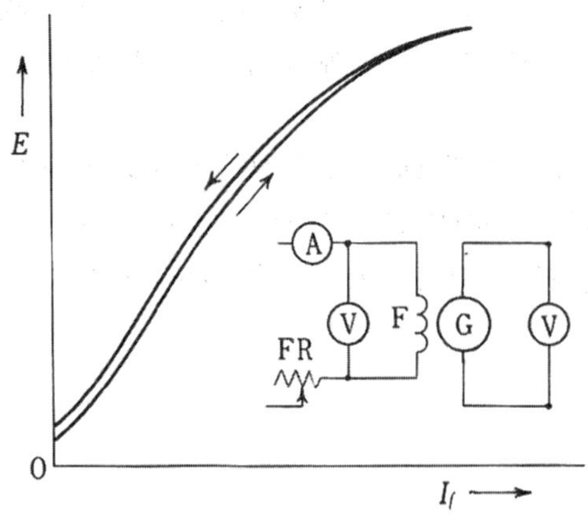

그림 2.85 무부하 포화 곡선

3. 무부하 속도 특성으로부터 무부하 포화 곡선을 구하는 방법 발전기를 구동하는 기계가 없는 경우에 이것을 전동기로써 운전해서 무부하 속도 특성을 구하면 이것으로부터 무부하 포화 곡선을 그릴 수 있다.

무부하 속도 특성으로 여자전류 I_f에 대한 회전속도가 n_m 이고, 전원 전압이 V_m 이면 이것을 발전기로써 같은 여자전류 I_f 그리고 회전속도 n_g로 운전했을 경우의 단자전압 V_g는, 전동기 운전 때의 전압강하를 무시하면

$$V_g = V_m \frac{n_g}{n_m} \text{ [V]} \tag{2.74}$$

이 된다. 이것에 의해서 V_g의 곡선을 그리면 무부하 포화 곡선을 얻을 수 있다. I_f가 작은 부분에 대해서는 V_m을 작게 하지 않으면 회전속도가 커지게 될 우려가 있다.

4. 외부 특성 곡선과 전압변동률 후에 서술하는 온도 시험 직후의 열상태로 발전기의 계자회로의 저항은 정격 상태가 되도록 조정한 후, 그대로 유지하고 부하 전류를 정격 전류의 125, 100, 75, 50, 25, 0% 등으로 차례차례 변화시켜 각각의 경우의 단자전압과 부하 전류를 측정한다. 이것에 의해서 부하 전류와 단자전압과의 관계를 나타내는 외부 특성 곡선이 그려져 전압변동률을 산정할 수 있다.

5. 속도 특성 곡선과 속도변동률 전동기의 온도 시험 후의 열상태, 정격 전압으로 전동기의 계자회로의 저항을 정격 상태가 되도록 조정한 후, 그대로 유지하고 부하 전류를 정격 전류의 125, 100, 75, 50, 25, 0% 등으로 차례차례 변화시켜 각각의 경우의 속도와 부하 전류를 측정한다. 이것에 의해서 속도와 부하 전류와의 관계를 나타내는 속도 특성 곡선이 그려져 속도변동률을 산정할 수 있다. 직권전동기의 경우는 부하전류를 정격의 50%보다 경부하로 하는 것은 피해야 한다.

2.11.3 무부하손의 측정

1. 정속도 전동기의 경우

a. **발전기법** 그림 2.86에서와 같이 피시험기 G를 타여자로 하고, 소용량의 전동기 M에 의해서 정격 속도로 운전한다. 여자전류를 조정해 전압 V[V]를 발생시켜 구동 전동기 M의 전압 V_1[V], 전류 I_1[A]을 측정하고, 입력 $P_1 = V_1 I_1$[W]을 산출한다.

이때의 M의 동손을 $P_{lc1} = R_a I_1^2$[W]이라고 하면 $P_1 - P_{lc1}$는 M과 G와의 철손과 기계손의 합이 된다. 여기서 R_a[Ω]는 M의 전기자저항이다.

다음으로 전동기 M을 단독으로 동일 속도로 운전하고 전압 V_0[V], 전류 I_0[A]를 측정하여 입력 $P_0 = V_0 I_0$[W]을 산출한다. 이때 M의 동손은 $P_{c0} = R_a I_0^2$[W]이고 $P_0 - P_{c0}$은 M의 철손과 기계손과의 합이다. 따라서

$$P_l = (P_1 - P_{lc1}) - (P_0 - P_{c0}) = P_{li} + P_{lm} \text{ [W]} \tag{2.75}$$

은 피시험기 G의 전압 V에서의 철손 P_{li}[W]와 기계손 P_{lm}[W]와의 합이다.

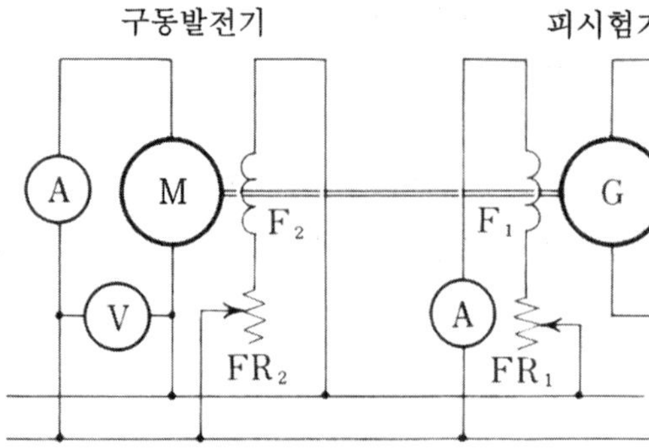

그림 2.86 정속도 전동기의 무부하 철손의 측정

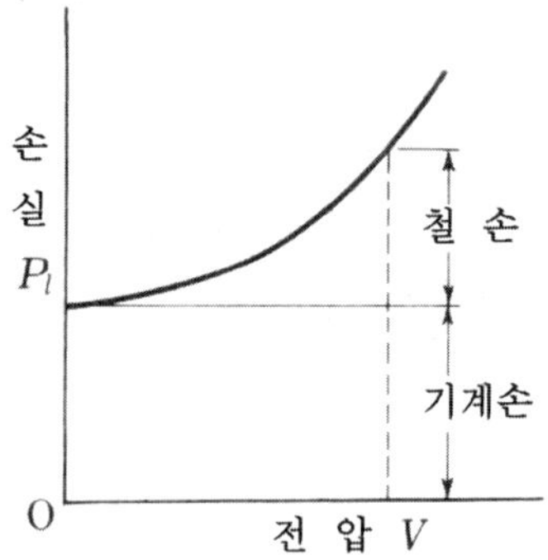

그림 2.87 손실의 분리

철손 P_{li}와 기계손 P_{lm}을 분리하면 피시험기 G의 전압 V[V]를 여러 가지로 바꾸어 같은 측정을 반복하여 구한 P_l의 값을 V에 대해서 그리면, 그림 2.87과 같은 곡선을 얻을 수 있다. 이 곡선을 연장해 세로축과의 교점을 구하면, 전압 $V=0$일 때는 철손이 없기 때문에 기계손 P_i가 구해진다. 일정 속도에 대해서는 기계손이 일정하기 때문에 이것을 빼면 철손을 구할 수 있다.

b. 전동기법 발전기, 전동기 상관없이 이것을 전동기로 무부하 운전하여 전기자회로에 가하는 전압을 여러 가지의 값으로 바꾸면서 여자전류 I_f[A]를 조정해 정격 속도로 유지하고 단자전압 V[V]와 전기자전류 I_a[A]를 측정한다. 전기자저항을 R_a라고 하면 $P_l = VI_a - R_aI_a^2$은 $E = V - R_aI_a$에 대응하는 철손과 기계손의 합이다.

따라서 V를 여러 가지에 변화시켜 측정을 반복해 그림 2.87과 같은 곡선을 그리고 철손과 기계손을 분리할 수 있다.

2. 직권전동기의 경우 직권전동기를 타여자로 앞에서 서술한 1의 a, b항 몇 개의 방법으로 철손 및 기계손을 구할 수 있다. 다만, 직권전동기는 변속도 전동기이기 때문에 정격 속도가 아니고 여러 가지의 회전속도에서 측정을 해야 한다. 또, 그림 2.87의 횡축은 전압을 나타내지만 직권전동기의 경우에는 그림 2.88과 같이 횡축은 전류 $I=I_f$를 나타내면 편리하다.

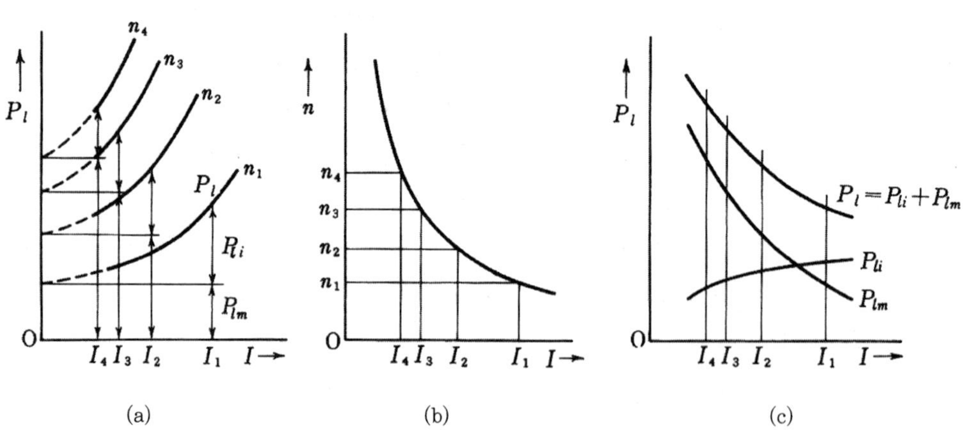

그림 2.88 직권전동기의 철심에 있어서의 전력손실과 기계손실

그림 2.88에서 n_1을 회전속도 n_1에 대한 무부하손 P_l을 나타내는 곡선이라고 하면, 그 연장선과 세로축과의 교점을 이용하여 기계손 P_{lm}와 철손 P_{li}를 분리할 수 있다. 그림 (b)의 속도 특성으로부터 n_1에 대한 전류 $I=I_1$이 요구되기 때문에 이 I_1에 대응하는 P_l, P_{lm}, P_{li}를 그림 (a)로부터 구하고, 그림 (c)와 같이 전류 I_1에 대해서 P_l, P_{lm}, P_{li}를 나타내는 점을 기입한다. 다른 회전속도에 대해서도 똑같이 반복해 가면 전류와 철손, 기계손 등과의 관계를 나타내는 그림 (c)가 완성된다.

2.11.4 온도 시험(temperature test)

1. 부하의 방법 온도 시험은 피시험기에 전부하를 걸어 온도를 측정하고 온도 상승을 구해 규정에 합격할지를 판정하기 위한 중요한 시험이며, 부하를 거는 방법에는 실부하법과 반환 부하법이 있다.

a. 실부하법 실부하법은 발전기의 경우에는 물저항 또는 전구 등을 부하로 하고, 전동기의 경우에는 발전기, 전기 동력계 또는 기계적 브레이크 등을 부하로 하는 방법이다. 실부하법은 간단하지만 소용량의 경우로 한정된다. 중용량 이상의 기계에서는 전력이 부족하거나 전력의 소비가 크고 장치가 대규모가 되기 때문에 다음의 반환 부하를 사용한다.

b. 반환 부하법(loading-back method, pumping-back method) 반환 부하법에는 가능한 한 동일 정격(정격 출력, 정격 전압, 정격 속도)의 기계 2대를 기계적으로 연결하고 한편을 발전기, 한편을 전동기로써 운전하여 서로 전력 및 동력을 주고받도록 하면 외부에서는 두 기기의 손실만을 공급하면 되기 때문에 장시간 운전해도 경제적이다. 반환 부하법은 부하특성 측정에도 이용할 수 있다. 구체적인 시험 실시 방법에 대해서는 여러 가지의 방법이 제안되고 있지만 이 중 일반적으로 이용되고 있는 카프법에 대해 설명한다.

카프법(Kapps' method)은 전체 손실을 전기적으로 공급하는 방법이다. 그림 2.89와 같이 접속하고, 우선 전동기 M를 기동하여 정격 속도로 돌린 후 발전기 G의 전압을 조정해 전원 전압에

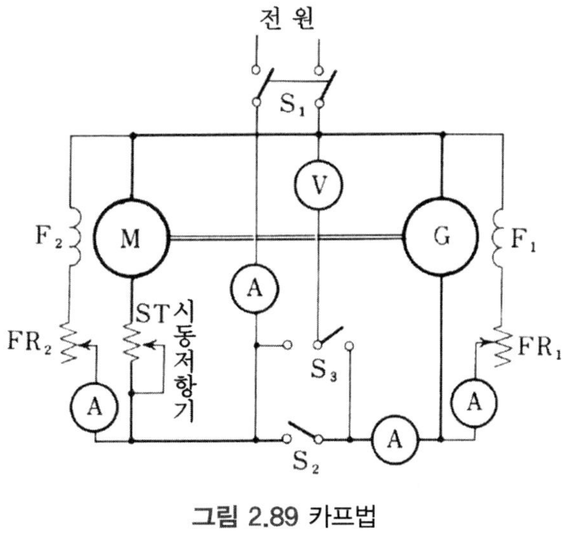

그림 2.89 카프법

맞추고 S_2를 닫는다. 그 다음에 두 기기의 계자조정기 FR_1 및 FR_2를 가감해 속도 및 부하 전류를 정해진 값으로 맞춘다. 이때 두 기기의 전체 손실은 전원으로부터 공급된다.

복권발전기의 경우에는 전동기 측의 직권권선을 제거하여 차동복권발전기가 되는 것을 방지해야 한다.

2. 온도의 측정 방법

a. 기준 주위 온도 온도상 승은 기기의 온도와 **냉매 온도**(coolant temperature, **주위 온도**(ambient temperature)라고도 한다.)와의 차이이다. 온도 상승을 정할 때 기준이 되는 온도가 냉매 온도이다. 기기의 정격을 정하기 위해서 냉매 온도에 최고 한도가 있다. 이 한도는 공기 또는 가스에 대해서 40℃로 정해져 있다[7].

b. 직류기 각 부분의 온도 측정법 이것은 다음 2개의 방법이 있다.

(1) 온도계법 이 방법은 외부로부터 접근할 수 있는 표면에서 온도가 최고라고 생각될 때 적당한 방법으로(예를 들어 접착제를 이용하는 등) 온도계를 붙여 온도를 측정한다. 온도계로서는 봉장 온도계(수은 또는 알코올), 다이얼 온도계, 저항 온도계, 열전대 온도계가 좋다.

(2) 저항법 이 방법은 권선의 저항 증가를 측정하고, 권선의 온도 상승을 다음 식으로 산출하는 방식으로 권선의 평균 온도 상승 θ[℃]를 얻을 수 있다.

$$\theta = t_2 - t_a = \left(\frac{R_2}{R_1} - 1\right)(T + t_1) + (t_1 - t_a)[℃] \tag{2.76}$$

여기서, R_1 : 냉상태(온도 t_1)에 있어서의 권선 저항 [Ω], R_2 : 열상태(온도 t_2)에 있어서의 권선 저항 [Ω], t_1 : 냉상태에서 R_1를 측정할 때의 권선 온도 [℃], t_2 : 시험 직후에 권선 온도 [℃], t_a : 시험의 최종 냉매 온도 [℃], T : 정수, 동에 대해서 T=234.5, 알루미늄에 대해서는 230.0

c. 허용 온도 상승 한도 직류기의 온도 상승 한도는 JEC-54(1985)의 권말 부록에 게재된 표 1과 같이 정해져 있다. 또한, 이 표는 후술의 교류기에도 사용할 수 있다.

7) JEC-146 [회전 전기기계 일반] 참조

2.1 발전기에 대하여 공급된 동력과 발생한 전력과의 관계를 유도하시오.

2.2 직류기의 여자 방식을 분류 정리하시오.

2.3 주자극을 얇은 강판으로 적층하는 이유를 설명하시오.

2.4 보상권선의 효용에 대해 설명하시오.

2.5 브러시의 종류와 용도에 대해 설명하시오.

2.6 직류기에 적용되는 각종 전기자권선에 대해서 슬롯수선정의 기준을 설명하시오.

2.7 직류기의 전기자권선의 권선 피치는 어떻게 결정하는가.

2.8 자극수 4, 슬롯수 39일 때, 슬롯 내의 코일 개수 $2u = 6$으로써 권선을 만들고 싶다. 권선의 종류와 권선 피치를 구하여라.

2.9 직류분권발전기가 있다. 자극수 6, 전체 전기자 도체 수 400, 각 자극의 자속은 0.01 Wb로 그 회전수는 1분간 600일 때, 전기자에 유도되는 기전력은 몇 볼트인가? 단, 전기자권선은 직렬권이다.

2.10 다음 문장의 [　　　　]에 적당한 단어를 넣으시오.

직류발전기는 전기자 반작용에 의해,

(a) 전기적 중성축이 이동하여 [　　　　]을 일으킨다.

(b) 철심의 일부가 포화되어 주자속의 감소를 초래해, [　　　　]이 나타난다.

(c) 공극자속의 왜곡에 의해 정류자 사이의 [　　　　]이 나타난다. 이 중 (a)의 대책으로는 [　　　　]을, (b) 및 (c)의 대책으로서는 [　　　　]을 마련하는 것이 적당하다.

풀어보기

2.11 직류기에서 보극과 보상권선의 역할의 차이점을 설명하시오.

2.12 직류기에 있어서의 정류 불량의 원인을 열거하고, 이것을 간단하게 설명하시오.

2.13 25 kW, 125 V, 1,200 rpm의 타여자발전기가 있다. 전기자저항(브러시 포함)은 0.04Ω이다. 이 발전기가 정격 상태로 운전하고 있을 때 속도를 200 rpm으로 저하시킬 경우 발전기의 단자전압 및 부하전류는 어떻게 변할까? 단, 전기자 반작용의 영향은 무시하고 전기자회로 및 부하의 저항값은 변하지 않는다고 가정한다.

2.14 다음의 [　　　] 안에 적당한 답을 기입하라.

(1) 직류 [　　　] 발전기가 자여자로 전압을 발생 할 수 있는 것은 그 자극에 [　　　] 가 있기 때문이며, 그 전압이 안정되는 것은 [　　　] 특성 곡선과 [　　　] 교점을 가지기 때문으로 만약 전자가 [　　　] 하지 않으면, 무부하 전압은 어디까지 상승하는지 모른다.

2.15 100 kW, 200 V의 분권발전기가 있다. 정격속도에서 무부하 전압은 다음과 같다. 전기자회로의 저항을 0.016 Ω으로 하면 전부하 시의 계자전류는 얼마인가? 또, 전압변동률은 몇 퍼센트인가?

계자 전류 [A]	1.5	2.0	2.5	3.0	3.5	4.0	5.0
유도기전력 [V]	110	141	169	191	207	220	238

2.16 직류분권전동기와 직류직권전동기가 전부하로 운전하고 있을 때, 모두 전류가 50 A, 회전수가 1,000 rpm라고 한다. 부하토크가 반감했을 경우, 전류 및 회전수는 각각 얼마인가?

2.17 전기자의 저항이 0.05 Ω인 직류분권발전기가 있다. 회전속도가 1,000 rpm이고, 단자전압이 220 V일 때, 전기자전류가 100 A를 나타냈다. 지금 이것을 전동기로 사용하여 그 단자전압 및 전기자전류를 상기와 동일하게 하면, 그 회전속도는 얼마인가? 단, 전기자 반작용은 무시한다.

2.18 직류직권전동기와 직류분권전동기에서 부하전류와 회전속도 및 토크와의 관계를 설명하라. 또한, 두 전동기가 각각 어떠한 부하에 적당하는지 예를 들어 설명하시오.

2.19 정격 전압 200 V, 정격 출력 45 kW의 타여자 직류전동기가 있다. 이 전동기를 정격 전압으로 운전했을 때, 회전속도는 900 rpm, 전기자전류는 270 A였다. 여자전류를 일정하게 유지하고 회전속도를 600 rpm로 하기 위한 전동기 단자전압[V]을 구하시오. 단, 부하토크는 속도의 제곱에 비례하는 것으로 하고, 전기자저항은 0.04 Ω, 브러시의 전압강하는 3 V로 하며, 전기자 반작용은 무시한다.

2.20 직류분권전동기가 있다. 전압은 V [V], 전기자저항은 r_a[Ω], 계자권선 저항은 r_f[Ω]으로 전부하에서 I [A]이고 1분간에 N회전한다. 동일 토크에 대해 속도를 $N/2$로 하기 위해서는 전기자 회로에 얼마의 저항을 넣으면 되는가?

2.21 직류분권전동기의 기동 저항의 단부는 어떻게 정해지는지를 설명하시오.

2.22 직류분권전동기 및 직류직권전동기에 대해서 그것의 전기 제동법의 차이점을 서술하시오.

2.23 회전 전기기기의 손실을 분류하고, 그 개요를 서술하시오.

2.24 직류분권전동기가 있다. 전압 E [V], 전기자저항 R [Ω], 분권 권선저항 r [Ω], 무부하 운전 시의 공급전류 I_0 [A]로 한다. 공급전류가 I [A]일 때, 이 전동기의 효율을 계산하시오.

2.25 직류발전기 및 전동기의 각 주요부분에 있어서의 허용 최고온도는 대략 어느 정도인가?

변압기(transformer)

변압기는 교류 회로로부터 전력을 받아 전자유도 작용에 의해서 이것을 변성해 다른 회로에 공급하는 기기이며, 일반적으로는 정지기이다. 전력이 들어가는 측을 1차(primary), 나오는 측을 2차(secondary)라고 한다.

변압기의 가장 주요한 용도는 교류의 전압을 바꾸는 것이다. 일정한 교류전압 V_1[V]에서 V_2[V]로 바꾸면, 동시에 전류도 I_1[A]부터 I_2[A]로 바뀌고, 역률을 $\cos\phi$로 나타내면 다음 식이 성립한다.

$$\left.\begin{aligned} V_1 I_1 \cos\phi &= V_2 I_2 \cos\phi \ [\mathrm{W}] \\ V_1 I_1 &= V_2 I_2 \ [\mathrm{VA}] \end{aligned}\right\} \tag{3.1}$$

이것은 기계적 동력을 전달할 때에 기어를 이용해 각속도를 ω_1부터 ω_2[rad/s]로 바꾸면, 거기에 따라 토크 T_1이 T_2[W]로 바뀌어 둘 사이에는

$$\omega_1 T_1 = w_2 T_2 \ [\mathrm{W}] \tag{3.2}$$

의 관계가 있는 것과 유사하다.

식 (3.1)에서 나타나듯이 출력이 역률에 의해서 변하는 교류 기기의 능력을 나타내려면, 전압과 전류와의 곱, 즉 피상 전력을 이용하여 통상 VA, kVA, MVA로 나타낸다.

변압기는 전자회로용의 아주 작은 것으로부터 중량 1,000 t을 넘는 원자력 발전소용의 것까지 있고 용도도 다양하다.

전력 계통은 일반적으로 교류이다. 발전기의 전압은 통상 1~2만V이기 때문에 이것을 장거리 송전선의 수십만V의 전압까지 상승하려면 변압기가 필요하다. 또한, 이 전력을 받고 전동기를 운전하거나 전등을 켜기 위해서는 다시 변압기를 이용하여 각각의 용도에 맞는 적당한 전압으로 내려 주어야 한다. 이와 같이 송배전에서 변압기는 빼놓을 수 없는 것이다. 또, 절연물의 절연내력 시험을 위한 고전압도 변압기에 의해서 얻을 수 있다.

한편, 전기로, 전기용접, 전기화학공업 등과 같이 저전압, 대전류를 필요로 하는 경우에도 변압기의 도움을 빌리지 않으면 안 되고, 교류를 직류로 변환하기 위한 정류기에서도 변압기가 중요한 역할을 한다. 통신, 전자회로에서도 변압기는 빼놓을 수 없는 부품이다.

두 개의 회로 사이를 절연할 목적으로 사용하는 변압기에서는 1차, 2차의 전압이 동일한 경우도 있다. 이것을 절연 변압기라고 한다.

변압기의 적당한 접속에 의해서 교류의 상수를 바꿀 수도 있다. 또, 계기용 변성기라고 칭하여 계기의 측정범위를 확장하는 목적의 변압기도 있다. 무선 주파수의 변압기에는 **공심 변성기**(air-core transformer)라 하여 철심이 없고 단지 1차와 2차 권선을 대립시켰을 뿐인 것도 있지만, 상용 주파수(50, 60 Hz)나 음성 주파수에 이용하는 변압기에서는 철심을 가지고 있다. 그러므로 이후에는 철심이 있는 변압기에 대해 논한다.

3.1 변압기의 원리

3.1.1 이상변압기(ideal transformer)

그림 3.1(a)와 같이 환상 철심에 권수 w_1의 1차 권선과 권수 w_2의 2차 권선을 감은 것을 대상으로 한다.

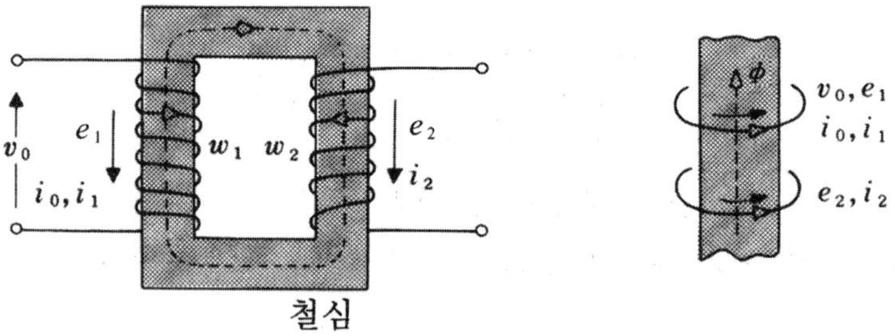

(a) (b)

그림 3.1 이상변압기

간단하게 하기 위해서 권선의 저항, 철의 포화, 철심에 있어서의 전력손실은 무시할 수 있는 것으로 하고, 자속은 철심 안에만 흐르고 자속을 일으키기 위한 여자전류도 무시할 수 있을 만큼 작은 것으로 가정한다. 이 같은 변압기를 이상변압기라고 한다.

1. 무부하 상태 2차 권선을 개방한 채로 1차 권선에 교류전압 v_0를 가하면, 여자전류 등이 흘러 그 기자력 $w_1 i_0$에 의해서 철심 중에 자속변화를 일으킨다. 이 자속의 변화에 의해 1차, 2차의 권선에 유도되는 기전력을 e_1, e_2로 한다. 상기의 가정 아래에서는 각 전기량 사이에는 다음의 관계가 성립한다.

다만, 자속의 정방향과 전압, 전류의 정방향과의 관계는 그림 (b)에 화살표로 나타낸 바와 같이 오른손 나사 진행 방향과 회전 방향의 관계가 대응되도록 선택한다.

$$v_0 = L_1 \frac{di_0}{dt} = w_1 \frac{d\phi}{dt} \text{ [V]} \tag{3.3}$$

$$e_1 = -w_1 \frac{d\phi}{dt} = -v_0, \quad e_2 = -w_2 \frac{d\phi}{dt} \text{ [V]} \tag{3.4}$$

단, L_1 : 1차 권선의 자기 인덕턴스[H]

여기서, $L_1 i_0 = w_1 \phi$[1]는 자속쇄교수로 포화가 없고 투자율 μ가 일정한 경우에는 $L_1 i_0$이어서 편리하지만 포화되는 경우에는 $w_1 \phi$쪽이 편리하게 된다. 식 (3.4)에서 나타내듯이, 1차 유도기전력 e_1은 전원전압 v_0와 맞지만, 이것은 저항을 무시한 결과이다.

이제 교류 주파수를 f[Hz], $\omega = 2\pi f$로 하고 전압과 전류는 실효값을 이용하며, 포화나 히스테리시스손의 계산을 편리하게 하기 위해 자속은 최대치 Φ_m을 이용하여 식 (3.3), (3.4)를 참조하여 다음과 같이 둔다.

$$\left.\begin{array}{l} v_0 = \sqrt{2}\, V_0 \cos \omega t, \quad i_0 = \sqrt{2}\, I_0 \sin \omega t, \quad \phi = \Phi_m \sin \omega t \\ e_1 = -\sqrt{2}\, E_1 \cos \omega t = \sqrt{2}\, E_1 \sin\left(\omega t - \dfrac{\pi}{2}\right), \ e_2 = \sqrt{2}\, E_2 \sin\left(\omega t - \dfrac{\pi}{2}\right) \end{array}\right\} \tag{3.5}$$

식 (3.5)를 식 (3.3)과 (3.4)에 대입하면,

$$\left.\begin{array}{l} \sqrt{2}\, V_0 \cos \omega t = \sqrt{2}\, I_0 \omega L_1 \cos \omega t = \omega w_1 \Phi_m \cos \omega t \\ \sqrt{2}\, E_1 \sin\left(\omega t - \dfrac{\pi}{2}\right) = -\omega w_1 \Phi_m \cos \omega t \\ \sqrt{2}\, E_2 \sin\left(\omega t - \dfrac{\pi}{2}\right) = -\omega w_2 \Phi_m \cos \omega t \end{array}\right\} \tag{3.6}$$

식 (3.6)에서 다음의 관계식을 얻을 수 있다.

$$I_0 = \frac{V_0}{\omega L_1}, \quad \Phi_m = \frac{\sqrt{2}\, V_0}{\omega w_1} = \frac{V_0}{4.44 f w_1} \tag{3.7}$$

$$V_0 = E_1 = \frac{2\pi f}{\sqrt{2}} w_1 \Phi_m = 4.44 f w_1 \Phi_m, \quad E_2 = 4.44 f w_2 \Phi_m \tag{3.8}$$

식 (3.7)에 의해 자동적으로 Φ_m은 전압 V_0에 의해서 정해지고, 철심의 μ에 무관한 것을 알 수 있다. 또한, 마찬가지로 V_0에 대해서 주파수가 높아지면, Φ_m이 작아지기 때문에 철심의 단면적이 작아도 되어, 무선 주파수가 되면 철심이 불필요하게 된다. 여자전류 I_0는 L_1에 반비례하기 때문에 μ가 큰 철심을 이용하면 작아진다. 이것이 철심을 사용하는 하나의 이유이다. 식 (3.8)로부터 전압의 비에 관해서 다음 식을 얻을 수 있다.

$$\frac{V_0}{E_2} = \frac{E_1}{E_2} = \frac{w_1}{w_2} = a \text{[2]} \tag{3.9}$$

여기서 $a = w_1/w_2$를 **권수비**(turn ratio)라고 한다.

이상변압기에서는 1차, 2차의 전압의 비가 권수비와 동일하다.

---

1) $L_1 = \dfrac{w_1 \phi}{i_0}$ (1 A당 자속쇄교수) $= \dfrac{w_1}{i_0} \cdot \dfrac{w_1 i_0}{(l/uS)} = \dfrac{uSw_1^2}{l}$

단, l: 철심의 평균 길이 [m], S: 철심의 단면적 [m^2]

2) 식 (3.4)로부터, 정현파가 아니어도 전압의 비는 권수비와 같다. 더욱이, v_0, e_1, e_2의 파형은 동일하다.

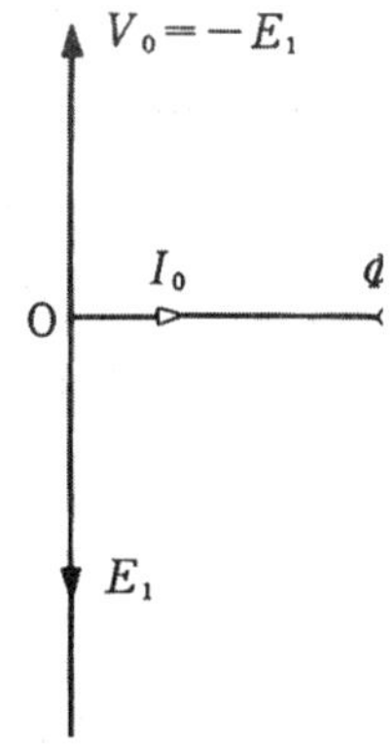

그림 3.2 이상변압기의 벡터도

1차 전압보다 2차 전압이 높아지는 변압기를 **승압변압기**(step-up transformer)라고 하며, 1차 전압보다 2차 전압이 낮은 변압기를 **강압변압기**(step-down transformer)라고 한다. 그러나 변압기의 1차와 2차를 교환하면, 1차 권선, 2차 권선이라고 하지 않고 전압의 높낮이에 따라 고압권선, 저압권선이라고 하기도 한다. 그림 3.2는 식 (3.5)의 전압, 자속, 여자전류의 관계를 나타낸 벡터도이다. 전압 $\dot{V}_0$에 대해서 자속 Φ_m과 여자전류 $\dot{I}_0$는 90° 늦기 때문에 $\dot{\Phi}_m$과 여자전류 $\dot{I}_0$는 동상이고, 유도기전력 E_1과 E_2는 Φ_m보다 $\pi/2$만큼 늦기 때문에 $\dot{V}_0$와는 역상의 관계에 있다.

$$\dot{V}_0 + \dot{E}_1 = 0, \quad \dot{E}_1 = -\dot{V}_0 \tag{3.10}$$

무부하 상태의 변압기의 이론은 리액터(reactor)에도 응용할 수 있다.

2. 부하 상태 2차에 부하가 접속되어 전류 $\dot{I}_2$가 흘렀다고 하면, 기자력 $w_2\dot{I}_2$가 추가되므로 1차 전류도 변화해야 한다. 이 새로운 1차 전류를 $\dot{I}_1$이라고 두면, 합성 기자력은 $w_1\dot{I}_1 + w_2\dot{I}_2$이 된다. 그러나 부하가 있어도 식 (3.10)은 불변한다.

$$w_1\dot{I}_1 = w_2\dot{I}_2 = w_1\dot{I}_0 \tag{3.11}$$

$$\therefore \quad w_2\dot{I}_2 = -w_1(\dot{I}_1 - \dot{I}_0) = -w_1\dot{I}_1{}' \tag{3.12}$$

$$\frac{\dot{I}_1{}'}{\dot{I}_2} = -\frac{w_2}{w_1} = -\frac{1}{a}, \quad \frac{I_1{}'}{\dot{I}_2} = \frac{1}{a} \tag{3.13}$$

여기서, $\dot{I}_1' = \dot{I}_1 - \dot{I}_0$을 **1차 부하전류**(primary load current)라고 한다. 식 (3.13)에 의해서 1차 부하전류와 2차 전류와는 역상의 관계에 있고 크기는 권수비에 반비례 한다. 자속 $\dot{\Phi}_m$을 전압 $\dot{V}_o$가 요구하는 값으로 유지되기 위해서 여자전류 $\dot{I}_o$는 변함없고, 2차 전류 $\dot{I}_2$의 기자력을 없애기 위해서 1차 부하전류 $\dot{I}_1$가 유입한다고 생각할 수 있다.

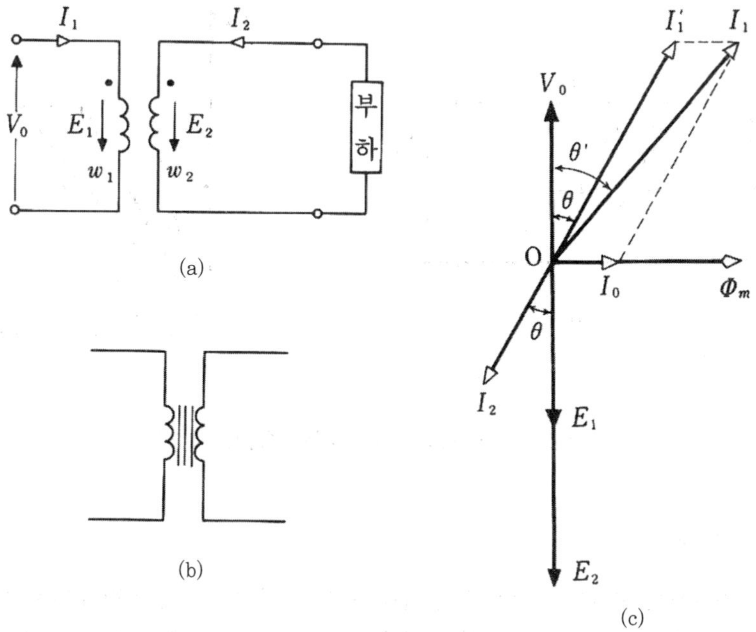

그림 3.3 이상변압기의 부하 특성

그림 3.3(a)는 변압기의 회로도이고, 그림 (c)는 이것에 대응하는 부하 상태의 벡터도이다. 철심이 있는 것을 나타내려면, 그림 (b)를 이용하는 것이 올바르지만, 이 이후에는 철심의 기호를 생략한다. 그림 (a)의 1차, 2차의 권선에 점 • 을 붙인 것은 권선 극성을 나타내기 위해서이고, • 을 붙인 쪽으로 유입하는 전류는 그 기자력이 같은 방향으로 생기는 것을 나타낸다. 이것은 그림 3.1(b)에 전류의 정방향을 정한 것과 같은 역할을 한다.

그림 3.3(c)에서 $\dot{E}_2$과 $\dot{I}_2$ 사이의 상차각 θ는 $\dot{V}_0$과 $\dot{I}_1'$ 사이의 상차각과 동일하다. 1차 전류 $\dot{I}_1'$은 $\dot{I}_0$ 의 합성 벡터를 나타내지만 그림을 보기 쉽게 하기 위해서 $\dot{I}_0$는 현저하게 확대하여 그렸다. 철심이 있는 변압기에서는 극히 경부하의 경우를 제외하면, $\dot{I}_1$과 $\dot{I}_1'$은 거의 일치한다.

식 (3.9), (3.13)을 참조하여 $\dot{V}_0$와 $\dot{I}_1$ 사이의 위상각을 θ'으로 나타내면,

$$V_0 I_1 \cos\theta' = V_0 I_1' \cos\theta = E_2 I_2 \cos\theta \tag{3.14}$$

이상변압기에서는 손실이 없기 때문에 1차 입력은 2차 출력과 동일하다.

3. 정방향을 취하는 방법과 벡터도 그림 3.4(a)에 나타나듯이 2차의 전압, 전류의 정방향을 지금까지와 반대로 취하고 1차에서는 유도기전력 E_1의 정방향만이 반대가 되고, 그림 3.3(c)의 벡터도 중에서 2차의 것은 모두 반전되고 E_1도 반전되어 그림 3.4(b)처럼 된다.

그림 3.3에서는 1차와 2차의 양이 분리되어 있어 보기 쉽지만 지면을 많이 차지한다. 그림 3.4 쪽은 정리가 좋고 나중에 등가회로를 고찰하는 경우에 편리하다. 그림 3.4(a)의 $\dot{E}_1$, $\dot{E}_2$, $\dot{I}_1$, $\dot{I}_2$의 화살표는 어느 순간의 전압과 전류의 방향을 나타내고 있다.

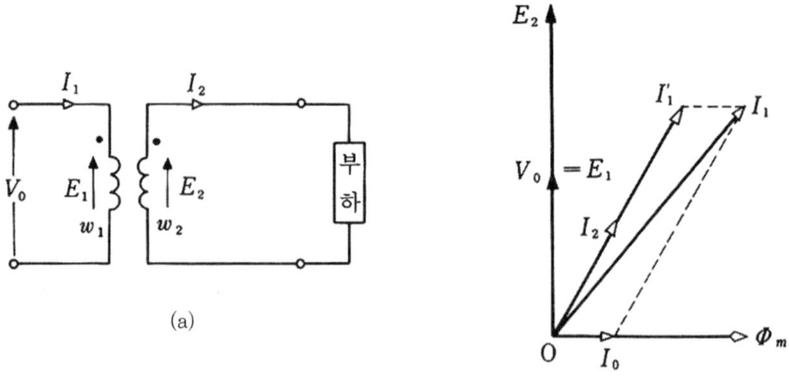

(b)

그림 3.4 정방향으로 나타낸 방법과 벡터도

3.1.2 실제 변압기

실제 변압기에서는 권선에 저항이 있어 자속은 1차, 2차의 권선과 완전하게는 쇄교하지 못하고 철심에는 포화가 있어, 히스테리시스와 와전류에 의해서 철손이 발생한다. 이하는 이것들을 고려한 이론을 서술한다.

1. 권선의 저항 실제의 권선에는 저항이 있고 전압강하와 동손을 일으킨다. 이것을 고려하여 1차, 2차의 권선저항을 r_1, r_2라고 하면, 이상변압기의 1차, 2차 권선에 각각 직렬로 저항 r_1, r_2를 접속하면 된다.

2. 누설자속 실제의 변압기에서는 그림 3.5(a)에 나타나듯이, 1차, 2차의 권선과 완전히 쇄교하는 자속 $\dot{\Phi}_m$(주자속이라고 한다) 외에 1차 권선과 쇄교하고 2차 권선과 쇄교하지 않는 자속 $\dot{\Phi}_1$과 2차 권선이 쇄교한다. 1차 권선과 쇄교하지 않는 자속 $\dot{\Phi}_2$가 있다. 이러한 자속을 각각 **1차 누설자속** 및 **2차 누설자속**이라고 부른다.

주자속 $\dot{\Phi}_m$은 철심을 지나기 때문에 철심이 포화하면 여자전류에 비례하지 않게 되지만, 자속 $\dot{\Phi}_1$, $\dot{\Phi}_2$는 공기 중을 지나기 때문에 각각 전류 $\dot{I}_1$, $\dot{I}_2$에 비례한다고 생각할 수 있다. 하지만 $\dot{\Phi}_1$, $\dot{\Phi}_2$의 변화에 의해서 권선에 생기는 영향은 1차, 2차의 권선에 직렬로 접속한 인덕턴스 L_{l1}, L_{l2}에 의해서 생기는 리액턴스 강하 $j\omega L_{l1}\dot{I}_1 = jx_1\dot{I}_1$ 및 $j\omega L_{l2}\dot{I}_2 = jx_2\dot{I}_2$로 표현할 수 있다.

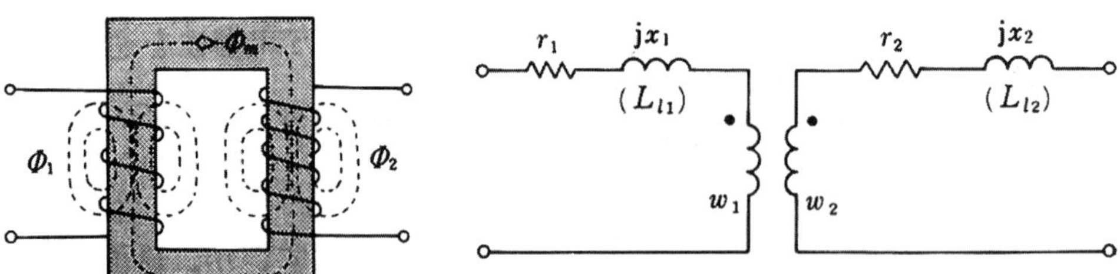

(a) (b)

그림 3.5 누설자속이 있는 변압기 회로

이 인덕턴스 L_{l1}, L_{l2} 및 리액턴스 x_1, x_2를 각각 1차 및 2차의 **누설인덕턴스**(leakage inductance), **누설리액턴스**(leakage reactance)라고 한다(3.4절 참조). 그림 (b)는 저항 및 누락 리액턴스를 고려한 변압기의 회로도이다.

3. **여자전류** 철심에 포화가 되어 있으면 비록 주자속 ϕ가 정현파여도 그것을 생성하는 여자전류 i_0는 정현파가 아니고, 그림 3.6(a)에 나타나듯이 왜곡된 파형이 된다.

철심의 단면적을 S [m^2], 자속밀도를 B [T]라고 하면, $\phi = BS$ [Wb]이며 자계의 힘 H [A/m]는 i_0에 비례하기 때문에 철심의 포화 특성은 그림 (a)의 좌측과 같이 횡축에 i_0, 세로축 ϕ로 그릴 수 있다. 그림과 같이 자속 파형의 횡축을 점 a_1, a_2, a_3 등으로 적당하게 분할해 그에 대한 자속의 값을 나타내는 ϕ_1, ϕ_2, ϕ_3 등을 구한다. 좌방의 포화 특성을 이용하여 ϕ_1, ϕ_2, ϕ_3 등에 대한 여자전류 i_0의 값 i_1, i_2, i_3 등을 구하고, 점 a_1, a_2, a_3 등으로부터 i_1, i_2, i_3 등에 동일한 위치의 점을 찍으면, 자속에 대한 여자전류 파형을 얻을 수 있다.

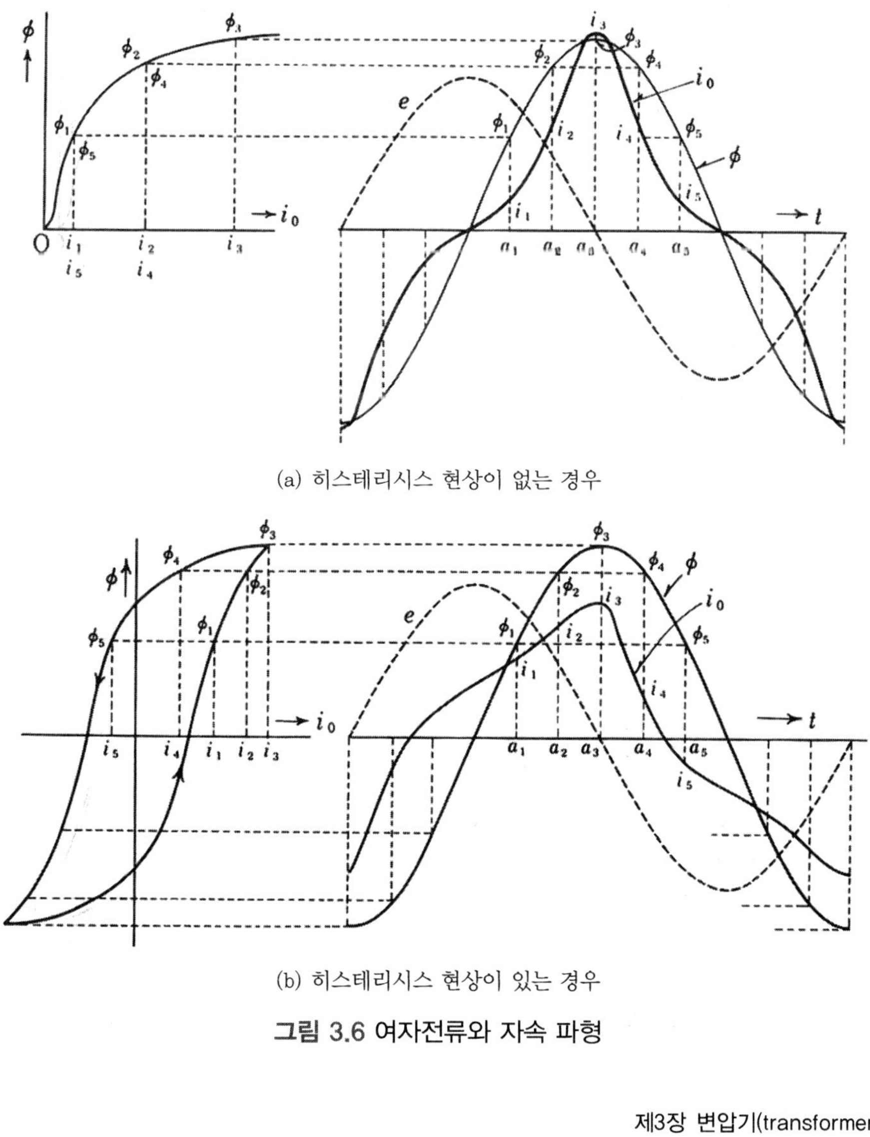

(a) 히스테리시스 현상이 없는 경우

(b) 히스테리시스 현상이 있는 경우

그림 3.6 여자전류와 자속 파형

또한, 히스테리시스가 있는 경우에는 그림 (b)에 나타나듯이 히스테리시스 루프를 이용해 이와 같이 그리면 여자전류 i_0의 파형을 얻을 수 있다. 이 경우에는 같은 크기의 ϕ_2, ϕ_4에 대해서 여자전류의 크기가 달라 증가할 때의 자속 ϕ_2에 대응하는 여자전류 i_2쪽이 감소할 때의 자속에 대한 여자전류 i_4보다 크다. 따라서 i_0의 파형은 좌우 비대칭이 되어 i_0의 기본파는 자속 ϕ보다 위상이 앞서게 된다. 따라서 여자전류 i_0와 가해진 전압 v_0 사이에 전력을 일으켜, 이것을 히스테리시스손에 공급하는 것이다.

실제 철심에서는, 또한 와전류손을 공급하기 위해서 v_0와 동상의 전류가 흘러 여자전류에 추가된다.

여자전류의 왜곡 정도를 예시하면 그림 3.7과 같이 된다. 제3고조파가 현저하게 나타나 있다. 그림 3.8은 자속밀도의 증가에 따라 고조파가 증가하는 모습을 나타내고 있다. 해석의 편의상 무부하 상태로 변압기에 전압 V_0를 가할 때에 흐르는 왜곡 파형의 무부하전류 대신에 그것과 실효값이 동일하고 V_0와의 전력이 히스테리시스손과 와전류손을 합친 전체 철손이 동일해지는 위상을 가진 등가 정현파 전류 $\dot{I_0}$를 사용하며, 이것을 **무부하전류** 또는 여자전류라고 한다.

그림 3.9에서 $\dot{I_0}$는 이러한 무부하전류의 벡터이며 이것을 $\dot{V_0}$와 동상의 유효분 $\dot{I_w}$과 $\dot{\Phi}_m$과 동상의 무효분 $\dot{I_\mu}$와로 나누었을 때 $\dot{I_w}$을 **철손전류**, $\dot{I_\mu}$를 **자화전류**라고 한다. 즉,

$$\left.\begin{aligned} &\dot{I_0} = \dot{I_w} + \dot{I_\mu}, \quad I_0 = \sqrt{\frac{1}{T/2}\int_0^{T/2} i_0^2 dt} \\ &I_w = P_i / V_0 = I_0 \sin\alpha = I_0 \cos\theta_0, \quad I_\mu = I_0 \cos\alpha = I_0 \sin\theta_0 \\ &V_0 I_w = V_0 I_0 \cos\theta_0 = P_i \ [\mathrm{W}] \end{aligned}\right\} \quad (3.15)$$

여기서, T : 교류의 주기, α : $\dot{I_0}$와 $\dot{\Phi}_m$과의 위상차,

θ_0 : $\dot{V_0}$와 $\dot{I_0}$와의 위상차 $(\theta_0 = \pi/2 - \alpha)$, P_i : 철손

그림 3.9에서는 그림을 보기 쉽게 하기 위해 α를 현저하게 확대했다.

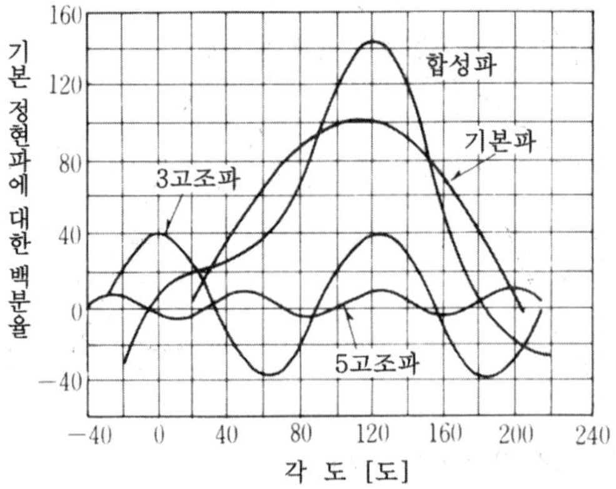

그림 3.7 여자전류의 파형분석

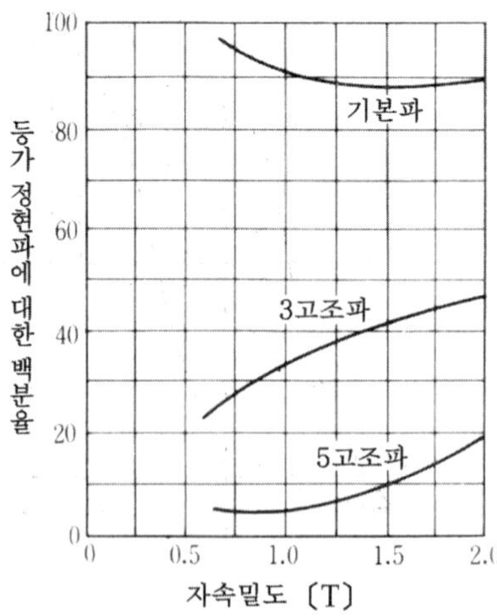

그림 3.8 여자전류의 고주파

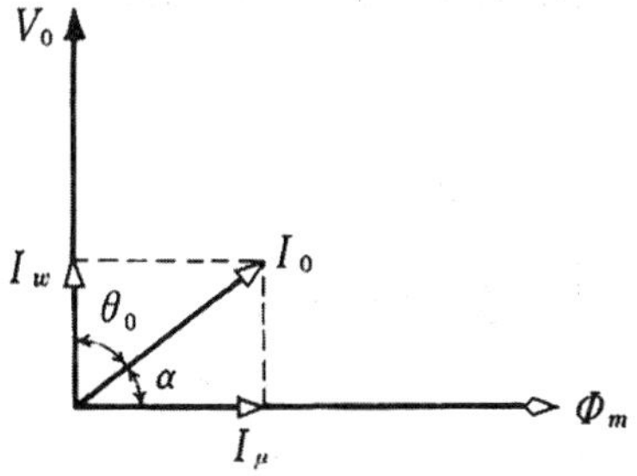

그림 3.9 철손전류와 자화전류의 벡터도

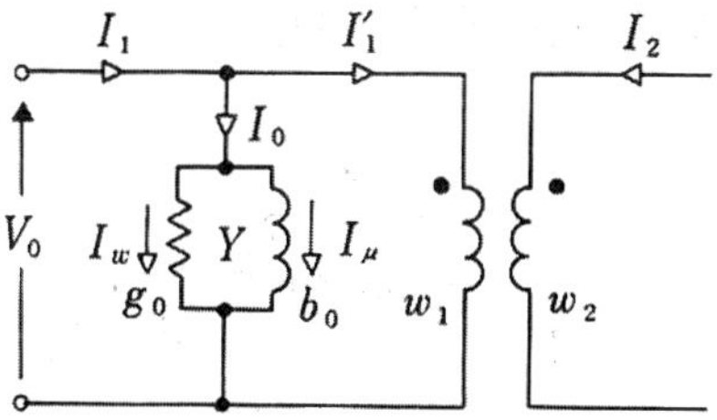

그림 3.10 여자 어드미턴스

4. 여자 어드미턴스(exciting admittance) 전압 V_0에 의해서 자속 Φ_m이 정해지고, 그에 따라 $\dot{I_w}$, $\dot{I_\mu}$, $\dot{I_0}$가 정해지기 때문에 그림 3.10과 같이 이상변압기의 1차 권선과 병렬로 접속된 컨덕턴스 g_0에 I_w가 흐르고, 서셉턴스 b_0에 $\dot{I_\mu}$가 흐른다고 생각하면 편리하다. 이때 다음과 같은 관계가 성립한다.

$$\dot{I_w} = g_0 \dot{V_0}, \quad \dot{I_\mu} = -\mathrm{j}\, b_0 \dot{V_0}, \quad \dot{I_0} = (g_0 - \mathrm{j}\, b_0)\dot{V_0} = \dot{Y_0}\dot{V_0} \tag{3.16}$$

$$g_0 = \frac{I_w}{V_0} = \frac{P_i}{V_0^2}, \quad Y_0 = \frac{I_0}{V_0} = \sqrt{g_0^2 + b_0^2}, \quad b_0 = \sqrt{Y_0^2 - g_0^2} \tag{3.17}$$

이러한 g_0를 **여자 컨덕턴스**, b_0를 **여자 서셉턴스**라고 하고, 이것들을 합성한 $Y_0 = g_0 - \mathrm{j}\, b_0$를 여자 어드미턴스라고 한다.

식 (3.17)로부터 V_0, I_0, P_i가 주어지면 Y_0, g_0, b_0를 정할 수 있다.

그림 3.10과 같이 하면 변압기의 여자전류 $\dot{I_0}$는 여자 어드미턴스 Y에 흐르고, 부하 시에 이상변압기 부분의 2차 권선에 부하전류 $\dot{I_2}$가 흐르게 되면, 그에 따라 1차 권선에 1차 부하전류 $\dot{I_1}'$이 흐르게 된다.

표 3.1은 각종 용량의 변압기에 대해서 여자전류, 자화전류, 철손전류의 전부하 전류에 대한 백분율의 일례를 나타낸 것이다.

표 3.1 여자전류 I_0, 자화전류 I_μ, 철손전류 I_w의 예

용량 [kVA]	사용전압 [kV]	$\frac{I_0}{I_1} \times 100$	$\frac{I_\mu}{I_1} \times 100$	$\frac{I_w}{I_1} \times 100$
10	6.6	2.00	1.94	0.50
100	6.6	1.20	1.13	0.40
1,000	6.6	0.60	0.57	0.20
20,000	66	0.35	0.34	0.10
300,000	275	0.18	0.17	0.057

5. 변압기의 등식 위와 같은 저항, 누설리액턴스, 철손을 고려했을 경우 변압기는 그림 3.11의 회로로 나타낼 수 있다.

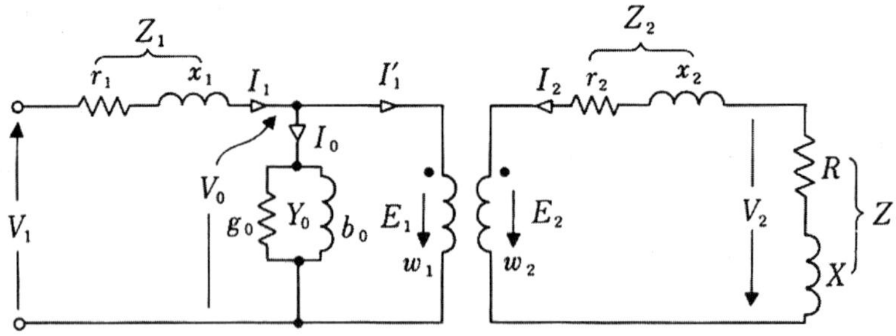

그림 3.11 실제 변압기 회로

2차에 부하 $\dot{Z}=R+\mathrm{j}X$를 접속하여 전류 $\dot{I_2}$가 흐르면 이상변압기의 1차 권선에는 $\dot{I_1}'$이 흘러 이것과 여자 어드미턴스에 흐르는 여자전류 $\dot{I_0}$를 합성한 것이 1차 전류 $\dot{I_1}$이 된다. 전압 쪽은 1차 단자전압 $\dot{V_1}$으로부터 1차 임피던스 $\dot{Z_1}=r_1+\mathrm{j}x_1$에 의한 전압강하 $\dot{Z_1}\dot{I_1}$을 빼준 것이 $\dot{Y_0}$ 및 이상변압기의 1차에 걸리는 전압 $\dot{V_0}$가 된다. 이것이 변압되어 2차에 $\dot{E_2}$의 전압을 생성하고, 이로부터 2차 임피던스 $\dot{Z_2}=r_2+\mathrm{j}x_2$에 의한 전압강하 $\dot{Z_2}\dot{I_2}$를 빼주면, 2차 단자전압 $\dot{V}=\dot{Z}\dot{I_2}$가 된다. 따라서 다음의 식을 얻을 수 있다.

$$\left.\begin{aligned}&\dot{V_2}=\dot{Z}\dot{I_2},\quad \dot{E_2}=\dot{Z_2}\dot{I_2}+\dot{V_2},\quad \dot{V_0}=-\dot{E_1}=-a\dot{E_2}\\&\dot{I_1}'=-\frac{1}{a}\dot{I_2},\quad \dot{I_0}=\dot{Y_0}\dot{V_0},\quad \dot{I_1}=\dot{I_0}+\dot{I_1}',\quad \dot{V_1}=\dot{Z_1}\dot{I_1}+\dot{V_0}\end{aligned}\right\} \tag{3.18}$$

만약 $\dot{V_2}$와 $\dot{Z}$가 주어지면, 이것에 필요한 전원전압 및 1차, 2차의 전류 $\dot{I_1}$, $\dot{I_2}$를 계산할 수 있다.

1차, 2차의 전압의 비와 전류의 비를 나타내는 식을 구하려면, 우선, $\dot{V_0}$를 기준으로 나타내는 것이 좋다.

식 (3.18)의 처음의 네 개의 식으로부터 다음 식을 얻을 수 있다.

$$\dot{V_0}=-a(\dot{Z_2}+\dot{Z})\dot{I_2}=a^2(\dot{Z_2}+\dot{Z})\dot{I_1}' \tag{3.19}$$

만약 2차의 전 임피던스 $\dot{Z_2}+\dot{Z}$ 대신에 어드미턴스 $\dot{Y}$를 이용하면

$$\dot{Y}=\frac{1}{\dot{Z_2}+\dot{Z}} \tag*{(3.19)$'$}$$

그리고 전류에 관해서는

$$\dot{I_2}=-\frac{\dot{Y}}{a}\dot{V_0},\quad \dot{I_1}'=\frac{\dot{Y}}{a^2}\dot{V_0} \tag{3.20}$$

$$\dot{I_1}=\dot{I_1}'+\dot{I_0}=\frac{\dot{Y}}{a^2}\dot{V_0}+\dot{Y_0}\dot{V_0}=\dot{V_0}\left(\frac{\dot{Y}}{a^2}+\dot{Y_0}\right) \tag{3.21}$$

또한, 전압에 관해서는

$$\dot{V}_2 = \dot{E}_2 - \dot{Z}_2\dot{I}_2 = -\frac{\dot{V}_0}{a} + \dot{Z}_2\frac{\dot{Y}}{a}\dot{V}_0 = -\frac{1}{a}(1-\dot{Z}_2\dot{Y})\dot{V}_0 \qquad (3.22)$$

$$\dot{V}_1 = \dot{V}_0 + \dot{Z}_1(\dot{I}_1' + \dot{I}_0) = \dot{V}_0 + \dot{Z}_1\left(\frac{\dot{Y}}{a^2} + \dot{Y}_0\right)\dot{V}_0 = \left(1 + \frac{\dot{Z}_1\dot{Y}}{a^2} + \dot{Z}_1\dot{Y}_0\right)\dot{V}_0 \qquad (3.23)$$

식 (3.22), (3.23)으로부터, 변압기의 1차, 2차의 **전압비**[3](voltage ratio)는

$$\frac{\dot{V}_1}{\dot{V}_2} = -a\frac{1 + \frac{\dot{Z}_1\dot{Y}}{a^2} + \dot{Z}_1\dot{Y}_0}{1 - \dot{Z}_2\dot{Y}} \qquad (3.24)$$

또, 1차, 2차의 **전류비**(current ratio)는

$$\frac{\dot{I}_1}{\dot{I}_2} = \frac{\frac{\dot{Y}}{a^2} + \dot{Y}_0}{-\frac{\dot{Y}}{a}} = -\frac{1}{a}\left(1 + a^2\frac{\dot{Y}_0}{\dot{Y}}\right) \qquad (3.25)$$

2차 개방의 경우에는 식 (3.24)에 대해 $\dot{Y} = 0$이며, 또, 일반적으로 $\dot{Z}_1$, $\dot{Y}_0$는 극히 작기 때문에

$$\frac{\dot{V}_1}{\dot{V}_2} \fallingdotseq -a \qquad (3.26)$$

가 된다. 2차 단락의 경우와 같이 2차 전류 $\dot{I}_2$가 극히 큰 경우에는 식 (3.25)에 대해 Y가 극히 커져 $a^2\dot{Y}_0/\dot{Y}$는 생략할 수 있기 때문에 다음 식이 된다.

$$\frac{\dot{I}_1}{\dot{I}_2} \fallingdotseq -\frac{1}{a} \qquad (3.27)$$

실제로 변압기의 특성을 계산하려면 상기의 식에 의하는 것보다도 후에 말하는 등가회로로 푸는 것이 편리하다.

식 (3.18)에 따라서 벡터도를 그리면 그림 3.12를 얻을 수 있다.

그림과 같이 2차 전류 $\dot{I}_2$가 뒤진 전류의 경우에는 2차 단자전압 $\dot{V}_2$는 임피던스 강하 $\dot{Z}_2\dot{I}_2$이기 때문에 2차의 유도기전력 E_2보다 늦고 크기도 작아지고 있다.

또한, 이상변압기에 걸리는 전압 $\dot{V}_0$는 임피던스 전압강하 $\dot{Z}_1\dot{I}_1$ 에 의해서 1차에 가해진 전압 $\dot{V}_1$보다 늦고 크기도 작지만, 반대로 $\dot{V}_1$는 $\dot{V}_0$부터 앞서고 커진다.

따라서 $\dot{V}_1$과 $\dot{V}_2$와의 비와 권수비 W_1/W_2와 다를 뿐만 아니라 위상에 대해도 정확히 역상은 아니게 된다. 이것은 계기용 변압기의 전력의 측정에 이용하는 경우에 오차의 원인이 된다.

이 벡터도에서는 $\dot{Z}_1\dot{I}_1$, $\dot{Z}_2\dot{I}_2$를 현저하게 확대해 묘사하였다.

---

3) 무부하일 때의 전압비를 **변압비**라 한다.

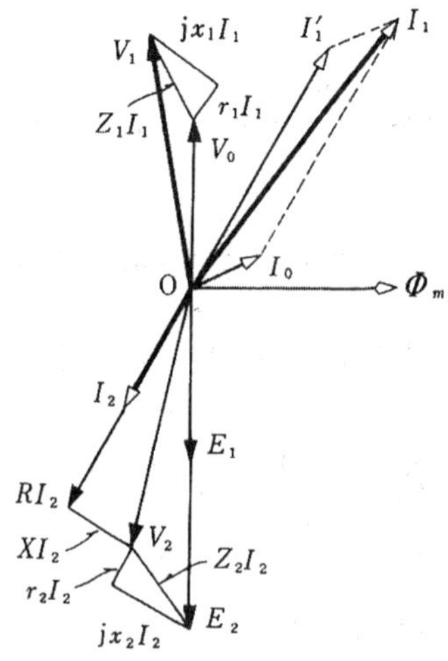

그림 3.12 변압기 벡터도

3.2 변압기의 구조

변압기는 구조상 크게 나누어 그림 3.13에 나타내듯이, **내철형**(core type)과 **외철형**(shell type)으로 분류된다. 이 모두 특수 사용 목적의 것이나 소용량의 것을 제외하면 유입형이다. 이것은 **절연유**(insulating oil)가 뛰어난 절연성을 갖고 냉각 매체로서의 능력을 가지기 때문이다. 이하에 **유입변압기**(oil immersed transformer) 구조에 대하여 알아보자.

유입변압기를 구성하는 주요소는 다음의 5개이다.

(1) 변압기 : 본체 자기회로로서의 철심과 전기회로로서의 권선

(2) 외함 : 본체와 절연유를 수납하는 강판제의 상자

(3) 냉각 장치 : 본체의 손실에 의해서 발생하는 열을 대기 또는 냉각수로 방출

(4) 절연유 : 절연과 냉각에 사용

(5) 부싱 : 권선과 외함부를 접속하기 위한 절연 단자

상기 것 이외에 용량, 전압에 따라 각종의 보호 장치나 부속품이 붙어 있다.

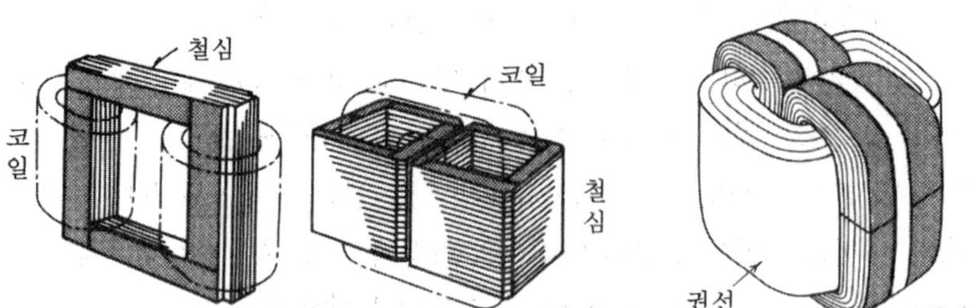

(a) 내철형 (b) 외철형 (c) 권철심

그림 3.13 변압기 철심의 형식

3.2.1 철심

극히 소형의 성형철판이나 예전에 만들어진 것을 제외하고 변압기의 철심은 일반적으로 방향성 규소강대가 사용된다. 방향성 규소강대는 강냉간압연에 의해서 제조되어 압연 방향으로 자속을 통하는 경우에는 철손, 여자전류가 현저하고 작아지는 것이 특징이다. 권말 부록의 표 부 2에 그 자기적 특성을 나타낸다.

방향성 규소강대는 긴 판으로 만들어지므로 루프 모양으로 감아 이것을 필요한 치수로 절단해 사용한다. 소재 표면은 화학 처리되어 절연성을 갖고 있지만, 필요에 따라 절연 바니스 등으로 더 절연한다. 이 강판을 겹쳐 쌓고 철심을 만들지만 이 경우의 철이 차지하는 비율, 이른바 점적률은 0.95 정도이다.

그림 3.14와 그림 3.15는 내철형 철심 구조의 일례이다.

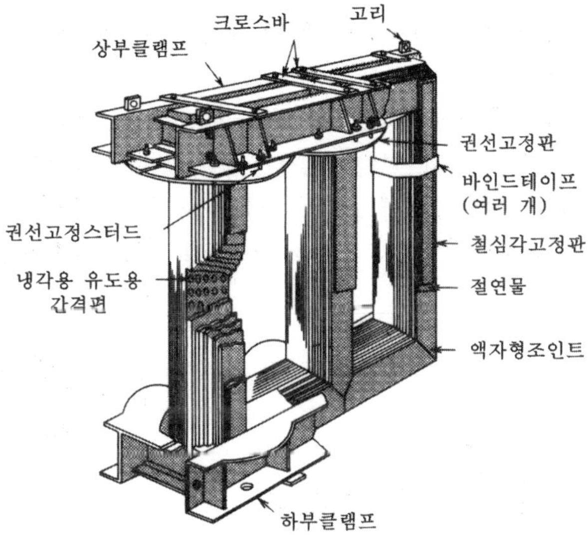

그림 3.14 철심구조

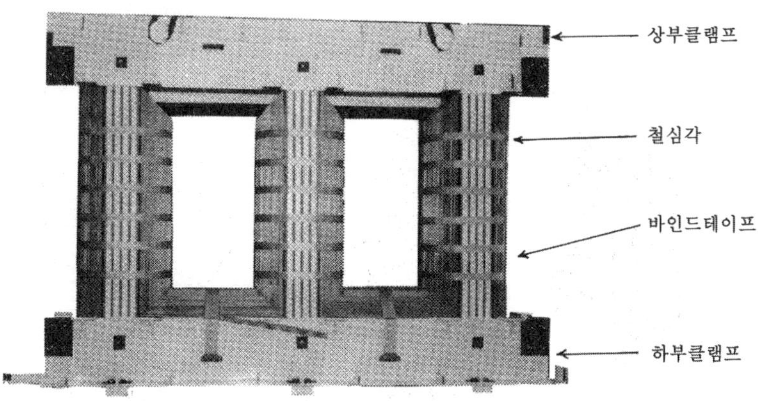

그림 3.15 액자형 3각 철심 3상변압기(용량 100 MVA)용 철심

3.2.2 권선의 구조

변압기의 권선에는 일반적으로 **원통 권선**과 **판 모양 권선**이 이용되고 판 모양 권선에는 원형과 방사형이 있다. 원통 권선은 이전에는 낮은 전압의 권선으로서 이용되었지만 현재는 낮은 전압의 권선을 포함하여 원판 권선이 넓게 이용되고 있다. 다만, 지름을 달리하는 원통 권선을 다중으로 동심배치한 것은 임펄스(impulse)전압에 대한 전압분포가 좋기 때문에 후술과 같이 초고압의 변압기의 권선에 이용되기도 한다.

원판 권선은 평각동대를 목재에 감고 평권으로 그 위에 중첩하여 평권을 감아 만든 권선을 중첩한 권선이다. 원판의 권선 2개를 1조로 하고 안쪽에서 접속해 그 상호의 사이에 간극편을 넣어 절연 및 냉각을 위한 기름이 지나가는 통로를 만들어 감아올린 것을 쌍성권선(twin coil)이라고 하며, 원판 권선의 단위 권선으로서 사용하고 있다. 권선 전체를 조립하는 데는 절연통을 중심으로 이것에 쌍성권선(그림 3.16(a) 참조)을 여러 겹 쌓고 그 각 쌍성권선의 사이에도 간격을 두어 기름이 지나가는 통로를 만든다. 이와 같이 조립한 후, 외측의 단자를 차례차례 직렬로 접속하고 일련의 권선을 만든다.

또한, 계기용 변압기, 시험용 변압기는 물론, 전력용의 변압기로도 소용량의 것은 전류가 일반적으로 적기 때문에 전선은 가늘다. 따라서 상술과 같은 한 층에 도체 1개인 원판 권선으로는 충분한 기계적 강도를 갖지 못하고, 또한 권선의 점적률이 나쁘기 때문에 한 층에 몇 개 이상 감아 층간에는 층간 절연으로써 종이 절연을 끼우고 다층으로 감아올린 **다층 다열 권선**이 사용되고 있다.

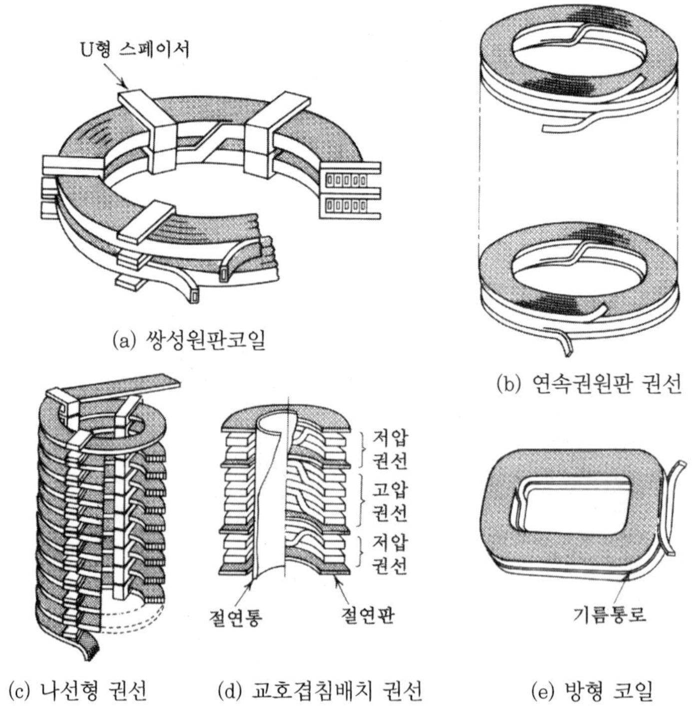

그림 3.16 변압기 권선의 종류

내철형 변압기의 동심배치의 안쪽 권선에는 **연속권원판 권선**(그림 (b) 참조)이 이용된다. 이것은 쌍성권선의 외측에서 접속하여 일련의 권선을 만들기 때문에 접속 부분이 튀어 나오고 내측 권선은 그 외측에 있는 권선 사이의 절연 거리가 이 돌출된 곳의 부분에서 작아지기 때문에 바람직하지 않다. 연속원판 권선은 외측, 안쪽의 각 섹션을 나중에 접속하지 않고, 일련의 권선을 연속적으로 감아올린 것으로 접속 부분이 돌출된 부분이 없게 한 것이다. 전류가 많은 권선을 안쪽 권선으로써 감는 경우에는 여러 개의 도체를 병렬로 하여 그림 3.16(c)와 같이 헤리컬 모양으로 감아올려 도중에 각 도체를 적당하게 전 위치를 바꾸고 각 도체에 일정한 전류가 흐르도록 하고 있다. 이것을 헤리컬 권선(herical coil)이라고 한다.

이상은 비교적 대형의 변압기의 권선 구조이지만, 주상 변압기와 같은 소형의 것으로는 철심 상에 양피지 등의 절연을 하여 그 위에 직접 권선을 감는 이른바 철심 직접권 권선을 사용하는 수도 있다. 또한, 철심을 직접 감는 대신에 권형 위에서 동일한 권선을 철심에 삽입할 수도 있다.

교호배치 권선 구조의 내철형 변압기의 권선 구조에는 주로 쌍성원판 권선이 사용된다(그림 3.16(d) 참조). 외철형 변압기의 권선에는 방형 권선(그림 3.16(e) 참조)이 주로 사용된다.

이러한 권선에 사용되는 도체에는 가는 환선의 에나멜이나 호르마르 피복을 이용하는 수가 있지만, 평각 동선은 거의 종이절연이 사용된다. 이것은 폭 20 mm 정도의 마닐라지 또는 그라프트지의 테이프를 이중 이상 전선에 감은 것으로 이것들의 절연지는 강인하면서 유연성이 풍부하고 전기적으로는 우수한 성질을 갖고 있기 때문이다.

3.2.3 권선의 배치

이상과 같이 만들어진 권선은 철심에 삽입함으로써 변압기 본체에 조립된다. 그 절연 구성의 일례를 나타내면 그림 3.17과 같다. 이것은 비교적 전압이 높은 동심배치 권선 구조 중 철형 변압기의 일례로 그림 3.18은 그 외관이다. 철심에 가까운 안쪽에 저압권선을 배치하고 그 바깥에

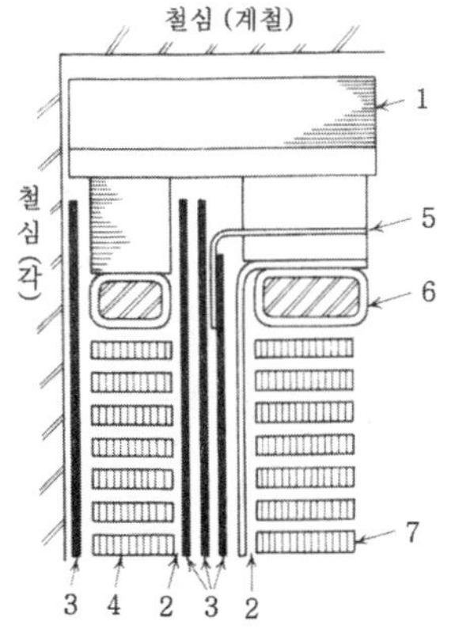

1. 요크절연물　2. 기름통로　3. 절연통
4. 저압권선　5. 프렌지드 칼라
6. 엔드플레이트　7. 고압권선

그림 3.17 내철형 동심배치 권선 구조

그림 3.18 내철형 동심배치 권선의 외관 (66 kV, 5,000 kVA)

고압권선을 동심으로 배치하는 것이 보통이다. 이것은 저압권선을 안쪽에 두면 안쪽에서 내는 인출선의 절연이 적어도 되기 때문이다.

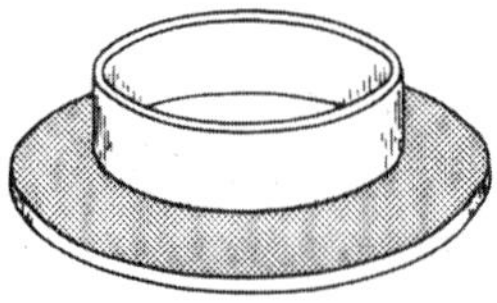

그림 3.19 플랜지드 칼라 (flanged collar)

우선 철심다리의 적층 절연통 위에 감겨진 저압권선을 넣어 이 외측에 동일한 절연통을 전압에 따라 몇 개 넣어 절연하고, 그 외측에 쌍성권선을 겹쳐 쌓아 고압권선을 만든다. 또한, 고압권선 단부로부터 철심계철 및 저압권선에의 섬락을 막기 위해서 절연통의 양단에 플랜지드 칼라(flanged collar)(그림 3.19)를 넣어 유도 전속의 집중을 완화시켜 **연면거리**(creeping distance)를 증가시키는 **배리어**(barrier) **구조**가 되어 있다. 또한, 고압권선의 단부의 수 섹션은 급격한 이상 전압의 침입에 의해서 권선 간 절연, 섹션 간 절연이 파괴되지 않도록 특히 이 부분의 턴 간 절연이 강화되기도 한다.

절연 거리의 일례를 나타내면 회로 전압 60 kV 또는 70 kV급의 것으로는 고저전압 간 30~50 mm 정도, 고압, 철심계철 사이는 앞의 수치보다 1.5~2배 정도, 전선의 절연으로서는 두께 0.5 mm 정도로 종이로 감는 것이 사용되어 고저전압 사이에는 1개 또는 2개의 두께 수 mm 정도의 절연통이 들어가고, 권선과 절연통 사이에는 폭 10 mm 정도의 기름통로를 마련해 충분히 냉각할 수 있도록 하고 있다.

주상 변압기 및 보통 고압 정도와 같은 소형 변압기에서는 고저전압 간의 절연에도 적층 절연통은 사용하지 않고 바니쉬드 클로스(varnished cloth), 종이 등을 안쪽 권선의 바깥쪽에 감고 혹은 양자 간에 냉각용의 기름통로를 절연하도록 한 간단한 것이 많다. 또한, 외철형은 주로 프레스보드(pressboard)를 박스모양으로 한 것으로 권선을 절연하는 수가 많다. 이러한 절연물은 주로 섬유질절연 재료를 사용하므로 흡습성이 있어 수분을 포함할 때는 현저하게 절연이 나빠진다. 따라서 권선 절연물은 기름에 담궈 미리 충분히 가열 진공 건조를 실시하고 있다.

3.2.4 외함과 냉각(cooling)

외함은 강판을 용접해 만든다. 소용량의 경우에는 외함 표면이 냉각에 꽤 기여하고 있으므로 내용 본체에 대해 여유가 있는 치수로 할 수 있지만, 대용량기에서는 절연유의 양이 막대하게 되므로 본체에 적합한 형태로 만드는 것이 일반적이다.

1. 유입식 변압기의 외함 내에 기름을 넣어 철심 및 권선을 담그면 손실에 의해서 가열된 기름이 대류를 일으켜 외함의 기기벽을 통해 외부로 열이 방산된다. 기름의 냉각법에 의해 다음과 같이 분류하고 있다.

a. **유입자냉식** 유의 대류와 외함 벽면의 공기의 대류와 방사만으로 손실열을 바깥 공기로 방산하는 방식으로 용량이 커짐에 따라 외함에 방열 주름을 만들거나 파이프 등 방열기를 설치해 방열 면적을 증가시키고 있다(그림 3.20(a) 참조).

b. **유입풍냉식** 이것은 송풍기를 이용해 외함에 설치한 방열기에 바람을 보내 냉각하는 방식으로 자냉식에 비해 출력을 20~30% 증가할 수 있다(그림 3.20(b) 참조).

(a) 단상주상변압기 (b) 유입풍냉식 3상변압기(150 MVA 345/138 kV)

그림 3.20 유입변압기의 외측

c. **유입수냉식** 이것은 외함 내의 기름 중에 구리관을 넣고 이것에 냉각수를 흘리는 방식으로 냉각 효과는 좋지만, 수질이 나쁘면 때가 쌓이거나 부식에 의해서 누수를 일으킬 수 있으므로 거의 이용되지 않는다.

2. 송유식 이것은 외함의 상부로부터 기름을 펌프로 외부로 빼내고 냉각한 후에 외함의 하부로부터 보내는 방식이며 순환하는 기름의 냉각법에 따라 다음의 3종으로 나누어진다.

a. **송유자냉식** 순환하는 기름을 방열기에 의해서 냉각하는 방식이다.

b. **송유풍냉식** 순환하는 기름의 방열기를 송풍기로 풍냉하는 방식으로 대용량의 변압기에 가장 많이 이용되는 방식이다. 그림 3.21에 그 예를 나타낸다.

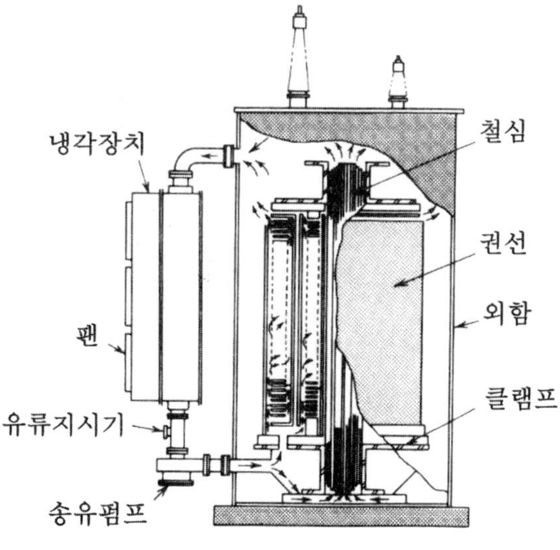

그림 3.21 내부 냉각 구조도

c. **송유수냉식** 순환하는 기름이 통과하는 방열기를 물로 냉각하는 방식이다. 이 방식은 지하 발전소나 지하 변전소와 같이 대량으로 냉각용의 공기를 얻을 수 없는 경우에 사용된다.

3.2.5 절연유

변압기용 절연유는 광유로 다음의 조건을 갖추지 않으면 안 된다. 이것에 대해 JIS C 2320에 그 특성이 규정되고 있다. 일반적으로는 동규격의 2호유가 사용된다.

(1) 절연 내력이 높을 것.

(2) 안전성이 높을 것, 즉 인화점이 높고, 또한 절연 재료나 금속에 화학변화를 일으키지 않는 것.

(3) 고온에서도 석출물을 생성시키거나 산화하거나 하지 않을 것.

(4) 자유롭게 유동해 냉각 작용이 좋을 것.

기름은 공기와의 접촉에 의해서 산화하거나 기름의 팽창, 수축 때문에 바깥 공기로부터 외부의 습기를 빨아들이는 호흡 작용에 의해서 기름 안에 수분이 포함되면, 절연 내력이 현저하게 저하된다. 따라서 정기적으로 기름을 꺼내 시험하고, 필요에 따라서 기름 필터 프레스 등에서 수분을 제거하고 있다.

기름의 열화를 막으려면 **유열화 방지장치**가 이용된다. 그 일례로 그림 3.22와 같은 것이 있다. 각형의 콘서베이터 탱크라고 칭하는 강판상자의 유면 위에 합성고무제의 막이 설치되고 있다. 본체 외함 내의 기름이 팽창 수축에 따라 막 내의 공기가 흡습, 호흡기를 거쳐 출입해 기름은 완전히 바깥 공기와 접촉을 끊고 있다. 기름에 산소, 수분의 침입 걱정이 없게 하고 있다. 밀봉한 기름이 직접 바깥 공기에 접하지 않도록 차단해 열화를 방지하는 방법을 **질소봉입식 변압기**(nitrogen-sealed transformer)라고 부르고, 그 일례를 그림 3.23에 나타내었다.

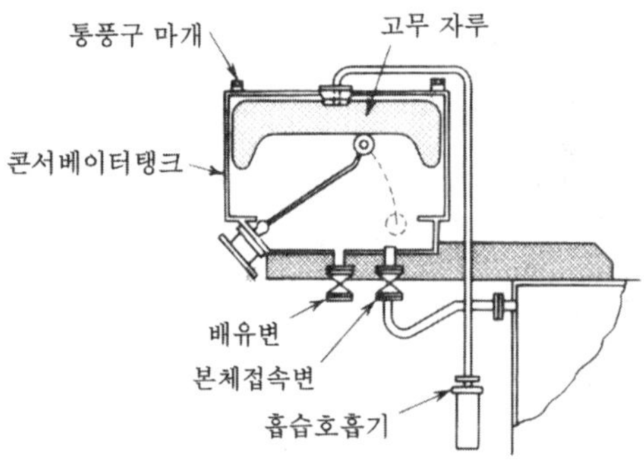

그림 3.22 유열화 방지장치

그림 3.23 질소봉입식 3상변압기
(4,000 kVA 3,150/6,600 V)

3.2.6 부싱(bushing)

일반적으로 사용되는 것은 다음의 3종이다.

1. 단일형 부싱

그림 3.24(a)에 나타냈듯이 중심 도체에 한 개의 자기가 관을 씌워 기밀 구조로 한 것이다. 주 절연이 고전압에 적합하지 않고 30 kV 이하에 사용된다. 구조가 간단하기 때문에 낮은 전압용으로서 넓게 사용된다.

2. 유입부싱(oil-filled bushing)

이것은 높은 전압에 이용할 수 있다. 그림 3.24(b)와 같이 자기관과 중심 도체와의 사이에 절연박을 넣어 그 중에 적층 절연물의 원통을 동심으로 배치한 구조이다.

3. 콘덴서형 부싱(condenser type bushing)

이것은 유입부싱과 같이 고전압에 이용되는 것으로 그림 3.24(c)와 같이 중심 도체의 주위에 절연지와 도체박(금속박과 반도체 도료)을 교대로 감아 붙여 고깔모양으로 한 것을 절연의 주체로 한 것이다. 도전박 길이를 적당하게 조정하면 축 방향, 반경 방향의 전압분포를 조정 개선할 수 있다. 특히, 반경 방향의 치수가 단축되어 가는 관을 사용할 수 있기 때문에 초고압 등, 고전압용은 모두 이 구조의 것이 사용된다.

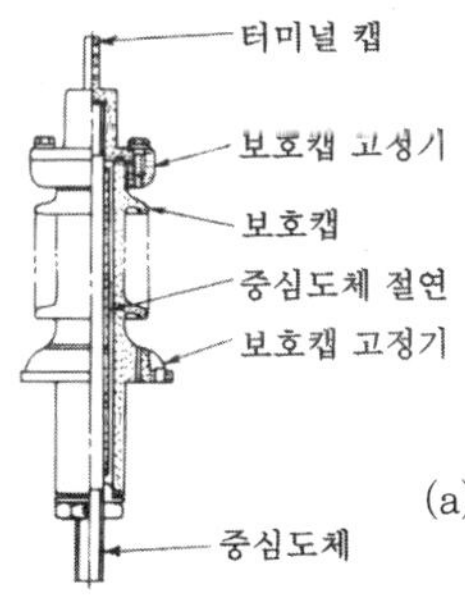

(a) 단일형 부싱

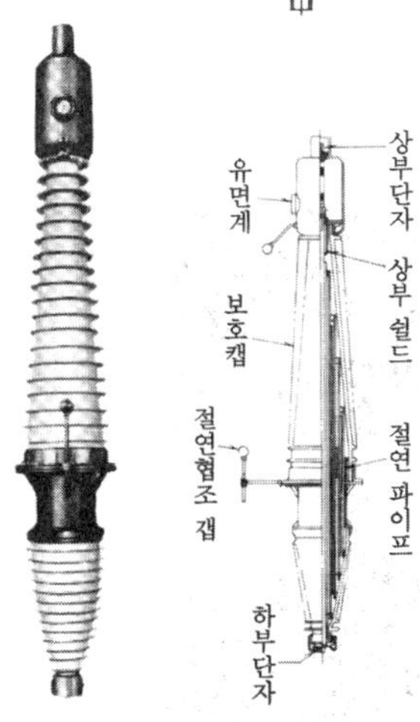

(b) 유입부싱

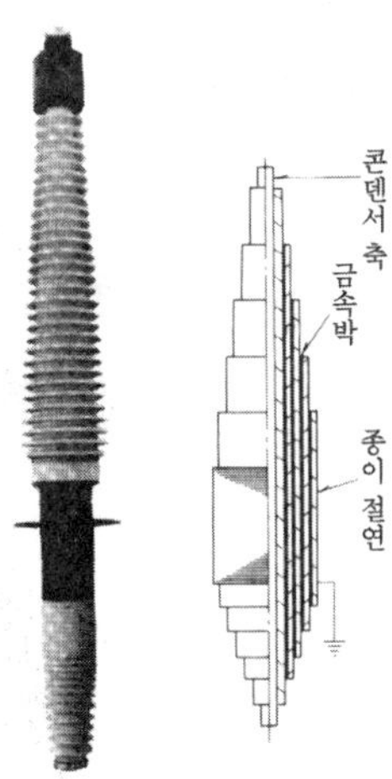

(c) 콘덴서형 부싱

그림 3.24 부싱

3.2.7 건식 변압기(dry type transformer)

변압기는 유입형이 일반적이라고 말했지만 절연유를 이용하지 않는 것을 건식 변압기라고 한다. 건식은 냉각, 절연의 점에서는 뒤떨어지지만 취급성, 발화성, 인화성의 점에서는 뛰어나므로 극히 소형의 것으로부터 화재의 위험이 있는 빌딩 내 수전용 대형 변압기까지 다종 다용의 것이 만들어져 있다. 여기에서는 비교적 대용량의 전력용 변압기에 대해 서술한다. 이것에는 다음의 3종류가 대표적이다.

1. 실리콘 절연 건식 변압기(silicone insulated dry type transformer)

그림 3.25에 그 외관을 나타내었다. 언뜻 본 구조는 일반의 유입변압기의 내용과 대동소이 하지만 절연물이 현저하게 다르다. 원판 권선을 예를 들어 설명하면, 도체에는 실리콘 바니스로 처리한 유리 섬유구조를 갖는다. 권선 각 섹션은 필요에 따라서 마이카 유리 테이프를 감아 절연성을 강화시킨다. 섹션 사이에는 실리콘 유리 적층판의 간극편을 설치하고 공기의 냉각 통로를 구성한다. 또한, 고·저압권선과 철심 사이에는 실리콘 처리한 절연통이 삽입되고 있다. 철심계철에 대한 권선의 지지에는 자기블록이 사용되고 있다.

자냉식(self-cooled)에서는 권선 하부로부터 들어간 공기가 상부에 나올 때까지의 자연 대류에 의해서 방열하는 구조가 되어 있다. 풍냉식(air-cooled)에서는 철심 하부 클램프를 송풍기로부터 보내진 바람을 받는 풍동구부로 쓰이며 바람은 권선 받침대에 설치된 구멍에서 적당하게 분배되어 철심, 고·저압권선안을 통과하고 유효하게 냉각한다.

이런 종류의 변압기는 차단기, 단로기 등의 수전용 변전기기와 함께 옥내 폐쇄 배전반에 수납되는 것이 많다. 그 일례를 그림 3.26에 나타낸다.

2. 몰드 변압기(molded transformer)

실리콘 건식 변압기는 권선이 노출되고 있으므로 먼지와 티끌 등이 부착하거나 장기간 운전하지 않고 방치해 두면 습기를 흡수하기도 한다. 이 때문에 권선에 에폭시 수지 등의 합성수지를 함침시켜 전체적으로도 수지로 가리는 구조가 좋다. 고·저압권선을 따로 혹은 같이 합성수지로 굳힌 몰드 구조의 권선을 철심에 삽입한 변압기로서, 조립한 것이 몰드 변압기이다. 이 형태의 것에서도 수MVA의 것을 만들 수 있다.

그림 3.25 건식 3상변압기(300 kVA, 6,600/210 V)

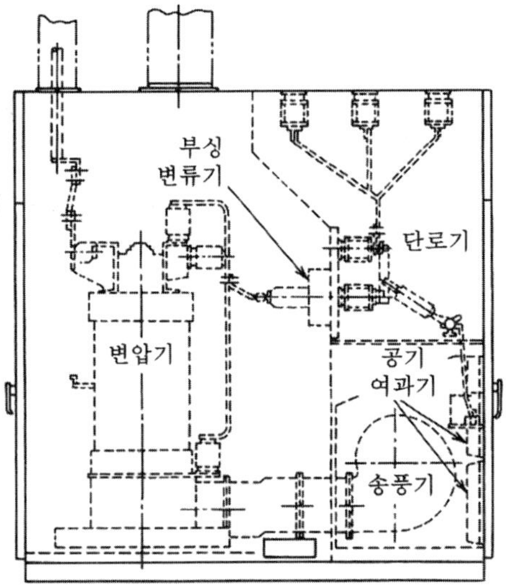

그림 3.26 22 kV 건식변압기용 옥내폐쇄 배전함의 단면도

3. SF6 가스 절연 변압기(SF6, gas insulated transformer)

실리콘 건식, 몰드 변압기에서는 권선이 공기 중에 있으므로 회로 전압은 20~30 kV까지 사용된다. 66 kV 혹은 그 이상의 회로 전압용으로는 무리이고 고압가스 탱크중에 가압한 SF6를 충전, 이 안에 변압기의 내용을 수납한 것이 있다. 유입형 수준의 고전압, 대용량기를 제작할 수 있을 가능성은 있지만 가격, 특성 그 외의 점으로 불연성이 활용되는 장소 등에 한정된다.

3.3 등가회로 및 전압변동률

식 (3.18)~(3.23)을 이용해 변압기의 특성을 계산할 수도 있지만 그것보다 등가회로를 이용하는 편이 편리하다.

3.3.1 변압기의 등가회로

그림 3.27(a)와 같은 전압, 전류의 방향을 정하면 식 (3.18) 가운데, 3, 4번째의 식의 부호가 없어져 다음식과 같이 된다.

$$\left.\begin{aligned} &\dot{V}_2 = \dot{Z}\dot{I}_2,\quad \dot{E}_2 = \dot{Z}_2\dot{I}_2 + \dot{V}_2,\quad \dot{V}_0 = \dot{E}_1 = a\dot{E}_2,\quad \dot{I}_1{}' = \frac{1}{a}\dot{I}_2 \\ &\dot{I}_0 = \dot{Y}_0\dot{V}_0,\quad \dot{I}_1 = \dot{I}_0 + \dot{I}_1{}',\quad \dot{V}_1 = \dot{Z}_1\dot{I}_1 + \dot{V}_0 \end{aligned}\right\} \qquad (3.28)$$

이것에 대응하는 벡터도는 그림 (b)와 같이 된다.

2차 측의 전압의 a배, 전류의 $1/a$배, 및 임피던스의 a^2배를 같은 기호에 첨자 p를 이용하여 나타내면

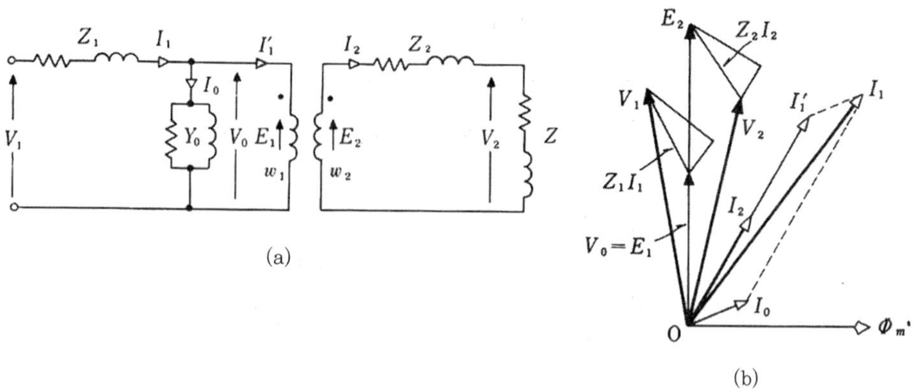

그림 3.27 변압기 회로와 벡터도

$$\dot{V}_{2p}=a\,\dot{V}_2,\quad \dot{I}_{2p}=\dot{I}_2/a,\quad \dot{Z}_2=a^2\dot{Z},\quad \dot{Z}_{2p}=a^2\dot{Z}_2 \tag{3.29}$$

와 식 (3.28)은 다음과 같게 된다.

$$\left.\begin{aligned}&\dot{V}_{2p}=\dot{Z}_p\dot{I}_{2p},\quad \dot{E}_{2p}=\dot{Z}_{2p}\dot{I}_{2p}+\dot{V}_{2p},\quad \dot{V}_0=\dot{E}_1=\dot{E}_{2p},\quad \dot{I}_1'=\dot{I}_{2p}\\&\dot{I}_0=\dot{Y}_0\dot{V}_0,\quad \dot{I}_1=\dot{I}_0+\dot{I}_1',\quad \dot{V}_1=\dot{Z}_1\dot{I}_1+\dot{V}_0\end{aligned}\right\} \tag{3.30}$$

이것에 대응하는 회로도는 그림 3.28(a)와 같이 된다. 여기서, 이상변압기 부분의 전압, 전류는 1차, 2차가 크기와 위상이 일치하기 때문에 이상변압기를 제외하고 동 그림 (b)와 같이 직접 접속했을 경우와 전압 및 전류의 분포에 차이가 없다. 그림 (b)의 회로를 변압기의 등가회로라 하여 식 (3.29)와 같이 2차의 제량을 변환하는 것을 「2차 측을 1차 측으로 환산한다」라고 한다.

그림 (b)의 등가회로에 대응하는 벡터도는 그림 (c)와 같다.

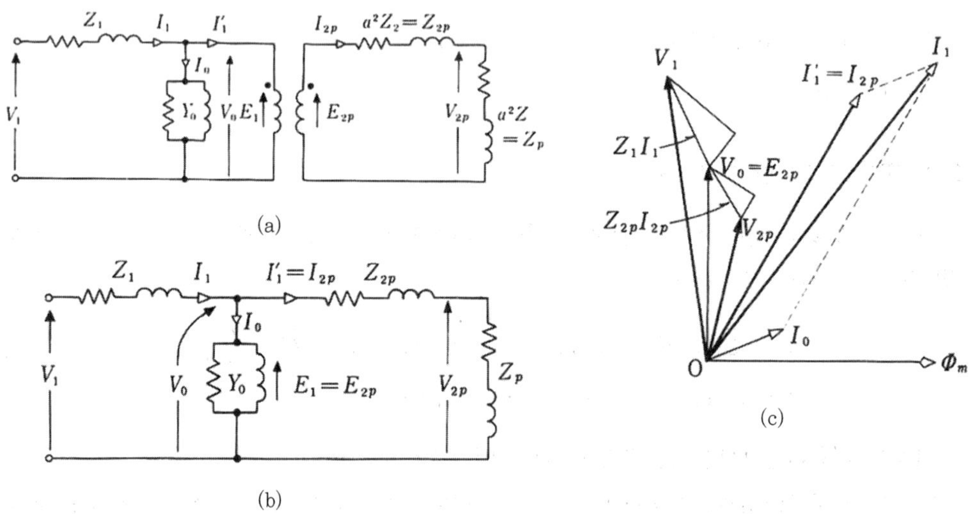

그림 3.28 변압기 등가회로의 설명과 벡터도

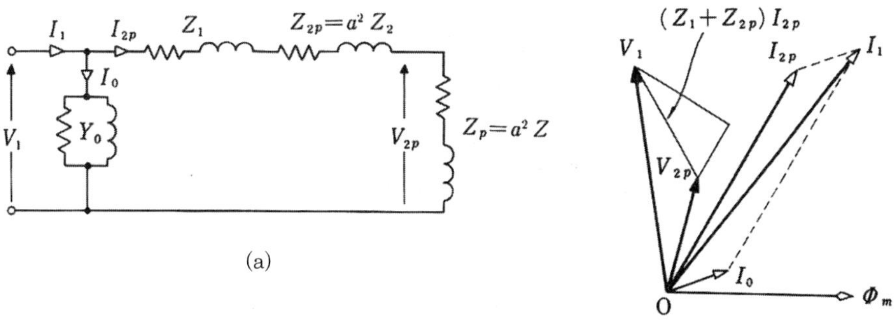

(a) (b)

그림 3.29 간이 등가회로와 벡터도

등가회로를 이용해 전압, 전류의 분포가 구해지면 식 (3.29)을 이용해 2차 측의 전압, 전류를 바로 구할 수 있다.

계산을 간단하게 하려면 여자 어드미턴스 $\dot{Y}=g_0-j\,b_0$를 그림 3.29(a)와 같이 전원 측에 옮긴 회로를 이용하면 좋다. 이것을 **간이 등가회로**라고 한다. 이것은 1차 누설임피던스 중에 무부하전류 $\dot{I}_0$가 흘러 생기는 약간의 전압강하를 무시한 것으로 결과적으로 거의 영향이 없다. 그림 (b)는 이 경우의 벡터도이다. 간이 등가회로에 대해서 원래의 등가회로를 **정밀 등가회로**라고도 한다.

3.3.2 1차 측에서 2차 측으로의 환산

식 (3.28)의 1차 측의 전압의 $1/a$배, 전류의 a배, 임피던스의 $1/a^2$배, 어드미턴스의 a^2배를 같은 기호에 첨자 s를 이용하여 나타내면

$$\left.\begin{aligned}&\dot{V}_{0s}=\frac{1}{a}\dot{V}_0=\dot{E}_2,\quad \dot{V}_{1s}=\frac{1}{a}\dot{V}_1,\quad \dot{I}_{0s}=a\,\dot{I}_0,\quad \dot{I}_{1s}=a\,\dot{I}_1\\&\dot{I}_{1s}{}'=\dot{I}_2,\quad \dot{Z}_{1s}=\frac{1}{a^2}\dot{Z}_1,\quad \dot{Y}_{0s}=a^2\,\dot{Y}_0\end{aligned}\right\}\tag{3.31}$$

식 (3.28)은

$$\left.\begin{aligned}&\dot{V}_2=\dot{Z}\dot{I}_2,\quad \dot{E}_2=\dot{Z}_2\dot{I}_2+\dot{V}_2,\quad \dot{V}_{0s}=\dot{E}_2,\quad \dot{I}_{1s}{}'=\dot{I}_2\\&\dot{I}_{0s}=\dot{Y}_{0s}\dot{V}_{0s},\quad \dot{I}_{1s}=\dot{I}_{0s}+\dot{I}_{1s}{}',\quad \dot{V}_{1s}=\dot{Z}_{1s}\dot{I}_{1s}+\dot{V}_{0s}\end{aligned}\right\}\tag{3.32}$$

이 된다. 이것에 대응하는 회로도는 그림 3.30(a)가 되고 그 등가회로는 그림 (b), 벡터도는 그림 (c)가 된다. 1차의 양을 식 (3.31)과 같이 변환하는 것을 「1차 측을 2차 측으로 환산한다」라고 한다. 그림 (b)의 등가회로로 여자 어드미턴스를 왼쪽으로 옮기면 그림 (d)의 간이 등가회로가 된다.

이러한 등가회로로 요구한 제량으로부터 실제의 1차 측의 모든 양을 얻으려면 식 (3.31)을 이용하면 된다.

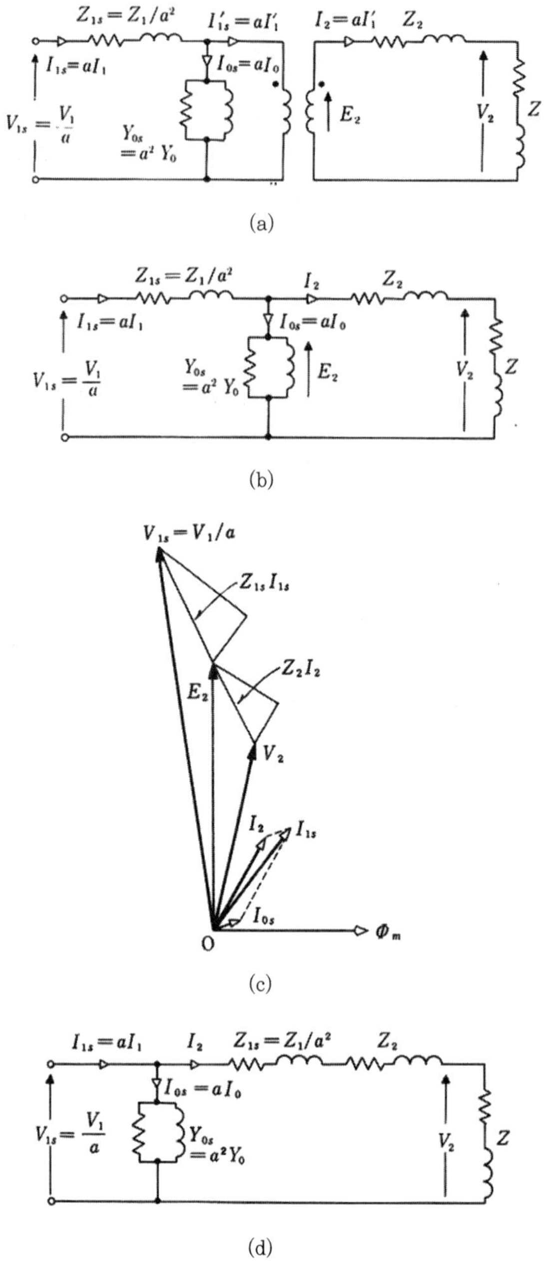

그림 3.30 1차 측으로부터 2차 측으로의 환산

3.3.3 합성 전류

변압기의 2차 측을 단락하면 $\dot{Z}=0$가 되기 때문에 그림 3.28(b)의 등가회로를 이용해 단락 전류를 계산하면 다음과 같게 된다.

1차 측 단락 전류

$$\dot{I}_{1s} = \frac{\dot{V}_1}{\dot{Z}_1 + \dfrac{1}{\dot{Y}_0 + (1/\dot{Z}_{2p})}} = \dot{V}_1 \frac{1 + \dot{Y}_0 \dot{Z}_{2p}}{\dot{Z}_1(1 + \dot{Y}_0 \dot{Z}_{2p}) + \dot{Z}_{2p}} \tag{3.33}$$

2차 측 단락 전류

$$\dot{I}_{s2} = \dot{I}_{s1} \frac{1/\dot{Y}_0}{(1/\dot{Y}_0) + \dot{Z}_{2p}} a = \dot{I}_{s1} \frac{a}{1 + \dot{Y}_0 \dot{Z}_{2p}} \tag{3.34}$$

보통 변압기에서는 $\dot{Y}_0 \dot{Z}_{2p}$는 1에 비해 극히 작기 때문에

$$\dot{I}_{s1} = \frac{\dot{V}_1}{\dot{Z}_1 + \dot{Z}_{2p}}, \quad \dot{I}_{s2} = a \dot{I}_{s1} \tag{3.35}$$

로 된다. 이것은 간이 등가회로에서 여자 어드미턴스를 생략한 것을 이용하여 계산한 것이다.

변압기의 $\dot{Z}_1$, $\dot{Z}_{2p}$는 극히 작기 때문에 단락 전류는 매우 큰 값이 된다.

다만, 위에 구한 것은 정상 단락 전류이며 단락의 순간의 전류는 한층 더 큰 값이 될 수 있다.

3.3.4 누설임피던스의 결정

식 (3.35)로부터

$$\dot{Z}_1 + \dot{Z}_{2p} = \frac{\dot{V}_1}{\dot{I}_{s1}}, \quad \sqrt{(r_1 + a^2 r_2)^2 + (x_1 + a^2 x_2)^2} = \frac{V_1}{I_{s1}} \tag{3.36}$$

를 얻는다. 변압기의 저전압 측을 단락해 두고 고전압 측에 낮은 전압 $\dot{V}_1$를 가했을 때의 합선 전류 $\dot{I}_{s1}$를 구함으로써 누설임피던스를 결정할 수 있다.

이 시험 때의 입력을 P_s(W)라고 하면

$$I_{s1}^2 (r_1 + a^2 r_2) = P_s \text{ [W]} \tag{3.37}$$

식 (3.36)과 조합하면

$$x_1 + a^2 x_2 = \sqrt{(V_1/I_{s1})^2 - (P_s/I_{s1}^2)^2} \text{ [}\Omega\text{]} \tag{3.38}$$

이것과 2차 개방으로 1차에 전압 $\dot{V}_0$를 더했을 때의 전류 $\dot{I}_0$ 및 입력 P_i으로부터 식 (3.16), (3.17)을 이용해 구한 여자 어드미턴스를 이용하면 간이 등가회로가 결정된다. 정밀 등가회로를 그리기 위해서는 다음과 같이 가정한다.

$$r_1 = a^2 r_2 = \frac{r_1 + a^2 r_2}{2}, \quad x_1 = a^2 x_2 = \frac{x_1 + a^2 x_2}{2} \tag{3.39}$$

3.3.5 백분율 전압강하

단락 전류 $\dot{I}_{s1}$이 1차의 정격전류와 동일해지도록 1차 전압을 조정했을 때 이 **1차 전압**을 **임피던스 전압**(impedance voltage), 이때의 1차 입력 P_s(W)를 **임피던스 와트**(impedance watt)라고 한다.

또, 정격 1차 전류 I_{1n}에 대한 저항 강하, 리액턴스 강하 및 임피던스 강하를 정격 1차 전압 V_{1n}에 대한 백분율로 나타낸 것을 각각 **백분율 저항 강하**, **백분율 리액턴스 강하**, **백분율 임피던스 강하**라고 한다.

백분율 저항 강하

$$\begin{aligned} p &= \frac{I_{1n}(r_1 + a^2 r_2)}{V_{1n}} \times 100\ [\%] \\ &= \frac{I_{1n}(r_1 + a^2 r_2)}{V_{1n} I_{1n}} \times 100\ [\%] = \frac{P_s}{V_{1n} I_{1n}} \times 100\ [\%] \end{aligned} \tag{3.40}$$

백분율 리액턴스 강하

$$q = \frac{I_{1n}(x_1 + a^2 x_2)}{V_{1n}} \times 100\ \ [\%] \tag{3.41}$$

백분율 임피던스 강하

$$\begin{aligned} z &= \frac{I_{1n}\sqrt{(r_1 + a^2 r_2)^2 + (x_1 + a^2 x_2)^2}}{V_{1n}} \times 100\ [\%] \\ &= \sqrt{p^2 + q^2}\ [\%] \end{aligned} \tag{3.42}$$

식 (3.40)으로부터 백분율 저항 강하는 임피던스 와트의 볼트 암페어 용량에 대응하는 백분율과 같고, 식 (3.42)의 임피던스 강하는 임피던스 전압의 정격전압에 대한 백분율과 동일하다.

표 3.2는 p 및 q의 실측 예를 나타낸 것이다. 2차 측을 단락해 1차 단자에 정격전압을 더했을 때의 1차 단락 전류 I_{s1}이고 1차 정격전류 I_{1n}과의 비는 다음 식에서 주어진다.

$$\frac{I_{s1}}{I_{1n}} = \frac{V_{1n}}{I_{1n}\sqrt{(r_1 + a^2 r_2)^2 + (x_1 + a^2 x_2)^2}} = \frac{100}{z} \tag{3.43}$$

표 3.2 백분율 저항 강하와 백분율 리액턴스 강하의 예

용량 [kVA]	사용전압 [kV]	p (75℃)	q
10	6.6	1.90	1.30
100	6.6	1.75	1.64
1,000	6.6	1.20	5.37
20,000	66	0.60	7.48
300,000	275	0.34	14.00

3.3.6 전압변동률

변압기의 2차에 지정 역률의 정격전류 I_{2n}가 흘렀을 때 2차 단자의 전압이 정격전압 V_{2n}가 되도록 1차 전압 및 부하를 조정하고 다음에 1차 전압을 그대로 유지하면서 무부하로 했을 때의 2차 단자전압을 V_{20}로 할 때 전압 상승 $V_{20} - V_{2n}$의 정격전압 V_{2n}에 대한 백분율을 백분율 전압변동률이라고 한다. 식으로 나타내면

$$\text{백분율 전압변동률 } \varepsilon = \frac{V_{20} - V_{2n}}{V_{2n}} \times 100\ [\%] \qquad (3.44)$$

3.3.7 전압변동률의 계산식

그림 3.31(a)와 같이 1차 측을 2차 측에 환산하고, 여자 어드미턴스를 생략한 간이 등가회로를 사용하여, 2차 전압 V_{2n}, 2차 전류 I_{2n}, 위상각 φ인 경우, 벡터도를 그리면 그림 (b)와 같이 된다. 무부하 전압은 V_{20} 그리고 등가저항을 $r = (r_1/a^2) + r_2$, 등가리액턴스를 $x = (x_1/a^2) + r_2$, 그렇다면, 저항 강하는 $I_{2n}r$, 리액턴스 강하는 $I_{2n}x$로 나타내어진다.

벡터 $V_{2n}(\overline{OB})$를 연장해서 벡터 $V_{20}(\overline{OA})$의 끝 A로부터 그린 수직선의 끝을 G로 한다. 벡터 $I_{2nr}(\overline{BC})$의 끝 C로부터 $\overline{OB}$, $\overline{AG}$에 내린 수직선의 끝을 각각 F, H로 한다. 그림으로부터

$$\angle \mathrm{CBF} = \angle \mathrm{CAH} = \varphi$$
$$\overline{\mathrm{BG}} = \overline{\mathrm{BF}} + \overline{\mathrm{FG}} = \overline{\mathrm{BF}} + \overline{\mathrm{CH}} = \overline{\mathrm{BC}}\cos\varphi + \overline{\mathrm{AC}}\sin\varphi = I_{2n}r\cos\varphi + I_{2n}x\sin\varphi$$
$$\overline{\mathrm{AG}} = \overline{\mathrm{AH}} - \overline{\mathrm{GH}} = \overline{\mathrm{AH}} - \overline{\mathrm{FC}} = \overline{\mathrm{AC}}\cos\varphi - \overline{\mathrm{BC}}\sin\varphi = I_{2n}x\cos\varphi + I_{2n}r\sin\varphi \qquad (3.45)$$
$$\mathrm{V}_{20}^2 = \overline{\mathrm{OA}}^2 = (\overline{\mathrm{OB}} + \overline{\mathrm{BG}})^2 + \overline{\mathrm{AG}}^2$$
$$= (V_{2n} + I_{2n}r\cos\varphi + I_{2n}x\sin\varphi)^2 + (I_{2n}x\cos\varphi - I_{2n}r\sin\varphi)^2$$

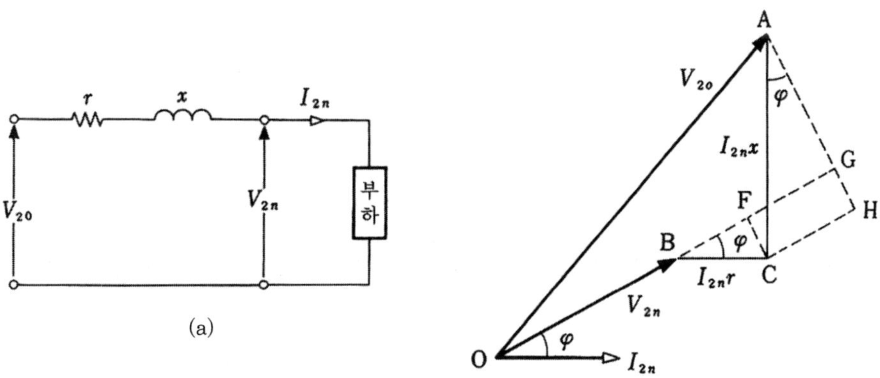

(a) (b)

그림 3.31 전압변동률의 계산

$$\begin{rcases} \text{백분율 저항 강하} \quad p = \dfrac{I_{2n} r}{V_{2n}} \times 100 \\ \text{백분율 리액턴스 강하} \quad q = \dfrac{I_{2n} x}{V_{2n}} \times 100 \end{rcases} \tag{3.46}$$

를 이용하면, 식 (3.45)는 다음과 같게 변형된다.

$$V_{20}^2 = V_{2n}^2 \left\{ (1 + \frac{p}{100} \cos\varphi + \frac{q}{100} \sin\varphi)^2 + (\frac{q}{100} \cos\varphi - \frac{p}{100} \sin\varphi)^2 \right\}$$

따라서 백분율 전압변동률은 다음 식으로 주어진다.

$$\begin{aligned} \varepsilon &= \frac{V_{20} - V_{2n}}{V_{2n}} \times 100 = \left(\frac{V_{20}}{V_{2n}} - 1 \right) \times 100 \\ &= \left\{ \sqrt{\left(1 + \frac{p}{100} \cos\varphi + \frac{q}{100} \sin\varphi\right)^2 + \left(\frac{q}{100} \cos\varphi - \frac{p}{100} \sin\varphi\right)^2} - 1 \right\} \times 100\ [\%] \end{aligned} \tag{3.47}$$

식 중 1에 비해 다른 항은 작기 때문에 다음과 같이 간단하게 나타낼 수 있다.

$$\epsilon = p\cos\varphi + q\sin\varphi + \frac{1}{200}(q\cos\varphi - p\sin\varphi)^2 \ \ [\%] \tag{3.48}$$

식 (3.48)의 유도는

$$\frac{p}{100} \cos\varphi + \frac{q}{100} \sin\varphi = a, \quad \frac{q}{100} \cos\varphi - \frac{p}{100} \sin\varphi = b \tag{3.49}$$

라고 두면 식 (3.47)은 다음과 같게 된다.

$$\varepsilon = \sqrt{(1+a)^2 + b^2} - 1 \times 100 = (1+a)\sqrt{1 + (\frac{b}{1+a})^2} - 1 \times 100$$

이항정리에 의해 x가 1에 비해 작으면 $\sqrt{1+x} \fallingdotseq 1 + x/2$이기 때문에

$$\varepsilon \fallingdotseq \left\{ (1+a)\left[1 + \frac{b^2}{2(1+a)^2}\right] - 1 \right\} \times 100 = \left\{ 1 + a + \frac{b^2}{2(1+a)} - 1 \right\} \times 100$$

여기서, $1 + a \fallingdotseq 1$로 두고 다음 식을 얻는다.

$$\varepsilon \fallingdotseq \left\{ a + \frac{b^2}{2} \right\} \times 100$$

이 식에 식 (3.49)를 대입하면, 식 (3.48)을 얻을 수 있다. 식 (3.48) 중의 제3항을 생략하면

$$\varepsilon \fallingdotseq p\cos\varphi + q\sin\varphi \tag{3.50}$$

을 얻는다. 또한, 역률이 100% 때는 $\cos\varphi = 1$, $\sin\varphi = 0$이기 때문에

$$\varepsilon \fallingdotseq p = \frac{I_{2n} r}{V_{2n}} \times 100 = \frac{I_{2n}^2 r}{V_{2n} I_{2n}} \times 100 \tag{3.51}$$

된다. 즉, 역률 100%일 때, 백분율 전압변동률은 백분율 저항 강하와 동일하다.

3.3.8 전압변동률과 역률

전압변동률을 나타내는 식 (3.50)을 변형해

$$\varepsilon \fallingdotseq \sqrt{p^2+q^2}\sin(\varphi+\alpha), \quad \tan\alpha = p/q \tag{3.52}$$

로 만들 수 있다.

주어진 변압기와 동일하고 전압변동률이 최대가 되는 것은

$$\sin(\varphi+\alpha)=1, \quad \varphi+\alpha=\frac{\pi}{2}, \quad \cos\varphi=\sin\alpha=p/\sqrt{p^2+q^2} \tag{3.53}$$

될 때이다.

3.3.9 단위법(per unit system)

전압, 전류, 전력, 임피던스, 어드미턴스 등의 실제의 값 대신에 기준치에 대한 비를 이용해 계산하는 방법을 단위법이라고 한다.

그림 3.32의 변압기에 대해 실제의 전압, 전류에는 다음의 관계가 성립한다.

$$\left.\begin{aligned} &\dot{I}_1=\dot{I}_0+\dot{I}_1', \quad \dot{I}_0=\dot{Y}_0\dot{V}_1, \quad \dot{V}_1=\dot{Z}_1\dot{I}_1+\dot{V}_0, \quad \dot{V}_0=\alpha\dot{E}_2 \\ &a\dot{I}_1'=\dot{I}_2, \quad \dot{E}_2=\dot{Z}_2\dot{I}_2+\dot{V}_2, \quad \dot{V}_2=\dot{Z}\dot{I}_2 \\ &P_1=V_1I_1\cos\phi \qquad P_2=V_2I_2\cos\varphi \end{aligned}\right\} \tag{3.54}$$

다만, ϕ은 $\dot{V}_1$와 $\dot{I}_1$과의 위상차, φ는 $\dot{V}_2$와 $\dot{I}_2$와의 위상차로 한다.

지금, 기준으로 하는 전력을 P_n로 하고, 1차, 2차의 기준 전류 I_{1n}, I_{2n}는

$$aI_{1n}=I_{2n} \tag{3.55}$$

이 되도록 선택한다. 이것에 대한 1차, 2차의 기준 전압 V_{1n}, V_{2n}을

$$P_n=V_{1n}I_{1n}=V_{2n}I_{2n} \tag{3.56}$$

을 만족하도록 정하면, 자연스럽게 다음의 관계가 만족된다.

$$V_{1n}=aV_{2n} \tag{3.57}$$

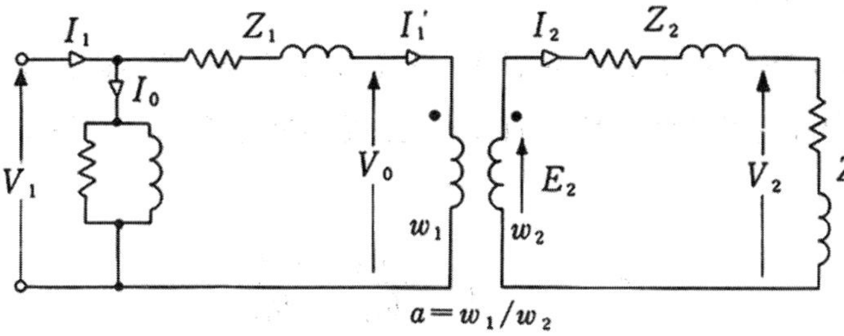

그림 3.32 변압기 회로

보통은 정격전압, 정격전류를 기준으로 한다.

식 (3.54) 중의 각 식의 전압, 전류를 각각 기준의 전압, 전류에 대한 비로 나타내면, 다음과 같게 된다.

$$\left.\begin{aligned}
&\left(\frac{\dot{I}_1}{I_{1n}}\right)=\left(\frac{\dot{I}_0}{I_{1n}}\right)+\left(\frac{\dot{I}_1{}'}{I_{1n}}\right),\ \left(\frac{\dot{I}_0}{I_{1n}}\right)=\left(\frac{\dot{Y}_0}{I_{1n}/V_{1n}}\right)+\left(\frac{\dot{V}_1}{V_{1n}}\right)\\
&\left(\frac{\dot{V}_1}{V_{1n}}\right)=\left(\frac{\dot{Z}_1}{V_{1n}/I_{1n}}\right)\left(\frac{\dot{I}_1{}'}{I_{1n}}\right)+\left(\frac{\dot{V}_0{}'}{V_{1n}}\right),\ \left(\frac{\dot{V}_0}{V_{1n}}\right)=\left(\frac{a\dot{E}_2}{aV_{2n}}\right)=\left(\frac{\dot{E}_2}{V_{2n}}\right)\\
&\left(\frac{aI_1{}'}{aI_{1n}}\right)=\left(\frac{I_1{}'}{I_{1n}}\right)=\left(\frac{I_2}{I_{2n}}\right)\\
&\left(\frac{\dot{E}_2}{V_{2n}}\right)=\left(\frac{\dot{Z}_2}{V_{2n}/I_{2n}}\right)\left(\frac{\dot{I}_2}{I_{2n}}\right)+\left(\frac{\dot{V}_2}{V_{2n}}\right),\ \left(\frac{\dot{V}_2}{V_{2n}}\right)=\left(\frac{\dot{Z}}{V_{2n}/I_{2n}}\right)\left(\frac{I_2}{I_{2n}}\right)\\
&\left(\frac{P_1}{P_2}\right)=\left(\frac{V_1}{V_{1n}}\right)\left(\frac{I_1}{I_{1n}}\right)\cos\phi,\ \left(\frac{P_2}{P_n}\right)=\left(\frac{V_2}{V_{2n}}\right)\left(\frac{I_2}{I_{2n}}\right)\cos\varphi
\end{aligned}\right\} \tag{3.58}$$

이것에 의해서 어드미턴스의 기준은 I_{1n}/V_{1n}, 임피던스의 기준은 1차에서는 V_{1n}/I_{1n}, 2차에서는 V_{2n}/I_{2n}을 취하면 된다.

단위법에 의한 임피던스는 $Z_2/(V_{2n}/I_{2n})=Z_2I_{2n}/V_{2n}$ 이기 때문에, 단위법에 의한 임피던스 강하와 일치한다.

식 (3.54)에 비해 식 (3.58) 쪽이 복잡하게 보이지만 수치계산의 경우, 단위법에 의해 숫자의 크기가 한정되어, 기준량을 정할 때 이외에 권수비라든지 1차, 2차의 환산을 생각하지 않아도 된다는 이점이 있다. 또, 용량이 다른 변압기를 비교하는 경우에도 편리하다.

평형한 3상 결선의 경우에는 Y결선(3.5.2절 참조)으로 환산한 후에 한 상에 대해 단위법을 이용해 계산하면 된다.

3.4 변압기의 누설리액턴스

3.4.1 누설인덕턴스

그림 3.33(a)과 같이, 변압기의 1차 권선에 전류 i_1, 2차 권선에 전류 i_2가 흘렀을 때에 생기는 주 자속 φ를 1차 전류에 의한 성분 ϕ_1과 2차 전류에 의한 성분 ϕ_2로 나누고 생각하면 다음 식이 성립한다.

$$\phi=\phi_1+\phi_2=\frac{w_1i_1}{R_m}+\frac{w_2i_2}{R_m} \tag{3.59}$$

여기서, w_1 : 1차 권수, w_2 : 2차 권수, R_m : 주자속에 대한 자기저항

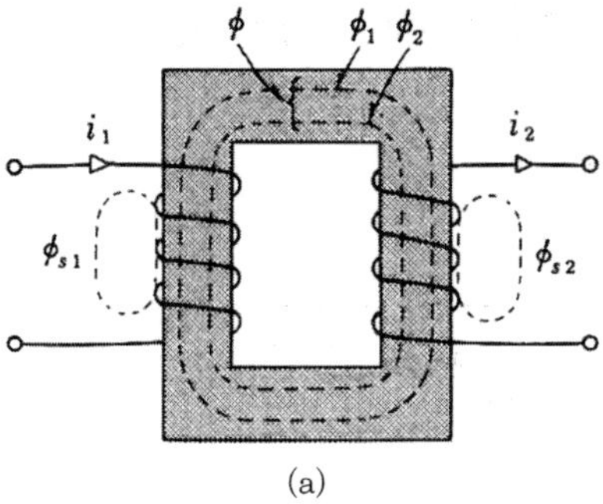

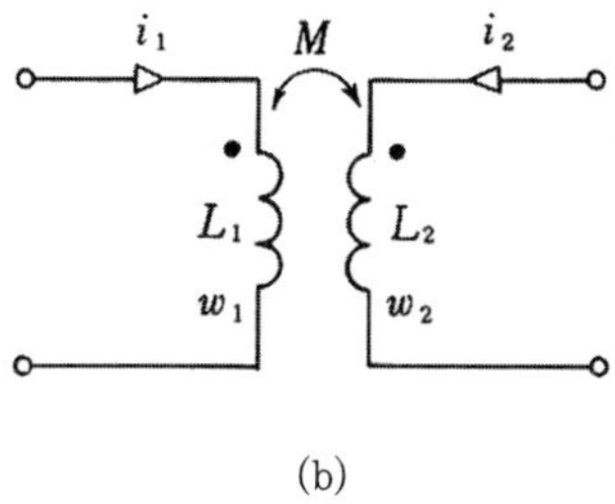

그림 3.33 변압기의 누설리액턴스

이때, 주자속 외에 누설자속도 생긴다. 1차의 누설자속은 2차 권선과는 쇄교하지 못하고 1차 권선과도 완전하게는 쇄교하지 않지만, 이 전쇄교수를 1차의 권수로 나눈 것이 등가인 1차의 누설자속으로서 ϕ_{s1}으로 나타낸다. 마찬가지로 2차의 등가인 누설자속 ϕ_{s2}로 나타낸다.

그림 (b)와 같이 1차, 2차 권선의 자기인덕턴스를 L_1, L_2로 하고 1,2차 사이의 상호유도를 M이라고 하면, 다음의 관계가 성립한다.

$$\left.\begin{array}{l} w_1(\phi_1+\phi_{s1})=L_1 i_1, \quad w_2\phi_1 = M i_1 \\ w_2(\phi_2+\phi_{s2})=L_2 i_2, \quad w_1\phi_2 = M i_2 \end{array}\right\} \tag{3.60}$$

식으로부터 1차 및 2차의 누설자속 쇄교수를 구하면 다음 식을 얻는다.

$$\left.\begin{array}{l} w_1\phi_{s1} = L_1 i_1 - w_1\phi_1 = L_1 i_1 - \dfrac{w_1}{w_2} M i_1 = \left(L_1 - \dfrac{w_1}{w_2}M\right) i_1 \\ w_2\phi_{s2} = L_2 i_2 - w_2\phi_2 = L_2 i_2 - \dfrac{w_2}{w_1} M i_2 = \left(L_2 - \dfrac{w_2}{w_1}M\right) i_2 \end{array}\right\} \tag{3.61}$$

따라서 1차, 2차의 누설인덕턴스 L_{l1}, L_{l2}는

$$\left.\begin{array}{l} L_{l1} = \dfrac{w_1\phi_{s1}}{i_1} = L_1 - \dfrac{w_1}{w_2}M \\ L_{l2} = \dfrac{w_2\phi_{s2}}{i_2} = L_2 - \dfrac{w_2}{w_1}M \end{array}\right\} \tag{3.62}$$

으로 되고 주자속은 다음 식에서 주어진다.

$$\phi = \phi_1 + \phi_2 = \frac{M}{w_1 w_2}(w_1 i_1 + w_2 i_2) \tag{3.63}$$

따라서 자기저항과 상호유도와의 사이에는 다음의 관계가 있다.

$$R_m = \frac{w_1 w_2}{M} \tag{3.64}$$

또, 식 (3.62)으로부터

$$M^2 = (L_1 - L_{l1})(L_2 - L_{l2}) < L_1 L_2 \tag{3.65}$$

되어 누설자속이 있으면 $M < \sqrt{L_1 L_2}$ 가 되는 것을 알 수 있다.

3.4.2 누설계수(leakage coefficient)와 결합계수(coupling coefficient)

자기누설의 정도를 나타내기 위해서 다음과 같은 계수가 이용되는 일이 있다.

(1) 호프킨손(Hopkinson)의 누설계수

$$\sigma_1 = \frac{L_1}{\frac{w_1}{w_2}M} = \frac{L_1}{L_1 - L_{l1}}, \quad \sigma_2 = \frac{L_2}{\frac{w_2}{w_1}M} = \frac{L_2}{L_2 - L_{l2}} \tag{3.66}$$

(2) 누설계수

$$\sigma = \sigma_1\sigma_2 - 1 = \frac{L_1L_2 - M^2}{M^2} \tag{3.67}$$

(3) 결합계수

$$k = \frac{M}{\sqrt{L_1L_2}} = \sqrt{\frac{1}{1+\sigma}} \tag{3.68}$$

3.4.3 누설인덕턴스의 산정법

누설자속에 의해서 자기회로 중에 축적되는 자기에너지 W는 여자전류를 무시하고 $w_1i_1 = -w_2i_2$라고 하면,

$$W = \frac{1}{2}(L_{l1}i_1^2 + L_{l2}i_2^2) = \frac{1}{2}\left\{L_{l1} + \left(\frac{w_1}{w_2}\right)^2 L_{l2}\right\}i_1^2 \tag{3.69}$$

되어 1차로 환산된 누설인덕턴스 L_l는 다음 식으로 주어진다.

$$L_l = L_{l1} + \left(\frac{w_1}{w_2}\right)^2 L_{l2} = \frac{2W}{i_1^2} \tag{3.70}$$

누설자속이 존재하는 공간 S에 대해서 자계의 힘 H를 알면

$$W = \frac{\mu}{2}\int_S H^2 \mathrm{d}S \ \text{[J]} \tag{3.71}$$

에 의해서 W가 구해지고 식 (3.70)에 대입하면 누설인덕턴스를 얻을 수 있다.

1. 교호배치의 경우

원형판 권선으로부터 완성되는 권선은 그림 3.34와 같이 저전압과 고전압과의 권선이 교대로 배치되어 철심의 근처에 있는 저전압 권선의 끝단 권선은 보통 저전압 권선의 1/2의 두께가 된다.

그림 (a)는 철심 및 권선의 단면을 나타내고 H는 고전압 권선, L은 저전압 권선이다. 모두 폭이 h[m]이고 축방향의 높이를 H에서는 $2\Delta_1$[m], L에서는 $2\Delta_2$[m]로 하고 간격을 δ[m]로 한다.

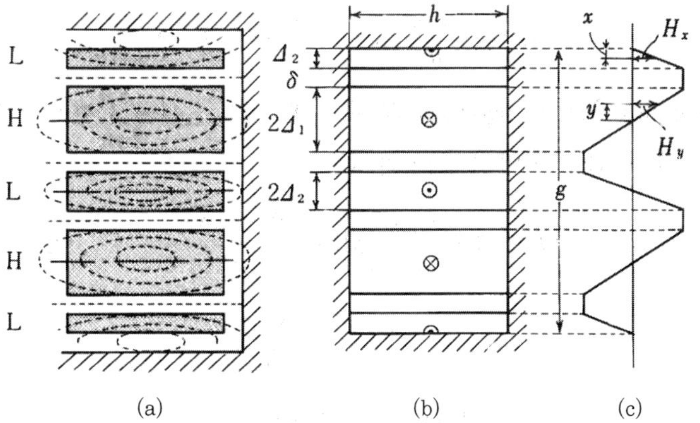

그림 3.34 교호배치 권선의 누설자속

계산을 간단하게 하기 위해 그림 (b)와 같이, 권선은 철심에 감겨져 있고 누설자속은 반경 방향으로 방사상으로 분포하며 자계의 세기 H의 분포가 높이 g를 따라서 그림 (c)와 같이 된다고 가정한다. 권선군을 그림 (a)의 긴 점선에 의해서 q개(이 경우는 q=4)의 대칭인 군으로 분할하여 생각하면 최상부의 기자력은 wi/q [A]가 된다. 다만, w 및 i는 저전압 또는 고전압의 어느 쪽, 한쪽으로 환산한 권수 및 전류로 한다. 따라서 저전압 권선과 고전압 권선과의 중간의 갭 부분에 있어서의 H는

$$H = \frac{w}{q} \cdot \frac{i}{h} \text{ [A/m]} \tag{3.72}$$

그리고 주어진 갭 위, 아래에서는 자계의 세기가 직선적으로 변화하여 각각

$$H_x = \frac{w}{q} \cdot \frac{x}{\Delta_2} \cdot \frac{i}{h} \text{ [A/m]}, \quad H_y = \frac{w}{q} \cdot \frac{y}{\Delta_1} \cdot \frac{i}{h} \text{ [A/m]} \tag{3.73}$$

표현된다. 다만, x, y는 그림 (c)에 보인 거리이며, x는 아래 방향에, y는 윗 방향으로 측정한다.

권선을 한 번 감을 때 평균 길이를 m[m]라고 하면, H에 대응하는 누설자속의 자기회로의 체적은 $hm\delta$, H_x에 대응하는 높이 dx의 자기회로의 체적은 hmdx, H_y에 대응하는 높은 dy의 자기회로의 체적은 hmdy가 된다.

식 (3.72), (3.73)를 식 (3.71)에 대입하면

$$\begin{aligned} W &= \frac{\mu}{2} \cdot q\left\{H^2 hm\delta + \int_0^{\Delta_2} H_x^2 hm\mathrm{d}x + \int_0^{\Delta_1} H_y^2 hm\mathrm{d}y\right\} \\ &= \frac{\mu}{2} \cdot q\left\{\left(\frac{wi}{qh}\right)^2 hm\delta + \int_0^{\Delta_2}\left(\frac{wxi}{q\Delta_2 h}\right)^2 hm\mathrm{d}x + \int_0^{\Delta 1}\left(\frac{wxi}{q\Delta_1 h}\right)^2 hm\mathrm{d}y\right\} \\ &= \frac{\mu w^2 i^2 m}{2qh}\left\{\delta + \frac{1}{\Delta_2^2}\int_0^{\Delta_2} x^2\mathrm{d}x + \frac{1}{\Delta_1^2}\int_0^{\Delta_1} y^2\mathrm{d}y\right\} = \frac{\mu w^2 i^2 m}{2qh}\left\{\delta + \frac{\Delta_2 + \Delta_1}{3}\right\} \end{aligned} \tag{3.74}$$

식 (3.70)에 의해 누설인덕턴스는

$$L_l = \mu \frac{w^2 m}{qh} \left\{ \delta + \frac{\Delta_1 + \Delta_3}{3} \right\} \text{ [H]} \tag{3.75}$$

이 된다. 이것에 로고우스키(Rogowsky)의 보정 계수 k를 곱해 누설자속은 대부분 공기중을 지나므로 $\mu = \mu_0 = 4\pi \times 10^{-7}$이며 $2\pi f$를 곱해

$$X_l = 2\pi f L_1 = 7.9 \frac{f m w^2}{qh} k \left(\delta + \frac{\Delta_1 + \Delta_2}{3} \right) \times 10^{-6} \text{ } [\Omega] \tag{3.76}$$

$$k = 1 - \frac{1}{\pi} \cdot \frac{\delta + \Delta_1 + \Delta_2}{h} \tag{3.77}$$

라고 하는 누설리액턴스의 산정식을 얻을 수 있다.

2. 동심배치의 경우

원통 권선을 그림 3.35와 같이 동심으로 배치한 경우에는 누설자속의 방향은 축방향이 된다. 이 경우는 식 (3.76)에 대해 q=1로 했을 경우에 해당하고 다음 식으로 얻을 수 있다.

$$X_l = 7.9 \frac{f m w^2}{h} k \left(\delta + \frac{\Delta_1 + \Delta_2}{3} \right) \times 10^{-6} \text{ } [\Omega] \tag{3.78}$$

그림 3.36과 같이 이중 동심배치로 하면 q=2의 경우가 되어 다음 식을 얻는다.

$$X_l = 3.95 \frac{f m w^2}{h} k \left(\delta + \frac{\Delta_1 + \Delta_2}{3} \right) \times 10^{-6} \text{ } [\Omega] \tag{3.79}$$

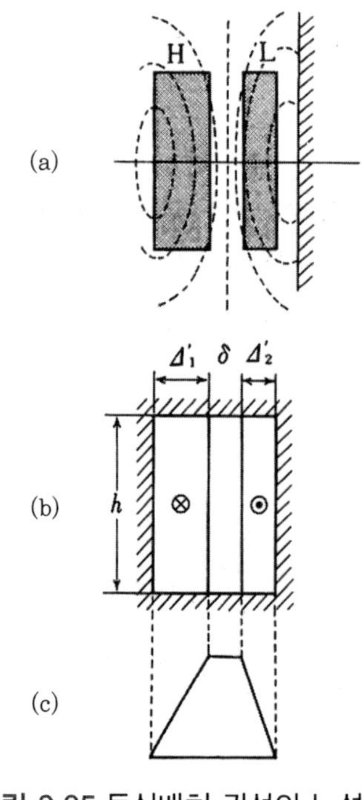

그림 3.35 동심배치 권선의 누설자속

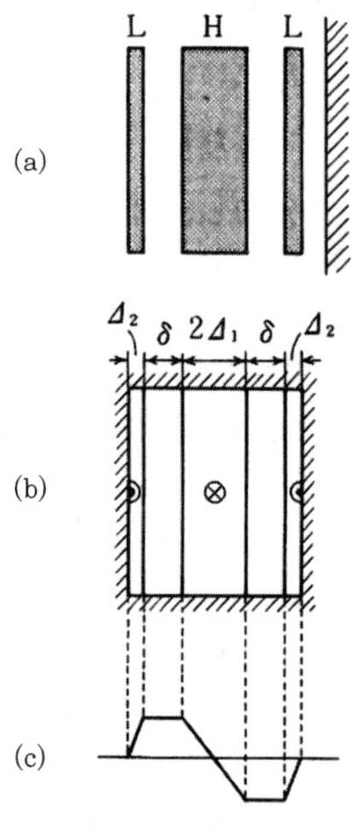

그림 3.36 2중 동심권선의 누설자속

3.5 변압기의 3상 결선, 상변환 및 병렬운전

교류의 송배전은 주로 3상식이기 때문에, 변압기도 3상 변압기 혹은 단상변압기 3개 혹은 2개를 3상 결선으로 이용하는 것이 많다.

3.5.1 변압기의 극성(polarity)

그림 3.37(a)의 변압기의 1차, 2차에 유도되는 기전력이 어느 순간에 그림의 −에서 +로 향하고 있을 때 각각의 단자에는 같은 그림 (b)와 같은 단자 기호를 붙인다. 여기서 U, V는 고전압측, u, v는 저전압측을 나타내지만 U와 u, V와 v가 나란히 되어 있다.

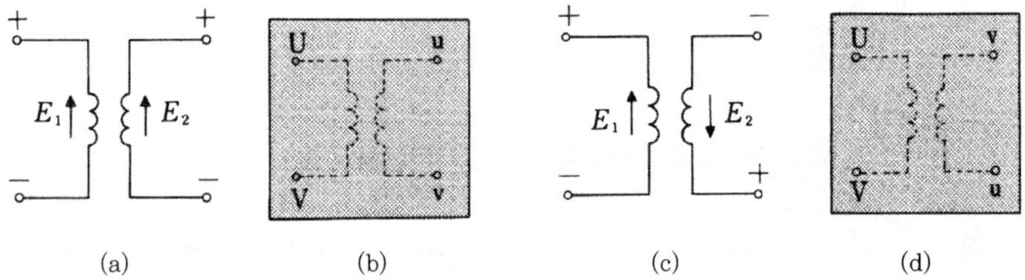

그림 3.37 변압기의 극성과 단자기호

그림 3.37(c)의 변압기에서는 동일 순간에 1차, 2차에 유도되는 기전력의 방향이 반대로 되어 있다. 이 경우에 단자 기호는 그림 (d)와 같이 되어, U와 u, V와 v는 대각선상에 있다.

그림 (a), (b)의 경우를 **감극성**(subtractive polarity)이라고 하며, 그림 (c), (d)의 경우를 **가극성**(additive polarity)이라고 해 구별한다. 일본에서는 감극성이 표준으로 되어 있다.

감극성의 경우는 그림 3.38에 나타나듯이 고전압 단자 U와 저전압 단자 u를 단락하고 다른 측의 고전압, 저전압의 단자 V, v사이에 전압계 V를 접속해, 고전압 권선에 전압 V_1을 가했을 때 전압계의 지시를 V라고 하면, V는 고전압 권선의 전압 V_1과 저전압 권선의 전압 V_2와의 차이를 지시한다. 따라서 $V < V_1$이 된다.

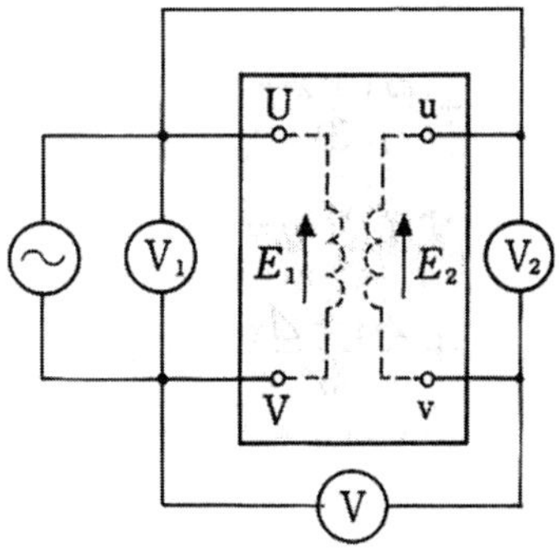

그림 3.38 감극성변압기

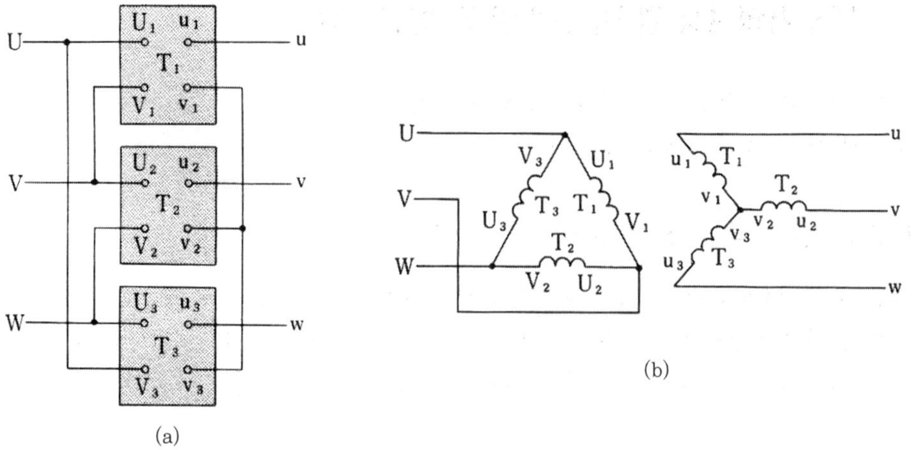

그림 3.39 3대의 변압기에 의한 3상결선의 예

지금, 3개의 변압기 T_1, T_2, T_3의 1차를 △, 2차를 Y에 접속하려면, 극성을 고려해 그림 3.39(a)와 같이 선을 결선하면 된다. 이 결선의 전압이나 전류의 분포를 알아보기 위해서는 그림 (b)와 같이 1차와 2차를 분리해 그리는 것이 보통이다. 여기에서 그림을 용이하게 그리기 위해 ,  대신에 —— 을 사용하였다(그림 3.40 참조). 같은 변압기의 1차, 2차의 권선은 평행하게 그렸다.

3.5.2 3상 결선(three phase connection)

3상 결선에는 3개의 변압기를 사용하는 것에

와이 와이 결선(Y − Y 결선)　　델타 델타 결선(△ − △ 결선)

델타 와이 결선(△ − Y 결선)　　와이 델타 결선(Y − △ 결선)

의 4종이 있고 2개의 변압기를 사용하는 것에 V 결선과 T 결선이 있다.

1. Y–Y 결선(star–star connection, Y–Y connection)

이것은 그림 3.40(a)와 같이 3개의 변압기의 1차 및 2차를 각각 Y선으로 결선한 것으로 위상관계를 알아보기 위해 그림 (b)와 같이 그리면 편리하다. 이러한 변압기의 1조를 뱅크(bank)라고 한다.

각 상의 변압기의 등가회로를 그림 3.41(a)로 나타내면 Y–Y 결선의 등가회로는 그림 (b)가 된다.

평형부하에 대한 벡터도는 여자전류를 무시하면, 그림 3.42와 같이 된다.

변압기의 정격전압은 선간전압의 $1/\sqrt{3}$ 배가 된다.

또한, 3상의 출력은 각 변압기의 출력의 3배가 되어 변압기의 용량을 VI라고 하면 3상 뱅크의 용량은 $3VI$가 된다.

임피던스 강하를 무시하면 1차와 2차의 선간전압은 위상이 일치한다.

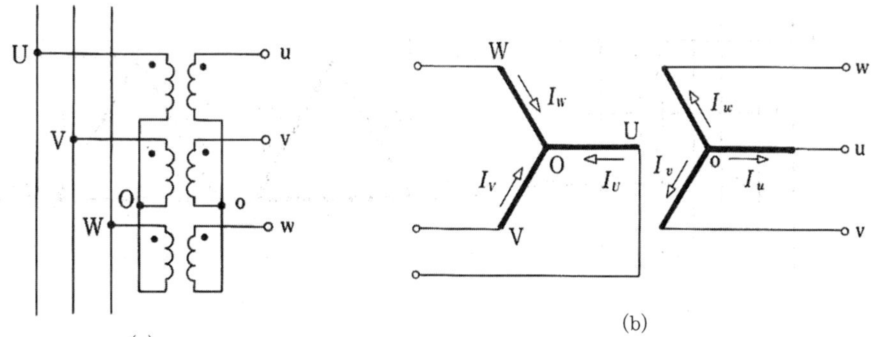

(a) (b)

그림 3.40 Y-Y 결선

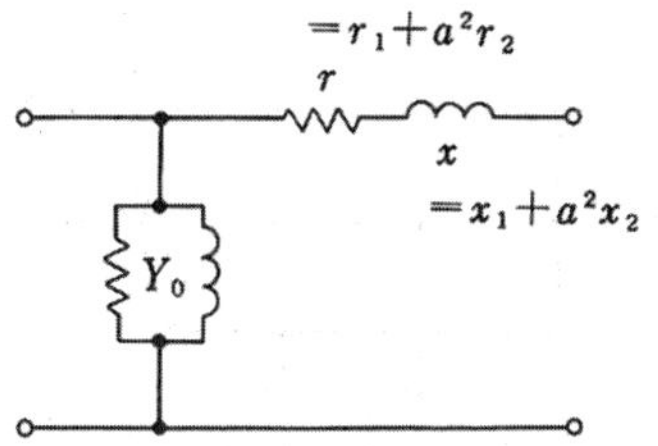

(a)

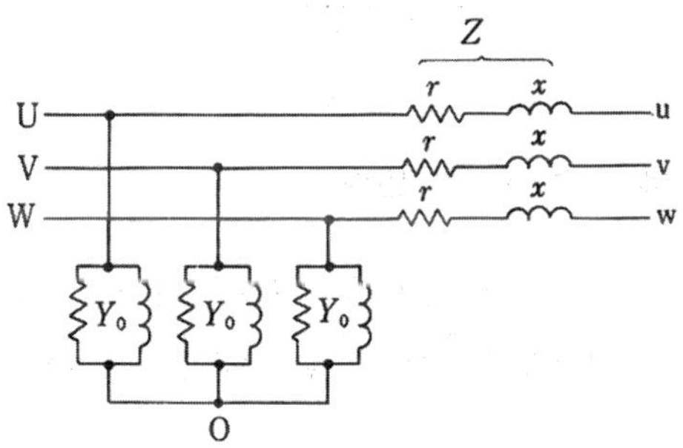

(b)

그림 3.41 Y-Y 결선의 등가회로

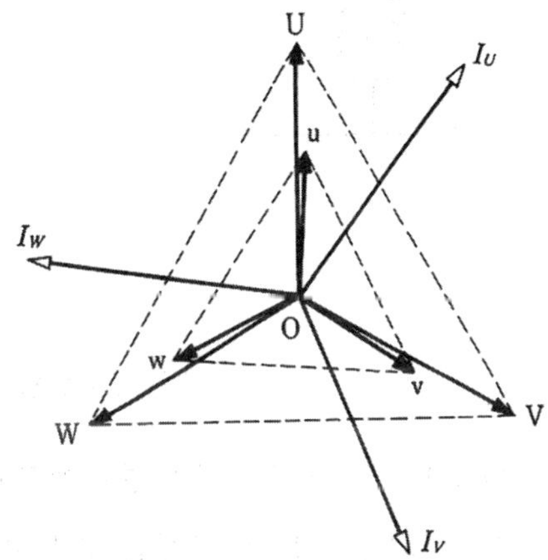

그림 3.42 Y-Y 결선 평형3상부하

2. △-△ 결선(delta-delta connection)

이 결선법은 그림 3.43(a)와 같지만 그림 (b)와 같이 나타낸다.

변압기의 정격전압은 선간전압과 동일하게 선택해야 한다.

3상의 출력은 각 변압기의 출력의 3배, 변압기의 용량을 VI라고 하면 3상 뱅크의 용량은 $3VI$가 된다.

델타결선(Δ 결선))을 와이결선(Y결선)으로 환산하려면 $\Delta - Y$ 변환의 공식에 따라 각 상의 임피던스를 1/3배가 되어 어드미턴스가 3배가 되면 되기 때문에 변압기 1대에 대한 등가회로는 그림 3.44(a)와 같이 되어 3상 결선의 등가회로는 그림 (b)와 같이 된다.

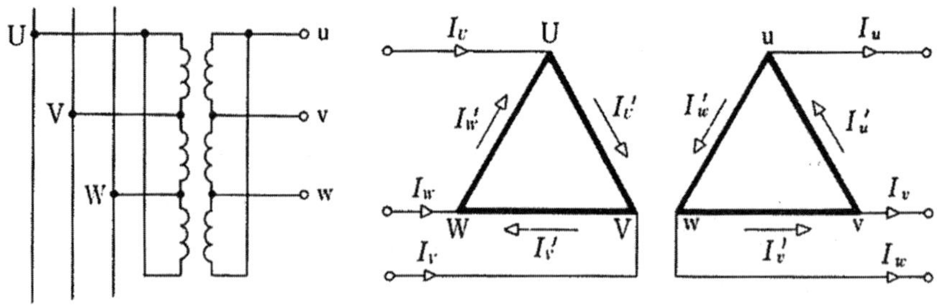

(a) (b)

그림 3.43 △ − △ 결선

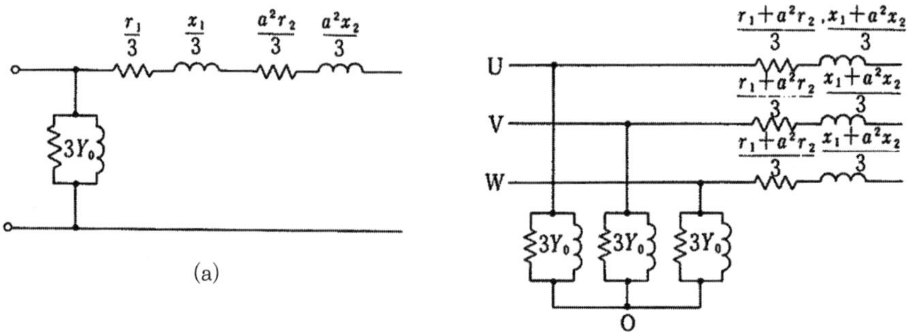

(a) (b)

그림 3.44 등가회로에 의한 △ − Y 변환

그림 3.45는 △ − △ 결선의 경우 벡터도이다. △UVW는 1차 단자전압을 나타내고, △U'V'W'는 2차 단자전압을 1차로 환산한 것을 나타낸다. 전압강하 $\overline{UU'}$, $\overline{VV'}$, $\overline{WW'}$ 는 다음 식으로 주어진다.

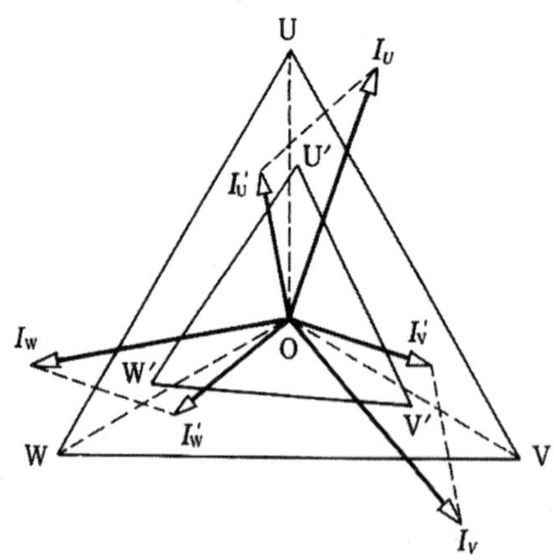

그림 3.45 △ − △ 결선의 벡터도

$$\overline{UU'} = \dot{I}_u(r + jx), \quad \overline{VV'} = \dot{I}_v(r + jx), \quad \overline{WW'} = \dot{I}_w(r + jx) \tag{3.80}$$

다만, $r = (r_1 + a^2 r_2)/3$, $x = (x_1 + a^2 x_2)/3$

전압강하를 무시하면 1차와 2차의 단자전압은 동상이다.

3. △–Y 결선(delta–star connection)

이 결선은 그림 3.46(a)와 같고 이것을 그림 (b)로 나타내었다.

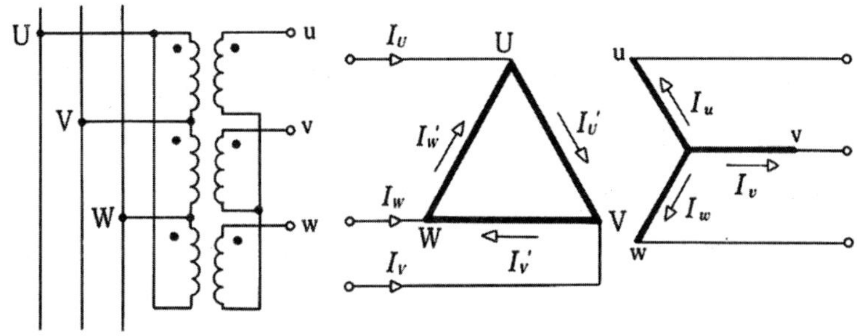

그림 3.46 △ – Y 결선

전류의 관계는 그림 3.47(a)와 같이 1차 선전류를 I_{l1}이라고 하면, 변압기의 1차 전류는 $I_1 = I_{l1}/\sqrt{3}$ 이 되어 여자전류를 무시하면 이것이 2차 전류 I_2를 1차로 환산한 것과 동일하다. 또한, 변압기의 1차, 2차의 기전력은 동상이지만 2차의 선간전압은 무부하 때 2차 기전력의 $\sqrt{3}$ 배가 되어 위상이 $\pi/6$만큼 다르다. 따라서 1차, 2차의 선간전압에도 거의 $\pi/6$의 위상차이가 있다.

위상차를 무시하고 단지 전압, 전류의 크기를 구하기 위해서는 그림 3.47(c)와 같이 등가회로를 이용할 수 있다. 이것은 다음의 순서로 유도된다.

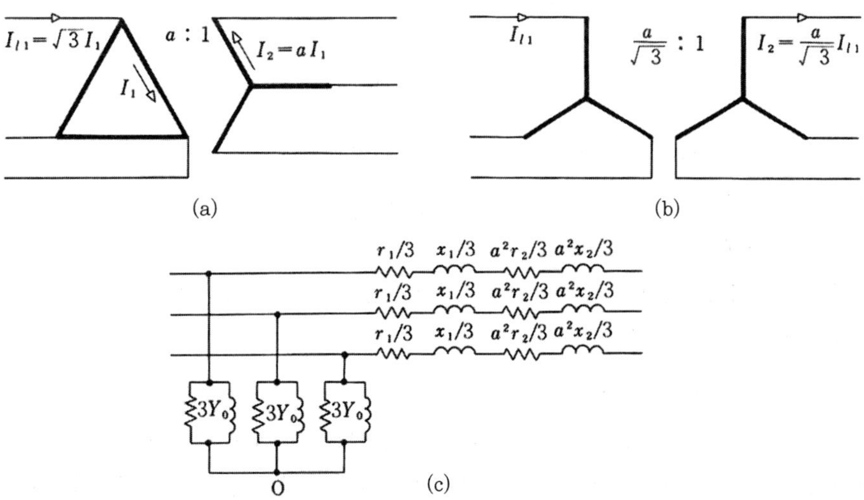

그림 3.47 △ – Y 결선의 등가회로

그림 3.46(a)의 $\Delta - Y$ 결선에서 각 변압기의 1차, 2차의 권수는 $a : 1$의 비라고 하면 여자전류를 무시했을 때 $I_2 = aI_1$이고 1차 선전류 $I_{l1} = \sqrt{3}\, I_1$ 이기 때문에 $I_2 = (a/\sqrt{3})I_{l1}$이 된다. 그림 3.47(b)를 이것과 등가인 Y-Y결선으로 하면, 1차 누설임피던스는 $\Delta - Y$ 변환에 의해서, $Z_1/3$이 된다. 이때, 1차, 2차의 권수의 비를 $a' : 1$으로 바꾸고, 그림 (a)의 I_{l1}, I_2의 크기를 보면, $I_2 = a' I_{l1} = (a/\sqrt{3})I_{l1}$이 되기 때문에

$$a' = \frac{a}{\sqrt{3}} \tag{3.81}$$

된다. 따라서 2차의 Z^2 및 부하의 Z를 1차로 환산하기 위해서는 $(a/\sqrt{3})^2 = a^2/3$을 곱해, $a^2 Z_2/3$, $a^2 Z/3$ 으로 해야 한다.

등가회로로부터 I_{l1}을 요구했을 때, 변압기의 1차 전류는 $I_1 = I_{l1}/\sqrt{3}$ 으로 된다.

여자전류를 고려하려면 각 변압기의 Y_0를 3배로 하여 Y로 접속한 것을 부가하면 된다.

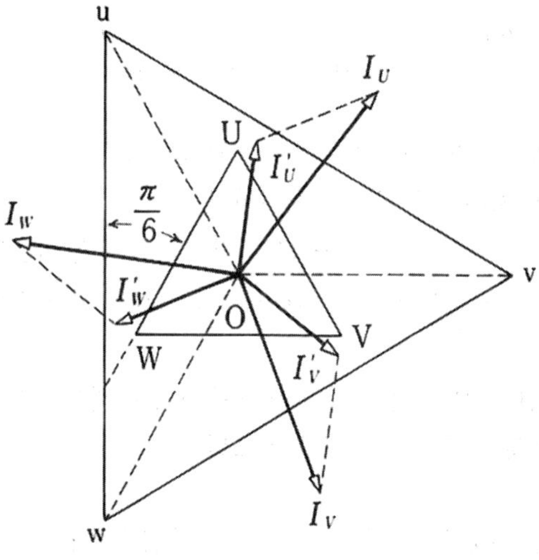

그림 3.48 $\Delta - Y$ **결선평형부하의 벡터도**

그림 3.48은 평형부하의 경우 벡터도이다.

변압기 1개의 용량을 VI라고 하면, 3상 뱅크의 용량은 $3VI$가 된다.

4. Y−Δ 결선(star−delta connection)

이 결선은 그림 3.49(a)와 같고, 이것을 그림 (b)로 나타내었다. 변압기의 2차 전류를 I_2라고 하면, 2차 전류는 $I_{l2} = \sqrt{3}\, I_2$이다.

변압기의 1차, 2차의 기전력은 동상이지만 1차의 선간전압은 무부하 때 1차 기전력의 $\sqrt{3}$ 배가 되고, 위상은 π/6만큼 다르다. 따라서 1차, 2차의 선간전압에도 거의 π/6의 위상차이가 있다.

위상차를 무시하고 단지 전압, 전류의 크기를 구하기 위해서는 그림 3.50(c)의 간이 등가회로를 이용할 수 있다. 이것은 다음의 순서로 유도된다.

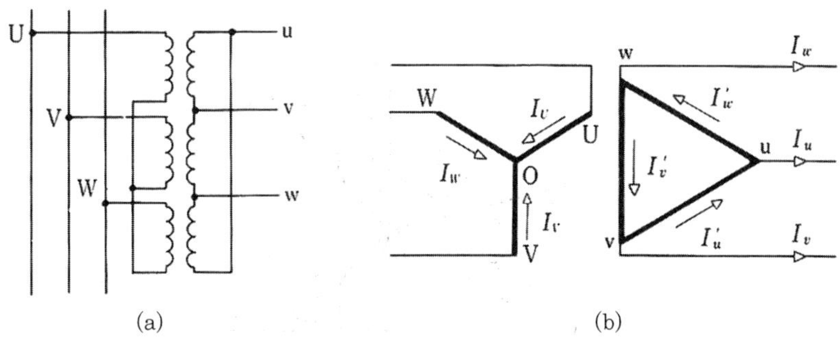

그림 3.49 Y − △ 결선

그림 3.50(a)의 Y − △ 결선에서 각 변압기의 1차, 2차의 권수는 a : 1 이라고 하면 여자전류를 무시했을 때 $I_2 = aI_1$로 2차 전류 $I_{l2} = \sqrt{3}\,I_2 = \sqrt{3}\,aI_1$ 이다. 그림 (b)를 이것과 등가인 Y−Y 결선으로 하면 2차 누설임피던스 Z_2는 △, Y변환 공식으로부터 $Z_2/3$가 된다. 이때, 1차, 2차의 권수의 비를 a' : 1 으로 바꾸고 그림 (a)의 I_{l2}의 크기를 불변에 그대로 두면 $\sqrt{3}\,aI_1 = I_{l2} = a'I_1$ 가 되기 때문에

$$a' = \sqrt{3}\,a \tag{3.82}$$

로 된다.

따라서 2차의 $Z_2/3$ 및 △ 결선된 부하의 Z를 1차로 환산하기 위해서 $(\sqrt{3}\,a)^2 = 3a^2$를 곱하고, a^2Z_2 및 a^2Z로 해야 한다.

등가회로에서 구한 1차 전류를 I_1이라고 하면, 변압기의 2차 전류는 aI_1, 2차 전류는 $\sqrt{3}\,aI_1$로 주어진다. 2차 선간전압은 등가회로로부터 요구한 값의 $(1/a)$배가 된다.

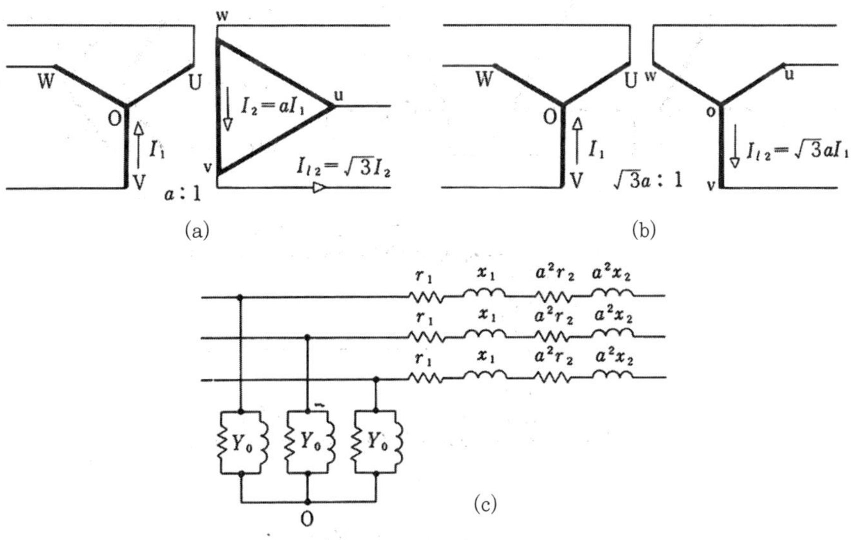

그림 3.50 Y − △ 결선 간이 등가회로

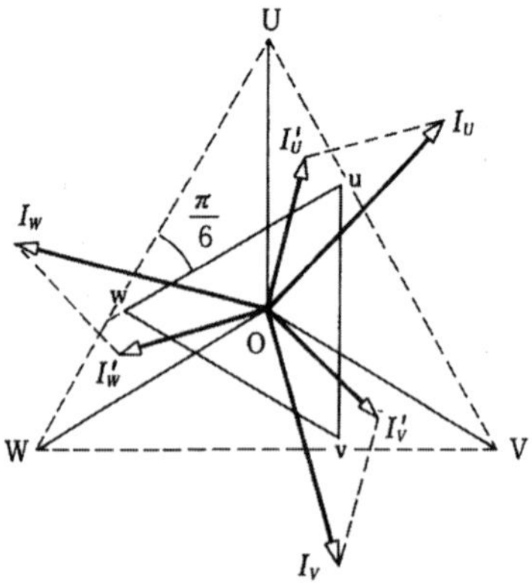

그림 3.51 Y－△ 결선평형부하의 백터도

여자전류를 고려하려면 각 변압기 Y_0를 Y로 결선한 것을 부가하면 된다.

그림 3.51은 평형부하의 경우의 벡터도이다.

변압기 1개의 용량을 VI라고 하면 3상 뱅크의 용량은 $3VI$가 된다.

5. V 결선(V connection, open-delta connection)

그림 3.52(a)와 같이 3상 전원에 2개의 변압기를 접속해 3상 전력을 공급하는 결선을 V 결선이라고 한다. 이 결선은 그림 (b)와 같이 나타내고 그 등가회로는 그림 (c)와 같이 된다.

U, W상에는 누설임피던스에 의한 전압강하가 있고, V상에는 전압강하가 없기 때문에 2차에 평형한 전류가 흘렀을 경우에서도 2차 측의 3상 전압에는 불평전류가 흐른다. 그림 3.53은 이것을 나타내는 벡터도이다.

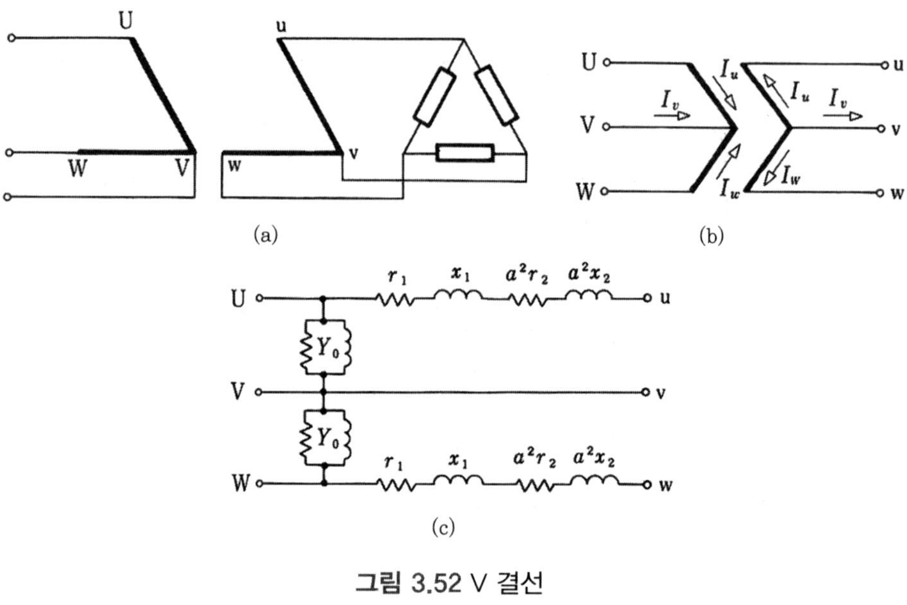

그림 3.52 V 결선

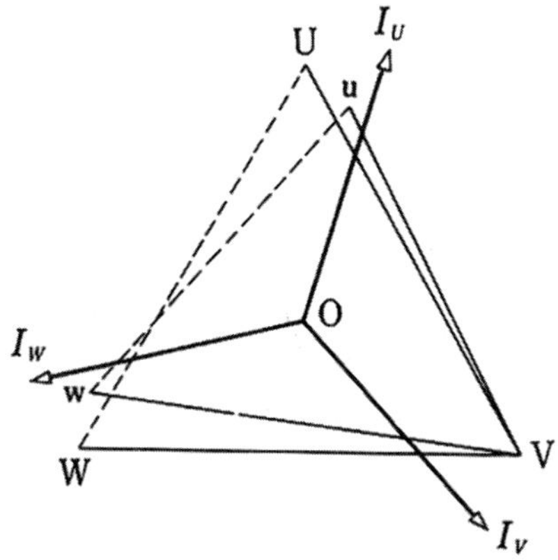

그림 3.53 V 결선의 벡터도

이 결선에서는 변압기의 전류 I와 선전류가 동일하다. 따라서 변압기의 전압을 V라고 하면 역률 1인 경우의 변압기 뱅크의 출력, 즉, 뱅크용량은 $\sqrt{3}\,VI$가 된다. 이것에 대해서 $\Delta-\Delta$ 결선의 용량은 $3\,VI$이기 때문에

$$\frac{V\text{결선출력}}{\Delta\text{결선출력}}=\frac{\sqrt{3}\,VI}{3\,VI}=0.577 \qquad (3.83)$$

이 된다. 2개의 변압기의 용량의 합계는 $2\,VI$이기 때문에 V선 결선의 경우의 변압기의 이용률은 다음 식에서 주어진다.

$$\frac{\sqrt{3}\,VI}{2\,VI}=0.866 \qquad (3.84)$$

즉, V선 결선에서는 각 변압기의 용량의 0.866배 밖에 유효하게 이용되지 않기 때문에 Δ 결선을 연결함에 비해 약 반(0.577배)의 출력 밖에 얻을 수 없는 것이다.

이와 같이 V선을 연결함은 불리하지만 Δ − Δ 결선을 연결하면 변압기가 1개 소실했을 경우에 정전되지 않고 조금이라도 급전하는 경우라든지 가격적인 면에서 변압기 2개만으로 우선, 도움이 되게 하는 경우 등에 이용된다.

6. T 결선(T connection)

3.5.4절의 1에서 서술하지만 3상 결선으로 거의 사용되지 않는다.

3.5.3 3상 결선의 비교

Y−Y 결선도 Δ − Δ 결선도, 1차, 2차의 전압이 동상인 점은 우수하지만 Y−Y 결선에는 다음과 같은 결점이 있으므로 송배전에는 이용되지 않는다.

그림 3.54(a)에 나타나듯이 유도기전력 e가 정현파이기 위해서는 여자전류 i_0의 제3고조파를 포함한 왜곡 파형이 된다. 만약 여자전류가 그림 (b)의 i_0와 같이 제3고조파를 포함하지 않는 파형이면, 유도기전력 e쪽에 고조파를 포함하게 된다.

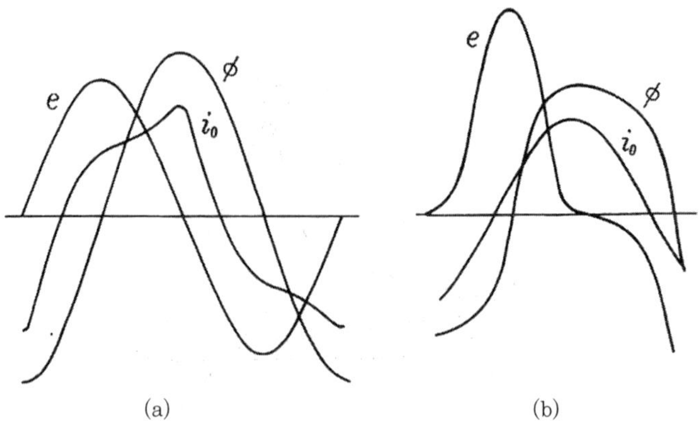

그림 3.54 여자전류의 파형과 유도기전력의 파형

Y-Y 결선에서 중성점이 접지 되어 있지 않은 경우에는 중성점으로 향하는 각 상의 여자전류의 제3고조파 i_3는 같은 위상이 되기 때문에 $3i_3$는 키르히호프의 법칙에 따라서 영이 된다. 즉, 제3고조파 i_3는 존재할 수 없기 때문에 유도기전력에 고조파를 포함하게 된다. 이 전압은 선간전압에서는 상쇄되어 나타나지 않지만 변압기 권선의 절연에는 바람직하지 않다. 만약 중성점을 접지하면, 선로에 제3고조파를 포함한 여자전류가 흐르고 부근의 통신선에 유도 장해를 일으킨다.

Δ – Δ 결선은 여자전류의 제3고조파가 변압기 사이의 순환 전류로서 존재하기 때문에 선로에 흐르지 않고, 또한, 유도기전력은 정현파이다. 만약 변압기가 고장나도 V선을 연결함으로써 정전을 피할 수 있는 장점도 있으므로 배전용으로서 잘 이용된다. 중성점의 접지가 필요한 경우에는 적합하지 않다.

Δ – Y 결선과 Y – Δ 결선은 여자전류의 제3조파는 Δ 부분의 순환 전류로서 존재하고 Y의 부분에서는 중성점접지가 생기므로 1차, 2차의 위상이 30° 변하는 결점이 있는 것에도 불구하고, 송배전 계통에 보통 이용된다. Δ – Y 결선을 송전단에, Y – Δ 결선을 수전단에 이용하면, 높은 전압을 Y가 맡게 되기 때문에 절연 측면에서도 유리하게 된다.

V-V 결선에 대해서는 앞에서 언급한 장단점을 갖는다.

3.5.4 상수의 변환

1. 3상과 2상과의 상변환

그림 3.55에 나타내는 **스코트 결선**(Scott connection)을 이용하면, 3상과 2상과의 변환을 할 수 있다.

그림 (a)와 같이 변압기 T_t의 1차 권선의 한 단자를 다른 변압기 T_m의 1차 권선의 중간점 O에 접속하고 1차 측의 나머지의 3단자를 3상 전원에 접속한다. 2차 측은 같은 극성의 단자를 접속해 중성점 O'라고 하면 이것과 다른 2단자 u, v에 2상교류를 얻을 수 있다. 변압기 T_m을 **주좌 변압기**, T_t를 **T좌 변압기**라고 한다.

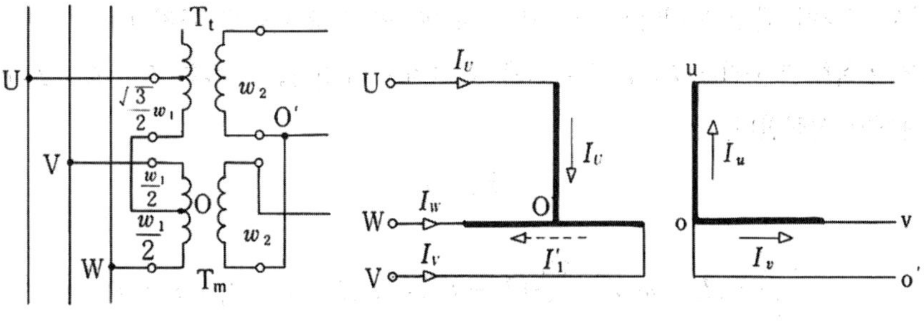

(a) (b)

그림 3.55 스코트 결선

T좌 변압기 T_t는 주좌 변압기 T_m과 같은 변압기의 1차 권선의 권수 w_1의 $\sqrt{3}/2$에 인출선을 설치한 것을 이용해도 되고, 처음부터 1차의 권수를 $(\sqrt{3}/2)w_1$으로 한 것을 이용해도 된다.

그림 3.56에 나타냈듯이 △ UVW가 3상 전원의 전압을 나타낸다고 하면, T좌 변압기의 1차에 걸리는 전압 $\dot{V}_{OU}$는 주좌 변압기의 1차 전압 $\dot{V}_{WV}$, 즉, 선간전압 V_1과 $\pi/2$의 위상차이가 있어 크기는 그 $\sqrt{3}/2$배가 된다. 즉,

$$\dot{V}_{OU} = \mathrm{j}\frac{\sqrt{3}}{2}\dot{V}_{WV} = \mathrm{j}\frac{\sqrt{3}}{2}\dot{V}_1 \tag{3.85}$$

T좌 변압기의 1차, 2차의 권수를 각각 $\frac{3}{2}w_1$, w_2으로 해, 주좌 변압기의 1차, 2차의 권수를 각각 w_1, w_2이라고 하면 T좌 변압기의 2차 유도기전력 $\dot{E}_u$와 주좌 변압기의 2차 유도기전력 $\dot{E}_v$는 다음 식으로 주어진다.

$$\begin{aligned} E_u &= \frac{w_2}{\frac{\sqrt{3}}{2}w_1}\dot{V}_{OU} = \frac{2}{\sqrt{3}} \cdot \frac{w_2}{w_1}\mathrm{j}\frac{\sqrt{3}}{2}\dot{V}_1 = \mathrm{j}\frac{w_2}{w_1}\dot{V}_1 \\ \dot{E}_v &= \frac{w_2}{w_1}\dot{V}_{WV} = \frac{w_2}{w_1}\dot{V}_1 \end{aligned} \tag{3.86}$$

$$\therefore \dot{E}_u = \mathrm{j}\dot{E}_v \tag{3.87}$$

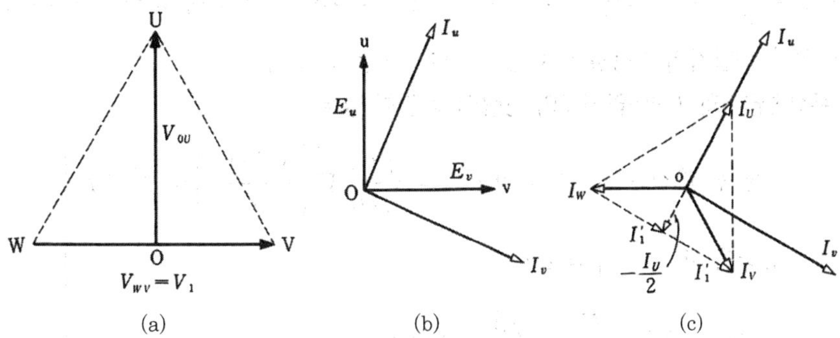

(a) (b) (c)

그림 3.56 스코트 결선의 벡터도

따라서 무부하 때 2차 전압은 크기가 같고 90°의 위상 차이를 가진다.

2차에 평형한 부하전류 $\dot{I}_u$, $\dot{I}_v$가 흘렀을 때, 1차에 유입하는 전류를 $\dot{I}_U$, $\dot{I}_V$, $\dot{I}_W$라고 하면 다음의 관계가 성립한다.

$$\dot{I}_u = \mathrm{j}\,\dot{I}_v \tag{3.88}$$

$$\frac{\sqrt{3}}{2}w_1\dot{I}_U = w_2\dot{I}_u,\quad \frac{w_1}{2}(\dot{I}_V - \dot{I}_W) = w_2\dot{I}_v,\quad \dot{I}_U + \dot{I}_V + \dot{I}_W = 0 \tag{3.89}$$

이것을 정리하면

$$\left.\begin{aligned} &\dot{I}_U = \frac{2w_2}{\sqrt{3}\,w_1}\dot{I}_u = \mathrm{j}\,\frac{2w_2}{\sqrt{2}\,w_1}\dot{I}_v \\ &\dot{I}_V - \dot{I}_W = \frac{2w_2}{w_1}\dot{I}_v = -\,\mathrm{j}\,\sqrt{3}\,I_U,\quad \dot{I}_V + \dot{I}_W = -\,\dot{I}_U \end{aligned}\right\} \tag{3.90}$$

$$\therefore \dot{I}_V = \frac{-1-\mathrm{j}\,\sqrt{3}}{2}\dot{I}_U,\quad \dot{I}_W = \frac{-1+\mathrm{j}\,\sqrt{3}}{2}\dot{I}_U \tag{3.91}$$

따라서 $\dot{I}_U$, $\dot{I}_V$, $\dot{I}_W$는 평형한 3상 전류이다.

주좌변압기에서 2차 전류의 기자력을 상쇄시키기 위해 1차에 유입되는 전류를 $\dot{I}_1'$ 라고 하면

$$\left.\begin{aligned} &w_1\dot{I}_1' = w_2\dot{I}_v, \\ &\therefore \dot{I}_1' = \frac{w_2}{w_1}\dot{I}_v = -\,j\frac{\sqrt{3}}{2}\dot{I}_U \end{aligned}\right\} \tag{3.92}$$

$$\dot{I}_V = -\,\frac{1}{2}\dot{I}_U + \dot{I}_1',\quad \dot{I}_W = -\,\frac{1}{2}\dot{I}_U - \dot{I}_1' \tag{3.93}$$

즉, T좌변압기의 1차 전류 $\dot{I}_U$가 반으로 되어 주좌변압기의 1차 권선의 각 $\frac{1}{2}$부에 흘러 이것과 $\dot{I}_1'$ 와의 합성 전류가 $\dot{I}_V$, $\dot{I}_W$가 된다.

이때의 각 $\frac{1}{2}$부의 $(1/2)\dot{I}_U$에 의한 기자력은 상쇄되어 주 자속에 영향을 주지 않는다. 스코트 결선에 의한 변압기의 이용률은 다음과 같이 구할 수 있다.

(1) 주좌변압기와 T좌변압기와의 용량이 동일한 경우

$$\left.\begin{aligned} &\text{2상측 피상출력}: P_2 = 2E_vI_v = 2\left(\frac{w_2}{w_1}V\right)\left(\frac{\sqrt{3}\,w_1}{2w_2}I\right) = \sqrt{3}\,VI \\ &\text{3상측 용량}: P_1 = 2\,VI \\ &\text{뱅크 이용률}: \frac{P_2}{P_1} = \frac{\sqrt{3}}{2} = 0.866 \end{aligned}\right\} \tag{3.94}$$

(2) T좌 변압기의 용량이 주좌 변압기의 $\sqrt{3}/2$배의 경우

$$\text{2상측 피상출력}: P_2 = \sqrt{3}\,VI \tag{3.95}$$

$$\text{3상측 용량}: P_1 = VI + \frac{\sqrt{3}}{2}VI = 1.866\,VI$$

$$\text{뱅크 이용률}: \frac{P_2}{P_1} = \frac{1.732}{1.866} = 0.928$$

그림 3.57과 같이 1차, 2차 모두 T형으로 결선하면 3상 결선으로 사용할 수 있다.

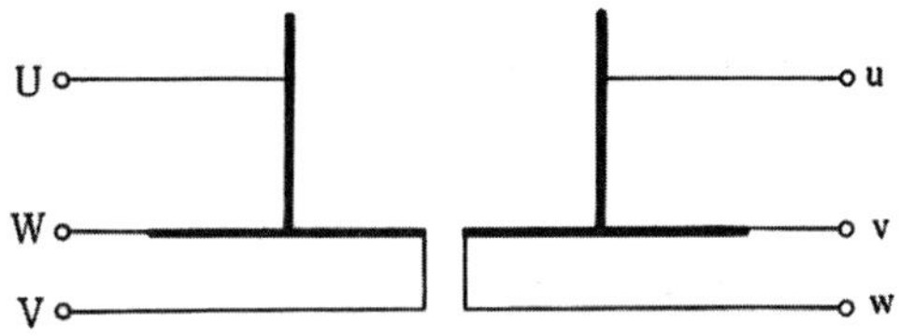

그림 3.57 T 결선의 3상으로의 응용

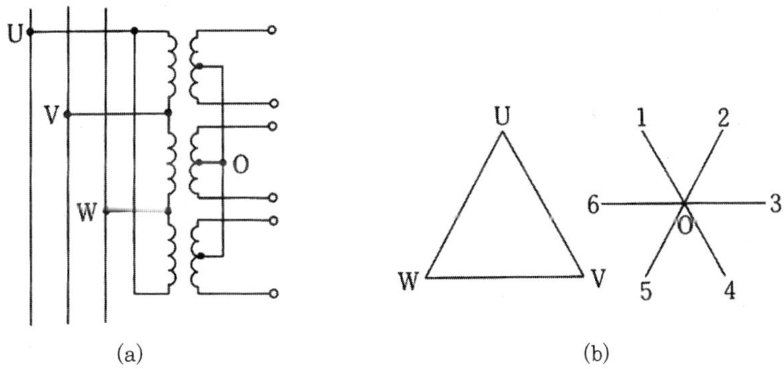

그림 3.58 3상-6상변환의 결선 예와 벡터도

2. 3상-6상의 상변환

정류기 등과 같이 6상이 유리한 기기에 이용하는 변압기에는 3상 전원으로부터 6상을 얻기 위해서 그림 3.58(a)와 같은 결선이 이용된다. 1차는 △ 또는 Y로 결선하고 2차 측 권선은 2개(또는 3개)로 분할된 것을 6상으로서 접속하는 것이다. 그림 (b)는 그 전압 벡터도이다.

3. 6상보다 많은 상수로의 변환

변환장치에서 12, 24 등의 상수를 사용하는 경우에는 1차 측을 3상에 접속했을 때 2차 측에서 얻을 수 있는 120°의 위상차이가 있는 전압을 적당하게 조합하면 임의의 위상의 전압을 얻을 수 있다.

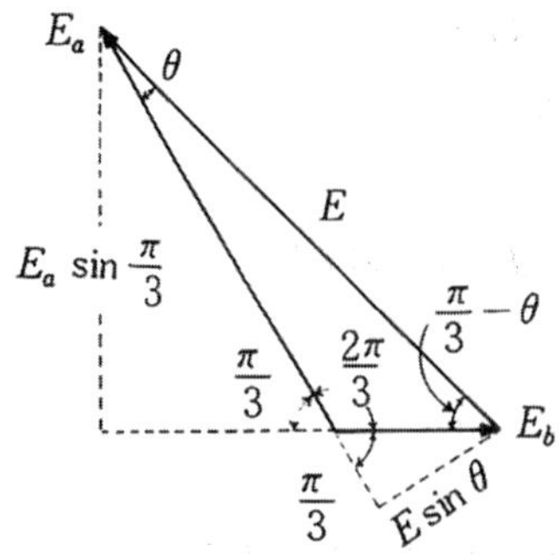

그림 3.59 3상변환의 벡터도

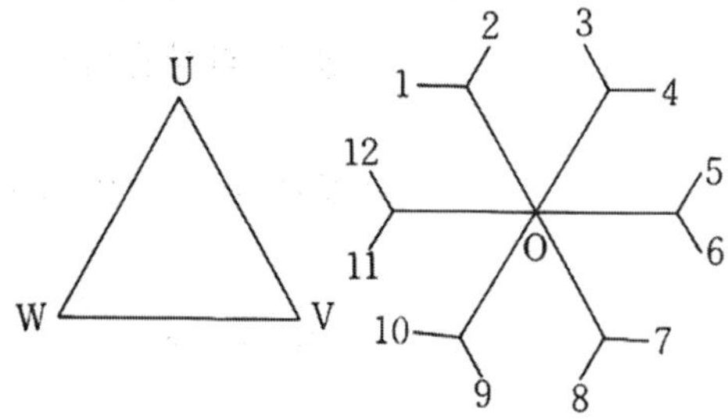

그림 3.60 12상 결선의 벡터도

그림 3.59로 전압 $\dot{E}_a$, $\dot{E}_b$가 $2\pi/3$의 위상차를 가질 때, 그 차이의 전압 $\dot{E}$와 $\dot{E}_a$와의 위상차를 θ라고 하면, 다음의 관계가 있다.

$$\left.\begin{aligned} E\sin\theta &= E_b \sin\frac{\pi}{3} = \frac{\sqrt{3}}{2}E_b \\ E\sin\left(\frac{\pi}{3}-\theta\right) &= E_a \sin\frac{\pi}{3} = \frac{\sqrt{3}}{2}E_a \end{aligned}\right\} \tag{3.96}$$

위 식에 의해서, E, θ만 주어지면 E_a, E_b의 크기를 구할 수 있다.

예를 들어, $E=100$, $\theta=\pi/12$라면

$$E_b = \frac{2}{\sqrt{3}} \times 100\sin\frac{\pi}{12} = 29.9\,\text{V}, \quad E_a = \frac{2}{\sqrt{3}} \times 100\sin\frac{\pi}{4} = 81.7\,\text{V}$$

따라서 변압기의 2차 권선의 권수를 E_b, E_a에 비례시켜 적당하게 접속하면 필요한 전압 $\dot{E}$를 얻을 수 있다.

그림 3.60은 12상 결선의 일례이다.

3.5.5 병렬운전

직류발전기의 병렬운전의 경우와 마찬가지로 큰 부하전류를 공급하기 위해 무익한 경부하 운전을 피하기 위해 몇 개의 변압기를 설치하고 부하에 따라 단독으로 운전하거나 병렬운전을 한다.

변압기의 병렬운전에 대해서는 각 변압기가 그 용량에 비례해 전류를 분담하는 것으로 변압기 사이의 순환 전류가 없는 것이 바람직하다.

그러기 위해서는 (1) 각 변압기의 1차, 2차의 정격전압이 각각 같게 극성을 맞추어 접속한 것, (2) 권수비가 동일하고, (3) 백분율 저항률 강하 p 및 리액턴스 강하 q가 각각 동일하고, (4) 3상의 경우에는 상회전 방향 및 위상 변위가 동일해야 한다.

1. 단상변압기(single-phase transformer)**의 병렬운전**

그림 3.61(a)와 같이 권수비가 동일한 2개의 변압기 T_a, T_b의 1차를 전압 V_1의 전원에 접속하고, 2차를 전압 V_2의 모선에 접속하여 병렬운전을 실시하고 있는 경우에, 그 등가회로는 그림 (b)와

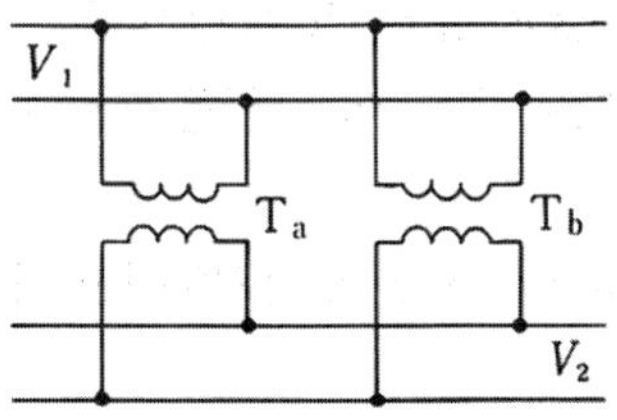

(a)

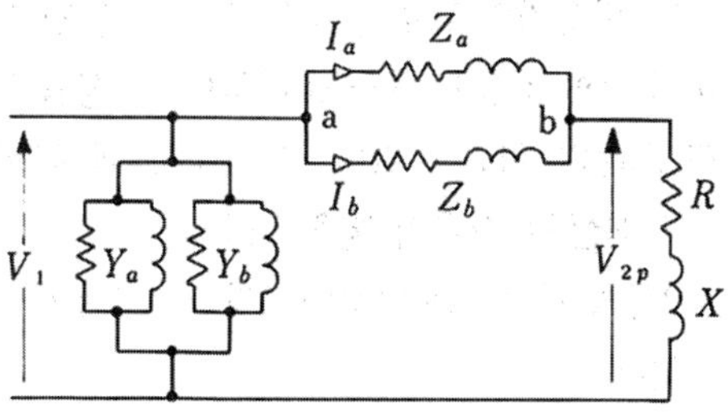

(b)

그림 3.61 단상변압기의 병렬운전

같이 된다. 다만, Y_a, Y_b는 각각 $\mathrm{T_a}$, $\mathrm{T_b}$의 여자 어드미턴스이며 Z_a, Z_b는 각각 1차로 환산한 $\mathrm{T_a}$, $\mathrm{T_b}$의 누설임피던스이다.

여자전류를 무시하고 각 변압기의 전류를 $\dot{I}_a$, $\dot{I}_b$라고 하고 합성 전류를 $\dot{I}$라고 하면

$$\left.\begin{aligned} \dot{I} &= \dot{I}_a + \dot{I}_b \\ \dot{V}_1 - \dot{V}_{2p} &= \dot{Z}_a \dot{I}_a = \dot{Z}_b \dot{I}_b \end{aligned}\right\} \tag{3.97}$$

$$\therefore\ \dot{I}_a : \dot{I}_b = \dot{Z}_b : \dot{Z}_a \tag{3.98}$$

즉, 분담 전류는 누설임피던스에 반비례한다.

그림 3.62는 Z_a, Z_b가 임의의 값인 경우의 벡터도이다.

만약 각 변압기의 용량 P_a, P_b; 저항 r_a, r_b; 리액턴스 x_a, x_b 사이에 다음의 관계식

$$\frac{P_a}{P_b} = \frac{r_b}{r_a} = \frac{x_b}{x_a} = \frac{r_b + jx_b}{r_a + jx_a} = \frac{\dot{Z}_b}{\dot{Z}_a} \tag{3.99}$$

이 성립할 때, 식 (3.98)은

$$\dot{I}_a : \dot{I}_b = P_a : P_b \tag{3.100}$$

가 되어, 전류 I_a, I_b는 용량에 비례하며, 동상이 된다. 이때, 각 변압기의 백분율 저항 강하 및 백분율 리액턴스 강하는 각각 동일하다.

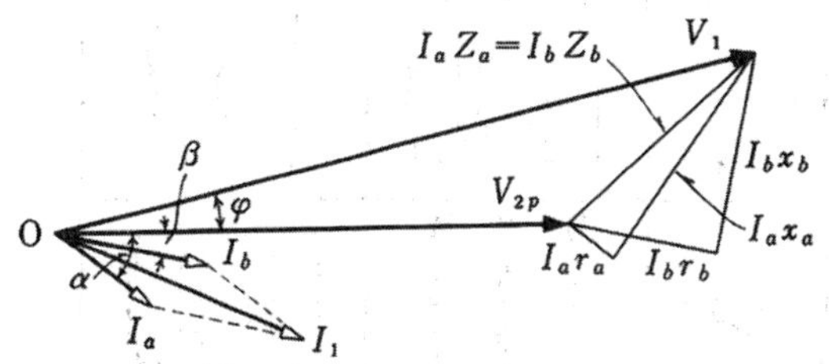

그림 3.62 변압기 병렬운전의 벡터도

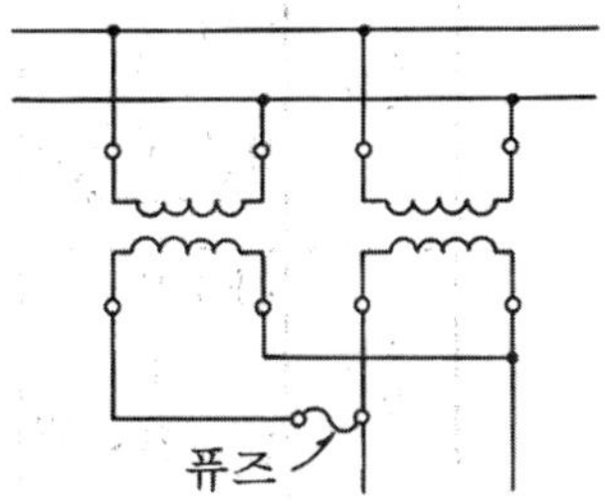

그림 3.63 병렬운전의 변압기 보호

각 변압기의 권수가 동일하지 않은 경우에는 2차의 유도기전력의 크기에 차이를 일으키기 때문에 순환 전류가 흘러 불리하다. 극성을 잘못하여 접속했을 경우에도 대단히 큰 순환 전류가 흘러 소손의 위험이 있다. 그림 3.63과 같이 퓨즈를 삽입해 두면 이 위험을 피할 수 있다.

2. 3상의 경우의 병렬운전

3상의 경우에는 단상에서의 필요조건에 **상회전**(phase rotation)이 동일하다고 하는 조건이 추가된다.

그림 3.64는 각종 3상 결선의 접속도와 전압 벡터도를 나타낸다.

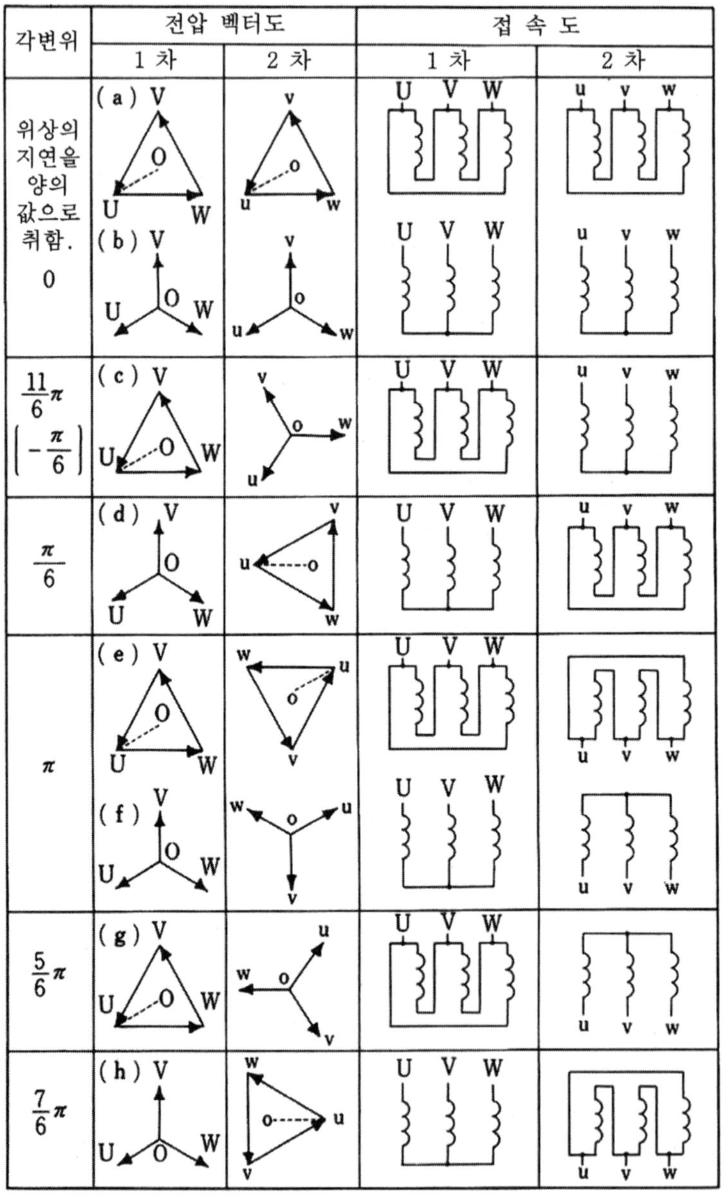

그림 3.64 3상변압기 병렬운전의 결선조합

상회전이라고 하는 것은 차례차례 뒤진 상으로 향하는 회전 방향이 시계 방향인가, 반시계 방향인가를 구별하는 것이다. 그림 (a)의 $\Delta-\Delta$ 결선과 (b)의 Y-Y 결선은 상회전이 어느 쪽이나 시계 방향이기 때문에 상회전이 동일하다. 이러한 결선에서는 1차의 V와 V를 대응하는 단자로 결선하여 3상 전원에 접속하면, 2차의 예를 들어, u, v 사이의 전압은 위상이 동일해지기 때문에 전압의 크기가 일치하면 병렬운전을 할 수 있다.

그림 (d)의 $Y-\Delta$ 결선과 (b)의 $Y-Y$ 결선을 비교하면, 1차의 전압 위상이 일치해도 2차의 전압 위상은 일치하지 않기 때문에 병렬운전하면 순환 전류가 흘러 사용할 수 없다. 전압 벡터도에서 중성점으로부터 1차, 2차의 같은 문자의 점까지 이은 벡터(예를 들어 $\overrightarrow{OU}$, $\overrightarrow{ou}$) 사이각의 도수에 +, −의 부호를 붙여 2차 벡터 $\overrightarrow{ou}$가 1차 벡터 $\overrightarrow{OU}$ 보다 늦을 때를 +로 한 것을 **각변위**라고 한다.

같은 각변위의 결선 사이에는 동일 기호의 단자를 접속해 병렬운전을 할 수 있다.

그림 (a)와 그림 (e)와 같이 같은 $\Delta-\Delta$ 결선에서도 각변위가 다른 것은 병렬운전을 할 수 없다. 그러나 그림 (c)와 그림 (h)의 결선은 각변위가 다르지만, v와 w, w와 u, u와 v를 접속해 병렬운전을 할 수 있다. 이 경우는 양 결선의 한 상의 변압비가 동일하지 않으므로 역수의 관계가 되어야 한다. 그림 (d), 그림 (g)에 대해서도 같다. $\Delta-Y$와 $\Delta-\Delta$ 결선, $\Delta-Y$와 $Y-Y$ 결선은 병렬운전을 할 수 없다.

용량에 비례해 전류를 분담시키기 위해서는 동종 결선의 병렬운전의 경우는 식 (3.100)같이 하면 된다. $\Delta-\Delta$ 결선과 $Y-Y$ 결선과의 병렬운전의 경우에는 그림 3.65의 등가회로를 참조하여 다음의 조건을 얻을 수 있다.

$$\frac{\dot{Z}_Y}{\dot{Z}_\Delta/3} = \frac{\dot{I}_\Delta}{\dot{I}_Y} = \frac{P_\Delta}{P_Y} \tag{3.101}$$

여기서, $\dot{Z}_\Delta$, $\dot{I}_\Delta$, P_Δ는 $\Delta-\Delta$ 결선 쪽의 누설임피던스, 전류 및 용량을 나타내고, $\dot{Z}_Y$, $\dot{I}_Y$, P_Y는 $Y-Y$ 결선 쪽의 같은 양을 나타낸다.

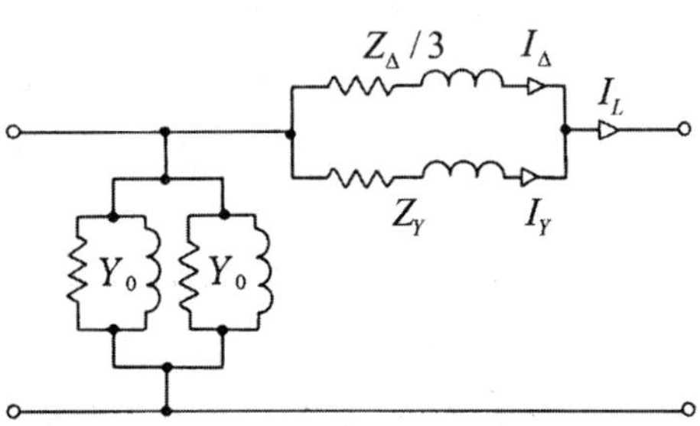

그림 3.65 $\Delta-\Delta$와 $Y-Y$ 결선의 병렬운전의 경우 등가회로

3.6 각종 변압기

3.6.1 3상변압기(three-phase transformer)

3상의 경우에 3개의 단상변압기를 조합해 이용하는 대신 그림 3.66(a), (b)와 같이 1개의 철심에 3상 분의 권선을 감은 3상변압기를 이용하면 경제적이다. 그림 (a)는 내철형, 그림 (b)는 외철형으로 불린다.

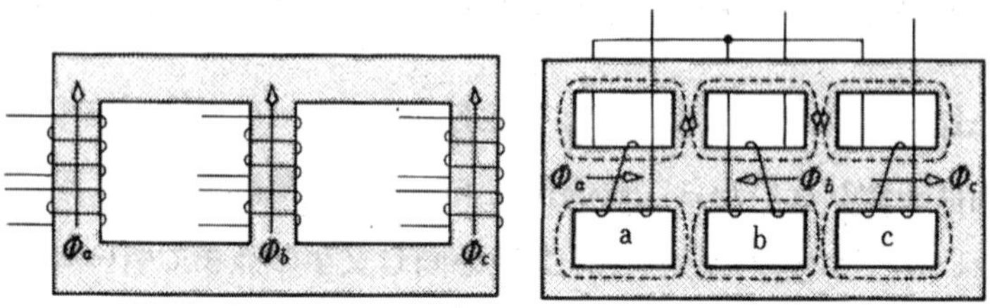

(a) 내철형 (b) 외철형

그림 3.66 3상변압기

내철형의 3개의 철심다리를 지나는 자속 $\dot{\Phi}_a$, $\dot{\Phi}_b$, $\dot{\Phi}_c$는 전원 전압이 대칭의 3상 전압에서 평형한 자속이 되기 때문에

$$\dot{\Phi}_a + \dot{\Phi}_b + \dot{\Phi}_c = 0 \tag{3.102}$$

되어 공통의 경로를 생략할 수 있으므로 철심 재료가 절약되어 철심에서의 전력손실이 적게 된다. 외측의 철심을 통과하는 자속의 자기회로는 중앙 철심에 비해 길어져 여자전류에 다소의 불평형 자속을 일으키지만 무시할 수 있는 수준이다.

외철형에서는 중앙다리의 b상권선은 다른 다리의 a상, c상의 권선과 기자력이 거꾸로 되도록 감긴다. 이로 인해 계철부분을 지나는 자속은 주자속의 반이 되어 계철부의 단면적도 철심각부의 단면적의 반으로 할 수 있어 철심 재료가 절약된다.

그림 3.67을 예로 들어, 그림 (a)에서 계철부 2에는 $\dot{\Phi}_2 = (1/2)\dot{\Phi}_a + (1/2)\dot{\Phi}_b$가 통과하지만, 그림 (b)에 나타나듯이 $\dot{\Phi}_a$, $\dot{\Phi}_b$는 크기는 같지만 위상차이가 120°이기 때문에 $\dot{\Phi}_2$의 크기는 $(1/2)\dot{\Phi}_a$가 된다.

3상변압기의 장점은 (1) 철의 사용량이 적고 철심에서 전력손실도 적게 되므로 효율이 좋고 (2) 전반적으로 사용 재료가 경감되어 중량이 감소해서 가격이 저감하기 때문에 바닥 면적이 절약되고 (3) Y 또는 Δ의 고전압 선의 연결이 외함 내에서 가능하므로 부싱도 절약할 수 있는 점 등이다.

단점은 (1) 한 상의 고장이 생겼을 경우에 그 변압기를 사용할 수 없게 되고 (2) 설치 뱅크수가 적을 때는 예비기가 비교적 고가가 되는 점 등이다.

이러한 결점은 있지만 경제적으로 우수하므로 많이 사용되고 있으며, 특히 대용량 정류기용 변압기로 주로 이용된다.

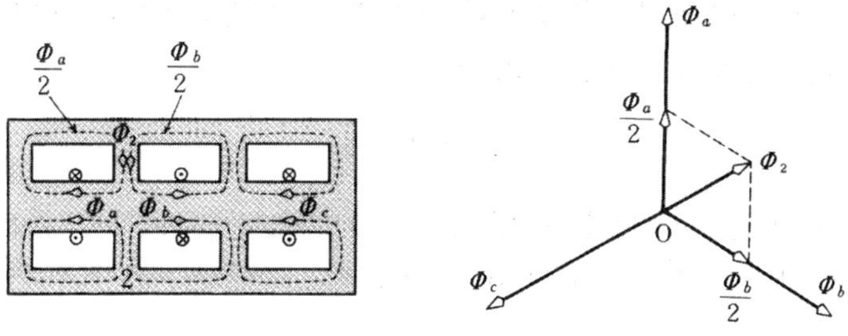

(a) (b)

그림 3.67 3상변압기의 경제적인 이유의 설명

3.6.2 3권선 변압기(three-winding transformer)

3권선 변압기는 그림 3.68과 같이 같은 철심에 3개의 권선을 감아 1개를 1차 권선, 나머지를 2차 권선 및 3차 권선이라고 하고, 각각 다른 부하에 공급할 수 있도록 한 변압기이다.

3상에 이용하여 1차, 2차 권선을 Y-Y 결선으로 하고 3차 권선을 △ 결선으로 하면, 3차 권선의 순환 전류에 제3조파를 포함하게 되어 정현파의 유도기전력을 얻을 수 있다.

여자전류를 무시하고 1차, 2차, 3차의 권수를 w_1, w_2, w_3라 하고 전류 $\dot{I}_1$, $\dot{I}_2$, $\dot{I}_3$의 정방향을 그림 3.68과 같이 취하면 아래식이 성립한다.

$$w_1\dot{I}_1 + w_2\dot{I}_2 + w_3\dot{I}_3 = 0 \tag{3.103}$$

여기서,

$$\dot{I}_2 = \frac{w_1}{w_2}\dot{I}_2{}', \quad \dot{I}_3 = \frac{w_1}{w_3}\dot{I}_3{}' \tag{3.104}$$

로 두면 식 (3.103)은 다음과 같게 된다.

$$\dot{I}_1{}' + \dot{I}_2{}' + \dot{I}_3{}' = 0 \tag{3.105}$$

따라서 등가회로는 그림 3.69와 같이 생각하면 된다.

3차 권선을 개방하고 1차, 2차만의 변압기로서 사용할 때, 1차로 환산된 등가 임피던스 $\dot{Z}_{12}$는

$$\dot{Z}_{12} = \dot{Z}_1 + \dot{Z}_2 \tag{3.106}$$

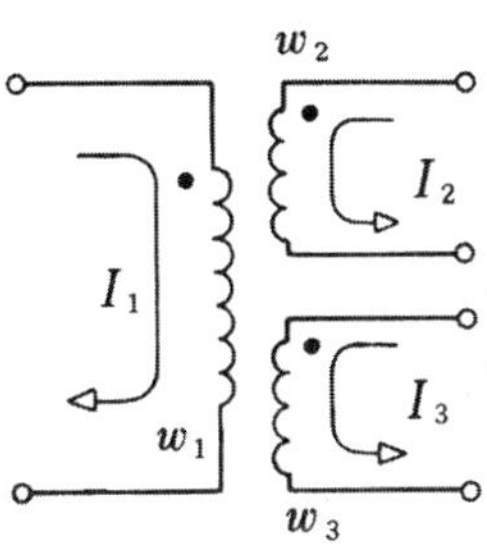

그림 3.68 3권선 변압기

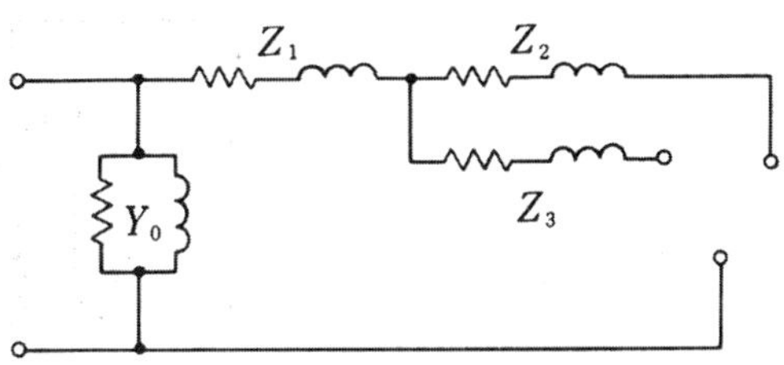

그림 3.69 3권선 변압기의 등가회로

되며 $\dot{Z}_{12}$는 실험에 의해서 결정할 수 있다. 2차 권선을 개방하고 1차, 3차만의 변압기로서 사용할 때, 1차에 환산된 등가 임피던스 $\dot{Z}_{13}$는

$$\dot{Z}_{13} = \dot{Z}_1 + \dot{Z}_3 \tag{3.107}$$

되며 $\dot{Z}_{13}$은 실험에 의해서 결정할 수 있다. 이어서 1차 권선을 개방하고 2차, 3차만의 변압기로서 사용할 때, 1차에 환산된 등가 임피던스 $\dot{Z}_{23}$는

$$\dot{Z}_{23} = \dot{Z}_2 + \dot{Z}_3 \tag{3.108}$$

된다. 먼저 2차 측에 전압을 가해 2차로 환산한 등가 임피던스 $\dot{Z}_{23}'$를 구하고 이것을$(w_1/w_2)^2$배하여 1차로 환산하면 $\dot{Z}_{23}$가 된다.

식 (3.106), (3.107), (3.108)로부터, $\dot{Z}_1$, $\dot{Z}_2$, $\dot{Z}_3$는 아래 식으로 계산한다.

$$\dot{Z}_1 = \frac{\dot{Z}_{12} + \dot{Z}_{13} - \dot{Z}_{23}}{2}, \quad \dot{Z}_2 = \frac{\dot{Z}_{12} + \dot{Z}_{23} - \dot{Z}_{13}}{2}, \quad \dot{Z}_3 = \frac{\dot{Z}_{13} + \dot{Z}_{23} - \dot{Z}_{12}}{2} \tag{3.109}$$

이러한 등가 임피던스는 음수가 되는 경우도 있을 수 있다.

전압변동률은 각 권선 마다의 전압변동률 ε_1, ε_2, ε_3를 이용해 아래 식으로 계산 할 수 있다.

$$\left.\begin{array}{ll} \text{1차 2차 간의 전압 변동률(\%)} & \varepsilon_{12} = \varepsilon_1 + \varepsilon_2 \\ \text{1차 3차 간의 전압 변동률(\%)} & \varepsilon_{13} = \varepsilon_1 + \varepsilon_3 \end{array}\right\} \tag{3.110}$$

3.6.3 단권 변압기(autotransformer)

그림 3.70에 나타나듯이 보통 2권선 변압기의 권선 1과 권선 2가 직렬로 연결된 형태의 변압기를 단권 변압기라고 한다. 권선 1을 직렬 권선, 권선 2를 공통 권선이라고 한다.

고전압 측 전압을 $\dot{V}_h$, 저전압 측 전압을 $\dot{V}_l$로 하고 직렬 권선과 공통 권선의 단자전압을 각각 $\dot{V}_1$, $\dot{V}_2$로 하면 다음의 관계가 있다.

$$\dot{V}_h = \dot{V}_1 + \dot{V}_2, \quad \dot{V}_l = \dot{V}_2 \tag{3.111}$$

고전압 측이 전원측으로서 전류 $\dot{I}_h$가 권선 1, 2에 흘러 저전압 측에 부하전류 $\dot{I}_l$가 흐를 때, 권선 1, 2의 권수를 w_1, w_2로 나타내고 여자전류를 무시할 수 있다고 하면 다음 식이 성립한다.

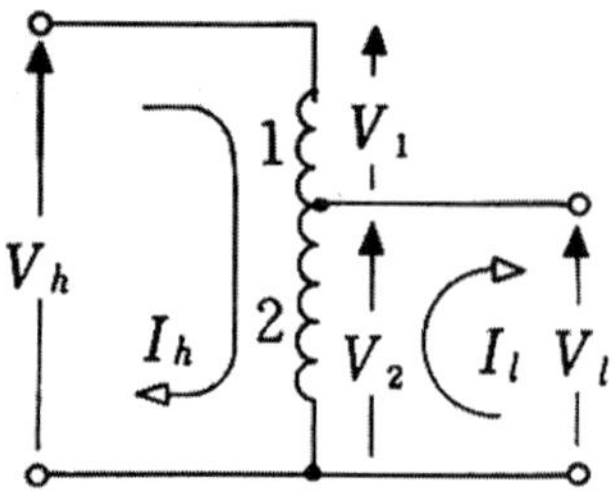

그림 3.70 단권 변압기

$$\dot{I}_h(w_1 + w_2) = \dot{I}_l w_2, \quad \frac{\dot{I}_l}{\dot{I}_h} = \frac{w_1 + w_2}{w_2} = a_h \tag{3.112}$$

여기서, a_h는 권수비이다.

또한, 권선 1, 2에 유도되는 기전력을 $\dot{E}_1$, $\dot{E}_2$라고 하면

$$\dot{E}_1 : \dot{E}_2 = w_1 : w_2 \tag{3.113}$$

권선 1, 2의 누설임피던스를 $\dot{Z}_1$, $\dot{Z}_2$라고 하면

$$\left.\begin{aligned} \dot{V}_h - (\dot{Z}_1 + \dot{Z}_2)\dot{I}_h + \dot{Z}_2\dot{I}_l &= \dot{E}_1 + \dot{E}_2 \\ \dot{V}_l - \dot{Z}_2\dot{I}_h + \dot{Z}_2\dot{I}_l &= \dot{E}_2 \end{aligned}\right\} \tag{3.114}$$

전압강하를 무시하면 전압의 비는 다음 식에서 주어진다.

$$\frac{\dot{V}_h}{\dot{V}_l} \fallingdotseq \frac{\dot{E}_1 + \dot{E}_2}{\dot{E}_2} = \frac{w_1 + w_2}{w_1} = a_h \tag{3.115}$$

식 (3.114)의 아래의 식에 a_h배를 하고 식 (3.112), (3.115)를 이용하면

$$\dot{V}_h - (\dot{Z}_1 + \dot{Z}_2)\dot{I}_h + \dot{Z}_2\dot{I}_l - a_h\dot{V}_l + a_h\dot{Z}_2\dot{I}_h - a_h\dot{Z}_2\dot{I}_l = 0$$

$$\dot{V}_h - (\dot{Z}_1 + \dot{Z}_2 - a_h\dot{Z}_2 - a_h\dot{Z}_2 + a_h^2\dot{Z}_2)\dot{I}_h = a_h\dot{V}_l$$

$$\therefore\ \dot{V}_h - \left\{\dot{Z}_1 + (a_h - 1)^2\dot{Z}_2\right\}\dot{I}_h = a_h\dot{V}_l \tag{3.116}$$

따라서 그림 3.71과 같은 등가회로를 얻을 수 있다.

저전압 측을 1차, 고전압 측을 2차로 사용하는 경우에는 전류 $\dot{I}_h$, $\dot{I}_l$의 방향을 반대로 취하면 되기 때문에 식 (3.116)은

$$a_h\dot{V}_l - \left\{\dot{Z}_1 + (a_h - 1)^2\dot{Z}_2\right\}\dot{I}_h = \dot{V}_h \tag{3.117}$$

이 된다. 이 경우의 권수비를

$$\frac{w_2}{w_1 + w_2} = \frac{1}{a_h} = a_l \tag{3.118}$$

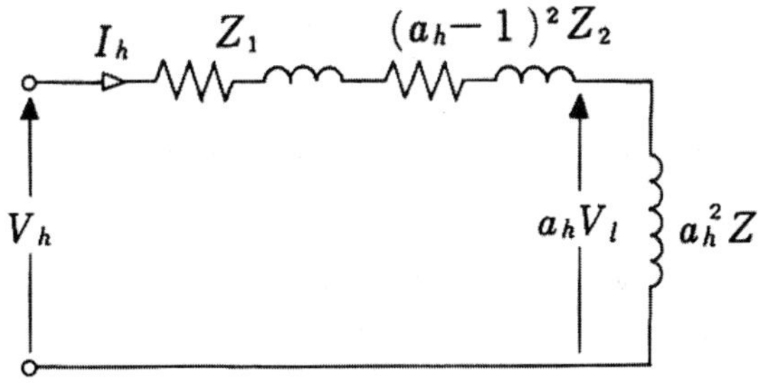

그림 3.71 단권 변압기의 등가회로(고전압 측 1차)

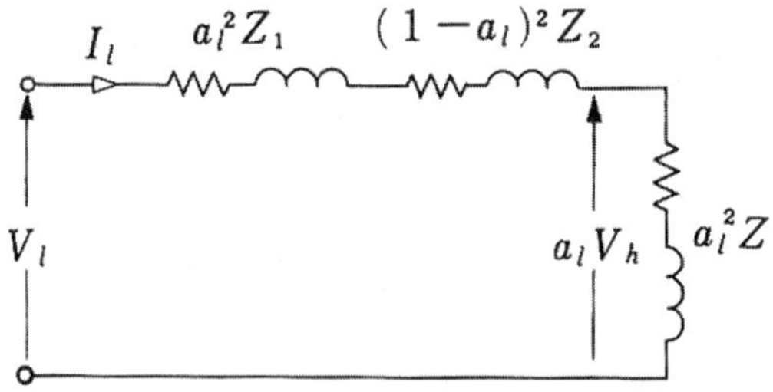

그림 3.72 단권 변압기의 등가회로(저전압 측 1차)

와 같이 두면 식 (3.117)에 a_l을 곱해 $\dot{I}_h = a_l \dot{I}_l$라고 두고 아래 식을 얻을 수 있다.

$$\dot{V}_l - \left\{a_l^2 \dot{Z}_l + (a_h - 1)^2 \dot{Z}_2\right\}\dot{I}_l = a_l \dot{V}_h \tag{3.119}$$

그림 3.72는 이 경우의 등가회로이다.

단권 변압기의 저전압 측을 1차로 했을 때 식 (3.111)의 $\dot{V}_h$ 중 $\dot{V}_1$ 부분만큼이 변압기 작용에 의하는 것으로 $\dot{V}_2$의 부분 $\dot{V}_l$이 그대로 나타나는 것으로 볼 수 있다. 단권 변압기에서 $V_1 I_h = (V_h - V_l)I_h$를 **자기용량**(self-capacitance)이라고 하며, $V_h I_h = V_l I_l$을 **선로출력**(line power)[4] 이라고 한다. 양자의 비는 아래 식에서 주어진다.

$$\frac{\text{자기용량}}{\text{선로출력}} = \frac{(V_h - V_l)I_h}{V_h I_h} = 1 - \frac{V_l}{V_h} \tag{3.120}$$

자기용량은 권수 1, 2가 분리된 보통 변압기로 사용했을 경우의 용량으로 단권 변압기의 크기는 이 자기용량으로 정해진다. 따라서 자기용량이 같을 때 $\dot{V}_h$가 $\dot{V}_l$에 가까워지는 만큼 식 (3.120)의 비는 작아져 단권 변압기의 선로출력이 커진다.

단권 변압기의 결점은 고전압 측과 저전압 측이 절연되어 있지 않기 때문에 고전압 측에 발생한 이상고전압이 저전압 측에 파급된다는 점이다.

단권 변압기의 3상 결선에는 다음의 종류가 있다.

1. Y결선 이것은 그림 3.73과 같은 결선으로 다음의 관계가 성립한다.

$$\frac{V_h}{V_l} = \frac{w_1 + w_2}{w_2} \tag{3.121}$$

$$\text{선로출력} = \sqrt{3}\, V_h I_h = \sqrt{3}\, V_l I_l$$

$$\text{자기용량} = 3\left(\frac{V_h}{\sqrt{3}} - \frac{V_l}{\sqrt{3}}\right) = \sqrt{3}\,(V_h - V_l) I_h \tag{3.122}$$

$$\frac{\text{자기용량}}{\text{선로출력}} = \frac{\sqrt{3}\,(V_h - V_l)I_h}{\sqrt{3}\, V_h I_h} = 1 - \frac{V_l}{V_h}$$

4) 자기용량을 등가용량, 선로출력을 부하용량이라고 하기도 한다.

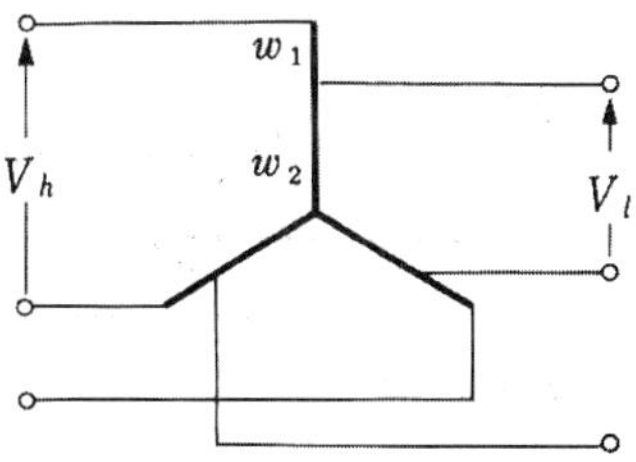

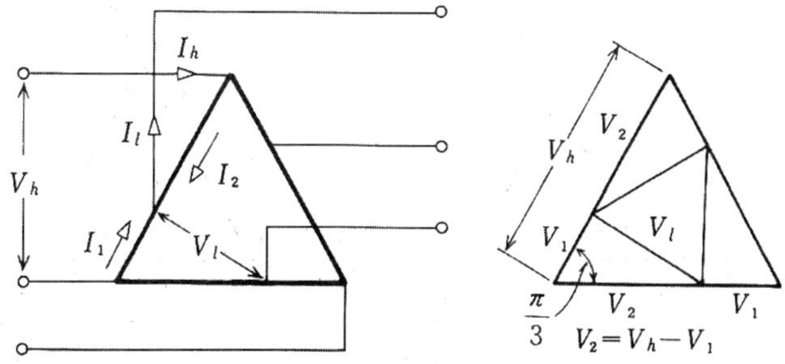

(a) (b)

그림 3.73 단권 변압기의 Y결선

그림 3.74 단권 변압기의 △ 결선과 벡터도

2. △ 결선 이것은 그림 3.74와 같은 결선으로 1차, 2차의 전압에 위상 차이를 일으켜 전압비는 권수비와 다르게 된다.

그림 (b) 전압의 벡터도로부터

$$
\begin{aligned}
V_l^2 &= V_1^2 + V_2^2 - 2V_1V_2\cos 60^\circ = V_1^2 + V_2^2 - V_1V_2 \\
&= (V_1 + V_2)^2 - 3V_1V_2 = V_h^2 - 3V_1V_2 = V_h^2 - 3V_1(V_h - V_1)
\end{aligned}
$$

$$\therefore \quad V_1 = \frac{3V_h \pm \sqrt{3}\sqrt{4V_l^2 - V_h^2}}{6}, \quad V_2 = \frac{V_h^2 - V_l^2}{3V_1}$$

그림 3.74와 같이 전류 $\dot{I}_h$, $\dot{I}_l$, $\dot{I}_1$, $\dot{I}_2$를 생각하면

$$\dot{V}_1\dot{I}_1 = \dot{V}_2\dot{I}_2 \quad \therefore \quad \frac{\dot{I}_1}{\dot{V}_2} = \frac{\dot{I}_2}{\dot{V}_1} = \frac{\dot{I}_1 + \dot{I}_2}{\dot{V}_2 + \dot{V}_1} = \frac{\dot{I}_l}{\dot{V}_h}, \quad I_1 = \frac{V_2I_l}{V_h} \tag{3.124}$$

이 변압기의 자기용량은 식 (3.123), (3.124)를 이용해

$$\text{선로출력} = 3V_hI_h = 3\frac{V_1V_2I_l}{V_h} = \frac{V_h^2 - V_l^2}{V_h}I_l$$

$$\text{자기용량} = \sqrt{3}\,V_lI_l \tag{3.122}$$

$$\frac{\text{자기용량}}{\text{선로출력}} = \frac{V_h^2 - V_l^2}{\sqrt{3}\,V_hI_h}$$

3. 확장된 △ 결선(extended-delta connection) 이것은 그림 3.75(a)에 나타나듯이 단권 변압기의 공통 권선이 △로 결선된 것으로 전압 벡터도는 그림 (b)와 같이 된다.

그림으로부터 $V_2 = V_l$로

$$
\begin{aligned}
V_h^2 &= V_1^2 + (V_1 + V_l)^2 + 2V_1(V_1 + V_h)\cos\frac{\pi}{3} \\
&= 3V_1^2 + 3V_1V_t + V_l^2
\end{aligned}
$$

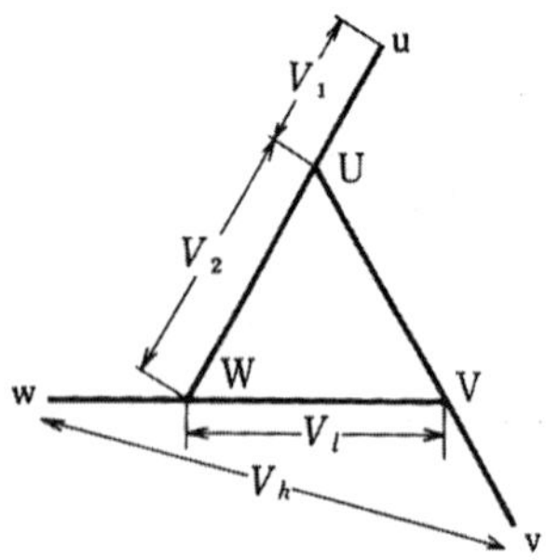

(a)

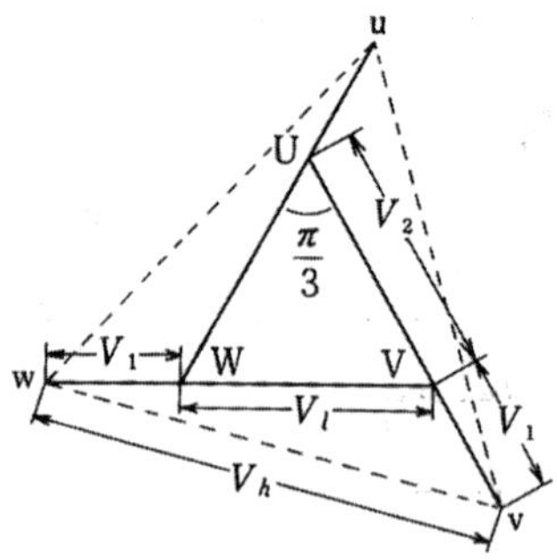

(b)

그림 3.75 옆으로 연장한 △ 결선과 벡터도

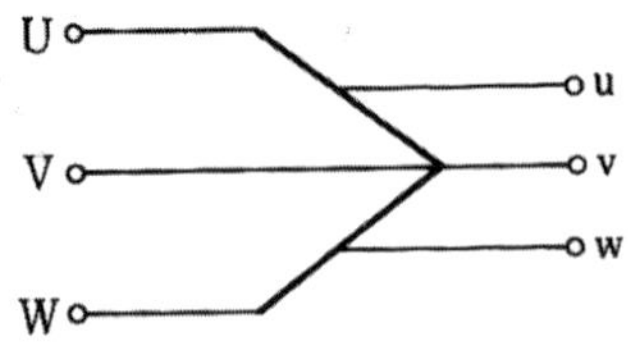

그림 3.76 단권 변압기의 V 결선

이 2차 방정식의 근을 구하면

$$V_1 = \sqrt{\frac{4V_h^2 - V_l^2}{12}} - \frac{V_l}{2} \tag{3.126}$$

$$\frac{\text{자기용량}}{\text{선로출력}} = \frac{3V_1 I_h}{\sqrt{3}\,V_h I_h} = \frac{\sqrt{3}\left\{\sqrt{\dfrac{4V_h^2 - V_l^2}{12}} - \dfrac{V_l}{2}\right\}}{V_h} \tag{3.127}$$

$$= \sqrt{3}\left\{\sqrt{\frac{4V_h^2 - V_l^2}{12V_h^2}} - \frac{V_l}{2V_h}\right\}$$

4. V 결선 이것은 그림 3.76과 같은 결선이다.

$$\frac{\text{자기용량}}{\text{선로출력}} = \frac{2(V_h - V_l)I_h}{\sqrt{3}\,V_h I_h} = 1 - \frac{V_l}{V_h} \tag{3.128}$$

3.6.4 탭 전환 변압기(tap-change transformer)와 부하 시 전압조정

전원 전압의 변동이나 부하의 변화에 의해서 변압기의 2차 전압에 생기는 변동을 보상해 2차 전압을 일정하게 유지하기 위해서는 변압기의 권수비를 바꾸어 주면 된다. 전기로용 변압기의 경우와 같이 부하의 상황에 따라 전압을 바꾸고 싶은 경우도 마찬가지이다. 이러한 경우에는 그림 3.77에 나타냈듯이 권선의 도중에 몇 개의 인출선을 마련하고 결선을 바꾸면 좋다. 이러한 인출선을 탭(tap)이라고 하고 전력용 변압기는 일반적으로 10~20% 정도의 전압을 바꿀 수 있는 탭을 갖고 있다. 탭은 전류가 작은 고전압 측에 마련하는 것이 보통이다. 그 위치는 권선의 중앙에 가까이 잡는다.

이것은 탭을 절환해도 철심 및 타권선에 대해서 대칭성을 유지하기 때문이다. 탭에는 정격 출력을 연속으로 사용해도 견딜 수 있는 **전체 용량 탭**과 온도 상승의 측면에서 이것을 견딜 수 없는 **저감 용량 탭**이 있다.

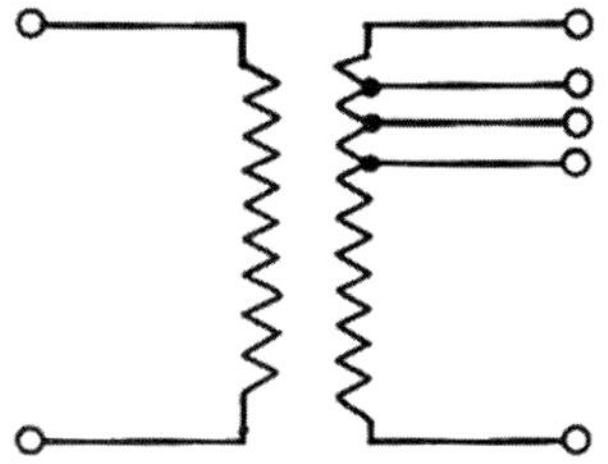

그림 3.77 탭 부착 변압기

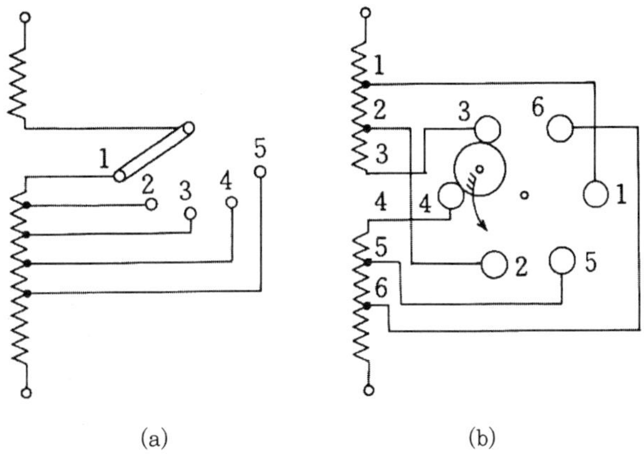

그림 3.78 탭 절환기의 접속법

탭 절환에는 무부하 상태에서 실시하는 것과 부하 상태에서 실시하는 것이 있다. 중소용량의 변압기에서 무부하탭 절환은 본체에 설치하여 유면 아래에 부착된 탭 반(tab board)으로 실시하는 것이 보통이다. 대형 변압기 또는 콘서베이터(conservator), 가스 봉입 등의 장치가 있는 경우에는 탭 절환기를 마련해 외함의 외부로부터의 조작에 의해서 절환을 실시한다. 그림 3.78은 2종의 탭 절환기의 접속을 나타낸다. 그림 (a)는 중심 도체를 공통 단자로 하는 것으로, 그림 (b)는 접촉편으로 탭 사이를 단락한 형태이다.

고전압 대용량의 전압조정에는 전압을 끊지 않고 탭 절환을 할 수 있는 **부하 시 전압조정 변압기**(loadratio control transformer)가 이용된다.

이것은 그림 3.79와 같이 변압기의 고전압 측에 마련된 탭을 부하 상태인 채로 절환장치를 마련한 변압기이다.

그림 3.80과 같이 선로에 직렬로 변압기를 삽입해 여자용 변압기의 탭을 부하 시에 절환하여 전압조정을 하는 것을 **부하 시 전압조정기**(regulating transformer)라고 한다.

부하 시에 탭을 절환하는 경우에 단락되는 권선에 통과하는 전류를 제한하려면 저항 또는 리액턴스을 이용한다.

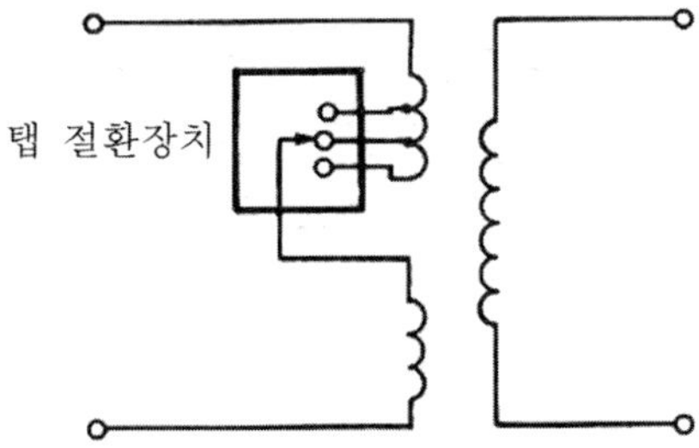

그림 3.79 부하 시 전압조정 변압기

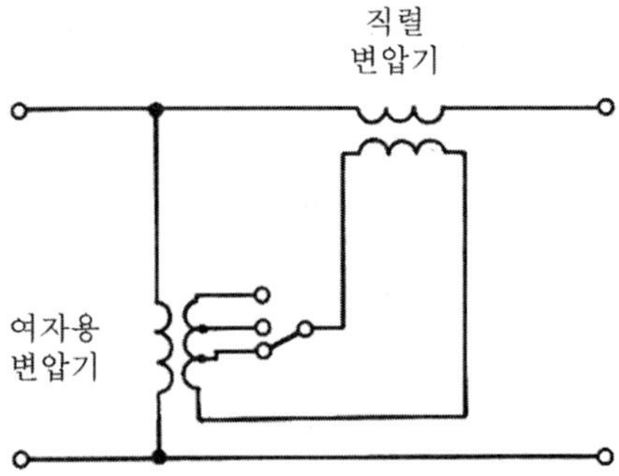

그림 3.80 부하 시 전압조정기

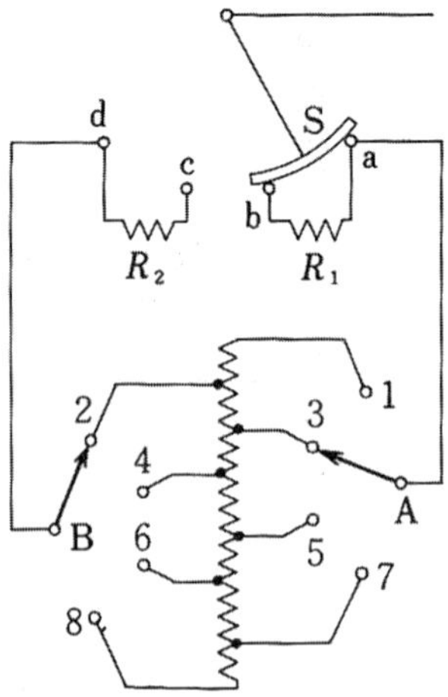

그림 3.81 얀센식 접속법

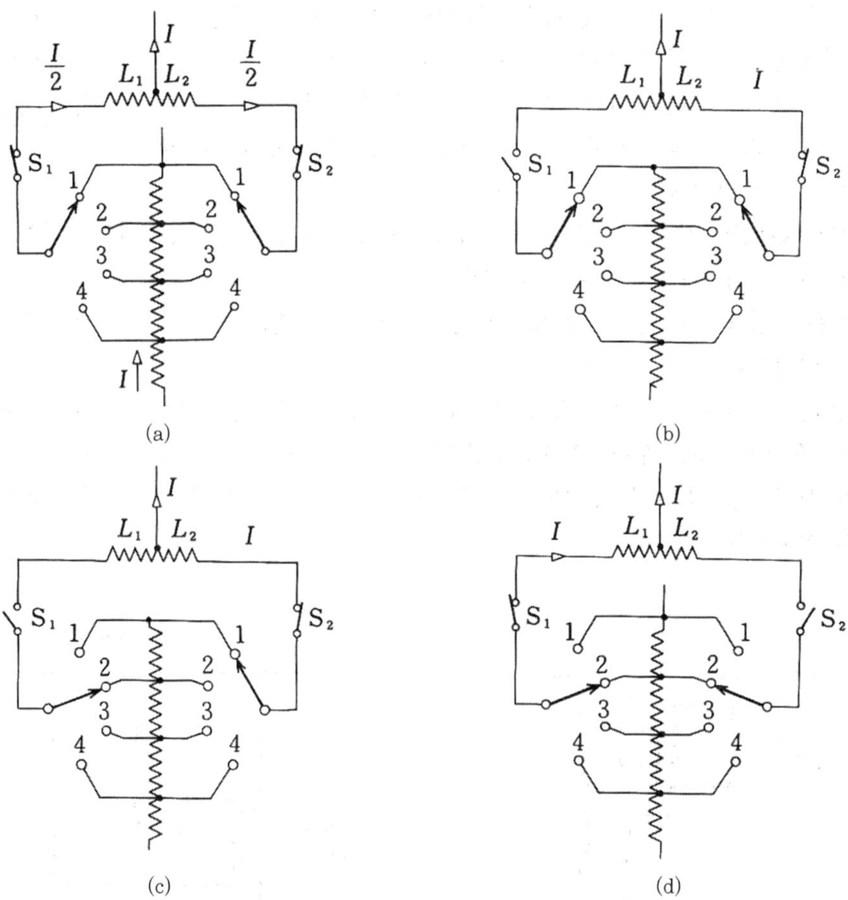

그림 3.82 반응장치를 이용한 접속법

그림 3.81은 **얀센**(Jansen)**식**이라고 하고 저항을 이용한 방식이다. 그림의 위치는 탭 3을 이용하고 있는 경우로 탭을 3에서 2로 절환하기 위해 개폐기 S를 시계 방향으로 이동한다. S가 b, c에 접촉하는 기간에는 탭 3, 2 간의 권선에 흐르는 전류는 저항 R_1, R_2의 합으로 제한되고 S가 c, d에 접촉할 때 주전류는 탭 2로 옮긴다.

그림 3.82는 리액턴스 L_1, L_2에 의한 방식이다. 그림 (a)에서는 주전류가 균등하게 나뉘어져 L_1, L_2에 반대의 방향으로 통과하여 리액턴스의 전압강하는 거의 무시할 수 있다. 그림 (b)와 같이 S_1을 열어 전류를 L_2로 옮겨 두고 그림 (c)와 같이 탭을 2로 절환하여 S_1을 닫으면 탭 1, 2 간의 권선에 흐르는 전류는 리액턴스 $L_1 + L_2$에 의해서 제한된다. 다음으로 그림 (d)와 같이 S_2을 열어 전전류를 L_1으로 옮겨 두고 탭을 2로 절환한 후에 S_2를 다시 닫으면 절환이 완료된다.

그림 3.83과 같이 직렬 변압기에 의해서 적당한 위상의 전압을 추가해 부하측의 전압의 크기만이 아니라, 그 위상도 조정하는 장치를 **부하 시 전압 위상조정기**(on-load phase shifting transformer)라고 한다.

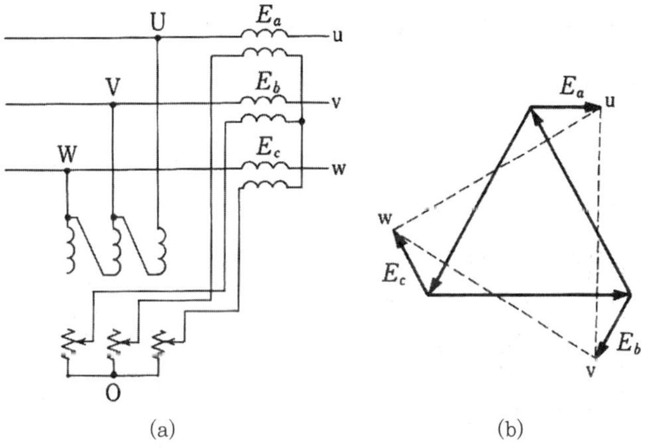

그림 3.83 부하 시 전압 위상조정기와 벡터도

3.6.5 정전류 변압기(constant-current transformer)

1차 전압을 일정하게 유지할 때 2차 측의 부하에 관계없이 2차 전류가 일정한 변압기를 정전류 변압기라고 한다. 변압기의 누설리액턴스를 매우 크게 하면, 부하의 임피던스는 무시할 수 있어 정전류를 얻을 수 있다.

그림 3.84(a)는 철심에 누설자속의 통로를 마련한 변압기로 그림 (b)와 같은 부하 특성을 가지고 전류가 큰 범위에서는 정전류라고 볼 수 있다.

전기 용접 또는 네온관 등의 전원으로서 이용되며 **자기누설 변압기**(leakage transformer)라고도 한다.

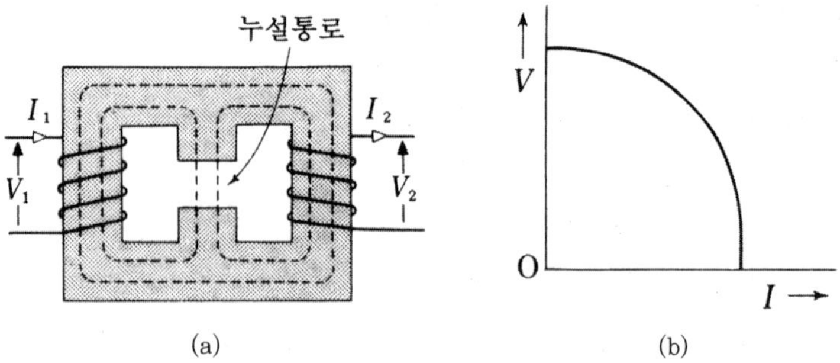

그림 3.84 정전류 변압기와 특성

3.6.6 피킹 변압기(peaking transformer)

피킹 변압기는 그림 3.85(a)에서와 같이 1차 권선을 철심의 중앙 다리에 감고, 2차 권선을 쉽게 포화되는 계철부에 감는 것으로, 누설자속을 통하게 자기분로가 있는 것을 말한다. 따라서 2차 권선 w_2에 쇄교하는 자속 Φ는 그림 (b)와 같은 파형이 되어 자속이 변하는 짧은 시간만 포화 전압을 유도한다.

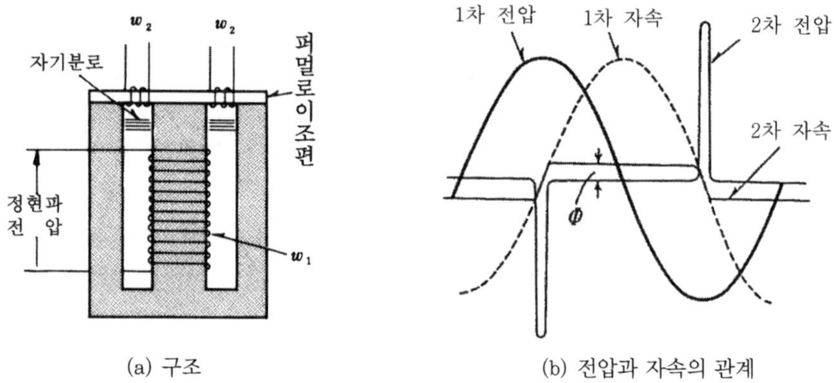

그림 3.85 피킹 변압기

3.6.7 계측기용 변압기(instrument transformer)

교류의 전압계, 전류계 및 전력계 등의 사용 범위를 확장하기 위해서 이용되는 변압기의 총칭으로 계기용 변압기(potential transformer; 약자로 PT)와 계기용 변류기(current transforme; 약자로 CT) 두 종류가 있다. 2차 측의 부하는 계측기이며, 이 부하를 2차 부담(burden)이라고 한다(그림 3.86 참조).

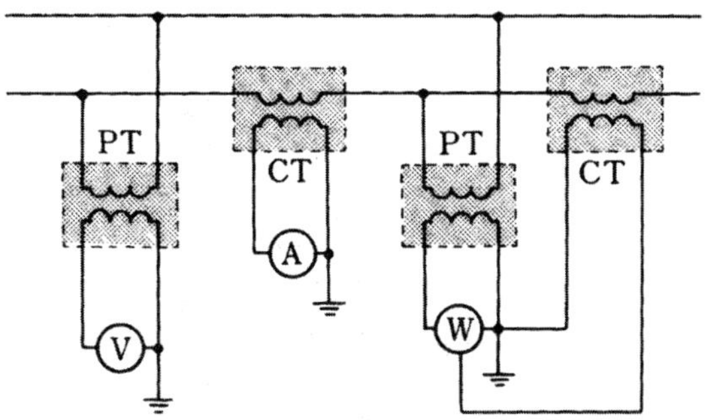

그림 3.86 PT와 CT의 접속 예

1. 계기용 변압기 1차 측이 전압을 측정하려고 하는 선로 사이에 연결되고, 2차 측에는 보통 100 V의 전압계가 연결된다. 2차 측은 접지하고 절연 파괴의 경우에도 위험이 없도록 한다. 전압계의 값에 계측기용 변압기의 전압비를 곱한 것이 구하고자 하는 전압이다.

전압 및 부하의 변화에 상관없이 전압비가 일정하게 되도록 하기 위해서는 가능한 누설임피던스 강하가 작아지도록 설계한다.

전력의 측정의 경우에는 1차, 2차의 전압 사이의 위상각이 오차의 원인이 된다.

2. 계기용 변류기 변류기의 1차의 권수는 1회(봉형) 또는 수회(권선형) 정도로 하고 전류를 측정하려고 하는 회로에 직렬로 연결하고, 2차에는 보통 5 A 또는 1 A의 전류계가 접속된다. 고전압 회로에 사용하는 경우는 2차를 접지한다.

전류계의 값에 변류기의 전류비를 곱하면 구하고자 하는 전류가 된다.

변류기의 1차 전류는 회로 상태에 의해서 정해지는 것으로 2차를 닫고 있으면 2차에는 1차 전류의 기자력을 거의 없애는 전류가 흘러 1차, 2차의 기자력의 합성에 의해서 적당한 자속이 발생된다. 잘못하여 2차를 열어 1차만을 회로에 접속하면 1차 전류가 그대로 여자전류가 되어 매우 큰 자속이 발생하여 2차 단자에 피크파형의 고전압을 발생하므로 위험하다.

변류기의 자기회로에는 비투자율이 높고 철심의 전력손실이 적은 특수 강철판을 이용하고, 1차, 2차의 전류의 비가 일정하고 위상각이 작아지도록 설계한다.

위상각은 전력 측정의 경우에 오차의 원인이 된다.

3.6.8 시험용 변압기(testing transformer)

시험용 변압기는 전기기기 등의 절연 시험에 이용되는 높은 시험전압을 발생하기 위한 변압기이다. 단일 제품으로 1,000 kV의 변압기가 제작되기도 하지만, 500 kV 이상은 대부분 몇 개의 변압기를 그림 3.87과 같이 연결하여 사용하며, 이것을 **종속접속 시험용 변압기**(Cascade testing transformer)라고 한다. 첫 번째 변압기 T_1의 고전압 권선의 일부를 여자 권선으로서 이용하고 두 번째 변압기 T_2의 저전압 권선을 여자한다. T_2는 대지에 대하여 T_1의 고전압 측 전압을 견딜 수 있도록 절연한다. T_2, T_3 사이도 이와 같이 한다.

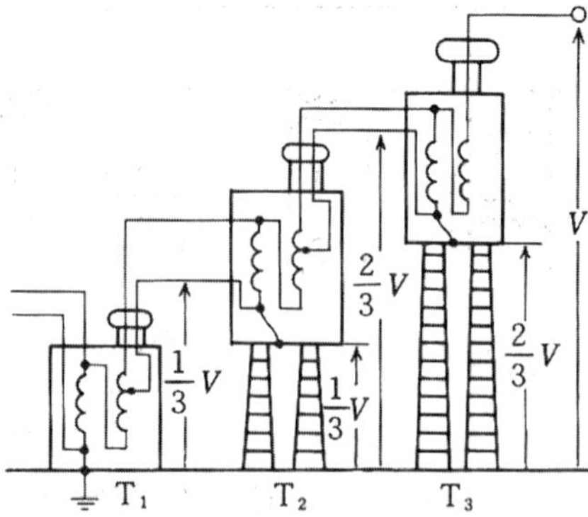

그림 3.87 종속접속 시험용 변압기의 접속 예

시험용 변압기에서는 2차의 권수가 매우 많기 때문에 저항 및 누설리액턴스 외에 분포 정전용량을 고려해야 한다. 전원 전압이 왜곡 파형인 경우, 그 고조파 중에 동조 주파수의 것이 있으면 2차의 파형이 전원 파형과 크게 다를 수 있다. 따라서 시험용 변압기의 전원으로서는 정현파 발전기가 가장 적합하지만 일반적으로는 유도 전압조정기가 이용되는 것이 많다.

3.6.9 내서지 구조 변압기(non-resonating transformer, surge-proof transformer)

변압기의 권선은 분포된 인덕턴스 외에 권선 각각 상호 간 및 철심, 외상 등에 대한 분포 정전용량을 가지기 때문에 그림 3.88의 등가회로로 나타낼 수 있다.

정상상태에 있어서의 전압분포는 주로 인덕턴스에 의해서 정해져 그림 3.89와 같이 직선 모양이 되기 때문에 각각의 전압의 기울기는 일정하다.

권선의 인덕턴스의 작용은 전류가 흐르고 나서 나타나는 것이기 때문에 서지 같은 급속 전압이 가해진 초기에는 그림 3.90(a)와 같이 권선 간의 정전용량 C_{w1}, …, C_{wm} 권선의 대지 정전용량 C_{e1}, …, C_{em}에 의해서 전압분포가 정해져 그림의 (b), (c)의 실선과 같이 되고 선로에 접속된 권선 단부의 전압의 기울기가 극히 커지는 것이 이론 및 실험에 의해서 알려져 있다. 따라서 일반적으로 고전압의 변압기에서는 권선의 끝 부분을 특히 잘 절연해야 한다.

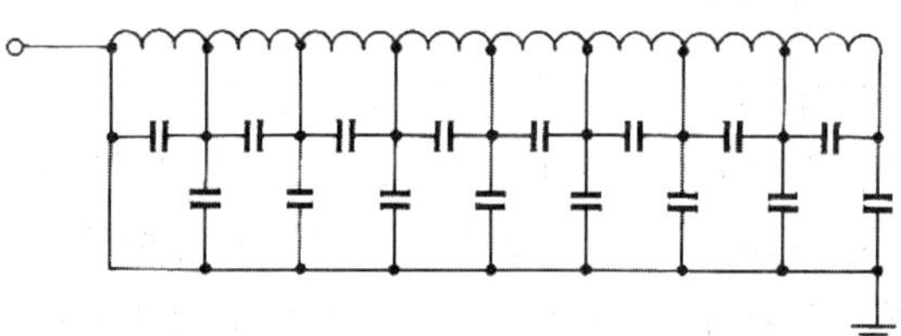

그림 3.88 변압기 권선의 1단 접지의 경우의 등가회로

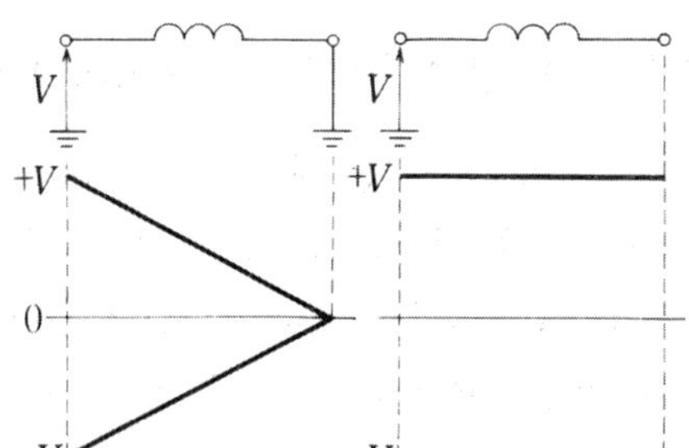

그림 3.89 변압기 권선 내의 정상상태의 전압분포

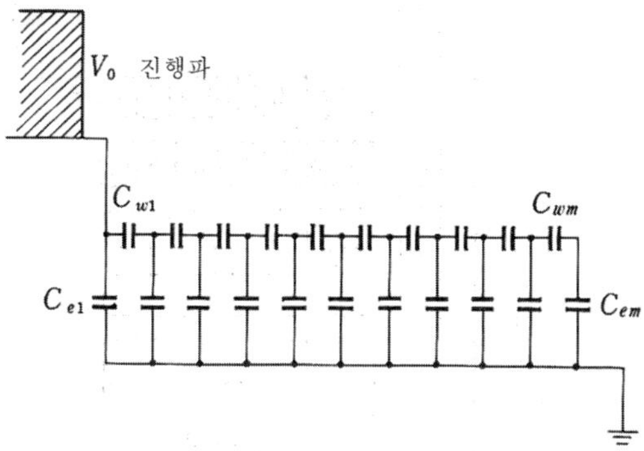

(a) 진행파에 대한 등가회로

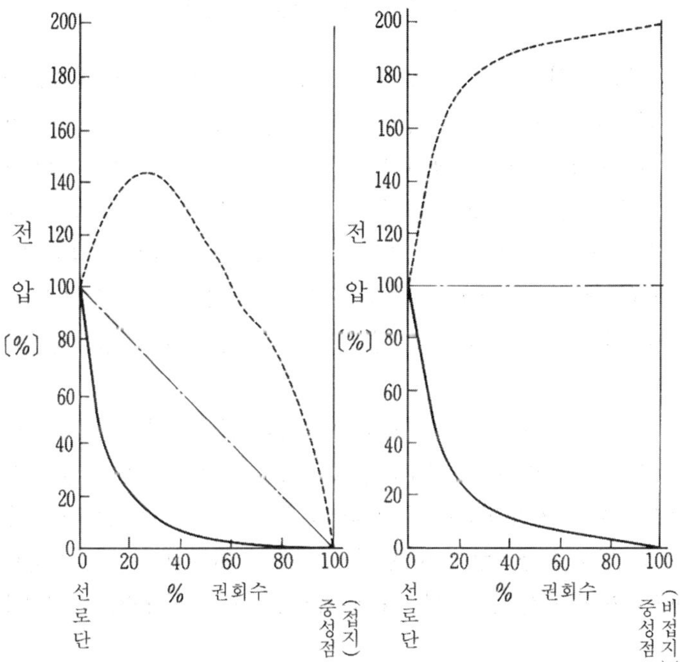

(b) (c)

그림 3.90 변압기 내부의 충격 전압에 대한 전압분포

이 초기의 전압분포로부터 정상상태로 가는 과도기에는 전압의 진동이 발생한다. 이것을 방지하기 위해서 여러 가지의 대책이 있다.

1. **고용량 권선**(hisercap winding) 일반적인 원판 권선의 나쁜 초기전압 분포는 권선의 대지 정전용량에 비해서 권선의 직렬 방향의 정전용량이 작기 때문이며, 이것을 증대한 권선 구조로 하면 초기 전압분포는 개선된다.

그림 3.91은 이러한 특성을 가진 고용량 권선의 구조를 나타낸 그림이다. 그림과 같이 2개의 도체를 종합하여 감아 쌍성원판 권선을 만들어 외측의 권선 마지막의 8과 9를 접속해 전체적

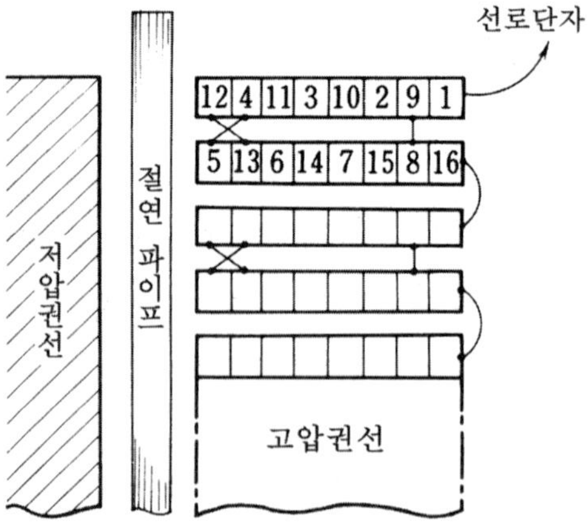

그림 3.91 고용량 권선의 구조도

으로 직렬로 접속하면 권선은 그림의 번호순서로 턴이 형성된다. 따라서 제1섹션을 생각하면 1~4의 도체와 9~12의 도체가 콘덴서를 형성하게 되어 권선의 직렬 방향의 정전용량을 현저하게 증대시키게 된다. 이러한 권선 구조에 의해 보통 구조의 것에 비교해 수배 정도의 전압분포가 개선된다. 이런 종류의 권선 구조는 500kV 혹은 UHV(Ultra-High Voltage)용으로도 적용 가능하다.

2. **전차폐 권선**　중성점직접 접지의 변압기 권선에서는 전차폐에 의해 전압분포를 개선시킬 수 있다. **단계절연**(graded insulation)을 시행하면 합리적인 절연 구조가 된다. 단계절연이란 권선의 1단의 중성점 옆이 직접 접지되어 다른 단의 선로 측으로부터 중성점에 이르기까지 절연을 저하시켜가는 방법이다.

전차폐의 예인 그림 3.92(a)는 외철형 변압기에 대해 권선의 대향 면적을 크게 하고 그 양단에 평평한 차폐판을 마련한 것이다. 그림 (b)은 내철형 다중 동심배치 권선 변압기로 다수의 원통 권선을 동심 상에 겹쳐 그 안쪽과 외측에 차폐판의 통을 설치한 것으로 이 양자 모두 각 권선간의 정전용량이 권선의 대지 정전용량에 비해 현저히 크기 때문에 초기 전압분포는 직선적이 되어 전압 진동은 현저하게 작아진다. 전자는 내서지(surge proof winding), 후자는 비진동형이라고 할 수 있다.

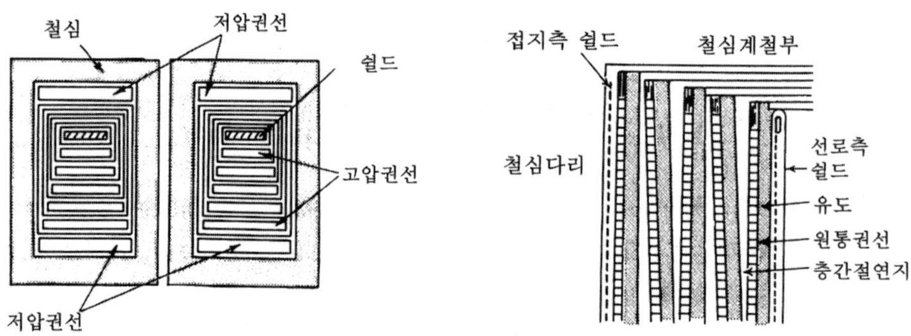

(a) 외철형 단절연 변압기　(b) 내철형 다중 동심 배치 단절연 변압기

그림 3.92 전차폐의 예

3.7 손실, 효율, 온도 상승 및 정격

3.7.1 변압기의 손실

변압기는 정지기이기 때문에 철손과 동손이 주요한 손실로 이것에 표류부하손이 더해진다. 1차가 전원에 접속되면 무부하에서도 철손이 생기기 때문에 철손을 무부하손이라고 한다. 이에 비해서 권선 중에 생기는 동손은 저항손이라고 하며 부하에 의해서 변화하기 때문에 부하손이라고도 한다. 표류부하손은 누설자속에 의해서 외함, 볼트 등에 생기는 손실로 계산에 의해서 구하기 어려운 것을 말한다. 표 3.3은 각종 용량의 변압기의 손실의 예이다.

표 3.3 변압기의 손실과 효율

용량 [kVA]	사용전압 [kV]	무부하손 [W]	저항손 [W]	표유부하손 [W]	역류 1일 때 효율 [%]
10	6.6	50	190	–	97.6
100	6.6	400	1400	50	97.9
1,000	6.6	2,000	11,100	900	98.6
20,000	66	20,000	100,000	20,000	99.3
300,000	275	170,000	790,000	230,000	99.6

1. 철손 변압기 철심에 생기는 철손 P_i는 히스테리시스손 P_h와 와전류손 P_e의 합이다. 철손을 추정하려면 우선 식 (3.129)에 의해서 철심 1 kg당의 히스테리시스손 P_h'[W/kg] 및 와전류손 P_e'[W/kg]를 계산한 후 철심의 질량(kg)을 곱해서 구할 수 있다.

$$\left.\begin{aligned} P_h' &= \sigma_h\left(\frac{f}{100}\right)B_m^2 \quad [\text{W/kg}] \\ P_e' &= \sigma_e\left(\frac{f}{100}B_m\right)^2 \quad [\text{W/kg}] \end{aligned}\right\} \tag{3.129}$$

여기서, σ_h, σ_e : 재료에 의한 정수, f : 주파수(Hz), B_m : 자속밀도의 최대치(T)

실제로는 위와 같은 계산을 하지 않아도, 3.2.1절에 말한 방향성 규소강판에 대해서 철손 곡선 등의 각종 특성 곡선이 제철 메이커로부터 공급되고 있으므로 이것을 이용하는 것이 편리하다. 일례로서 그림 3.93에 자속밀도(T)와 철심의 전력손실(W/kg)과의 관계를 나타낸다.

2. 동손 직류로 측정했을 때 1차 저항이 r_1(Ω), 2차 저항이 r_2(Ω)면 변압기 동손은 아래 식으로 주어진다.

$$P_c = k_m I_1^2\left(r_1 + a^2 r_2\right) \quad [\text{W}] \tag{3.130}$$

여기서,

$$k_m = \frac{\text{교류저항}}{\text{직류저항}} = 1.05 \sim 1.25 \tag{3.131}$$

I_1 : 1차 전류 [A], a : 권선비

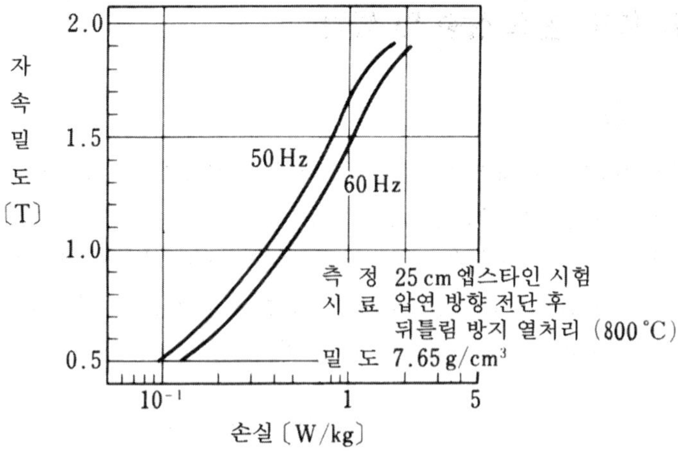

그림 3.93 철손곡선

도체에 교류가 통과하는 경우에는 누설자속으로 인해 도체의 단면에 전류 밀도가 고르지 않아서 저항이 증가한 것과 같은 효과가 나타난다.

이것을 피하기 위해서는 그림 3.94와 같이 서로 절연된 도체 a, b, c 등을 병렬로 사용하고, 이 도체의 위치를 도중에 반전시키는 전위(transposition)를 실시하면 좋다. 그림에서는 하부에서 가장 바깥쪽에 있던 도체 a가 윗쪽에서는 가장 안쪽에 위치하고 있다.

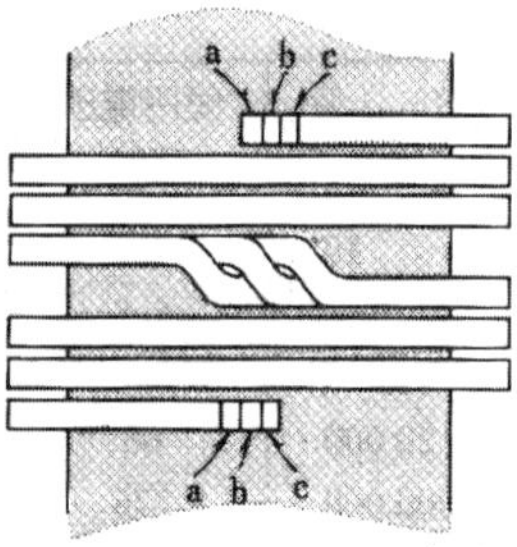

그림 3.94 병렬이 된 권선 도체의 전압

권선의 직류 저항 r을 구하려면 아래 식을 이용한다.

$$r = \frac{\rho_0 wl}{A}(1+\alpha t) \ [\Omega] \tag{3.132}$$

여기서, ρ_0 : 0℃에서의 저항률[Ωm], w ; 직렬로 접속된 권수

l : 평행한 권선의 길이[m], A : 도체 단면적[m^2]

t : 권선의 온도[℃], α : 0℃에서의 온도 계수(동 0.00426, 알루미늄 0.00485)

3. 손실의 온도 보정 철심에서의 전력손실의 대부분을 차지하는 히스테리시스손은 보통 사용 온도에서는 변화하지 않기 때문에 온도 보정을 하지 않아도 된다.

부하손은 온도에 의해서 저항이 변화하는 것을 고려하여 보정해야 한다.

지금 t[℃]에서 저항손을 P_{rt}, 0℃에서 저항손을 P_{r0}로 하고, 0℃에서의 동의 저항 온도 계수를 α라고 하면

$$P_{rt} = P_{r0}(1+\alpha t) = P_{r0}\frac{(1/\alpha)+t}{(1/\alpha)} = P_{r0}\frac{235+t}{235} \tag{3.133}$$

된다. 지금부터 t'[℃]때의 저항손을 P_{rt}'로 두면

$$P_{rt}' = P_{rt}\frac{235+t'}{235+t} \tag{3.134}$$

t[℃]에서 부하손을 P_{ct}, 저항손을 P_{rt}라고 하면, $P_{ct}-P_{rt}$는 주로 도체 내의 와전류손이라고 생각할 수 있고 이것은 저항에 반비례하기 때문에

$$P_{ct}' - P_{rt}' = (P_{ct}-P_{rt})\frac{235+t}{235+t'} \tag{3.135}$$

단, P_{ct}', P_{rt}'는 각각 t'[℃]에서의 부하손, 저항손이다.

$$\therefore\ P_{ct}' = P_{rt}\frac{235+t'}{235+t} + (P_{ct}-P_{rt})\frac{235+t}{235+t'} \tag{3.136}$$

특히, $t'=75$℃ 때는

$$P_{c75} = P_{rt}\frac{310}{235+t} + (P_{ct}-P_{rt})\frac{235+t}{310} \tag{3.137}$$

4. 효율 변압기의 손실은 작아서 입력과 출력과에 큰 차이가 없어 실측 효율을 정확하게 구하기 어렵기 때문에 아래 식의 규약 효율이 이용된다.

$$\text{효율 } \eta = \frac{\text{출력}}{\text{출력}+\text{손실}}\times 100 = \left(1-\frac{\text{손실}}{\text{출력}+\text{손실}}\right)\times 100\ [\%] \tag{3.138}$$

특별한 지정이 없을 때는 역률은 100%, 온도는 75℃로 가정한다. 따라서 식 (3.138)은 다음과 같게 된다.

$$\text{효율 } \eta = \frac{\text{출력}}{\text{출력}+\text{무부하손}+\text{부하손}(75℃)}\times 100\ [\%] \tag{3.139}$$

지금 출력을 $V_2I_2\cos\theta$, 무부하손을 P_0, 부하손을 kI_2^2으로 두면

$$\frac{\eta}{100} = \frac{V_2I_2\cos\theta}{V_2I_2\cos\theta + P_0 + kI_2^2} = \frac{V_2\cos\theta}{V_2\cos\theta + \left(\dfrac{P_0}{I_2}+kI_2\right)} \tag{3.140}$$

효율 η을 최대로 하는 값은 $y=\dfrac{P_0}{I_2}+kI_2$을 최소로 하는 값으로 이것은

$$P_0 = kI_2^2\ \ (\text{무부하손=부하손}) \tag{3.141}$$

라는 관계를 만족한다[5](그림 3.95(a) 참조).

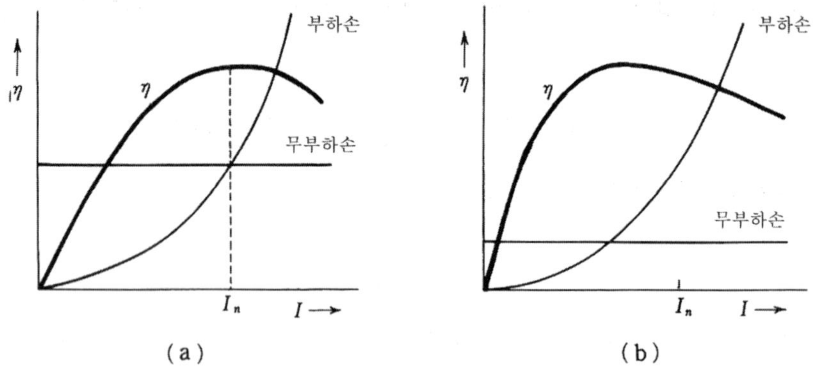

그림 3.95 부하의 손실 및 효율

5. 전일효율(all-day efficiency)　배전 변압기에서는 부하가 1일 중에 그림 3.96에서와 같이 변화한다.

무부하손은 부하에 무관계하게 하루 종일 발생하지만 부하손은 부하에 따라 변동한다. 이러한 경우에는 1일 중의 누적 출력과 누적 입력과의 비를 전일효율 η_d이라고 불러 다음 식에서 계산한다.

$$\eta_d = \frac{W}{W + P_0 \times 24 + W_t} \times 100\ [\%] \tag{3.142}$$

여기서, W : 전일의 출력 P의 합[kWh] (그림 3.96의 실선 아래의 면적)

W_t : 전일의 부하손 P_1의 합[kWh] (그림 3.96의 파선 아래의 면적)

P_0 : 무부하손[kW]

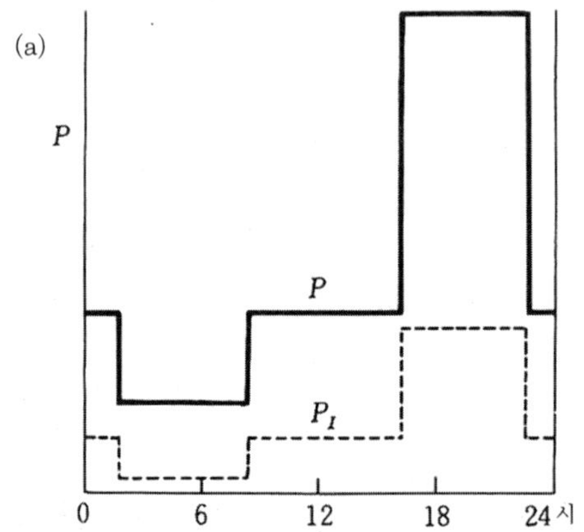

그림 3.96 배전 변압기의 부하곡선

5) $\frac{dy}{dI_2} = -\frac{P_0}{I_2^2} + k = 0 \quad \therefore P_0 = kI_2^2$

전일효율을 크게 하기 위해서는 무부하손을 작게 설계한 변압기를 이용해야 한다. 예를 들어 1일 중 T [h]만 전부하 $V_2I_2\cos\theta$ [W]와 부하손 kI_2^2 [W]가 발생하고 나머지는 무부하의 경우에는

$$\eta_d = \frac{V_2I_2\cos\theta \times 10^{-3}T}{V_2I_2\cos\theta \times 10^{-3}T + P_0 \times 10^{-3} \times 24 + kI_2^2 \times 10^{-3}T} \times 100 \ [\%]$$
$$= \frac{V_2\cos\theta T}{V_2\cos\theta T + \dfrac{P_0 \times 24}{I_2} + kI_2 T} \times 100 \ [\%]$$

된다. 이 경우에 η_d를 최대로 하려면

$$P_0 \times 24 = kI_2^2 T$$

즉, 무부하손의 합이 부하손의 합과 같으면 된다. 이 경우에는

$$P_0 = kI_2^2 \times \frac{T}{24}$$

되어 전체 부하 시간이 짧을수록 무부하손을 작게 해야 한다(그림 3.95(b) 참조).

6. 온도 상승 한도 변압기의 허용 온도 상승은 부록의 표 3과 같이 정해져 있다.

7. 정격[6] 변압기의 정격출력과 정격 2차 전압, 정격 2차 전류, 정격 주파수 및 정격 역률로 2차 단자 사이에 얻을 수 있는 피상 전력을 말하며, 이것을 볼트 암페어(VA), 킬로 볼트 암페어(kVA), 또는 메가 볼트 암페어(MVA)로 나타낸다. 특별히 지정되지 않는 경우에 정격 역률은 100%로 간주한다.

정격 2차 전압이란 명판에 기재된 2차 권선의 단자전압으로 이 전압에 의해 정격출력을 얻을 수 있는 전압을 말한다.

정격 1차 전압이란 명판에 기재된 1차 전압으로 정격 2차 전압에 권수비를 곱한 것을 말하며 전부하에 있어서의 1차 전압은 아니다.

변압기의 정격 1차 전류란 이것과 정격 1차 전압으로부터 정격출력에 동일한 피상 전력을 얻을 수 있는 전류를 말한다.

정격 2차 전류란 이것과 정격 2차 전압으로 정격출력을 얻을 수 있는 전류를 말한다.

권선이 많은 변압기에서는 정격출력 대신에 정격전압, 정격 주파수, 정격 역률에서 각 권선의 용량을 나타내고 권선용량 중에서 최대의 것을 대표 출력으로 한다.

단권 변압기에서는 정격 2차 전압에서 2차 회로 단자 사이에 얻어지는 피상 전력을 **정격용량**이라고 하고, 각 탭에서의 직렬 권선의 전압과 전류로부터 산출한 용량의 최대를 **자기용량**이라고 하여 함께 표시한다.

---

6) JEC-204 「변압기」에 의한다.

3.8 변압기의 시험

3.8.1 권수비의 측정

1차 권선에 적당한 전압 V_1을 가해 무부하 2차 단자전압 V_2를 측정하면 아래 식에 의해서 권수비를 얻을 수 있다.

$$a = \frac{w_1}{w_2} = \frac{V_1}{V_2} \tag{3.143}$$

권수비가 큰 경우에는 그림 3.97과 같이 고전압 측에 계기용 변압기(PT)를 사용하면 좋다.

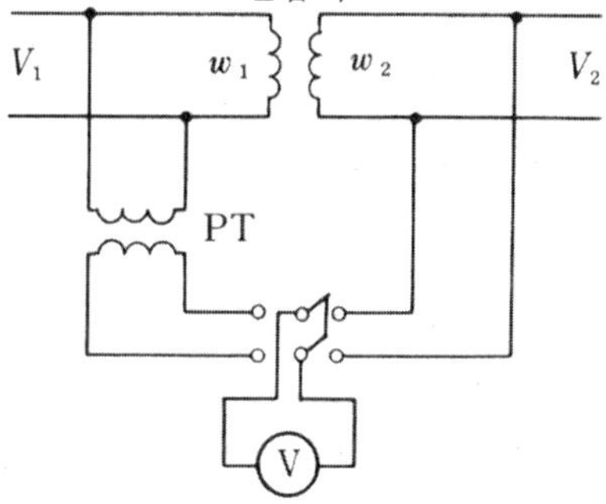

그림 3.97 권수비의 측정

3.8.2 저항의 측정

동손의 계산이나 저항법에 의한 온도 상승 계산에 이용되는 시험이다. 저항의 측정에는 휘트스톤브릿지(wheatston bridge)나 켈빈더블브릿지(kelvin double bridge)를 이용해도 되지만 보통은 직류를 흘렸을 때의 전압강하를 측정해서 이것을 전류의 값으로 나누어 구한다. 이때의 전류의 값은 정격전류의 15%를 넘지 않게 하고 권선의 온도 상승을 피한다.

저항 측정과 동시에 온도계에 의해서 권선의 온도를 측정한다. 권선이 기름 안에 있는 경우에는 기름의 온도를 측정한다. 권선의 시정수가 큰 경우에는 직류가 일정하게 되기까지 상당한 시간이 필요하니 주의한다. 이때 다른 권선을 단락해 두면, 등가 인덕턴스가 작아지고 전류의 확립

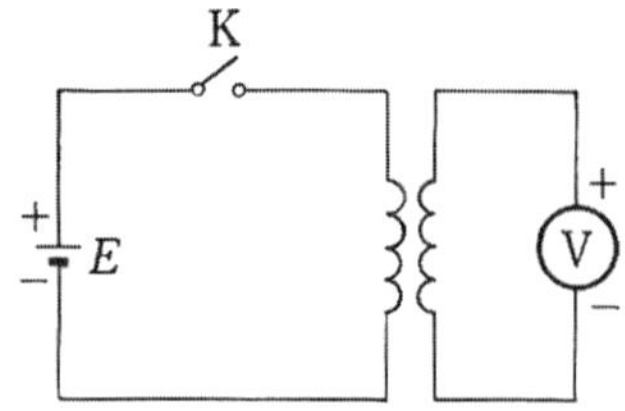

그림 3.98 직류전압계에 의한 극성 시험

이 빨라진다.

지금 t_0 [℃]에서의 권선의 저항을 r_0라고 하면, t [℃] 때의 저항 r은 아래 식에서 계산된다.

$$r = \frac{235+t}{235+t_0} r_0 \quad [\Omega] \tag{3.144}$$

3.8.3 극성 시험

극성 시험은 변압기의 병렬운전 및 3상 결선을 위해 필요한 시험이다.

1. 직류전압계에 의한 방법 그림 3.98과 같이 변압기의 저전압 측에 전지 E와 스위치 K를 연결하고, 고전압 측에 직류전압계(영구자석 가동 권선형) V를 연결한다. 전지와 전압계의 극성이 그림의 +로 표시하도록 접속했을 때, 스위치 K를 닫은 순간에 V의 지침이 정방향으로 움직이면 감극성이다.

2. 교류전압계에 의한 법 이것은 1차와 2차와의 전압에 큰 차이가 없는 경우에 편리한 방법이다. 그림 3.99와 같이 접속해 고전압 측에 교류저전압을 가해 전압계 V_1, V_2의 지시 V_1, V_2를 읽는다. $V_1 > V_2$라면 감극성이다.

3. 표준변압기를 이용하는 법 그림 3.100과 같이 동일한 권수비의 표준 변압기와 피시험 변압기의 고전압 측을 병렬로 연결하고 저전압 측은 전압계 V를 통해서 반대로 연결한다. 고전압 측에 정격전압보다 낮은 전압을 가했을 때 전압계의 지시가 영이라면 양변압기의 극성은 일치하고 있다.

두 변압기의 권수비가 약간 다른 경우에도, 극성이 맞으면 전압계의 지시는 작지만 극성이 반대라면 한쪽의 2차 전압의 약 2배를 지시한다.

3.8.4 상회전 시험

상회전계를 이용해 상회전의 방향을 조사한다.

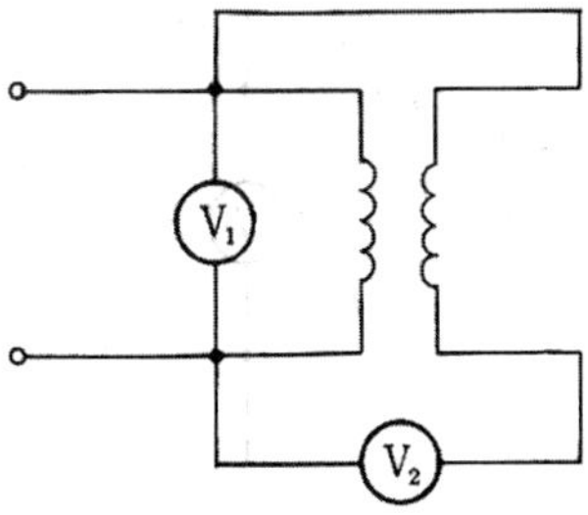

그림 3.99 교류전압계에 의한 극성 시험

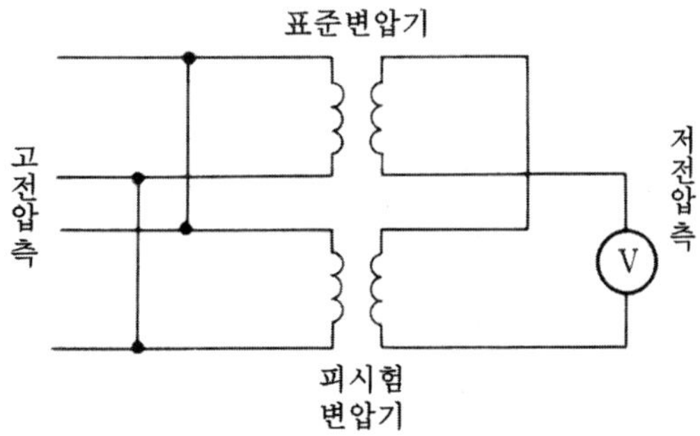

그림 3.100 표준변압기에 의한 극성 시험

3.8.5 무부하 시험

무부하 시험은 그림 3.101과 같이 변압기의 2차 측을 개방해 1차 측에 전압계 V, 전류계 A, 전력계 W를 접속해 두어 1차 측에 가하는 정격 주파수의 교류전압을 낮은 값으로부터 차례차례 높여 가면서 각 계측기 값을 읽는다. 보통은 고전압 측을 1차로 한다.

가로축에 전류, 세로축에 전압을 취해 그린 곡선을 무부하 포화 곡선이라 한다.

무부하 시험의 주요 목적은 정격전압을 가했을 때의 전류와 입력을 측정해 이러한 값으로부터 철손을 구하고 식 (3.17)을 이용해 변압기의 여자 어드미턴스를 계산하는 것이다. 철손은 1차 입력으로부터 1차 동손을 빼면 구할 수 있다.

철손은 전압 파형에 의해서 변화하기 때문에 가능한 한 정현파에 가까운 전압을 사용하며 저역률의 전력계를 이용해야 한다.

3.8.6 히스테리시스손과 와전류손의 분리

전압(따라서 B_m)이 일정하다고 하면, 히스테리시스손은 주파수 f에 비례하고, 와전류손은 f^2에 비례하기 때문에 두 개를 합친 철손 P_i는 아래 식과 같이 나타낼 수 있다.

$$P_i = p_h f + p_e f^2, \quad \frac{P_i}{f} = p_h + p_e f \tag{3.145}$$

여기서, p_h, p_e는 각각 상수를 나타낸다.

그림 3.102의 $\overline{\mathrm{AD}}$는 식 (3.145)의 그래프이며 가로축에 f, 세로축에 P_i/f를 취해 그린 그림이다. $\overline{\mathrm{AD}}$와 세로축과의 교점을 A라고 하면 $\overline{\mathrm{OA}} = p_h$가 된다. 임의의 주파수 f_1의 점으로부터 수직선을 긋고, $\overline{\mathrm{AD}}$ 및 A에서 그은 수평선 $\overline{\mathrm{AA'}}$와의 교점, p_1, q_1을 구하면 $\overline{p_1 q_1} = p_e f_1$이기 때문에 p_e를 정할 수 있다. 따라서 히스테리시스손 $p_h f$와 와전류손 $p_e f^2$는 분리된다.

실험에 의해서 $\overline{\mathrm{AD}}$를 정하려면 2개의 주파수 f_1, f_2에 대해 동일한 정격전압에 대한 철손P_1, P_2를 구해 P_1/f, P_2/f_2로 대응하는 점 p_1, p_2를 구하고 이것을 연결하면 된다.

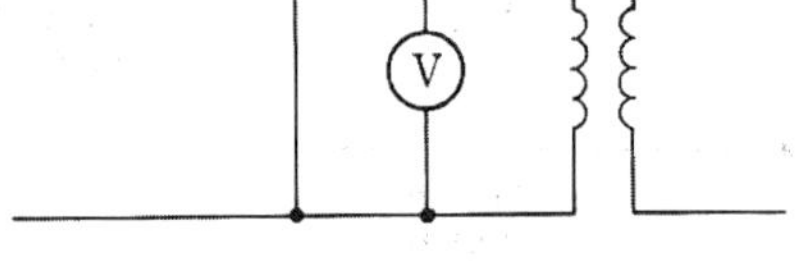

그림 3.101 무부하 시험

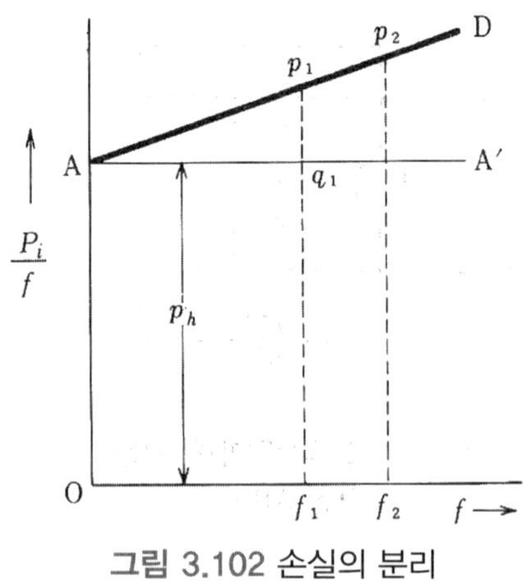

그림 3.102 손실의 분리

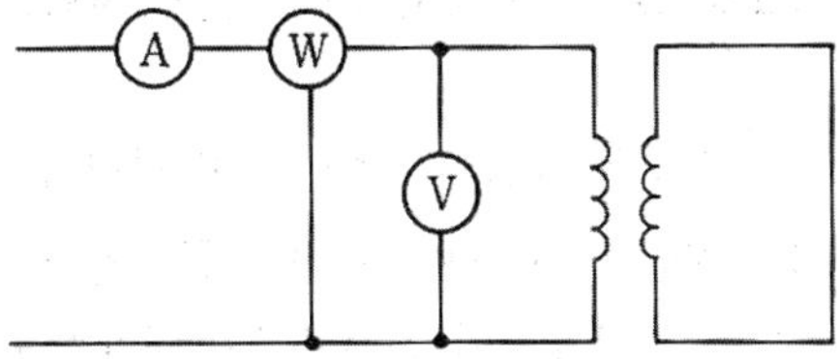

그림 3.103 단락시험

3.8.7 단락시험

그림 3.103과 같이 변압기의 2차 측을 단락하고 1차 측에 전압계 V, 전류계 A, 전력계 W를 접속해, 임피던스 전압에 동일한 전압을 가해 주면 정격전류가 흐른다.

보통은 저전압 측을 1차로 한다.

이때 철손은 무시할 수 있기 때문에 입력은 부하손이며 식 (3.38)을 이용하면 변압기의 누설임피던스를 계산할 수 있다. 부하손은 식 (3.137)에 의해서 75℃로 환산한다.

3.8.8 온도 상승 시험

온도 상승 시험은 온도 상승이 규정 한도 내에 있는지 조사하는 시험이다.

1. 온도 측정법 변압기 권선의 온도는 저항법에 의해 구하고, 기름의 온도는 외부로부터 접근하기 쉬운 부분 가운데 최고 온도라고 생각되는 곳에 온도계를 넣어 측정한다.

부하를 차단하고 저항을 측정할 때까지 온도가 떨어지기 때문에 차단 후에 몇 차례 저항 측정을 해 시간에 대한 그래프를 그리고 차단 순간의 온도를 추정하면 된다.

2. 온도 시험에 대한 주의

(1) 냉각 공기의 온도 가능한 한 10~40℃로 한다.

(2) 냉각수의 온도 가능한 한 5~30℃로 한다.

(3) 온도계의 위치 자냉식 변압기에 비해서 주위 온도를 측정하려면 높이는 외함의 1/2 거리는 외함으로부터 1~2 m의 위치에 온도계를 두어 시험의 최후 3시간 중 약 30분마다 읽은 값의 평균을 이용한다.

(4) 온도 변화의 지연에 의한 오차 이것을 피하기 위해서는 같은 냉각 상태에 있는 비활성기구의 온도 또는 해당 용량의 금속배 중에 기름을 채워 그 온도를 측정한다.

(5) 인출선이 다수 있는 경우 전체 용량 탭 중 동손이 최대인 인출선을 사용해 온도 시험을 실시한다.

(6) 온도 상승에 장시간을 필요로 하는 경우 이러한 경우에는 온도 상승 시험의 처음 2시간 정도 125% 부하를 가하거나, 방열기의 일부를 펠트로 감싸던가 냉각수 또는 기름의 순환을 멈추면 온도 상승을 촉진할 수 있다.

3시간 경과해도 온도 변화가 1K 이하가 되면 최종 온도로 상승되었다고 볼 수 있다.

3. 반환부하법(loading-back method) 경제적으로 온도 시험을 실시하기 위해서는 반환부하법을 사용하면 좋다.

동일정격의 단상변압기 2대의 경우 그림 3.104와 같이 피시험 변압기 T_1, T_2의 저전압 측을 병렬로 하고 정격 주파수, 정격전압의 전원에 접속하여 철손을 공급하고, 고전압 측은 전압이 서로 상쇄하도록 역방향에 접속해, 전류계 A와 동손공급용 변압기 T의 2차 측을 그림과 같이 삽입한다. T의 1차 전압을 조정하고, T_1, T_2에 정격전류가 흘러 동손을 일으키도록 한다. 전원의 고전압 측으로부터 철손을 공급하는 경우도 있어서 동손과 철손을 같은 측면에서 동시에 공급하고 있다. 탭 전압의 차이가 각 변압기의 임피던스 전압의 합과 동일할 때는 그림 3.105와 같이 인출선을 늦추어 접속하면 동손공급용 변압기를 이용하지 않아도 된다.

단상 변압기 3대 또는 3상 변압기 1대의 경우 그림 3.106과 같이 저전압 측은 △ 결선으로 3상 전원에 연결하여 철손을 공급하고 고전압 측은 △ 의 한 쪽을 열어 동손공급용 변압기 T를 삽입하고 각 상의 임피던스 전압의 3배의 전압을 가해주면, 정격전류와 동일한 순환 전류를 얻을 수

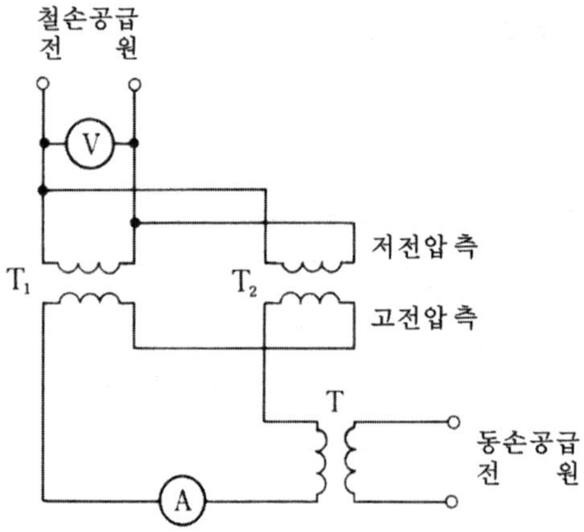

그림 3.104 반환부하법

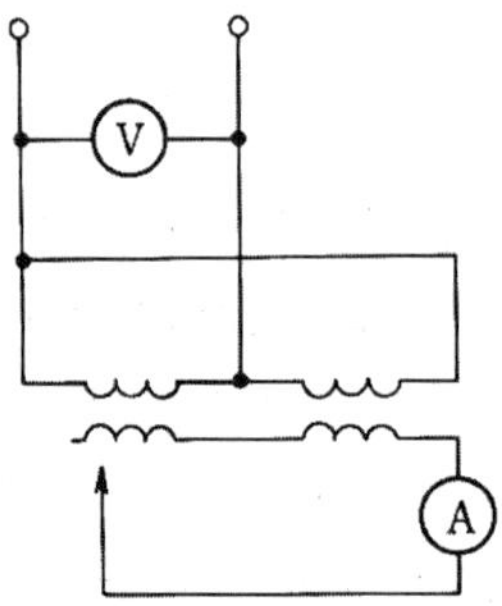

그림 3.105 반환부하법(동손 공급용 변압기를 생략했을 경우)

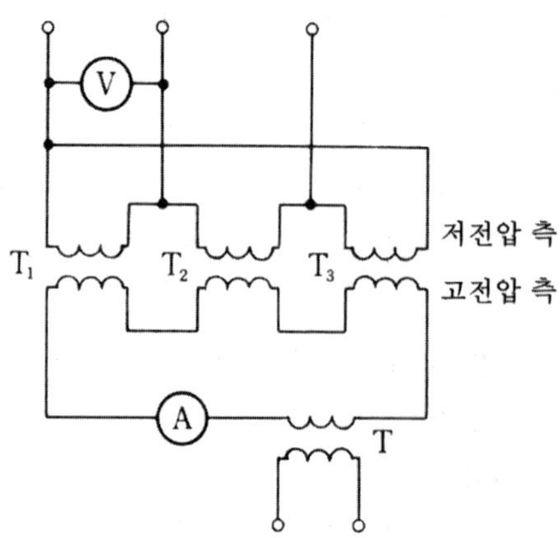

그림 3.106 반환부하법(변압기 3대의 경우)

있다. 이 경우에 내철형 3상 변압기에서는 표유부하손이 평상시 이상으로 추가되기 때문에 주의를 필요로 한다.

3.8.9 내절연 시험

내절연 시험은 변압기의 충전 부분과 대지 사이, 또는 충전 부분 상호 간의 절연 강도를 보증하기 위한 시험으로 가압 시험, 유도 시험, 임펄스(inpulse) 전압 시험 세 가지로 구별된다.

1. 가압 시험 이 시험은 다른 전원에 의해 발생한 상용 주파수의 시험 전압을 공시 권선 또는 충전부와 다른 권선 또는 충전부와 대지 사이에 부과하는 것이다.

시험 전압 시험 전압은 부록의 표 4 및 표 5에 나타나 있다.

가압 시간 가압 시험의 시험시간은 1분간으로 한다. 가능한 한 정현파에 가까운 파형으로 기본 주파수가 40~70 Hz의 단상교류전압을 가해 실시한다. 전압은 각 권선 마다 가해 공시권선 이외의 권선은 모두 접지한다.

2. 유도 시험 변압기의 한 개 권선의 단자에 될 수 있는 한 정현파의 고주파 전압을 가해 선로 단자 사이에 소정의 시험 전압과 동일한 기전력을 발생시켜 실시한다. 고주파 전압을 가하는 것은 여자전류가 과대하게 되는 것을 막기 위해서다.

시험 시간 시험 시간은 시험 전압의 주파수가 정격 주파수의 2배 이하 때는 1분간, 2배를 넘는 경우는

$$시험시간[초] = 120 \times \frac{정격주파수}{시험주파수}$$

으로 최소 15초로 한다.

3. 뇌임펄스 시험[7] 이 시험은 뇌 등에 대한 절연 강도를 확인하기 위한 시험으로 그 개요는 다음과 같다.

표준 파형 $+(1.2 \times 50)\mu s$ [8]을 채용한다(그림 3.107 참조).

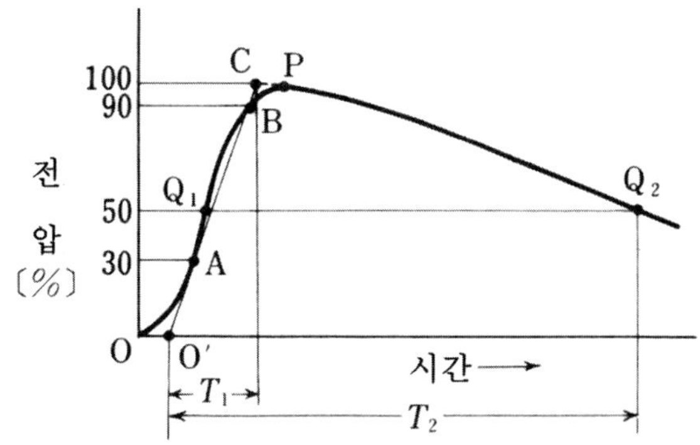

그림 3.107 뇌임펄스 전압 시험의 표준 파형

---

7) IEC-200 (1977)「정지 유도기기 임펄스 전압 시험」에 의한다.

8) 규약파첨두길이 $T_1 = 1.2\mu s$, 규약파꼬리길이 $T_2 = 50\mu s$ 의 양의 충격파.

뇌임펄스 전압 파고치 부록의 표 4에 나타나 있다. 표 중 B는 500 kVA 이하의 유입변압기에 적용한다.

시험 항목 1단 접지 시험(전파 및 최단파 각 1회)과 비접지 시험(전파 1회)을 실시한다.

4. 전기설비에 관한 기술 기준에 의한 시험 기술 기준 제16조에는 변압기의 절연내역 시험을 부록 표 6과 같이 규정하고 있다.

3.1 그림에 나타내는 자기회로가 있다. 중앙 다리 B에 2,000회의 권선을 감고, 이것에 0.2 Wb의 자속을 만들려면, 전류를 얼마로 해야 하는지 계산하라. 단, 철심의 비투자율을 800으로 하고 자로에 누설자속은 없는 것으로 한다.

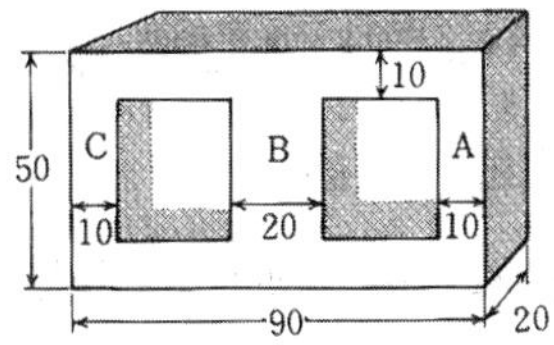

그림 문제 3.1

3.2 220/110 V, 1 kVA의 변압기로 역률 0.8의 유도 부하에 110 V, 1 kVA를 공급하고 있을 때 고전압측의 전류 및 전압을 구하라. 단, $r_1 = 2.50\ \Omega$, $r_2 = 0.60\ \Omega$, $x_1 = 5.00\ \Omega$, $x_2 = 1.25\ \Omega$ 고전압 측에 220 V를 가했을 때 여자전류는 0.23 A, 철손은 무부하로 고전압 측에 220 V를 가했을 때 30 W이다.

3.3 단상주상 변압기의 2차 측(105 V) 단자에 10의 저항을 접속해 1차 측에 전압을 가해 1차 전류가 1 A일 때 1차 단자전압 900 V를 필요로 한다고 한다. 1차 측은 몇 볼트의 탭에 접속되어 있었는지 구하여라. 단, 변압기의 임피던스 및 손실을 무시하는 것으로 한다.

3.4 변압기에 기름을 이용하는 이유를 열거하고 콘서베이터를 설명하라.

3.5 변압기 용량이 증가함에 따라 유입변압기에서는 어떤 냉각 방식이 채용되고 있는지를 설명하여라. 단, 냉각 매체는 공기라고 생각한다.

3.6 변압기의 2차 권선의 도체를, 단면적이 $1/a$의 도체 a개로 바꾸어 그 a개의 도체를 직렬로 연결하여 권선을 만들면, 그 저항 및 누설인덕턴스는 최초의 저항 및 누설인덕턴스의 a^2배가 되는 것을 보여라.

3.7 권수비 30의 2 kVA의 단상변압기에 대하여 $r_1 = 40\ \Omega$, $x_1 = 150\ \Omega$, $r_2 = 0.05\ \Omega$, $x_2 = 0.2\ \Omega$이다. 지금 철손 200 W, 여자전류 0.09 A로 이 변압기의 1차에 3,150 V를 가해 2차 부하 저항 50 Ω 일 때의 1차 및 2차로 환산한 등가회로를 그려라.

3.8 15,000 kVA, 63,500/13,800 V의 변압기의 무부하 시험과 단락 시험을 실시했다. 고전압 측을 오픈해서 저전압 측에 계측기를 넣어 측정한 읽은 값이 다음과 같다.

전압 13,800 V, 전류 38.05 A, 입력 56 kW

또, 고전압 측을 단락했을 경우에 저전압 측의 계측기 값은 다음과 같다.

전압 952 V, 전류 1,087 A, 입력 62.5 W

등가회로 백분율 저항 강하, 백분율 리액턴스 강하, 백분율 임피던스 강하를 구하여라.

3.9 용량 15,000 kVA, 전압 66,000/11,000 V의 단상변압기의 단락 시험을 실시하여 저전압 측으로부터 정격전류를 흘렸을 때

임피던스 전압 $V_{2s} = 600$ V
임피던스 와트 $W_{2s} = 100$ kW

이었다. 이 변압기의 뒤진역률이 80(%)에서 전압변동률(%)을 구하여라.

3.10 정격주파수가 50 Hz로 뒤진역률 0.8 때의 전압변동률이 10%의 변압기가 있다. 이것을 60 Hz의 전원에 연결하여 전류와 전압을 정격 값으로 유지하고, 뒤진역률 0.8의 부하에 사용할 때의 전압변동률을 구하여라. 단, 정격 상태에 있어서의 리액턴스 강하는 저항 강하의 10배로 한다.

3.11 1,000 kVA 단상변압기 2개와 2,000 kVA 단상변압기 1개를 조합해 $\Delta - \Delta$ 결선한다. 이것에 전류가 평형한 부하를 추가할 때, 최대 부하는 몇 킬로 볼트 암페어인가. 단, 변압기의 권수비, 임피던스 전압 및 저항과 리액턴스와의 비는 각각 동일하다고 한다.

3.12 다음과 같은 정격의 3상 변압기가 있고, 이것의 저압측에서 3상 단락이 생겼을 경우, 그 단락 전류의 값(A)은 $\dfrac{\text{정격출력[kVA]} \times \square}{\text{이차전압[V]} \times \square}$로 나타나며 그 계산 값은 □A이다.

변압기의 정격:
정격출력 : 100 kVA, 정격전압 1차 : 6 kV, 2차 : 200 V,
퍼센트 임피던스 전압 : 3%

3.13 T결선으로 동일 용량의 변압기를 사용하여 3,300 V의 3상 200 V, 40 kVA의 2상 전력을 얻는 경우

(1) 주좌 및 T좌 변압기의 권수비를 어떻게 해야 좋은가?
(2) 1차, 2차의 전류, 변압기 용량은 얼마인가?

3.14 그림과 같이 변압기 2대를 병렬운전하고 있다. 이 중 1대는 정격출력 20,000 kVA, 퍼센트 임피던스 전압 8%, 다른 1대는 정격출력 10,000 kVA, 퍼센트 임피던스 전압 6%이다. 부하전류를 200 A로 하면 I_1, I_2는 각각 얼마인가 계산하라.

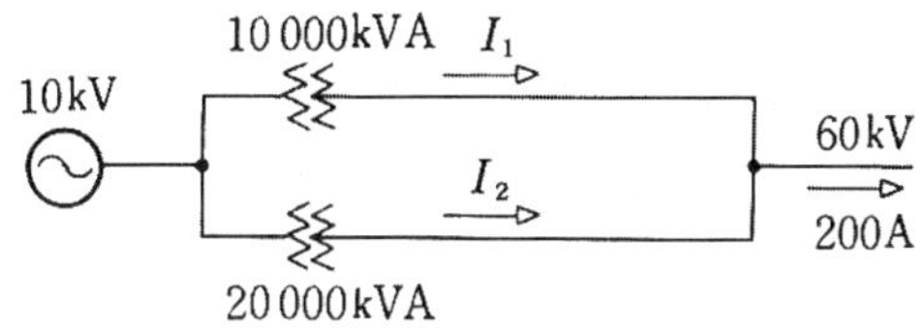

그림 문제 3.14

3.15 1차, 2차 정격전압이 동일한 2개의 변압기가 있다. 하나는 용량 10 kVA, 임피던스 전압 5%, 다른 하나는 용량 30 kVA, 임피던스 전압 3%이다. 실효 저항과 리액턴스와의 비는 양쪽 모두 서로 같다. 이 두 변압기를 병렬로 접속하고, 2차 측에 30 kVA의 부하를 걸었을 때의 각 변압기의 부하 분담을 구하여라.

3.16 변압비가 N_a, 2차 측에 환산한 저항 및 리액턴스가 각각 R_a 및 X_a의 A변압기와 변압비 N_b, 2차 측에 환산한 저항 및 리액턴스가 각각 R_b 및 X_b의 B변압기가 병렬 접속으로 운전되고 있다. 이와 같은 경우에 다음에 대해 답하시오.

(1) 무부하시의 순환 전류는 얼마인가?
(2) 변압기의 2차 회로에 전압 V_2, 역률 $\cos\phi$(지상), 전류 I_2의 부하를 접속했을 때 A, B 두 변압기의 부담하는 전류는 얼마인가?

3.17 권수비가 a_a, 2차 측에 환산한 임피던스가 $\dot{Z}_a$의 단상변압기와 권수비가 a_b, 2차 측에 환산한 임피던스가 $\dot{Z}_b$의 단상변압기를 병렬운전 했을 경우에 대해서, 다음에 대해 답하시오. 단, 변압기의 1차 전압을 $\dot{V}$로 한다.

(1) 부하전류가 $\dot{I}$인 경우, 각 변압기의 분담하는 전류는 얼마인가?
(2) 무부하시의 전류는 얼마인가?

풀어보기

3.18 1대의 용량 5,000 kVA의 단상변압기 3대로 이루어진 3상 뱅크가 있다. 그 권선은 1차, 2차 및 3차로 구성된다. 2차 권선에는 각 상 5,000 kVA, 지상역률 0.8의 평형부하가 있고, 3차 권선에는 각 상 2,500 kVA, 단위 역률의 평형부하가 있다. 이 변압기의 뱅크의 전압변동률을 구하여라.

단, 두 개의 권선 사이의 5,000 kVA 기준에 의한 백분율 임피던스는 다음의 값으로 한다.

1차 권선(P)·2차 권선(S) 간의 백분율 임피던스 $\%Z_{PS} = 0.50 + j8.40$

2차 권선(S)·3차 권선(T) 간의 백분율 임피던스 $\%Z_{ST} = 0.45 + j8.25$

3차 권선(T)·1차 권선(P) 간의 백분율 임피던스 $\%Z_{PT} = 0.55 + j9.85$

3.19 △결선 4,500 V의 3상 3선식으로부터 2,300 V의 3상 3선식으로 375 kVA를 구성하는 데 필요한 단상단권 변압기의 용량 및 권선의 전압 비를 구하여라.

3.20 200 VA, 60Hz, 6,600/110 V의 계측기용 변압기의 무부하 입력이 84 VA이고, 철손은 21 W이다. 이 변압기의 1차 저항은 2,700 Ω, 2차 저항은 0.66 Ω, 1차 리액턴스는 2,880 Ω, 2차 리액턴스는 0.8 Ω이다. 이 변압기에 유도 역률 0.8이라고 할 때, 200 VA의 부담을 준 경우의 실제 전압 및 그 보정 계수를 구하여라. 또, 위상각을 구하여라.

3.21 변류기의 2차 회로는 사용 중 열어서는 안 되는 이유를 말하여라.

3.22 어떤 변압기의 일정 역률에서 효율은 3/4부하에서 최대이고, 역률 80%의 경우의 최대 효율은 97.5%이다. 이 변압기의 무유도 부하의 경우의 효율 및 전압변동률을 구하여라.

3.23 정격용량 3,00 0kVA, 정격 1차 전압 31,500 V, 정격 2차 전압 400 V, 정격 1차 전류 55 A, 정격 주파수 50 Hz로 Y-△결선의 3상 변압기가 있다. 철손은 4,850 W, 단락 시험에서 1차 측에 1,710 V를 가했을 때의 입력이 24.6 kW, 각 단자 사이의 1차 측 권선 직류 저항은 2.68 Ω, 2차 측은 0.00038 Ω이다(모두 측정시의 온도는 28℃로 한다.).

전부하로 역률 80%에서 이 변압기의 전압변동률과 효율(모두 권선 온도 75℃로 환산한 것)을 구하여라.

또한, 정격부하로 75℃에서의 부하손(P_{75}[W])은 다음의 식으로 계산하는 것으로 한다.

$$P_{75} = 3.54I^2R + 0.85\left(P_c - 3I^2R\right)$$

단, I는 정격 1차 전류(A), R은 1차 측으로 환산한 측정 온도에서의 한 상당 전체 저항(Ω), P_c는 단락 시험에서의 입력(W)으로 한다.

3.24 정격출력 50 kVA의 변압기가 있다. 철손은 400 W, 전부하 동손은 800 W로 한다. 이 변압기가 1일 중 8시간씩 무부하, 1/2부하 및 전부하가 가해진다고 하면, 전일효율은 얼마인가. 단, 부하의 역률은 100%로 한다.

3.25 출력 2 kW 및 8 kW(모두 역률 100%)로 동일 효율 96%를 가지는 단상 주상변압기가 있다.

(1) 출력 8 kW에서의 철손 및 동손은 얼마인가?
(2) 최고 효율은 얼마의 출력으로 얻을 수 있는가?
(3) 최고 효율은 얼마인가?

3.26 서로 같은 단상변압기가 2개 이상 있다. 이것에 실제 부하를 걸지 않고 전부하에서의 온도 상승시험을 실시하는 방법을 서술하라.

3.27 정격전압 66 kV (절연 등급 60호)의 전력용 변압기에 IEC의 규정에 의한 내전압 시험을 실시하는 경우, 시험의 종류, 방법 및 인가전압(시험시간 또는 전압파형을 포함한다.)을 설명하시오.

유도기(induction machine)

4.1 유도전동기의 원리와 구조

4.1.1 토크의 발생

그림 4.1과 같이 철로 된 원통 A의 안쪽에 슬롯을 마련해 절연권선을 감고 이것에 직류가 흐르면 그림과 같은 고정 자계가 발생한다. 이 원통의 안쪽에 A와 동심인 철 원통 C, 그 표면에 동 원통 B를 C에 접착해 두고 외측의 원통 A를 중심축을 중심으로 일정한 회전속도 $n_0[s^{-1}]$로 돌린다. 자속 Φ가 원통 B를 잘라 회전하기 때문에, 그림 4.2에서와 같이 원통 B에 전자유도 작용에 의해서 그림과 같은 방향으로 기전력 전류 I가 유도된다(그림 1.5(b) 참조). 이 유도전류 I와 자속 Φ와의 사이에 발생하는 전자력에 의해서 그림에서와 같은 방향, 즉 자계의 회전방향으로 토크가 발생한다. B와 C가 축 주위로 자유롭게 회전할 수 있게 되어 있으면, 결국 자계의 회전방향으로 돌기 시작한다. 그리고 외부로부터 A에 가해지는 토크와 B와 C의 회전에 수반하는 마찰력이 같게 되는 속도 $n[s^{-1}]$으로 회전을 계속하게 된다.

이 경우 유도전류는 자속과 자속이 원통 B를 자르는 속도, 즉 A와 B와의 상대속도 $n_0 - n$에 비례하고 발생토크는 자속과 유도전류와 비례한다. 자속이 일정하다면 회전 마찰력이 작은 만큼 상대속도가 작고 B의 회전속도가 커진다.

이와 같이 A에 직류 자계를 만들어 외부로부터 이것을 기계적으로 회전하는 대신에 전기적으로 A에 회전자계를 발생시켜도 똑같이 B에 토크를 발생시킬 수 있다.

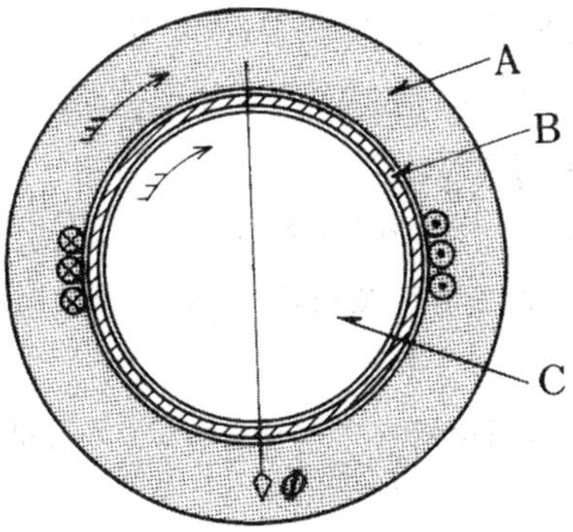

그림 4.1 유도전동기의 원리

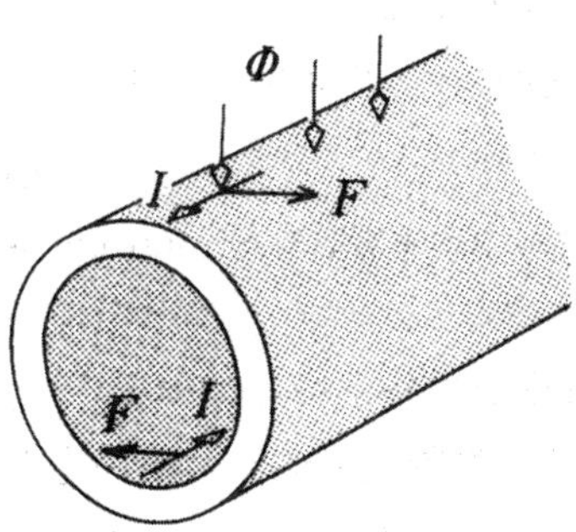

그림 4.2 유도전동기의 발생토크

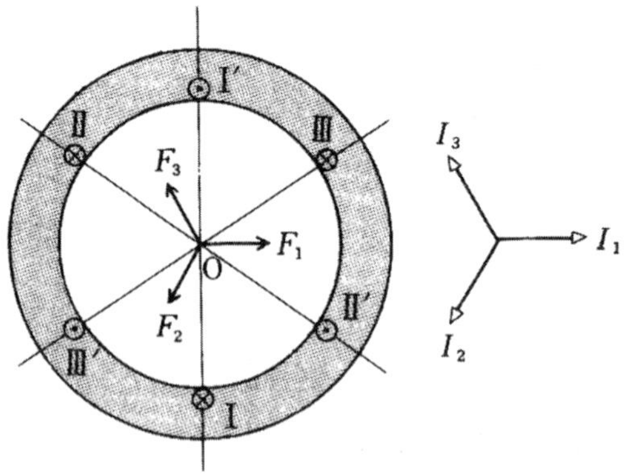

그림 4.3 회전기자력의 발생

그림 4.3과 같이 그림 4.1의 A 주위에 6개의 슬롯을 마련하여 3상 권선, 즉 3개의 같은 권선 I I′, II II′, III III′를 공간적으로 서로 $2\pi/3$의 간격을 두어 배치해 이것에 주파수 f [Hz]의 3상 전류 $\dot{I}_1$, $\dot{I}_2$, $\dot{I}_3$가 흐른다고 하자. 각 권선이 각각의 축방향으로 생기는 기자력 $\dot{F}_1$, $\dot{F}_2$, $\dot{F}_3$는 전류에 비례하여 교번하는 기자력이지만 그 합성 기자력 $\dot{F}$는 일정한 크기 $\frac{3}{2}\dot{F}_1$를 가지고, 각속도 $\omega_0 = 2\pi f$로 회전하는 **회전기자력**이 되어 A와 B사이의 공극이 일정하다면, 회전기자력에 비례한 **회전자속**이 발생하게 된다. 후술과 같이 원통 B 대신에 단락된 3상 권선을 마련해도 똑같이 동작한다.

이 경우 외부 원통 A는 고정되어 있어 발생된 전자력에 의한 동력은 외부로부터 A의 권선에 공급된 전력으로부터 변환된다. 즉, 교류 전동기가 되는 것으로 이러한 전동기는 서로 독립한 2개의 권선의 한쪽이 전자유도작용에 의해서 한쪽으로부터 에너지를 받아 동작하는 전동기를 **유도전동기**(induction motor)라고 한다. A와 같이 정지하고 있는 부분을 **고정자**(stator)라 하고, B와 C 부분과 같이 회전하는 부분을 **회전자**(rotor)라고 한다.

A의 권선과 같이 외부로부터 전력을 받는 쪽의 권선을 **1차 권선**, B와 같이 전자유도에 의해서 전력이 발생되는 부분을 **2차 권선**이라고 한다.

각 권선에 의한 기자력에 대해서 그림 4.4를 이용해 조금 더 설명한다. 3상 교류 전류 I_1, I_2, I_3의 순시치를 교류 값인 i_1, i_2, i_3로 한다. 각 권선에 흐르는 전류는 시간과 함께 그림 4.4(a)와 같이 변화한다. 3상 전류에 의해서 생기는 합성 기자력은 시각 t_1, t_2, $\cdots$, t_7에 대하여 각각 그림 4.4(b)의 ①, ②, ⋯, ⑦과 같이 변화해 회전자계가 발생한다.

이상은 2극의 **회전자계**(rotating field)이지만 그림 4.5와 같이 고정자 주변을 2등분하여 기하각 π를 각각 6등분하여 3상 권선을 배치해 각각에 3상 교류를 흘리면 4극의 회전자계를 발생한다. 이와 같이하여 다극의 회전자계를 만들 수 있다.

$2p$극의 경우에는 교류의 1사이클에 대해 자계는 2자극피치만큼 진행되어 p사이클로 1 회전하기 때문에 회전속도를 n_0[s^{-1}]라고 하면

$$pn_0 = f\,[\text{Hz}] \quad \text{또는} \quad n_0 = \frac{f}{p}\,[\text{s}^{-1}] \tag{4.1}$$

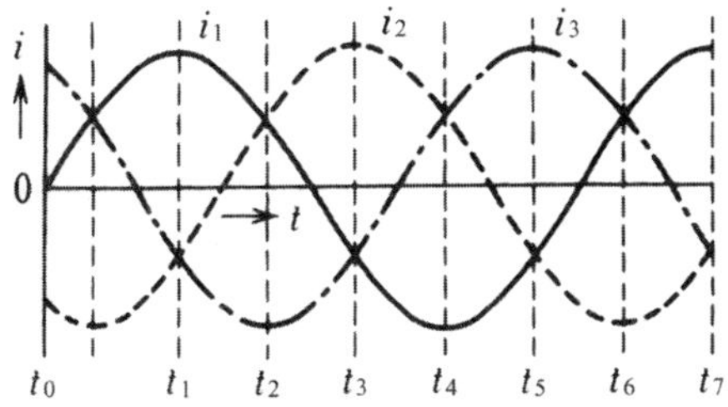

(a) 3상교류

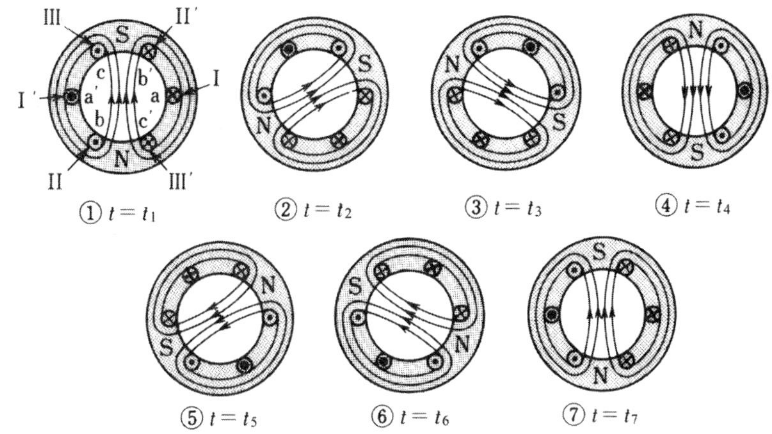

(b) 3상교류에 의한 회전자계

그림 4.4 2극의 회전자계

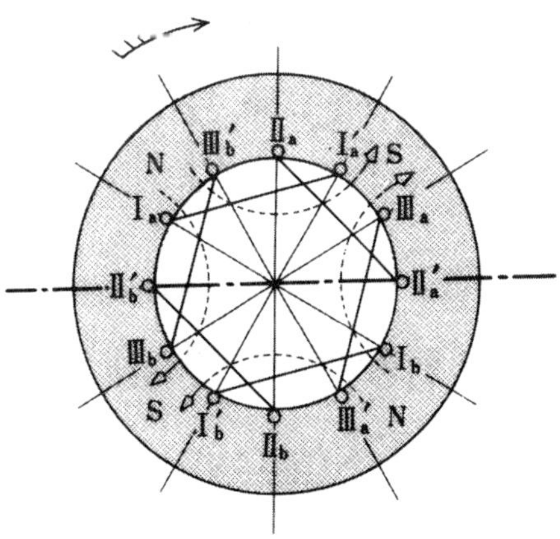

그림 4.5 4극의 회전자계

의 관계가 있다. 주파수와 극수로 정해지는 이 일정한 회전속도를 **동기속도**(synchronous speed)라고 한다.

$2p$극의 경우에는 기하각 π/p[rad]이 1자극피치가 된다. 1자극피치를 π[rad]로서 나타낸 각도를 **전기각**(electrical angle)이라고 한다. 즉, 전체 원주길이는 전기각으로 $2\pi p$[rad]가 된다.

4.1.2 다상 교류에 의한 회전기자력

그림 4.6과 같이 일정한 공극 δ를 가지는 교류 회전기의 고정자 혹은 회전자의 어느 쪽이든 한편에 전기각으로 $2\pi/3$의 간격을 두어 3개의 동일한 권선 Ⅰ, Ⅱ, Ⅲ를 배치해 이것들에 주파수 f [Hz]의 대칭 3상 교류인 $\dot{I}_1$, $\dot{I}_2$, $\dot{I}_3$를 흘렸을 경우의 공극의 자속밀도를 구해보자.

원통형의 고정자 또는 회전자의 철심 및 공극을 일직선으로 전개하여 나타내면, 하나의 권선에 의해서 생기는 기자력 분포는 그림 4.7과 같이 구형파가 되고, 그 최대치는 $w(\sqrt{2}I)$ [A]이다. 여기서, w는 권수, I는 전류의 실효값이다.

자기회로에서 고정자 및 회전자 철심의 자기저항은 공극의 자기저항에 비해 매우 작기 때문에 이것을 무시하면 자기회로의 단위 면적당 자기저항은 $2\delta/\mu_0$가 된다. 따라서 공극의 자속밀도의 분포 B는 기자력 분포와 같게 되며, 그 최대값을 B_m으로 하면

$$B_m = \mu_0 \frac{w(\sqrt{2}I)}{2\delta} = 0.889 \times 10^{-6} \frac{wI}{\delta} \text{ [T]} \tag{4.2}$$

또한, B는 전류 I와 같은 주파수 $f = \omega/2\pi$[Hz]로 교번하는 교번자속이 된다.

권선의 한 변을 원점 $\theta = 0$으로써 이 자속 분포를 푸리에 급수로 나타내면

$$B_{\mathrm{I}} = \frac{4}{\pi} B_m \left(\sin\theta + \frac{1}{3}\sin 3\theta + \frac{1}{5}\sin 5\theta + \cdots\cdots + \frac{1}{\nu}\sin\nu\theta + \cdots\cdots \right) \sin\omega t \tag{4.3}$$

여기서, ν는 홀수, $\omega = 2\pi f$

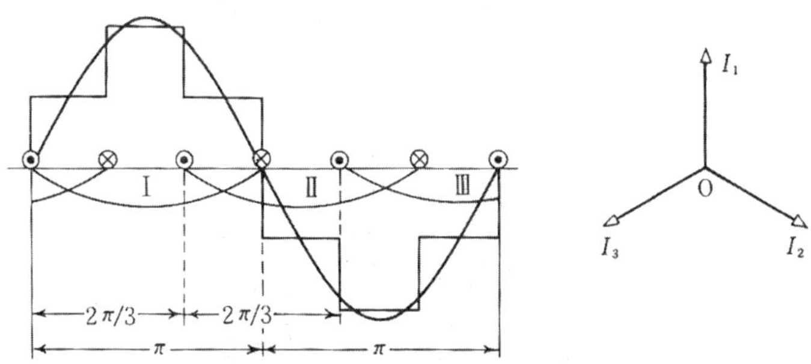

그림 4.6 다상 교류에 의한 기자력

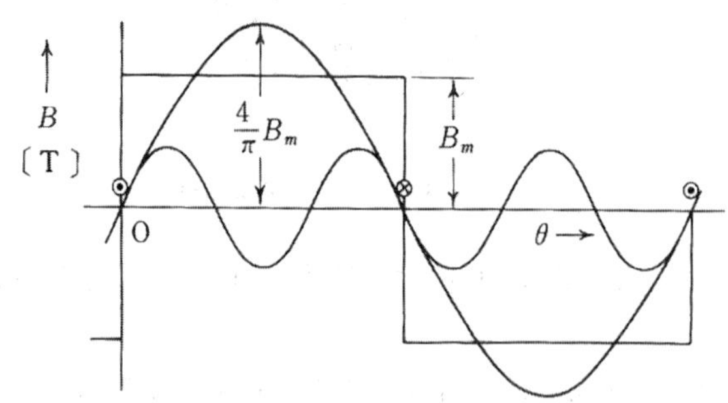

그림 4.7 1개의 권선에 의한 기자력

이와 같이 하여 권선 II는 공간적으로 I보다 $2\pi/3$ 늦기 때문에 그 자속은 θ 대신에 $(\theta-2\pi/3)$으로 두고, 시간적으로는 $2\pi/3$ 늦은 전류에 의해서 생기기 때문에 ωt 대신에 $(\omega t-2\pi/3)$으로 두면 된다. 즉,

$$B_{\mathrm{II}}=\frac{4}{\pi}B_m\left\{\sin\left(\theta-\frac{2\pi}{3}\right)+\frac{1}{3}\sin3\left(\theta-\frac{2\pi}{3}\right)+\cdots\cdots\right.$$

$$\left.+\frac{1}{\nu}\sin\nu\left(\theta-\frac{2\pi}{3}\right)+\cdots\cdots\right\}\sin\left(\omega t-\frac{2\pi}{3}\right) \tag{4.4}$$

같은 방법으로 제3상의 전류에 의한 자속분포는

$$B_{\mathrm{III}}=\frac{4}{\pi}B_m\left\{\sin\left(\theta-\frac{4\pi}{3}\right)+\frac{1}{3}\sin3\left(\theta-\frac{4\pi}{3}\right)+\cdots\cdots\right.$$

$$\left.+\frac{1}{\nu}\sin\nu\left(\theta-\frac{4\pi}{3}\right)+\cdots\cdots\right\}\sin\left(\omega t-\frac{4\pi}{3}\right) \tag{4.5}$$

이 중에서 제ν차 공간고조파를 살펴보면, 합성 자속밀도 B_ν는

$$B_\nu=\frac{4}{\pi}\frac{B_m}{\nu}\left\{\sin\omega t\sin\nu\theta+\sin\left(\omega t-\frac{2\pi}{3}\right)\sin\nu\left(\theta-\frac{2\pi}{3}\right)\right.$$

$$\left.+\sin\left(\omega t-\frac{4\pi}{3}\right)\sin\nu\left(\theta-\frac{4\pi}{3}\right)\right\}$$

$$=\frac{4}{\pi}\frac{B_m}{\nu}\frac{1}{2}\left[\cos(\omega t-\nu\theta)-\cos(\omega t+\nu\theta)\right.$$

$$+\cos\left\{\omega t-\nu\theta+(\nu-1)\frac{2\pi}{3}\right\}-\cos\left\{\omega t+\nu\theta-(\nu+1)\frac{2\pi}{3}\right\}$$

$$\left.+\cos\left\{\omega t-\nu\theta+(\nu-1)\frac{4\pi}{3}\right\}-\cos\left\{\omega t+\nu\theta-(\nu+1)\frac{4\pi}{3}\right\}\right] \tag{4.6}$$

(1) $\nu=1$, 즉 기본파에서는 제 2, 4, 6항은 $4\pi/3$만큼의 위상 차이를 가지는 정현파이기 때문에, 그 합은 0이 되어 제 1, 3, 5항의 합은 다음과 같이 된다.

$$B_1=\frac{4}{\pi}\cdot B_m\cdot\frac{3}{2}\cos(\omega t-\theta) \tag{4.7}$$

B_1은 $(\omega t-\theta)$의 정현파 함수이며, 시간 t와 함께 $(4/\pi)\cdot(3/2)B_m$의 최대치를 가진 정현파 파형이 상회전, 즉 오른쪽 방향(θ의 정방향)으로 움직여 가는 것을 나타낸다. 단위시간당 진행되는 길이, 즉 진행속도는 ω[rad/s]이다. 따라서 진행속도가 ω인 정현파를 나타내고 있다.

B_1이 최대가 되는 것은 $\omega t-\theta=2m\pi$(m=정수)의 관계가 만족될 때이다. 예를 들어, 권선 I의 중심축, 즉 $\theta=\pi/2$의 위치에서는 $\omega t-\theta=2m\pi+(\pi/2)$의 시각에 최대치가 된다. 이것은 제 1상의 전류 $\sqrt{2}I\sin\omega t$가 최대치 $\sqrt{2}I$가 된 순간이다. 따라서 진행파의 최대치는 전류가 최대가 된 권선의 중심축의 위치에 있다.

(2) $\nu = 3\lambda$(λ는 양의 홀수)의 고조파(3, 9, 15⋯ 등)의 경우는 식 (4.6)의 예를 들면 제3항은 $(\nu-1)2\pi/3 = 2\lambda\pi-(2\pi/3)$이 되어 제1, 3, 5항은 차례차례 $2\pi/3$의 위상차가 되기 때문에 그 합은 0이 된다. 또한, 제2, 4, 6항의 합도 이와 같이 0이 된다.

(3) $\nu = 3\lambda+1$ (λ의 양의 짝수)의 고조파(7, 13, 19,⋯⋯ 등)의 경우는 식 (4.6)의 제4항으로 $(\nu+1)2\pi/3 = 2\lambda\pi+(4\pi/3)$가 되어, 제2, 4, 6항은 차례차례 $4\pi/3$의 위상차가 되기 때문에 그 합은 0이 된다. 또한, 제3, 5항은 $(\nu-1)2\pi/3 = 2\lambda\pi$로 제1, 3, 5항은 같이 되어 그 합은 다음 식과 같다.

$$B_\nu = \frac{4}{\pi}\cdot\frac{B_m}{\nu}\cdot\frac{3}{2}\cos(\omega t-\nu\theta) \tag{4.8}$$

이 진행파는 기본파와 같이 오른쪽 방향으로 ω/ν의 속도로 진행하는 진행파이다. 단, 그 최대치는 기본파의 최대치의 $1/\nu$이 된다.

(4) $\nu = 3\lambda+2$(λ는 양의 홀수)의 고조파(5, 11, 17,⋯⋯) 등의 경우는 식 (4.6)의 제3항으로 $(\nu-1)2\pi/3 = 2\lambda\pi+(2\pi/3)$가 되어, 제1, 3, 5항의 합은 0이 된다. 또, 제4항은 $(\nu+1)2\pi/3 = (\nu+1)2\pi/3 = (\lambda+1)2\pi$가 되어, 제 2, 4, 6항은 모두 동상이 되기 때문에 그 합은 다음과 같이 된다.

$$B_\nu = \frac{4}{\pi}\cdot\frac{B_m}{\nu}\cdot\frac{3}{2}\cos(\omega t+\nu\theta) \tag{4.9}$$

이것은 기본파와 반대로 왼쪽방향으로 ω/ν의 속도로 진행하는 진행파이다.

지금까지 3상 교류에 의한 회전자계에 대한 것이지만, 일반적으로 공간에 $2\pi/m$의 간격을 두어 m개의 동일한 권선을 배치해, 이것들에 대칭 m상 교류를 흘리면, 똑같이 회전자계를 발생한다. 공간고조파의 기본파는

$$B_1 = \frac{4}{\pi}\cdot B_m\cdot\frac{m}{2}\cos(\omega t-\theta) \tag{4.10}$$

이고, 상회전 방향으로 진행하는 진행파가 된다.

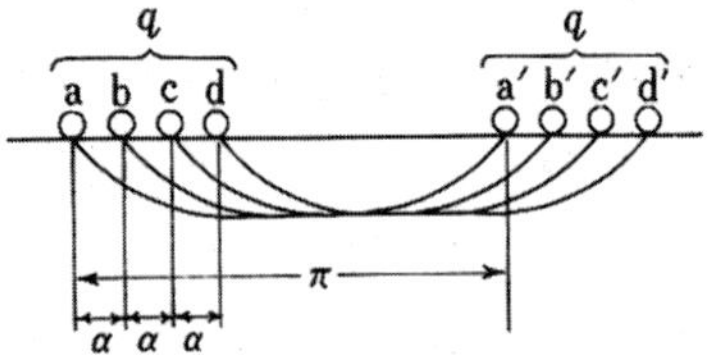

(a)

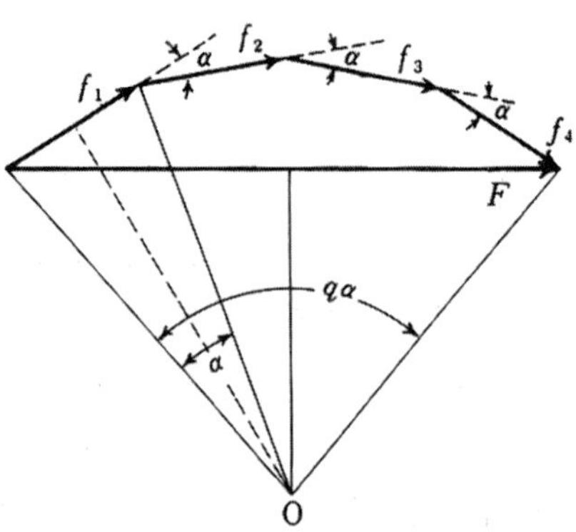

(b)

그림 4.8 분포권의 기자력

권수 w의 권선이 하나의 슬롯에 집중되고 있는 권선을 **집중권**(concentrated winding)이라고 한다. 권선이 그림 4.8(a)에 나타내듯이 q개의 슬롯에 분포되어 이것들이 직렬로 접속되고 있는 권선을 **분포권**(distributed winding)이라고 한다. 교류 회전기에서는 고정자 또는 회전자의 전체 원주를 유효하게 사용하기 위해서 집중권을 거의 사용하지 않는다. 다음으로 3상 분포 권선에 의한 회전자계를 알아보자.

슬롯피치를 α[rad]라고 하자. 예를 들어, $q=4$의 경우의 기자력의 분포는 그림 4.9와 같이 되어, 집중권의 경우보다 꽤 정현파에 가깝게 되어있다. q가 커지는 만큼, 더욱 더 정현파에 가깝게 된다는 것을 유추할 수 있다.

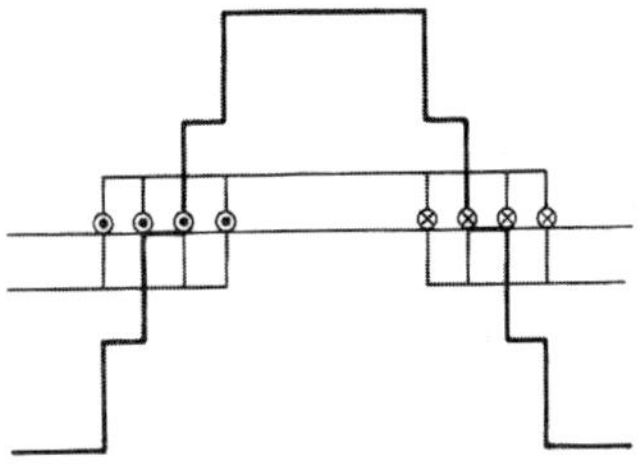

그림 4.9 기자력의 분포(1 자극피치, 전절권)

슬롯 aa′, bb′, cc′에 삽입한 권선의 전류에 의해서 생기는 기자력의 공간파 중에서 기본파만을 취하여 생각하면, 이것들은 공간적으로 각각 $\alpha(=\pi/(mq))$의 위상차를 가진 정현파이기 때문에 이것들을 벡터 $\dot{f}_1, \dot{f}_2, \dot{f}_3 \cdots\cdots$ 등으로 나타내면 그림 4.8(b)와 같이 되어, 그 벡터 합 $\dot{F}$가 그 합성 기자력을 나타내게 된다. 따라서 집중권으로 했을 경우에 비하면 기자력의 크기는 $F/(f_1+f_2+f_3+f_4)$의 비율로 감소한다. 이 비를 k_{d1}으로 하면

$$k_{d1} = \frac{F}{qf} = \frac{\sin(q\alpha/2)}{q\sin(\alpha/2)} \tag{4.11}$$

이러한 k_{d1}을 **분포계수**(distribution factor)라 하고, 1보다 작은 값이다.

제ν차 공간고조파에 비해서는 슬롯피치 α의 값으로 해서 $\nu\alpha$를 취해야 하므로 분포계수 $k_{d\nu}$는

$$k_{d\nu} = \frac{\sin(q\nu\alpha/2)}{q\sin(\nu\alpha/2)} \tag{4.12}$$

그림 4.10은 이 값을 도시한 것으로, 고조파의 차수가 늘어나는 만큼 계수가 급격하게 감소해 가는 것을 알 수 있다.

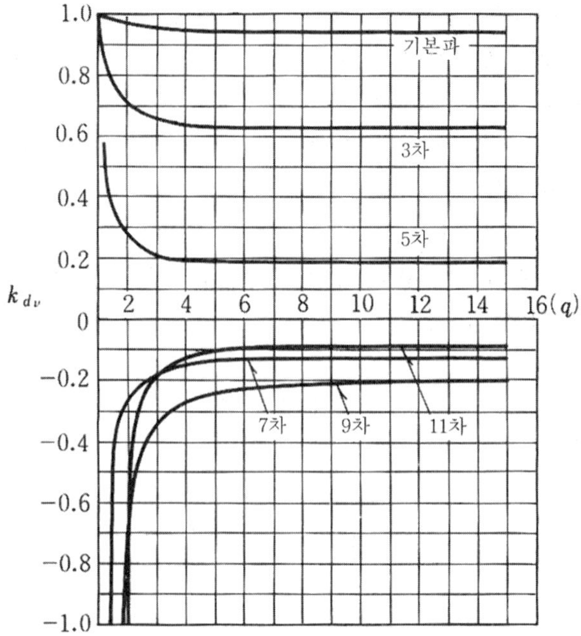

그림 4.10 분포계수

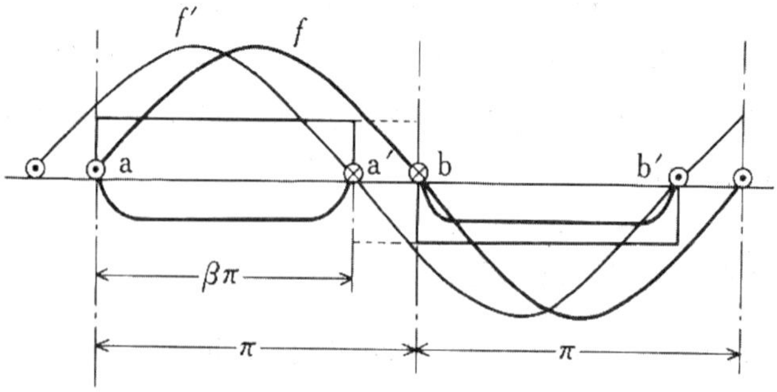

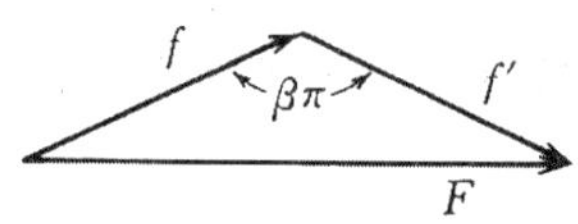

그림 4.11 기자력의 분포 (단절권)

그림 4.12 단절권 기자력

이상은 권선피치가 1자극피치 π와 동일한 전절권의 경우이지만, 권선피치가 1자극피치보다 짧은 단절권의 경우에는 그림 4.11과 같이 권선 aa′, bb′의 피치가 $\beta\pi(\beta<1)$이다. 기자력 분포가 ab, a′b′의 전류에 의해서 생기는 것이라고 생각하면, 그 기본파는 f, f'과 같은 분포가 된다. 따라서 합성 기자력 F는 전절권의 경우에 비하면 그림 4.12와 같이

$$k_{p1}=\frac{F}{f+f'}=\sin\frac{\beta\pi}{2} \tag{4.13}$$

의 비율로 감소한다. k_{p1}은 1 보다 작은 값이며, 이것을 **단절계수**(short pitch factor)라고 한다.

제ν차 공간고조파에 대한 단절계수는 다음과 같이 된다.

$$k_{p\nu} = \sin\frac{\nu\beta\pi}{2} \tag{4.14}$$

이상을 종합하여 단절 분포권의 3상 권선에 의해서 생기는 회전자계의 기본파의 최대치는

$$B_1 = \frac{4}{\pi} \cdot B_m \cdot \frac{3}{2} \cdot k_{w1} \qquad \text{단, } k_{w1} = k_{d1} \times k_{p1} \tag{4.15}$$

그리고 제 ν차 고조파는

$$B_\nu = \frac{4}{\pi} \cdot \frac{B_m}{\nu} \cdot \frac{3}{2} \cdot k_{w\nu} \qquad \text{단, } k_{w\nu} = k_{d\nu} \times k_{p\nu} \tag{4.16}$$

k_{w1}, $k_{w\nu}$를 **권선계수**(winding factor)라 한다.

고정자 권선의 공간고조파는 차수가 높아질수록 급격하게 작아지기 때문에, 특수한 경우를 제외하고서는 기본파만을 생각하면 충분하다.

4.1.3 유도기전력

공극에서의 자속분포가 정현파로 공간고조파를 포함하지 않는 경우, 권수 w의 전절 권선이 각속도 ω[rad/s]인 자속과의 사이에서 상호운동을 하고 있을 때의 유도기전력을 구해보자. 자속분포를 $B = B_1 \sin\theta$로 하고, 권선변이 $\theta = 0$의 위치에 있는 순간부터 시간 t를 계산하면, 유도기전력은

$$e = 2wl_c vB_1 \sin\theta \ \text{[V]}, \ \text{단, } \theta = \omega t \tag{4.17}$$

여기서, l_c : 권선변의 길이[m], v : 상대속도[m/s]

1자극피치가 τ[m]라면, $v = 2f\tau$이기 때문에

$$e = 4fw\tau l_c B_1 \sin\omega t \ \text{[V]}$$

그런데, 정현파의 평균치를 B_{av}라고 하면, $B_1 = (\pi/2)B_{av}$이기 때문에

$$4fw\tau l_c B_1 = 2\pi fw(\tau l_c B_{av}) = 2\pi fw\Phi_1$$

단, Φ_1 =극당 자속 $= (2/\pi)B_1\tau l_c$ [Wb]

따라서 $e = \sqrt{2}E_1 \sin\omega t$로 하면, 그 실효값 E_1은

$$E_1 = \frac{2}{\sqrt{2}}\pi fw\Phi_1 = 4.44fw\Phi_1 \ \text{[V]} \tag{4.18}$$

q개의 슬롯에 분포된 분포권의 경우에는 각 슬롯 내의 도체의 유도기전력의 위상이 순차적으로 슬롯피치 α만큼씩 어긋나있기 때문에, 합성 기전력은 앞서 언급한 바와 같이(그림 4.8 참조) 감소하고, 다음과 같이 된다.

$$E_1 = 4.44 k_{d1} f w \Phi_1 \ [\mathrm{V}], \quad k_{d1} = \frac{\sin\left(\frac{q\alpha}{2}\right)}{q\sin\frac{\alpha}{2}} \tag{4.19}$$

또, 단절권(권선피치= $\beta\pi$)의 경우에 기전력은 $k_{p1} = \sin(\beta\pi/2)$배가 된다(그림 4.12 참조).

4.1.4 구조

유도기 구조의 주요 부분은 고정자와 회전자이다. 고정자와 회전자 모두 각 부분의 자계는 주기적으로 변화하므로 철손을 경감하기 위해, 직류기의 전기자와 같이 규소강판을 겹쳐 쌓아 조립한다[1]. 고정자 철심에는 보통 3상 권선을 감는다.

고정자 권선은 일반적으로 2층 중권으로 한다. 저전압 소용량의 유도전동기로는 포르말 등으로 피복한 동선을 귀갑형으로 성형하여 직류기의 그림 2.8(a)에서 나타내 바와 같은 반폐 슬롯 내에 삽입한다. 고전압의 경우 동기기와 유사한 구조가 되므로 동기기를 참조하기 바란다. 3상의 선을 연결함은 고압기에서는 Y결선, 저압기에서는 Y, △형 모두 이용된다.

소형 또는 특수용도의 것으로는 단상이 많이 이용되며 2상 권선이 이용되기도 한다. 원리 설명에서 서술한 바와 같이 원통 도체를 이용한 회전자에서는 회전자속으로 유도되는 전류의 통로가 임의가 되어 유효하게 토크를 발생하지 않기 때문에, 이런 종류 구조의 회전자는 특수한 용도의 소형 전동기에만 이용된다. 실제로는 다음의 2종류의 구조가 사용된다.

1. 농형 회전자(squirrel-cage rotor, cage rotor) 이것은 회전자의 슬롯 1개당 동으로 된 도체 1개를 절연하지 않은 채로 삽입하고, 철심의 외측에서 그 양단을 동으로 된 **단락환**(end ring)으로 용접 또는 경납땜(brazing)으로 접속한 구조이다. 그림 4.13은 회전자의 도체 부분만 나타낸 것이다. 소형 유도전동기는 동으로 된 도체 대신에 알루미늄을 이용하는데, 조립된 철심에 용해한 알루미늄을 쏟고 도체, 단락환, 통풍 날개를 한 번에 주조해 만드는 다이캐스팅(die casting) 방법도 많이 행해지고 있다(그림 4.14 참조). 그림 4.15에 농형 유도전동기의 구조를 나타낸다.

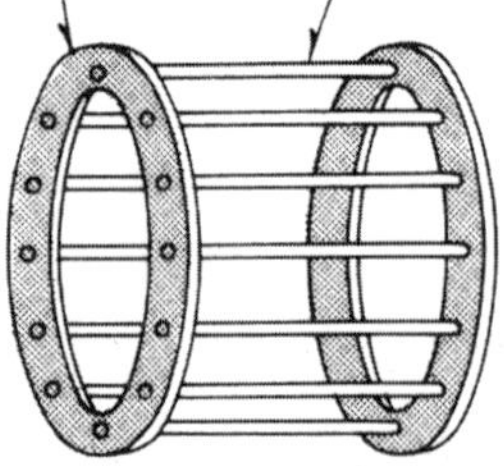

그림 4.13 회전자의 도체 부분

그림 4.14 알루미늄 다이캐스팅 단락환

1) 주로 두께 0.35mm 무방향성 전자강대(JIS C 2552)의 표면 절연 처리한 것이 이용된다.

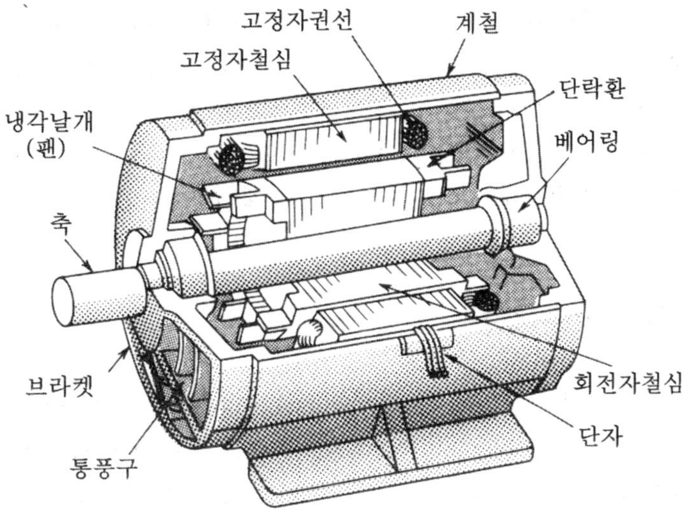

그림 4.15 농형 전동기의 구조

2. 권선형 회전자(wound rotor)　농형 회전자로 2극당 회전자 도체수를 Z_2개라고 하면, 각 도체에는 회전자계에 의해 각각 $2\pi/Z_2$씩의 위상 차이를 가진 기전력, 전류가 유도된다. 즉, 회전자는 Z_2상의 다상 권선이 된다.

예를 들어, 이 회전자 도체를 절연하여 여섯 개의 상대로 나누고, 각 상대의 도체를 직렬로 접속해 3상 권선으로 하여 권선 단자를 연결하면 회전자는 3상의 전동기가 된다. 이와 같이 하여 회전자가 고정자와 같은 다상 권선의 구조로 만든 것은 권선형 회전자라고 하고, 보통 3상 권선이 이용된다.

농형, 권선형과 그 고정자의 회전자에는 반폐 슬롯이 이용된다.

전동기의 기동, 속도제어 등을 위해 2차 전류를 조정할 필요가 있다. 회전자 권선에 가변 저항기를 접속하기 위해, 3개의 슬립링을 축에 설치하고 △ 또는 Y 결선된 2차 권선의 3단자를 슬립링에 접속하고, 이것에 접촉하는 브러시를 거쳐, 외부의 가변 저항기에 접속하는 구조가 되어 있다(그림 4.16). 운전시에는 브러시의 마찰 손실과 마모를 피하기 위해, 슬립링을 단락하고, 브러시는 슬립링과 접촉하지 않게 한다. 또한, 속도제어에는 상기의 슬립링을 통해서 외부 전원으로부터 적당한 주파수의 전류를 공급하게 된다.

그림 4.16 권선형 전동기의 회전자

3. 두 구조의 장단점과 기타 농형 유도전동기는 회전자의 구조가 간단하고 효율이 좋고 보수가 용이하다 또한, 소형으로부터 대형까지 넓게 이용된다. 한편, 권선형 유도전동기는 속도제어나 기동에 유리한 점이 있어서 중형 및 대형기에 이용된다.

유도전동기는 산업용 전동기로서 가장 널리 이용되고, 용도에 따라 여러 가지의 냉각, 통풍방식 및 보호방식이 채용된다(JIS C 4004 회전전기기계 통칙 참조).

4.2 권선의 누설인덕턴스

직류기 및 교류기의 전기자권선은 그림 4.17과 같이 철심에 설치된 슬롯에 넣는다. 이 권선에 전류가 흐르면, 그 기자력은 주자속이 통과하는 자기회로의 주기자력으로 합성되어 공극에 자속이 발생하고 동시에 슬롯 내부, 치, 권선단에 자기 자신의 도체에만 쇄교하는 누설자속이 발생한다. 이 자속에 의한 누설인덕턴스는 직류기 및 교류 정류자기기에서 정류작용을 저하시키고, 교류기에서는 리액턴스로서 전압강하를 일으켜 특성에 영향을 준다. 이 누설인덕턴스를 구하려면 도체에 단위 전류를 흘렸을 경우의 쇄교 자속수를 계산하면 된다.

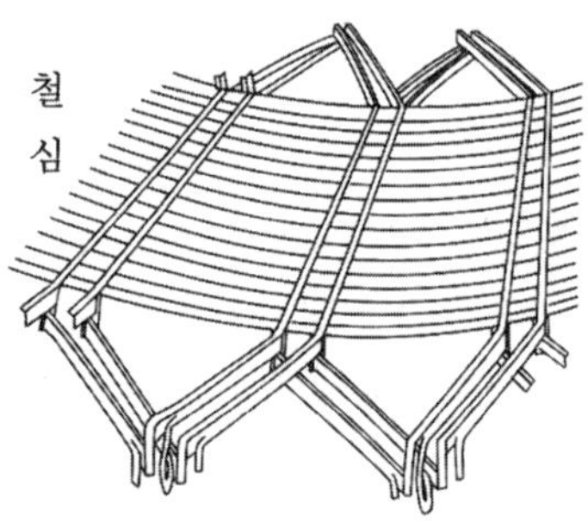

그림 4.17 슬롯에 감은 권선의 예

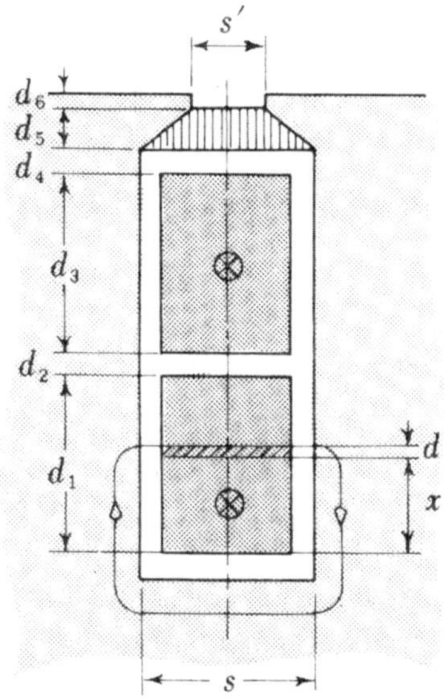

그림 4.18 누설인덕턴스의 설명

4.2.1 2층 권선의 누설인덕턴스 계산방법

그림 4.18과 같이 상하 2층의 권선을 가지는 2층 권선에 대해서 각층 권선의 누설인덕턴스를 계산하는 방법을 알아보자.

1. 하층 권선의 누설인덕턴스

 a. 하층 권선에 의한 것

(1) **슬롯 누설인덕턴스** 우선, 철심의 자기저항을 0, 즉 비투자율을 무한대로 하고, 전류는 각 도체에 흐르고 있고, 슬롯 내의 자속은 측면에 수직이라고 가정한다.

도체 절연물의 두께를 생각하지 않고 아래로부터 x의 거리에 폭 dx, 길이 1 m의 도체 소자를 생각하면 이 부분에 생기는 기자력은 $Z_x \times 1$ (Z_x는 바닥으로부터 x까지의 도체수)이다. 이 부분의 자기저항(magnetic reluctance)은 $s/\mu_0 dx$이기 때문에 이 소자를 통과하는 자속 $d\Phi_x$는 다음과 같이 된다.

$$d\Phi_x = (Z_x/s)\mu_0 dx \tag{4.20}$$

전체 도체수를 Z로 하면, $Z_x = Zx/d_1$이고, Z와 $d\Phi_x$와의 쇄교수 dN_x는

$$dN_x = Z_x d\Phi_x = \mu_0 Z^2 x^2 dx/d_1^2 s \tag{4.21}$$

이것을 $x = 0$ 으로부터 $x = d_1$까지 적분하면, 전체 쇄교수 N_a가 된다.

$$N_a = \int_{x=0}^{d_1} dN_x = \mu_0 Z^2 d_1/3s \tag{4.22}$$

$x = d_1$보다 위쪽에서는 기자력은 Z로 일정하고, 각 부분의 자기저항은 슬롯의 폭에 비례하기 때문에

$$d\Phi_x = \mu_0 Z dx/s, \quad dN_x = \mu_0 Z^2 dx/s$$

$x = d_2$로부터 d_6에서의 각 부분에 대해 적분하면, 전체 쇄교수 N_b는

$$N_b = \mu_0 Z^2 \left(\frac{d_2 + d_3 + d_4}{s} + \frac{2d_5}{s+s'} + \frac{d_6}{s'} \right) \tag{4.23}$$

폭 s로부터 s'까지 직선모양으로 변하고 있는 쐐기를 삽입하는 부분은 폭의 평균치 $(s+s')/2$를 취하면 된다.

(2) **치단 누설인덕턴스** 치단으로부터 다음의 치 끝에 가는 누설자속의 통로를 그림 4.19와 같이 치의 단부에서는 원형이라고 가정하면, 자기저항 R은

$$R = \frac{1}{\mu_0 \int_0^t \frac{dy}{\pi y + s'}} = \frac{\pi}{\mu_0 \ln \frac{\pi t + s'}{s'}}$$

기자력은 Z이기 때문에 전체 쇄교수 N_c는

$$N_c = \mu_0 \frac{Z^2}{\pi} \ln \frac{\pi t + s'}{s'} \tag{4.24}$$

b. 상층 도체에 의한 것 상층 도체의 바닥으로부터 x가 되는 부분에 dx가 되는 도체 소자를 생각하면, $x = 0$로부터 x까지의 상층 도체의 전류에 의해서 이 소자를 통과하는 자속 $d\Phi_x$는

$$d\Phi_x = \mu_0 \frac{Zx dx}{d_3 s}$$

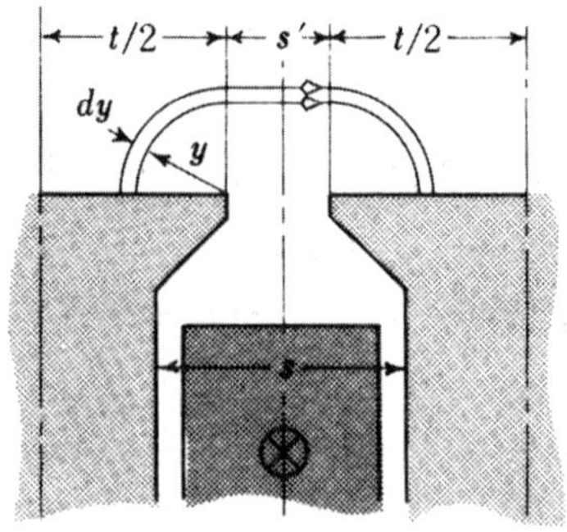

그림 4.19 치단 누설자속

상층의 전체 도체 전류에 의한 자속으로 하층 도체와 쇄교하는 것에 대하여

$$\int_{x=0}^{d_3} d\Phi_x = \mu_0 \frac{Zd_3}{2s}$$

하층 도체의 쇄교수 N_a'은

$$N_a' = \mu_0 \frac{Z^2 d_3}{2s} \quad (4.25)$$

d_4, d_5, d_6 부분에 대해서는

$$N_b' = \mu_0 Z^2 \left(\frac{d_4}{s} + \frac{2d_5}{s+s'} + \frac{d_6}{s'} \right) \quad (4.26)$$

치단부분으로는 기자력도 자기저항도 a항의 경우와 같고

$$N_c' = \mu_0 \frac{Z^2}{\pi} \ln \frac{\pi t + s'}{s'} \quad (4.27)$$

c. **엔드코일 누설인덕턴스** 그림 4.20과 같이 엔드코일의 부분에서의 자기회로는 복잡하고, 계산이 곤란하므로 근사식을 이용한다. 예를 들어, 이 부분의 쇄교수 N_d는

$$N_d = \frac{2.3\mu_0 Z^2}{2\pi} \left(\log_{10} \frac{l_b}{d_0} - 0.5 \right) l_b \quad (4.28)$$

단, l_b : 슬롯으로부터 돌출된 부분의 길이[m]

d_0: 도체와 같은 면적의 원의 직경[m]

이것은 같은 길이의 원형 권선으로 계산한 근사식이다. 실제로는 인접 도체와의 상호 유도 작용이 있으므로 더욱 복잡하게 된다.

슬롯 내에 넣어져 있는 권선변의 피치가 자극피치와 동일한 전절권의 경우는 상하 도체의 전류가 동상이기 때문에 이상의 N을 가해 주면 하층 도체의 누설인덕턴스 L_1을 구할 수 있다. 즉,

$$L_1 = l_c \{ (N_1 + N_b + N_c) + (N_a' + N_b' + N_c') \} + l_b N_d \ [\mathrm{H}] \quad (4.29)$$

단, l_c : 철심의 길이, l_b : 철심 외의 길이

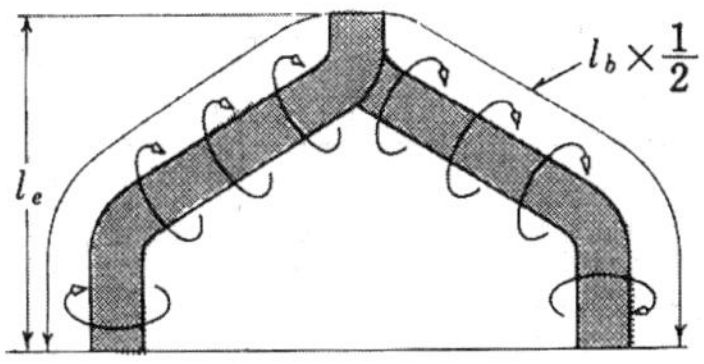

그림 4.20 앤드코일 누설자속

2. 상층 권선의 누설인덕턴스 상층 도체 자신의 전류에 의한 자속의 쇄교수는 d_3부에서 식 (4.22)에 의해

$$N_e = \mu_0 Z^2 ds/(3s) \tag{4.30}$$

d_4, d_5, d_6부분에서

$$N_f = \mu_0 Z^2\left(\frac{d_4}{s} + \frac{2d_5}{s+s'} + \frac{d_6}{s'}\right) \tag{4.31}$$

치단에서

$$N_g = \mu_0 \frac{Z^2}{\pi} \ln\frac{\pi t + s'}{s'} \tag{4.32}$$

하층 도체에 의한 것은 d_3부분에서

$$N_e' = \int_{x=0}^{d_5} \mu_0\left(Z\frac{x}{d_3}\right)\mu_0 \frac{Zdx}{s} = \frac{\mu_0 Z^2 d_3}{2s} \tag{4.33}$$

d_4, d_5, d_6부분에서

$$N_f' = \mu_0 Z^2\left(\frac{d_4}{s} + \frac{2d_5}{s+s'} + \frac{d_6}{s'}\right) \tag{4.34}$$

치단에서

$$N_g' = \mu_0 \frac{Z^2}{\pi} \ln\frac{\pi t + s'}{s'} = N_g \tag{4.35}$$

전절권의 경우에 상층 도체의 누설인덕턴스 L_2는 이상의 앤드코일 누설에 대한 것을 가하면

$$L_2 = l_c\{(N_e + N_f + N_g) + (N_e' + N_f' + N_g')\} + l_b N_d \tag{4.36}$$

따라서 1개 코일의 전체 누설인덕턴스 L은

$$L = L_1 + L_2 = \mu_0 Z^2 \left\{ l_c\left(\frac{d_1 + 3d_2 + 7d_3 + 12d_4}{3s} + \frac{8d_5}{s+s'} + \frac{4d_6}{s'} + \frac{4}{\pi}\ln\frac{\pi t + s'}{s'}\right) + \frac{2.3}{\pi} l_b\left(\log_{10}\frac{l_b}{d_0} - 0.5\right)\right\} [\mathrm{H}] \tag{4.37}$$

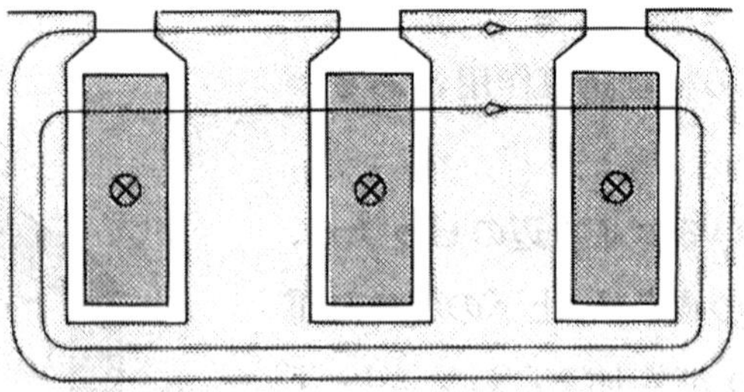

그림 4.21 슬롯의 누설자속

그림 4.21과 같이 몇 개의 슬롯에 걸쳐 코일을 넣는 경우에는 양쪽의 도체 전류에 의한 치 안의 누설자속은 서로 상쇄되기 때문에, 1개 슬롯의 경우의 L을 구하고, 이것에 슬롯수를 곱하면, 누설인덕턴스가 구해진다.

단층 권선의 누설인덕턴스 L은 식 (4.29)에 $N_a{}' = N_b{}' = N_c{}' = 0$으로 두어서 구할 수 있다. 즉, 코일의 절반에 비해서

$$L_1 = L_2 = l_c(N_a + N_b + N_c) + l_b N_d$$

$$L = 2L_1 = 2\mu_0 Z^2 \left\{ l_c \left(\frac{d_1}{3s} + \frac{d_2 + d_3 + d_4}{s} + \frac{2d_5}{s + s'} + \frac{d_6}{s'} + \frac{2.3}{\pi} \log_{10} \frac{\pi t + s'}{s'} \right) + l_b \cdot \frac{2.3}{2\pi} \log_{10} \left(\frac{l_b}{d_0} - 0.5 \right) \right\} \ [\mathrm{H}] \tag{4.38}$$

누설리액턴스 x_a는 상기에 $2\pi f$를 곱해 얻을 수 있다. 즉,

$$x_a = 2\pi f L \ [\Omega]$$

이상에 대해서는 전류분포가 도체 내에서 일정하다고 가정했지만, 교류에서는 전류의 표피효과 때문에 전류분포가 일정하지 않게 되어 실효 리액턴스가 바뀌게 된다.

이상은 누설자속의 통로를 계산식으로 표현할 수 있는 간단한 형태로 가정해 구한 근사식이다. 유도기와 같이 슬롯이 있는 고정자와 슬롯이 있는 회전자가 서로 마주보고 있는 경우에는 특히 치단 누설자속의 통로가 복잡한 형태가 되어 계산치는 실제의 값과 잘 맞지 않는다. 또한, 상기의 생각을 기본으로 하여 구한 이론식에 실측치와 맞도록 실험적 정수를 가한 실험적 공식이 여러 가지 이용되고 있다.

4.3 3상 유도전동기의 전압, 전류, 전력

4.3.1 다상 유도전동기의 합성 토크

1차 m_1상, 2차 m_2상의 다상 유도전동기로 m_1, m_2가 매우 큰 다상 유도전동기를 생각해보자. 그림 4.22(a)는 고정자, 회전자의 1 자극피치를 일직선으로 전개해 나타낸 것으로 자속, 기전력, 전류의 정방향을 그림과 같이 정하여 상회전 방향은 왼쪽에서 오른쪽으로 한다.

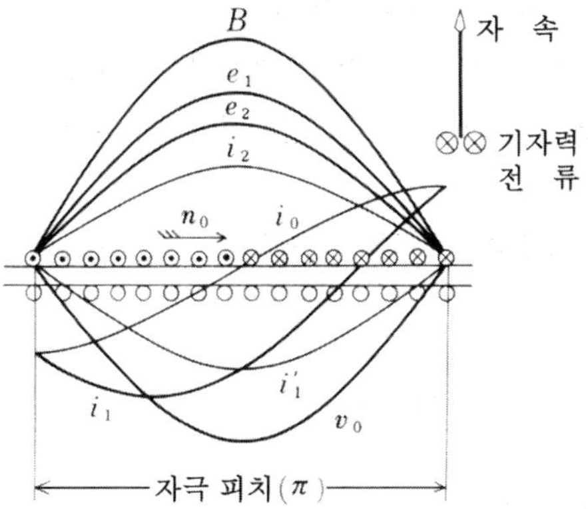

(a)

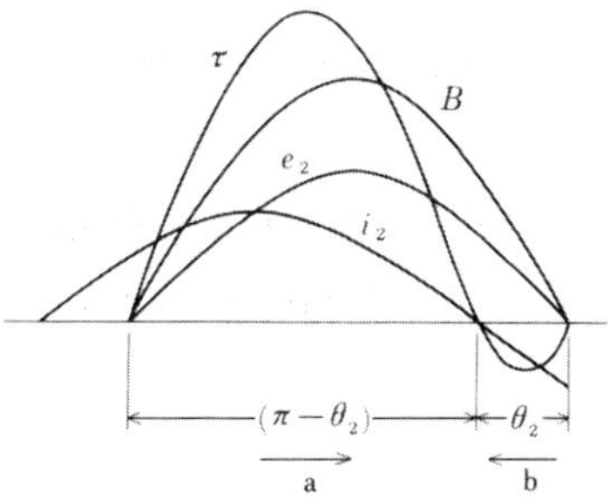

(b)

그림 4.22 이상적인 유도전동기

2차 권선의 양단은 개방하여 회전자는 정지하고 있다고 하자. 1차 권선에 m_1상의 다상 교류를 흘리면, 그 전류분포는 슬롯의 영향을 무시한다면, 상수가 매우 많기 때문에 그림의 i_0와 같은 정현파 분포가 된다. i_0에 의한 기자력분포는 B와 같이 상회전 방향에 대해 $\pi/2$ 늦은 위상의 정현파가 되어, i_0와 B도 함께 동기속도로 상회전 방향으로 회전한다. 1차 도체는 이 회전자속에 쇄교하여 도체에 B에 비례하는 기전력 e_1이 유도된다. 1차 도체에는 저항도 누설리액턴스도 없다고 가정하면, 외부로부터 1차 도체에 가해진 전압 v_0는 정확히 이 e_1과 평형을 유지하게 되어, 그 공간분포는 B와 동상이 된다. 2차 도체에도 B에 비례하는 기전력이 유도되며, 그 분포는 e_2와 같다.

2차 도체의 저항을 r_2로 하고, 그 양단을 저항, 리액턴스가 0인 단락환으로 결합하면, 각 도체에는 e_2와 동상으로 $i_2 = e_2/r_2$의 2차 전류가 흘러 그 공간분포는 그림과 같이 되고, 공간에 대해서 동기속도 n_0로 회전한다. i_2에 의해서 생기는 기자력은 주자속 B를 왜곡시키지만, 1차 전압 v_0가 일정으로 유지되고 있으면, 이것과 일정한 관계에 있는 B는 일정하게 되어야 하므로 1차 도체에는 i_2에 의한 기자력을 상쇄시키는 전류 i_1'가 흐르게 된다. 이 i_1'와 자계 B를 만들고 있는 여자전류 i_0와의 합이 1차 도체에 흐르는 전전류 i_1이 된다.

실제로는 2차 도체에는 누설리액턴스가 있으므로, 주파수 f때의 값을 x_2라고 하면

$$i_2 = \frac{e_2}{\sqrt{r_2^2 + x_2^2}}$$

이고, i_2는 e_2보다 $\theta_2 = \tan^{-1}(x_2/r_2)$만큼 늦어 2차 전류 i_2의 분포는 그림 4.22(b)와 같이 된다.

이 2차 전류와 자속 B와의 상호작용에 의해서 그림 (b)에 나타낸 바와 같이 도체에 Bi_2에 비례한 토크 τ[N·m]가 화살표 a, b의 방향으로 발생한다(그림 1.5(b) 참조). $(\pi - \theta_2) > \theta_2$이기 때문에 합성 토크는 회전자계와 동방향이 된다. 누설리액턴스가 저항에 비해 커지는 만큼 θ_2가 커져 합성 토크의 크기는 감소한다.

회전자를 자유롭게 회전할 수 있도록 하고, 축에 기계적 부하를 걸면, 회전자가 발생되는 토크에 의해서 회전속도가 점차 상승한다. 그에 따라 회전자계와의 상대속도가 작아지므로 e_2 및 i_2의 크기도 감소해 토크가 감소한다. 발생토크가 부하의 토크와 정확히 평형한 속도 n으로 회전을 계속하게 된다.

이 회전자계와 회전자와의 상대속도 $(n_0 - n)$과 자계의 동기속도 n_0와의 비 s를 **슬립**(slip)이라고 하여 백분율로 나타낼 수 있다. 즉

$$s = \frac{n_0 - n}{n_0} \quad \text{또는} \quad n = (1 - s) n_0 \tag{4.39}$$

정지된 경우는 $s = 1$, 동기속도에서는 $s = 0$이다.

슬립 s의 경우의 2차 도체의 기전력, 전류의 주파수, 즉 2차 주파수 f_2는 sf이기 때문에 누설 리액턴스는 sx_2, 2차 유도기전력은 se_2가 된다. 따라서 다음 식이 얻어진다.

$$i_2 = \frac{se_2}{\sqrt{r_2^2 + (sx_2)^2}} \text{ [A]}, \qquad \theta_2 = \tan^{-1}\left(\frac{sx_2}{r_2}\right) \tag{4.40}$$

e_2, i_2의 분포는 주파수가 sf이기 때문에 회전자에 비해서는 $sf/p = sn_0$의 회전속도로 돌고 있지만, 회전자는 공간에 비해서 $n = (1 - s)n_0$로 돌고 있기 때문에 공간에 비해서는

$$(1 - s)n_0 + sn_0 = n_0$$

즉, 정지시의 자계의 속도와 같이 동기속도로 돌게 된다. 따라서 토크는 정지된 경우와 같이 그림 4.22에서 B와 i_2의 곱이 가해지는 점의 토크를 얻을 수 있다.

4.3.2 3상 유도전동기의 전압, 전류, 전력

실제의 3상 유도전동기에서는 고정자가 3상, 회전자가 권선형에서는 3상, 농형에서는 3상보다 많은 다상이다. 이미 4.1절에 말한 것처럼 다상 권선에 다상 교류를 흘렸을 경우에 생기는 회전기자력의 공간고조파는 일반적으로 작기 때문에 그 영향을 무시하고 고정자, 회전자 기자력의 기본파만을 취하면, 앞 절에서 말한 상수가 매우 많은 유도전동기와 같은 관계가 성립된다.

1. 전압 정현파 회전자계의 극당 주 자속수를 Φ[Wb]라고 하면, 식 (4.19)에 의해 1차 1상의 유도전압 E_1은

$$E_1 = \sqrt{2}\,\pi k_{w1} f w_1 \Phi = 4.44 k_{w1} f w_1 \Phi \text{ [V]} \tag{4.41}$$

단, k_{w1} = 1차 권선계수, w_1 = 1차 한 상의 권수

2차가 정지된 경우의 2차 한 상의 유도 전압은 똑같이

$$E_2 = \sqrt{2}\,\pi k_{w2} f w_2 \Phi = 4.44 k_{w2} f w_2 \Phi \text{ [V]} \tag{4.42}$$

단, k_{w2} =2차 권선계수, w_2 =2차 한 상의 권수

슬립 s로 회전하고 있는 경우의 2차 전압 E_{2s}는

$$E_{2s} = sE_2 = 4.44k_{w2}sfw_2\Phi \ [\mathrm{V}] \tag{4.43}$$

따라서

$$\frac{E_{2s}}{E_1} = s\frac{k_{w2}w_2}{k_{w1}w_1} \quad \text{또는} \quad E_1 = \frac{u_e}{s}E_{2s} \tag{4.44}$$

단,

$$u_e = \frac{k_{w1}w_1}{k_{w2}w_2} = \text{전압 변성비} \tag{4.45}$$

2. 전류 일반적으로 m_1=1차 상수, m_2=2차 상수, $2p$=극수, 1차 및 2차 1상의 저항 및 누설 리액턴스를 각각 r_1, r_2, x_1, x_2(정지의 경우)라고 하면

$$\dot{I_2} = \frac{\dot{E}_{2s}}{r_2 + \mathrm{j}sx_2}, \quad \theta_2 = \tan^{-1}\left(\frac{sx_2}{r_2}\right) \tag{4.46}$$

회전자 1상의 기자력(기본파)의 최대치는

$$F_2 = \frac{4}{\pi}\frac{k_{w2}w_2}{2p}\sqrt{2}\,I_2 \fallingdotseq 0.9\frac{k_{w2}w_2}{p}I_2 \ [\mathrm{A}] \tag{4.46}$$

합성 기자력의 최대치는

$$F = \frac{m_2}{2}F_2 = 0.45\frac{m_2k_{w2}w_2}{p}I_2 \ [\mathrm{A}] \tag{4.47}$$

이 2차 기자력을 상쇄시키기 위해서 1차 측에 I_1'의 전류를 흐른다. 즉,

$$0.45\frac{m_1k_{w1}w_1}{p}I_1' = 0.45\frac{m_2k_{w2}w_2}{p}I_2 \tag{4.48}$$

의 관계가 성립해

$$I_1' = \frac{m_2k_{w2}w_2}{m_1k_{w1}w_1}I_2 = u_iI_2 \ [\mathrm{A}] \tag{4.49}$$

단, $u_i = \dfrac{m_2k_{w2}w_2}{m_1k_{w1}w_1}$ = 전류 변성비

3. 벡터도 1차에 정현파 회전자계 B를 만들기 위한 여자전류 I_0와 1차 인가전압 V_0와의 비, 즉 여자 어드미턴스를 $\dot{Y}_0 = g_0 - \mathrm{j}b_0$로 한다. g_0는 회전자계에 의한 철손을 공급하기 위해서 필요한 컨덕턴스이다.

회전자계를 기준으로서 1차 1상당의 전압, 전류의 벡터도(그림 4.23)를 생각해보자. 이 1차 권선과 쇄교하고 있는 회전자속 $\dot{\Phi}$를 기준벡터로 취하면, 여자전류 $\dot{I}_0$는 철손각 α만큼 앞선 위상이 된다. 자속 $\dot{\Phi}$의 변화에 의해서 유도되는 1차 전압 $\dot{E}_1$는 $\dot{\Phi}$보다 $\pi/2$ 늦은 위상에 있어 이것에 이겨 가해야 할 1차 전압 $\dot{V}_0$는 $\dot{\Phi}$보다 $\pi/2$ 앞선다.

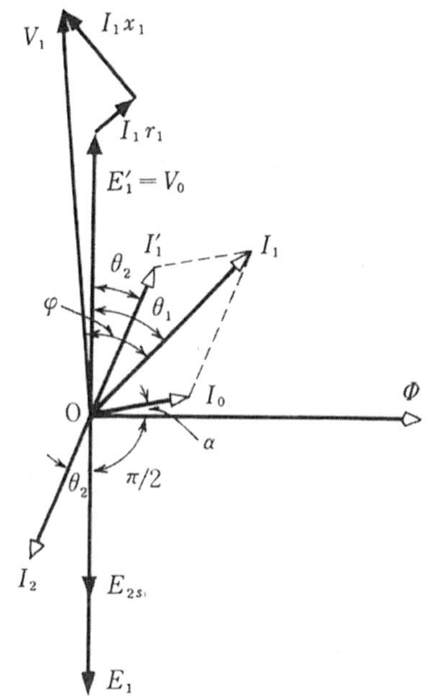

그림 4.23 유도기의 벡터도

2차 권선의 전압, 전류분포는 슬립의 여하에 관계없이 동기속도로 1차의 전압 전류와 같은 관계 위치를 유지하면서 회전하고 있기 때문에, 2차 유도전압 $\dot{E}_{2s}$는 $\dot{\Phi}$보다 $\pi/2$ 늦고 2차 전류 $\dot{I}_2$는 $\dot{E}_{2s}$보다 $\theta_2 = \tan^{-1}(sx_2/r_2)$ 늦은 위상이 된다.

$\dot{I}_2$에 의한 2차 기자력을 상쇄시켜 자계를 일정하게 유지하기 위한 1차 부하전류 $\dot{I}_1{}'$는 $\dot{I}_2$와 반대 위상이므로 $\dot{I}_0$와 $\dot{I}_1{}'$와의 합성 $\dot{I}_1$가 1차 전류가 된다. 1차 권선의 저항 r_1에 의한 전압강하 $\dot{I}_1 r_1$, 누설리액턴스 강하 $\dot{I}_1 x_1$을 $\dot{V}_0$에 더한 $\dot{V}_1$가 실제로 1차 권선에 가해야 할 1차 전압이 된다.

4. 전력

1차 1상의 입력 $\qquad P_1 = V_1 I_1 \cos\phi$ [W] $\qquad$ (4.50)

$$P_1 - I_1^2 r_1 = E_1 I_1 \cos\theta_1$$

$$P_1 - I_1^2 r_1 - E_1^2 g_0 = E_1 I_1{}' \cos\theta_2$$

여기서, $I_1^2 r_1$=1차 권선동손, $E_1^2 g_0$=철손

이기 때문에, $E_1 I_1{}' \cos\theta_2$는 1차 1상에 대한 2차 입력이 되어

전체 2차 입력 $\qquad P_a = m_1 E_1 I_1{}' \cos\theta_2$ [W] $\qquad$ (4.51)

그런데, 식 (4.44), (4.49)로부터

$$E_1 = \frac{u_e E_{2s}}{s}, \qquad I_1{}' = u_i I_2$$

이기 때문에

$$P_a = m_1 \frac{k_{w1}w_1}{sk_{w2}w_2} E_{2s} \frac{m_2 k_{w2} w_2}{m_1 k_{w1} w_1} I_2 \cos\theta_2 = m_2 \frac{E_{2s} I_2}{s} \cos\theta_2$$

$$= m_2 E_2 I_2 \cos\theta_2 \ \text{[W]} \tag{4.52}$$

$$sE_2 = I_2 \sqrt{r_2^2 + (sx_2)^2} \ \text{[V]}, \quad \cos\theta_2 = \frac{r_2}{\sqrt{r_2^2 + (sx_2)^2}}$$

이기 때문에, 식 (4.52)에 대입하면

$$P_a = \frac{m_2 I_2^2 r_2}{s} \text{[W]} \tag{4.53}$$

전체 2차 동손 $P_{l2} = m_2 I_2^2 r_2 = sP_a = m_2 E_{2s} I_2 \cos\theta_2 \text{[W]}$ (4.54)

2차 입력으로부터 2차 동손을 뺀 것은 동력으로 전환되는 기계적 출력이다.[2)]

기계적 출력 $P_2 = P_a - P_{l2} = (1-s)P_a = m_2(1-s)E_2 I_2 \cos\theta_2$

$$= m_2 \frac{1-s}{s} I_2^2 r_2 \ \text{[W]} \tag{4.55}$$

효율 $\eta = \dfrac{P_2}{m_1 P_1}$ (4.56)

P_2로부터 기계손, 회전자 철손을 뺀 나머지는 실세로 이용할 수 있는 출력이 된다. 기계적 출력 P_2와 2차 입력 P_a와의 비 η'를 **2차 효율**(secondary efficiency)이라고 한다.

$$\eta' = \frac{P_2}{P_a} = 1 - s \tag{4.57}$$

5. 토크 회전자 각속도는 $2\pi n = (2\pi f/p)(1-s)$ [rad/s]이므로 발생토크는

$$T = \frac{P_2}{\frac{2\pi f}{p}(1-s)} = \frac{p m_2 E_2 I_2 \cos\theta_2}{2\pi f} \ \text{[Nm]}$$

$$= \frac{p m_2 E_2 I_2 \cos\theta_2}{2\pi f} \times \frac{1}{9.8} \text{[kgm]} \tag{4.58}$$

이 토크로 동기속도로 돌았다고 하면, 발생하는 전력은

$$T \times \frac{2\pi f}{p} = m_2 E_2 I_2 \cos\theta_2 = P_a = \frac{P_2}{1-s} \ \text{[W]} \tag{4.59}$$

발생토크를 이러한 표기방법으로 나타낸 경우, **동기 와트로 나타낸 토크**(torque in synchronous watts)라고 한다.

2) JEC-37「유도기」에 의하면, 이 밖에 표류부하로서 정격출력의 0.005를 고려한다.

4.4 유도전동기의 특성 식

4.4.1 등가회로

회전자가 정지되어 있는 다상 유도전동기를 생각하면, 1차 권선에 전압을 가하면 여자전류 $\dot{I}_0$가 흘러 이것에 의해 회전자계 $\dot{\Phi}$가 발생한다. 2차 권선에 유기되는

$$\dot{E}_2 = \frac{\dot{V}_0}{u_e}, \quad u_e = \frac{k_{w1}w_1}{k_{w2}w_2}$$

기전력이 유도되어, $\dot{I}_2 = \dfrac{\dot{E}_2}{r_2 + \mathrm{j}x_2}$의 전류가 흐른다. 또한, $\dot{I}_2$에 의한 기자력을 상쇄시키기 위해서

$$\dot{I}_1{}' = u_i \dot{I}_2, \ u_i = \frac{m_2 k_{w2} w_2}{m_1 k_{w1} w_1}$$

의 1차 부하전류가 흘러, $\dot{I}_0 + \dot{I}_1{}' = \dot{I}_1$가 1차 전류가 된다. 이것은 정확히 고정자를 1차, 회전자를 2차로 하여 1차와 2차와의 사이에 공극이 있고, 2차 권선이 단락되어 있는 다상 변압기와 같게 된다.

다음으로 슬립 s로 회전하고 있는 경우를 생각하면

$$\left.\begin{aligned} &\text{2차 유도전압} \quad \dot{E}_{2s} = s\dot{E}_2 = s\frac{\dot{V}_0}{u_e} \ [\mathrm{V}] \\ &\text{2차 전류} \quad \dot{I}_2 = \frac{s\dot{E}_2}{r_2 + \mathrm{j}sx_2} = \frac{\dot{E}_2}{\dfrac{r_2}{s} + \mathrm{j}x_2} \ [\mathrm{A}] \end{aligned}\right\} \quad (4.60)$$

가 되고, 2차 전류의 크기, 위상은 정지한 경우와 다르다. 그러나 기자력의 공간적인 분포는 정지된 경우와 같이 동기속도로 회전하므로 1차 측에 대한 반작용은 정지된 경우와 같게 된다. 1차 측에는 $\dot{I}_2$에 의한 회전기자력을 상쇄시키기 위해서 $\dot{I}_1{}'$가 흐르므로 1차의 1상에 대하여 생각하면 그림 4.24(a)와 같은 변압기와 같다. 단, 이 변압기는 2차 기전력이 1차 기전력의 $1/u_e$배, 2차 전류는 1차 전류의 $1/u_i$배로 변환되는 작용을 한다.

이것을 그림 4.24(b), (c)와 같이 전압 및 전류의 변압, 변류비가 1인 보통 변압기의 등가회로로 바꾸면 유도기전력과 2차 전류의 정방향을 반대로 취하여 전압은 u_e배로, 전류는 u_i배로 되기 때문에 2차 임피던스가 실제의 값의 u_e/u_i배가 된다. 즉,

$$r'_2 = \frac{u_e}{u_i}r_2 = \frac{m_1(k_{w1}w_1)^2}{m_2(k_{w2}w_2)^2}r_2, \quad x'_2 = \frac{u_e}{u_i}x_2 = \frac{m_1(k_{w1}w_1)^2}{m_2(k_{w2}w_2)^2}x_2 \quad (4.61)^{3)}$$

---

3) 변압기와 달리 유도기에서는 2차 측을 1차 측으로 환산하는 경우가 많기 때문에 이하의 장에서는 환산치를 모두 (′)를 붙여 나타낸다.

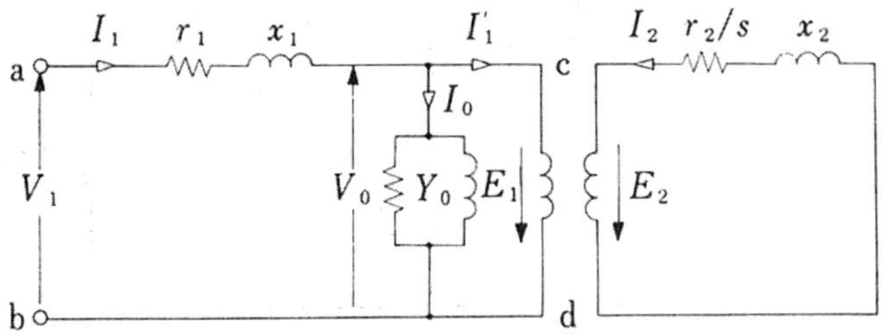

(a)

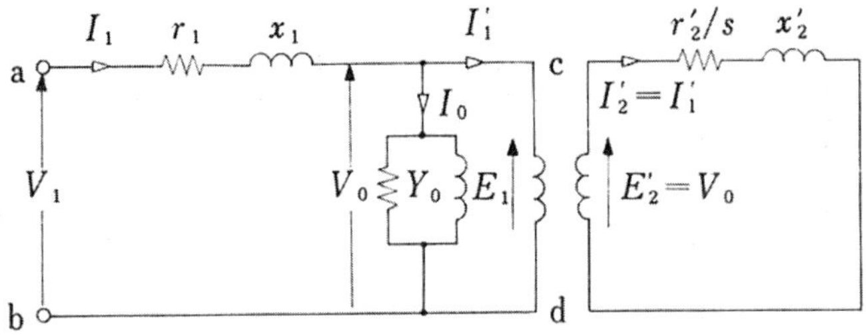

(b)

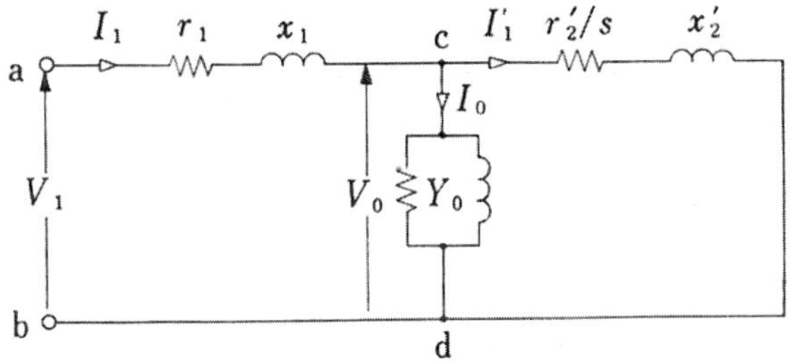

(c)

그림 4.24 유도기의 등가회로

로 두면 된다. 왜냐하면, 변환된 2차 회로의 cd 사이의 전압을 V_0로 하면, 2차 전류는

$$\frac{\dot{V}_0}{\frac{r'_2}{s}+\mathrm{j}x'_2}=\frac{\dot{V}_0}{\frac{u_e}{u_i}\left(\frac{r_2}{s}+\mathrm{j}x_2\right)}=\frac{s\dot{V}_0}{u_e}\frac{u_i}{r_2+\mathrm{j}sx_2}=u_i\frac{\dot{E}_{2s}}{r_2+\mathrm{j}sx_2}=u_i\dot{I}_2=\dot{I}_1' \tag{4.62}$$

이 되기 때문이다. 그런데

$$\frac{r_2'}{s}=r_2'+\frac{1-s}{s}r_2' \tag{4.63}$$

이기 때문에 이것을 그림 4.25와 같은 등가회로로 바꿀 수 있다. 그림에서 cd로부터 오른쪽 부분은 m_2상의 2차를 m_1상의 1차에 변환한 회로이며, cd로부터 오른쪽 부분에 공급되는 전력 $E_1I_1'\cos\theta_2$는 2차 입력, $I_1'^2r_2'$는 2차 동손, $I_1'^2\{(1-s)/s\}r_2'$는 전력으로부터 변환되는 기계적 출력을 나타내며 부하에 의해 s와 함께 바뀐다.

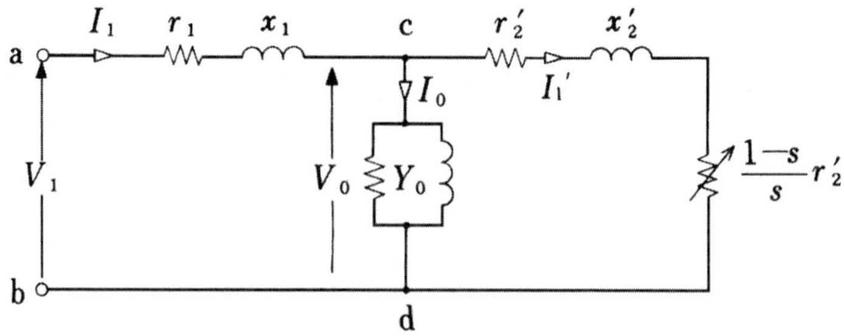

그림 4.25 T형 등가회로

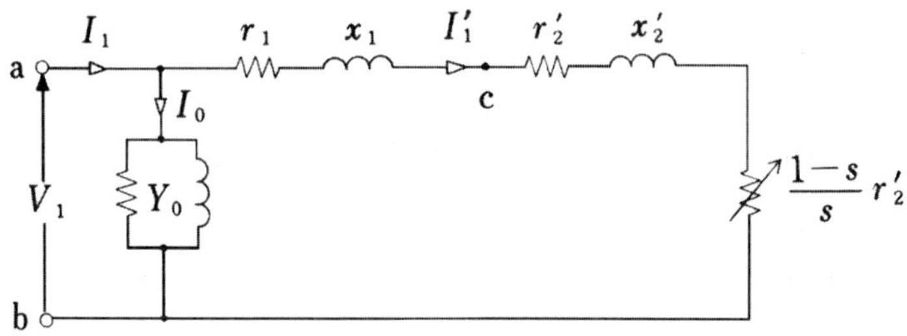

그림 4.26 L형 등가회로

변압기의 경우와 같이 여자전류와 1차 임피던스는 작기 때문에, 여자 어드미턴스 Y_0를 회로의 왼쪽으로 옮겨 그림 4.26과 같은 간이 등가회로로 표기하더라도 오차는 작다.

3상 권선형 전동기에서는 $m_1 = 3$, $m_2 = 3$으로 두면 된다. 농형 전동기에서는 회전자의 전체 도체수를 K로 하면 2극당 도체수는 K/p로 상수 m_2와 같다. 1상의 권수 w_2는 1/2, 권선계수 k_{w2}는 1이다. 도체 1개의 슬롯부분의 임피던스를 $\dot{Z}_c$, 1개의 단락환 1상의 임피던스를 $\dot{Z}_r$ 라고 한다면 그림 4.27(a)와 같은 환상 접속은 그림 (b)와 같이 Y결선으로 환산할 수 있고, 2차 1상의 임피던스 $\dot{Z}_2 = r_2 + jx_2$는 다음 식으로 주어진다.

$$\dot{Z}_2 = \dot{Z}_c + 2Z_s \quad [\Omega] \quad \text{단,} \quad \dot{Z}_s = \frac{\dot{Z}_r}{\left(2\sin\frac{\pi}{m_2}\right)^2} \tag{4.64}$$

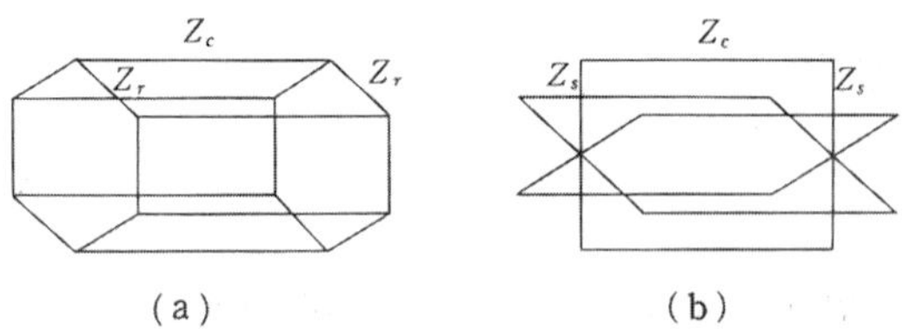

그림 4.27 △, Y 접속의 환산

4.4.2 등가회로에 의한 특성 계산

1. 특성을 나타내는 식 유도전동기의 2차 상수, 권수를 1차로 환산한 등가회로(그림 4.25)로부터 전동기의 여러 양을 구해보자.

1상의 인가 전압을 $\dot{V}_1$로 하면, 1차 단자에서 본 임피던스 $\dot{Z}$ 는

$$\dot{Z} = \dot{Z}_1 + \frac{\dfrac{\dot{Z}_{2s}}{\dot{Y}_0}}{\dot{Z}_{2s} + \dfrac{1}{\dot{Y}_0}} = \dot{Z}_1 + \frac{\dot{Z}_{2s}}{1 + \dot{Z}_{2s}\dot{Y}_0}$$

단, $\dot{Z}_1 = r_1 + \mathrm{j}\,x_1,\ \dot{Z}_{2s} = r'_2/s + \mathrm{j}\,x'_2,\ \dot{Y}_0 = g_0 - \mathrm{j}\,b_0$

1차 전류 $$\dot{I}_1 = \frac{\dot{V}_1}{\dot{Z}} = \dot{V}_1 \frac{1 + \dot{Z}_{2s}\dot{Y}_0}{\dot{Z}_1(1 + \dot{Z}_{2s}\dot{Y}_0) + \dot{Z}_{2s}} \tag{4.65}$$

부하전류 $$\dot{I}_1' = \dot{I}_1 \frac{\dfrac{1}{\dot{Y}_0}}{\dot{Z}_{2s} + \dfrac{1}{\dot{Y}_0}} = \dot{I}_1 \frac{1}{1 + \dot{Z}_{2s}\dot{Y}_0} = \dot{V}_1 \frac{1}{\dot{Z}_1(1 + \dot{Z}_{2s}\dot{Y}_0) + \dot{Z}_{2s}} \tag{4.66}$$

여자전류 $$\dot{I}_0 = \dot{E}_1\dot{Y}_0 = \dot{I}_1'\dot{Z}_{2s}\dot{Y}_0 = \dot{V}_1 \frac{\dot{Z}\,\dot{Y}_0}{\dot{Z}_1(1 + \dot{Z}_{2s}\dot{Y}_0) + \dot{Z}_{2s}} \tag{4.67}$$

그림 4.26의 L형 등가회로로부터 구하면

$$\dot{I}_1' = \frac{\dot{V}_1}{\dot{Z}_1 + \dot{Z}_{2s}} \tag{4.68}$$

$$\dot{I}_0 = \dot{V}_1\dot{Y}_0 \tag{4.69}$$

$$\dot{I}_1 = \dot{I}_0 + \dot{I}_1' = \dot{V}_1\left(\dot{Y}_0 + \frac{1}{(\dot{Z}_1 + \dot{Z}_{2s})}\right) = \dot{V}_1\left\{\left(g_0 + \frac{r_1 + \dfrac{r_2'}{s}}{Z^2}\right) - \mathrm{j}\left(b_0 + \frac{x_1 + x_2'}{Z^2}\right)\right\} \tag{4.70}$$

단, $Z = \sqrt{\left(r_1 + \dfrac{r_2'}{s}\right)^2 + (x_1 + x_2')^2}$

역률 $\cos\phi$

간이 식 (4.70)으로부터 구하면

$$\cos\phi = \frac{g_0 + \dfrac{r_1 + r_2'/s}{Z^2}}{\sqrt{\left(g_0 + \dfrac{r_1 + r_2'/s}{Z^2}\right)^2 + \left(b_0 + \dfrac{x_1 + x_2'}{Z^2}\right)^2}} \tag{4.71}$$

1차 입력 $P_1 = m_1 V_1 I_1 \cos\phi$ [W] (4.72)

2차 입력 $P_a = m_1 (I_1')^2 \dfrac{r_2'}{s}$ [W] (4.73)

1차 동손 $P_{l1} = m_1 (I_1')^2 r_1$ [W] (4.74)

2차 동손 $P_{l2} = m_1 (I_1')^2 r_2'$ [W] (4.75)

기계적 출력 $P_2 = P_a - P_{l2} = m_1 (I_1')^2 \left(\dfrac{1-s}{s}\right) r_2'$ [W] (4,76)

$$\left.\begin{array}{l} \text{토크} \quad T = \dfrac{P_2}{\dfrac{2\pi f}{p}(1-s)} = \dfrac{p}{2\pi f} m_1 (I_1')^2 \dfrac{r_2'}{s} \ [\mathrm{Nm}] \\ \text{동기 와트로 나타낸 토크} \quad T_s = T\dfrac{2\pi f}{p} = P_a \ [\text{동기 와트}] \end{array}\right\} \quad (4.77)$$

2차 효율 $\eta_2 = \dfrac{P_2}{P_a} = 1 - s$

효율 $\eta = \dfrac{P_2}{P_1}$

식 (4.73), (4.75)로부터

$$\text{슬립 } s = \frac{P_{l2}}{P_a} = \frac{\text{2차 동손}}{\text{2차 입력}} \quad (4.78)$$

2. 최대 토크 저 슬립구간에서는 $r_2' \gg s x_2'$이기 때문에, r_1, x_1, x_2'를 r_2'/s에 대해 무시하면, 식 (4.77)은

$$T_s = P_a \fallingdotseq \frac{m_1 V_1^2}{r_2'} s \ [\text{동기 와트}]$$

가 된다. 즉, 슬립에 비례하여 토크가 증가한다.

최대 토크 P_{am}는 $dP_a/ds = 0$로 구할 수 있다. 이 경우로 하면

$$s_t = \pm \frac{r_2'}{\sqrt{r_1^2 + (x_1 + x_2')^2}} \quad (4.79)$$

$$P_{am} = \frac{m_1 V_1^2}{2\left[r_1 \pm \sqrt{r_1^2 + (x_1 + x_2')^2}\right]} \ [\text{동기 와트}] \quad (4.80)$$

여기서, $+$는 전동기, $-$는 발전기의 경우

위 식으로부터 최대 토크는 2차 저항 r_2와 관계없으며, 또한 최대 토크에 해당하는 슬립 s_t는 2차 저항이 커질수록 증가하는 것을 알 수 있다. 최대 토크 이상의 부하가 되면 전동기가 멈추므로 **정동토크**(stalling torque)라고도 한다.

3. 최대 출력 최대 출력 P_{2m}은 $\frac{dP_2}{ds} = 0$로부터 구할 수 있다. 이 경우 슬립을 s_P로 하면

$$s_P = \frac{r_2'}{r_2' \pm \sqrt{(r_1 + r_2')^2 + (x_1 + x_2')^2}} \tag{4.81}$$

$$P_{2m} = \frac{m_1 V_1^2}{2[(r_1 + r_2') \pm \sqrt{(r_1 + r_2')^2 + (x_1 + x_2')^2}]} \text{ [W]} \tag{4.82}$$

여기서 +는 전동기, −는 발전기

식 (4.81), (4.82)로부터 전동기에서는 $s_p < s_t$이다.

4. 최대 역률 철손을 무시했을 경우, 즉 식 (4.71)의 g_0를 무시하고 s에 대해 미분하여 최대 역률을 구하면 다음 식과 같이 된다.

$$\left.\begin{aligned} (\cos\phi)_m &\fallingdotseq \frac{1 - b_0(x_1 + x_2')}{1 + b_0(x_1 + x_2')} \\ s_\phi &= r_2' \sqrt{\frac{b_0}{x_1 + x_2'}} \end{aligned}\right\} \tag{4.83}$$

(그때의 슬립: s_ϕ)

5. 속도 특성곡선(speed characteristic curve) 전류 I_1, 1차 입력 P_1, 2차 입력 P_a, 출력 P_2, 역률, 효율은 모두 슬립 s의 함수이므로, s를 가로축으로 하고 크기를 세로축으로 나타내면 그림 4.28과 같은 곡선이 된다. 토크 T_s는 2차 입력 P_a로 나타낼 수 있다. s를 x축으로 나타낸 이러한 곡선을 속도 특성곡선이라고 한다.

그림에서 $1 \geq s \geq 0$ 영역은 유도전동기, $s > 1$ 영역은 유도제동기, $s < 0$ 영역은 유도발전기의 범위이다.

6. 비례 추이(proportional shifting) 1차 전류 I_1, 토크 T_s, 입력 P_1, 역률의 식을 보면 변수 s는 r_2'/s의 함수로 들어가 있다. 따라서 만일 2차 저항이 m배($m > 1$)가 되었다고 하면, 그 특성곡선은 그림 4.29와 같이 곡선에서 가로축 좌표를 왼쪽으로 m배가 된 위치에 곡선이 된다. 최대치는 변화하지 않는다. 이것을 비례 추이 특성이라고 한다.

출력 P_2와 효율의 곡선은 비례 추이를 실시할 수 없다.

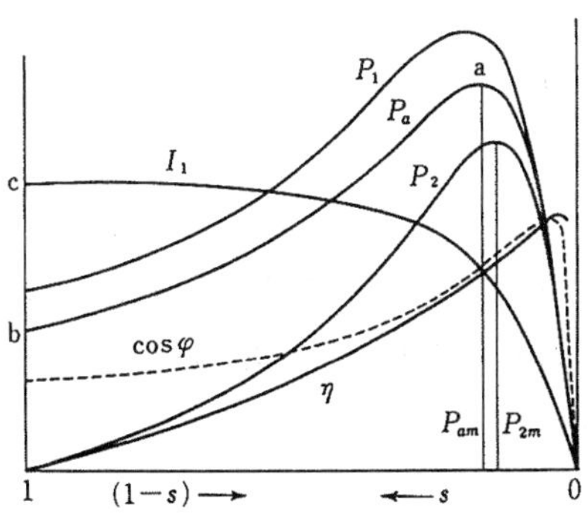

그림 4.28 속도 특성곡선

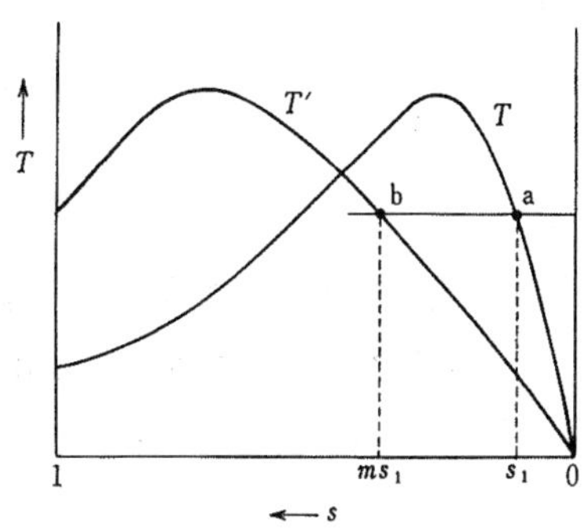

그림 4.29 비례 추이

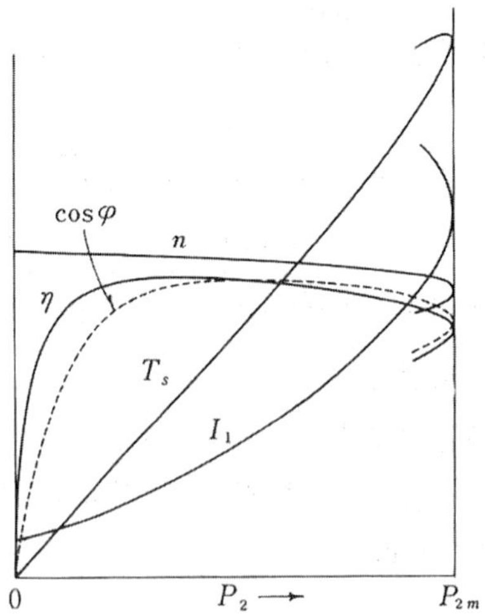

그림 4.30 출력 특성곡선

7. 출력 특성곡선(load characteristic curve) 속도 특성곡선으로부터 출력 P_2를 파라미터로 하여 여러 양의 값을 그려 나타내면 그림 4.30과 같다. 이 곡선을 출력 특성곡선이라고 하며 전동기의 특성을 나타내는 중요한 곡선이다.

4.5 유도전동기의 특성 계산

4.5.1 전동기 정수의 측정법

전동기의 특성은 r_1, x_1, r_2', x_2', g_0, b_0의 6개의 정수로 정해지기 때문에 계산에 의해 특성을 구하기 위해서는 완성된 기계에서 시험을 통해 정수를 측정해야 한다.

1. 저항 측정 시험

1차 단자 사이의 권선저항을 직류로 측정해, 세 개의 단자 사이의 평균치를 R_1으로 한다. 측정 온도 t [℃]라고 하면, 이것을 기준온도 T [℃][4]의 값으로 환산해 1상당 1차 저항으로서 그것의 1/2을 취한다.

$$r_1 = \frac{1}{2} R_1 \frac{235 + T}{235 + t} [\Omega] \tag{4.84}$$

2. 무부하 시험

전동기에 정격전압을 가해 무부하 운전을 하고, 1상의 전압 V_0, 전류 I_0, 전력 P_0를 측정한다. 무부하에서는 동기속도에 가까운 $s \fallingdotseq 0$ 상태로 회전하기 때문에 간이 등가회로에 대해 2차 회로의 단자를 개방시킨 그림 4.31에 해당하는 상태이다.

4) T의 값은 A, B, E 종 절연 75℃, F, H종 절연에서는 115℃.

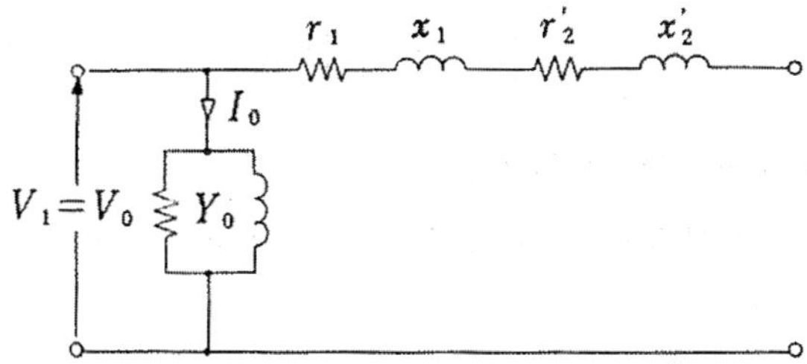

그림 4.31 무부하 시험의 등가회로

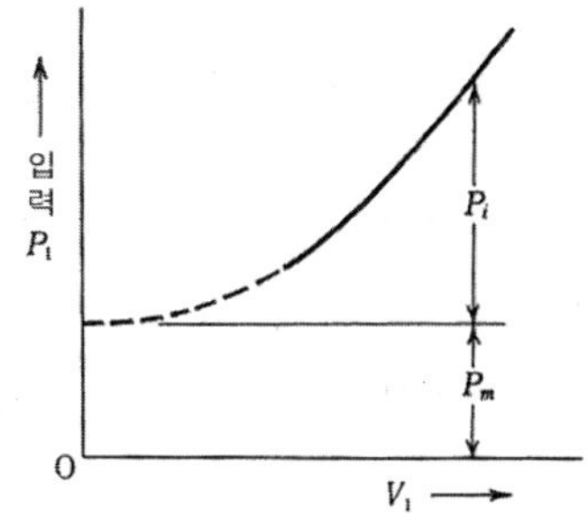

그림 4.32 철손과 기계손의 분리

입력 P_0에는 철손 P_i에 기계손 P_m과 1차 권선의 동손 $I_0^2 r_1$이 포함되어 있다. $I_0^2 r_1$은 매우 작기 때문에 무시할 수 있다. P_i 및 I_0는 전동기에 가해지는 전압 V_1에 의해서 바뀌지만 P_m은 회전속도의 함수이며, V_1에 따라서는 변하지 않는다. 따라서 전동기의 단자전압 V_1을 정격치 부근으로부터 동기속도를 유지하는 최저치까지 변화시켜 V_1과 P_0의 관계를 그림 4.32와 같이 그려, 이 곡선을 $V_1 = 0$의 점까지 외삽하면 P_m을 구할 수 있다.

이상의 측정에서

$$Y_0 = \frac{I_0}{V_0}$$

$$g_0 = \frac{P_i}{V_0^2} = \frac{P_0 - P_m}{V_0} \ [\mathrm{S}], \quad b_0 = \sqrt{Y_0^2 - g_0^2} \ [\mathrm{S}] \tag{4.85}$$

3. 구속 시험(lock test) 회전자를 돌지 않게 구속해 두고 1차 단자에 저전압을 가해 1차 전류가 거의 정격치가 되었을 경우의 1상당 전압 V_s, 전류 I_s, 전력 P_s를 측정한다. 이 경우는 $s = 1$로 2차 폐로를 단락한 그림 4.33과 등가 상태이다.

이 경우, 1차 전압은 정격치보다 훨씬 더 작기 때문에 철손을 무시하면 P_s는 등가회로의 r_1, r_2'에 동손을 주게 된다. 따라서

$$\frac{V_s}{I_s} = \sqrt{(r_1 + r_2')^2 + (x_1 + x_2')^2} \ [\Omega] \tag{4.86}$$

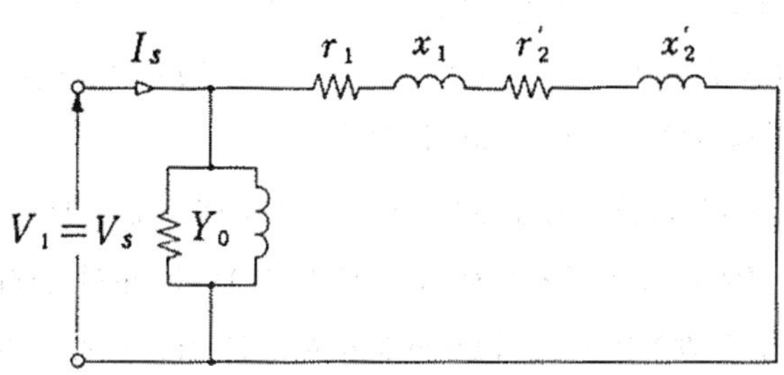

그림 4.33 구속 시험의 등가회로

$$r_1 + r_2' = \frac{P_s}{I_s^2}[\Omega], \quad x_1 + x_2' = \sqrt{\left(\frac{V_s}{I_s}\right)^2 - \left(\frac{P_s}{I_s^2}\right)^2}\ [\Omega] \tag{4.87}$$

저항은 교류 실효 저항의 합으로 주어지지만, 구한 직류 저항 r_1을 가지고 r_2'을 구할 수 있다. 리액턴스도 1차, 2차의 합으로서 구할 수 있어 분리하는 것은 곤란하다. 특성 계산상 필요한 경우에는 근사적으로 보통 1차와 2차를 등분한다.

4.5.2 원선도(circle diagram)에 의한 특성 계산

유도전동기의 회로로부터 특성을 계산하는 방법에는 스타인메츠법(Steinmetz's method)과 그 외의 방법이 있지만 계산에 복잡한 결점이 있다. 다음에 언급하는 유도전동기의 전류 벡터의 궤적이 원을 그리는 것을 이용해 원선도로부터 도식적으로 여러 특성을 한 번으로 결정하는 방법은 전자와 같이 한점 한점을 계산하는 불편함이 없기 때문에 넓게 이용되고 있다.

원선도법에는 여러 가지의 방식이 있지만, 가장 간단한 것은 간이 등가회로로부터 유도되는 L형 원선도법(또는 헤이랜드 원선도법)이다. 정확한 등가회로에 근거하는 것에 T형 원선도법(또는 상봉 원선도법)이 있다.

1. L형 원선도(Heyland's circle diagram)　그림 4.26의 등가회로로부터 부하전류 I_1'은

$$I_1' = \frac{V_1}{\sqrt{\left(r_1 + \frac{r_2'}{s}\right)^2 + (x_1 + x_2')^2}}\ [\mathrm{A}] \tag{4.88}$$

또, $\dot{V}_1$와 $\dot{I}_1'$과의 위상차 θ_2는

$$\sin\theta_2 = \frac{x_1 + x_2'}{\sqrt{\left(r_1 + \frac{r_2'}{s}\right)^2 + (x_1 + x_2')^2}} \tag{4.89}$$

두 식으로부터

$$I_1' = \frac{V_1}{x_1 + x_2'}\sin\theta_2 \tag{4.90}$$

s를 변수로 하면 $\sin\theta_2$는 s의 함수이며, $\dot{I}_1'$는 그림 4.34와 같이 $V_1/(x_1 + x_2')$를 직경으로 하는 원의 현을 나타내게 된다. 즉, 기준 벡터 $\dot{V}_1$가 y축 방향에 있으면 벡터 NP가 $\dot{I}_1'$를 나타내 s의 변화와 함께 $\dot{I}_1'$의 궤적은 원을 그리게 된다.

여자전류 $\dot{I}_0$는 $\dot{V}_1$보다 θ_0만큼 늦고 크기는 일정하기 때문에 원점을 O로 옮기면 벡터 ON로 나타내진다. 전 1차 전류는 $\dot{I}_1 = \dot{I}_0 + \dot{I}_1'$이기 때문에 그 벡터 OP의 궤적은 원을 그리게 된다.

그림의 단위는 모두 암페어를 이용해 1 mm를 mA(m은 적당한 값)로써 그린다. NM에 대해서 세로축은 전류의 유효분을, 가로축은 무효분을 나타낸다. 전력, 토크(동기 와트)는 전압이 일정하다고 하면 유효 전류의 단위로 나타낼 수 있다.

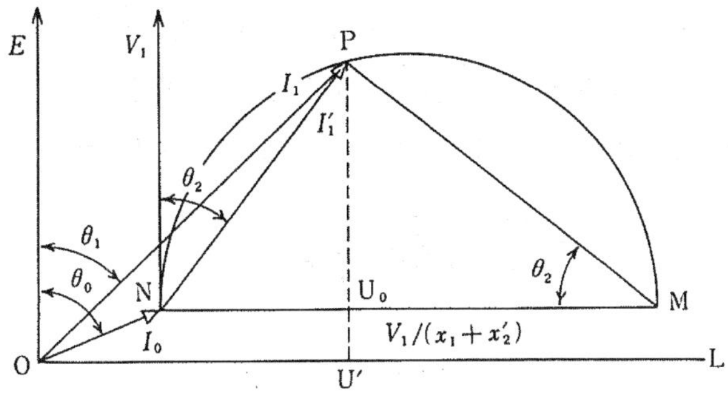

그림 4.34 L형 원선도

원호상의 임의의 한 점 P에 대해서 생각하면

$$\text{역률} = \cos\theta_1 = \cos\angle \text{EOP}$$

P 점으로부터 $\overline{\text{NM}}$ 에 수선에 그어 $\overline{\text{NM}}$ 과의 교점을 U_0, O 점으로부터 $\overline{\text{NM}}$ 에 평행하게 그은 $\overline{\text{OL}}$ 의 교점을 U′이라고 하면, $\overline{\text{PU}'}$ 는 1차 전류의 유효분이 된다. 1차 입력 $P_1 = 3V_1I_1\cos\theta_1$ 이기 때문에 $\overline{\text{PU}'}$ 를 재면 $\overline{\text{PU}'}$ 이 그대로 1차 입력을 나타낸다. $\overline{\text{U}_0\text{U}'}$ 은 여자전류의 철손분이지만, 이것을 전력의 단위로 철손을 나타낸다.

부하가 증가함에 따라 s, θ_2가 증가해 I_1'는 원호상을 M로 옮겨 전동기가 정지했을 때 (s=1), S점이 되었다고 한다(그림 4.35 참조). 이것은 전 전압을 가해 전동기를 구속한 상태에 해당한다. OS는 이 경우의 1차 전류 I_s로 SU는 1차 입력, 즉 다음의 동손 P_s를 나타낸다.

$\overline{\text{SU}}$ 위에서 $\overline{\text{ST}}/\overline{\text{TU}} = r_2'/r_1$의 관계를 만족하는 점 T를 선택하면 $\overline{\text{ST}}$=2차 동손

$\overline{\text{TU}}$=1차 동손이 된다. T와 N, S와 N를 묶어 $\overline{\text{TN}}$ 과 $\overline{\text{PU}'}$ 와의 교점을 T_0, $\overline{\text{SN}}$ 와 $\overline{\text{PU}'}$ 와의 교점을 P_0 라고 하면 1차 입력 $\overline{\text{PU}'}$ 중 $\overline{\text{U}_0\text{U}'}$ 는 무부하손, $\overline{\text{T}_0\text{U}_0}$ 는 1차 동손, $\overline{\text{P}_0\text{T}_0}$ 은 2차 동손을 나타낸다. 왜냐하면

$$\frac{(I_1')^2}{(I_s')^2} = \frac{\overline{\text{NP}}^2}{\overline{\text{NS}}^2} = \frac{\overline{\text{U}_0} \times \overline{\text{NM}}}{\overline{\text{NU}} \times \overline{\text{NM}}} = \frac{\overline{\text{P}_0\text{U}_0}}{\overline{\text{SU}}},\ \frac{\overline{\text{P}_0\text{T}_0}}{\overline{\text{T}_0\text{U}_0}} = \frac{\overline{\text{ST}}}{\overline{\text{TU}}} = \frac{r_2'}{r_1}$$

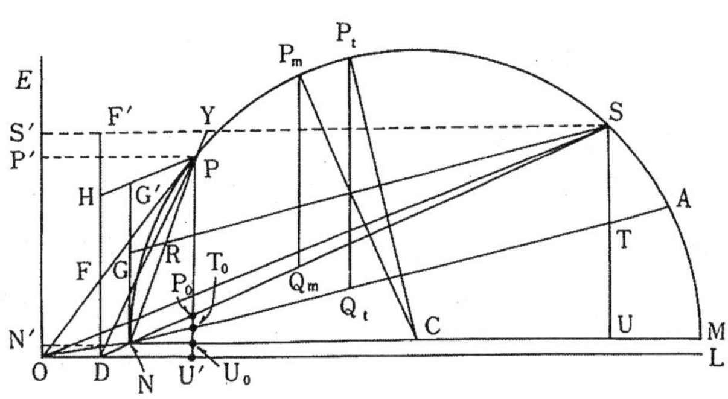

그림 4.35 L형 원선도의 작도법

$\overline{SU}$는 $s=1$ 의 경우의 전동손 $(I_s')^2(r_1+r_2')$이기 때문에, $\overline{P_0U_0}$은 슬립 s의 경우 전동손이 되며 $\overline{P_0T_0}$은 이 경우의 2차 동손, $\overline{T_0U_0}$는 1차 동손이 된다.

따라서 $\overline{PT_0}$는 2차 입력, P_a 또는 토크, $\overline{PP_0}$는 출력을 나타낸다. 식 (4.78)로부터

슬립 $$s=\frac{2차\ 동손}{2차\ 입력}=\frac{\overline{P_0T_0}}{\overline{PT_0}}$$

효율 $$\eta=\frac{출력}{입력}=\frac{\overline{PP_0}}{\overline{PU'}}$$

토크(동기와트) $T_s=P+P_a=\overline{PT_0}$

2. 원선도의 작도법

(1) 1차 권선 1상의 저항 (75℃) ; r_1

(2) 무부하 시험으로부터

정격 1차 전압 ; V_1

무부하전류 ; $\dot{I_0}=i_{01}-\mathrm{j}i_{02}$

입력 ; P_0

여기서, $i_{01}=\dfrac{P_0}{V_1}$, $i_{02}=\sqrt{I_0^2-i_{01}^2}$

(3) 구속 시험으로부터

$\dot{I_s}=i_{s1}-\mathrm{j}i_{s2}$

단, 구속 시험은 전류를 제한하기 위해 정격전압보다 낮은 전압 V_a'로 하기 때문에 이 경우의 1차 전류를 I_s', 입력을 P_s'라고 하면 정격전압 V_1으로 환산한 1차 전류는

$$\dot{I_s}=I_s'\frac{V_1}{V_s'}$$

입력은 $$P_s=P_s'\left(\frac{V_1}{V_s'}\right)^2$$

따라서 $$i_{s1}=\frac{P_s}{V_1}=P_s'\frac{V_1}{(V_s')^2},\qquad i_{s2}=\sqrt{I_s^2-i_{s1}^2}$$

그림 4.35에서 원점 O로부터 수평선 OL에 수직선을 그어 $\overline{ON'}=i_{01}$, $\overline{OS'}=i_{s1}$에 동일하게 취한다. N′ 및 S′로부터 각각 수평선을 그어 그 위에 $\overline{N'N}=i_{02}$, $\overline{S'S}=i_{s2}$로써 N 및 S를 정한다. S로부터 $\overline{N'N}$의 연장선 $\overline{N'M}$ 상에 수선 SU를 내린다. NS를 묶어 그 수직 이등분선을 그려 $\overline{NU}$와의 교점을 C로 한다. C를 중심으로 해 $\overline{CN}$를 반경으로 하는 원을 그린다. $\overline{NS}=I_1'$의 크기를 측정해, $\overline{SU}$ 상에 $\overline{TU}=(I_1')^2r_1/V_1$ 가 되도록 T점을 정하고 NT를 연결한다.

다음으로 $\overline{SN}$를 왼쪽 아래 방향으로 연장해 원점 O로부터 수평선 $\overline{OL}$와 D에 교차한다. D 및 N로부터 각각 수직선 $\overline{DF'}$ 및 $\overline{NG'}$을 뺀다. $\overline{DF'}$와 $\overline{SS'}$과의 교점을 F′로 $\overline{NG'}$와 S로부터

$\overline{NT}$에 평행에 그은 직선과의 교점을 G로 한다.

원의 중심 C로부터 $\overline{NS}$와 $\overline{NT}$에 수직을 내려 그 연장이 원주와 만나는 점을 각각 P_m, P_t라고 한다. 이로부터 수평선에 수직선을 그어 $\overline{NS}$, $\overline{NT}$와 Q_m, Q_t로 교차하게 한다.

3. 원선도에 의한 특성의 계산법

이상의 작도를 하면 임의의 전류 또는 출력에 대해서 여러 특성을 쉽게 구할 수 있다. 출력 P_2[W]에 대해서 여러 특성을 구하려면 그 출력에 대한 전류 $i = P_2/3V_1$를 계산하고 $\overline{DF'}$ 위에 $\overline{DH} = i$가 되도록 H점을 정해 H로부터 $\overline{NS}$에 평행선을 그어 원주와의 교점을 P로 한다. P로부터 수평선 $\overline{OS'}$와의 교점을 P′로 한다. 또 P를 O, D, N에 연결하고, $\overline{DP}$의 연장과 $\overline{F'S}$와의 교점을 Y로 하고 $\overline{NP}$와 $\overline{GS}$와의 교점을 R로 한다.

1차 전류 $I_1 = \overline{OP}$ [A]

역률 $\cos\theta_1 = \dfrac{\overline{OP'}}{\overline{OP}} \times 100$ [%]

토크 $T_s = \overline{PT_0} \times 3V_1$ [동기 와트]

출력 $P_2 = \overline{PP_0} \times 3V_1 = \overline{DH} \times 3V_1$ [W] 여기서, $\overline{PH} // \overline{P_0D}$

효율 $\eta = \dfrac{\overline{DH}}{\overline{PU'}} = \dfrac{\overline{SY}}{\overline{SF'}} \times 100$ [%]

슬립 $s = \dfrac{\overline{P_0T_0}}{\overline{PT_0}} = \dfrac{\overline{GR}}{\overline{GS}} \times 100$ [%]

최대 출력은 $\overline{PP_0}$가 최대가 되는 경우는 그림의 P_m의 점이며

최대출력 $P_{2m} = 3V_1\overline{P_mQ_m}$ [W]

최대 토크(정동토크) P_{am}은 $\overline{PT_0}$가 최대가 되는 경우는 P_t의 점이며

최대토크 $P_{am} = 3V_1\overline{P_tQ_t}$ [동기 와트]

그림으로부터 알 수 있듯이, P_m은 P_t보다 원상의 좌측 부분에 있기 때문에, 각각의 경우의 슬립을 s_m, s_t 로 하면 $s_m < s_t$이다.

힘이 최대가 되는 것은 θ_1이 최소가 되는 경우, 즉 O로부터 원에 접선을 그어 접점을 P_0라고 하면 $\overline{OP'}/\overline{OP_0}$가 최대 역률 $(\cos\theta_1)_m$ 이다.

철손, 즉 g_0를 무시하면 그림 4.36과 같이 되기 때문에

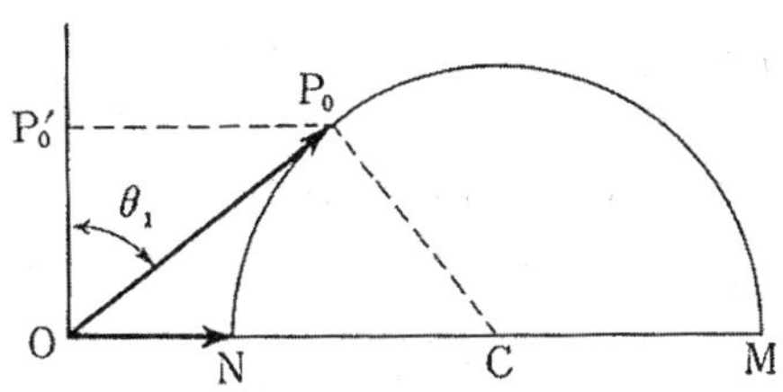

그림 4.36 철손을 무시했을 경우의 권선도

최대역률

$$(\cos\theta_1)_m = \frac{\overline{\mathrm{OP}_0{}'}}{\overline{\mathrm{OP}_0}} = \frac{\overline{\mathrm{CP}_0}}{\overline{\mathrm{ON}}+\overline{\mathrm{NC}}} = \frac{\dfrac{V_1}{2(x_1+x_2{}')}}{V_1 b_0 + \dfrac{V_1}{2(x_1+x_2{}')}} \tag{4.91}$$

$$= \frac{1}{1+2b_0(x_1+x_2{}')} = \frac{1}{1+\dfrac{2(x_1+x_2{}')}{X_0}}$$

단, $X_0 = 1/b_0 =$ 여자 리액턴스

분모의 제2항은 1에 비해 상당히 작기 때문에, 다음과 같이 된다.

$$(\cos\theta_1)_m = \frac{1-\dfrac{x_1+x_2{}'}{X_0}}{1+\dfrac{x_1+x_2{}'}{X_0}} \tag{4.92}$$

따라서 식 (4.83)과 같은 결과가 된다.

L형 원선도는 간이 등가회로를 기본으로 유도한 것이기 때문에 여자전류가 큰 경우에는 오차가 커서 일반적으로 슬립이 큰 범위에서는 정확도를 기대하기 어렵다. 전자의 경우에는 T형 원선도가 더 오차가 적다.

4.6 유도전동기의 운전

4.6.1 3상 유도전동기(three-phase induction motor)의 기동

정지하고 있는 3상 유도전동기에 정격전압 V_1을 가했을 때의 **기동전류**(starting current) I_{1s} 및 **기동토크**(starting torque) T_{st}는 간이 등가회로로부터 유도한 식 (4.68)과 (4.77)에서 $s=1$로 하면

$$I_{1s} = \frac{V_1}{\sqrt{(r_1+r_2{}')^2+(x_1+x_2{}')^2}}\ [\mathrm{A}] \tag{4.93}$$

$$T_{st} = \frac{p}{2\pi f}\cdot\frac{m_1 V_1^2 r_2{}'}{(r_1+r_2{}')^2+(x_1+x_2{}')^2}\ [\mathrm{Nm}] \tag{4.94}$$

된다. I_{1s}는 전원 전압을 1차, 2차의 전체 누설임피던스 Z로 단락한 값이기 때문에 매우 큰 값이 된다. 속도 특성곡선으로부터도 알 수 있듯이 기동토크는 작다.

또한, 역률 $\cos\theta_{1s}\left[\theta_{1s} = \tan^{-1}\left(\dfrac{x_1+x_2{}'}{r_1+r_2{}'}\right)\right]$는 매우 나빠진다.

이러한 큰 기동전류는 전동기의 권선을 과열시켜 큰 기계적 충격을 준다. 역률이 나빠지고 전원 전압이 떨어져 같은 배전선에 접속되어 있는 다른 부하에 악영향을 준다. 따라서 적당한 기동법을 이용하여 기동 특성을 개선할 필요가 있다.

1. 농형 전동기의 기동법

다음에 설명하겠으나 권선형 전동기에서는 2차 회로의 외부에 기동저항을 접속해 기동전류를 제한할 수 있지만, 농형에서는 불가능하다. 단자전압을 저하시키면 전류는 작게 할 수 있지만 기동토크는 전압의 제곱에 비례하여 감소하므로 큰 기동토크를 구하는 부하에는 부적당하다.

a. 전전압 기동(line starting)

이것은 비교적 소용량 농형 전동기에 사용된다. 정격전압을 갑자기 가하면 정격전류의 4~6배의 기동전류가 흐르지만 용량이 작아 영향도 적기 때문에, 직접 전압을 가해 기동할 수 있다. 이러한 전동기를 직구동 전동기(line-start motor)라고도 한다.

b. Y－Δ 개폐기를 이용하는 방법

전전압 기동이 불가능한 5~15 kW 정도의 전동기에서는 그림 4.37과 같은 Y－Δ 개폐기를 이용해 기동 시에는 권선을 Y 결선하여 기동하고, 운전속도가 되었을 때에 개폐기를 전환하여 권선을 Δ 결선으로 한다. 기동 시에는 한 상의 권선에 가하는 전압은 선간전압 V_1의 $1/\sqrt{3}$ 이 되기 때문에 선전류는 Δ 결선을 연결해 기동했을 경우보다 1/3이 된다. 그러나 기동토크는 1/3로 감소한다. 일반적으로 기동전류는 부하전류의 200~250%, 기동토크는 전부하토크의 30~40%가 된다.

c. 기동 보상기(starting compensator)

이것은 15 kW 정도를 넘는 전동기에 이용된다. 그림 4.38과 같이, 스위치를 기동쪽에 두면 단권 변압기 AT의 탭 전압을 전동기에 가해 기동전류를 제한한다. 가속 후 운전측으로 전환하면 전체 진입이 가해진다. 용량이 큰 것에는 Y결선의 변압기를 이용한다. 기동 때 단시간 사용하는 변압기를 기동 보상기라고 한다.

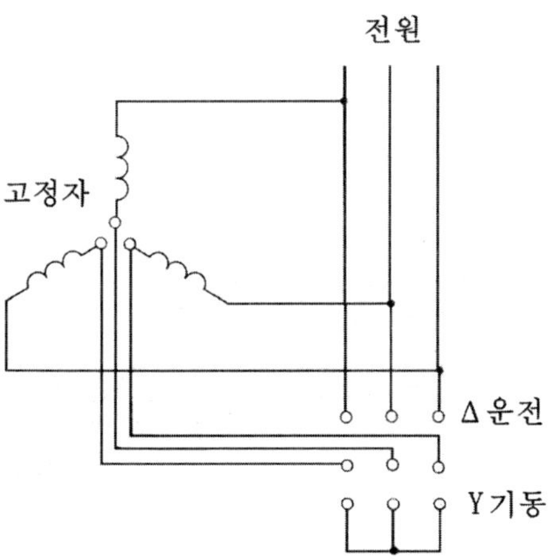

그림 4.37 Y－Δ 개폐기

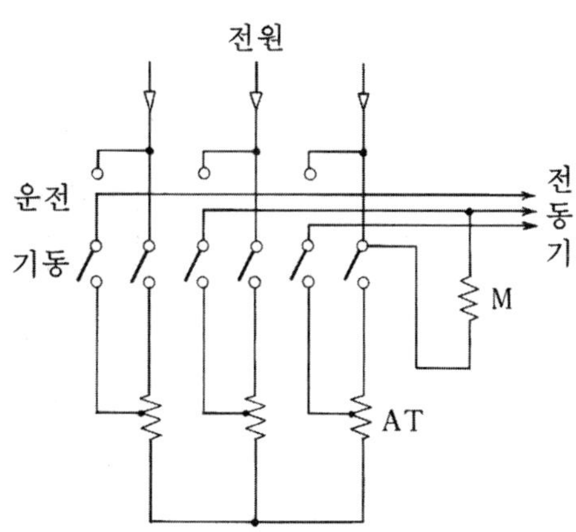

그림 4.38 기동 보상기

탭 전압의 표준치와 기동토크, 기동전류의 개수를 표 4.1에 나타내었다.

표 4.1 기동토크와 기동전류

탭 전압 [%]	제1종			제2종		
	기동토크 [%]	기동전류 [%]		기동토크 [%]	기동전류 [%]	
		전원측	전동기측		전원측	전동기측
50	25~31	112	225	38~44	125	250
65	42~53	190	292	63~74	211	320
80	46~80	283	360	96~112	320	400
100	100~125	450	450	150~175	500	500

[주] 전전압을 가하는 경우는 100이다.

2. 권선형 전동기의 기동법

a. 기동전류의 제한 기동전류를 제한하기 위해 그림 4.39와 같이 회전자에 슬립링 B를 설치해 외부에서 **기동저항**(starting resistance) R을 접속한다. $r_2 + R = kr_2$로 해서 기동 시에는 R, 즉 k를 최대로 유지하고 속도상승과 함께 R을 줄여간다. 토크 및 전류 속도 곡선은 4.4.2절에 말한 것처럼 비례추이에 의해 그림 4.40(a), (b)와 같이 해 I, II, III, IV, V와 오른편으로 이동해 간다. 그림으로부터 알 수 있는 바와 같이 기동전류는 작고, 기동토크는 크다.

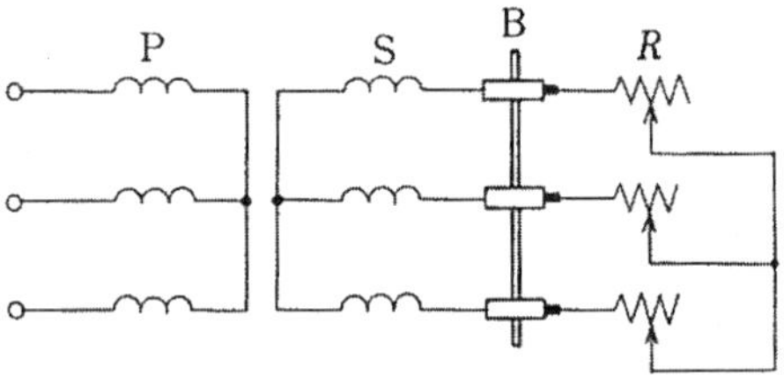

그림 4.39 권선형 전동기의 접속도

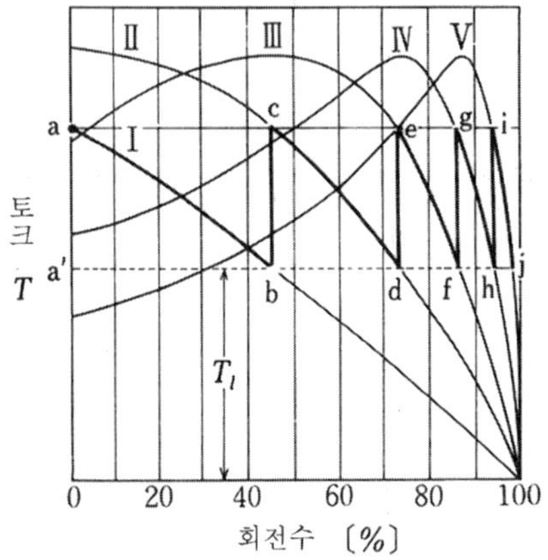

(a)

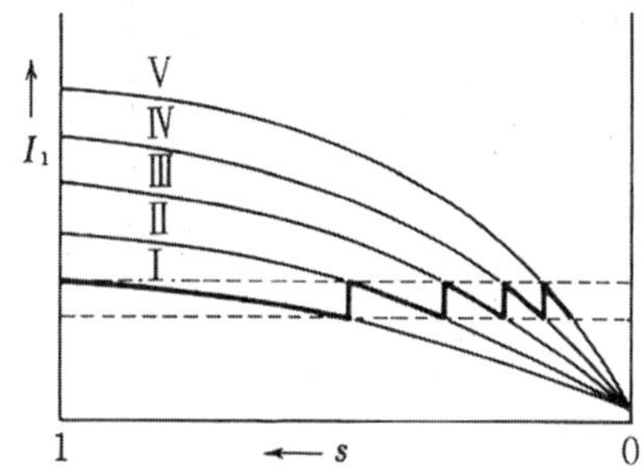

(b)

그림 4.40 R의 변화에 따르는 토크-속도의 변화

부하토크가 T_l로 일정한 경우, 기동토크 T_l과의 차이에 의한 토크 aa′으로 가속되어 점 b에 도달하면, 저항기의 노치를 옮기고 저항을 줄이면, 토크는 II의 특성이 되어 cd만큼의 토크로 가속을 계속한다. 같은 단계를 거쳐 외부저항을 단락했을 때 점 j 에서 정상 운전 상태에 들어간다.

b. 기동저항의 계산식 상기와 같은 기동을 실시하는 경우 기동 중의 전류 I_1 및 토크 T는

$$I_1 = \frac{V_1}{\sqrt{\left(r_1 + \frac{R'}{s}\right)^2 + (x_1 + x_2')^2}} \text{ [A]} \tag{4.95}$$

$$T = \frac{pm_1}{2\pi f} \cdot I_1^2 \cdot \frac{R'}{s} \text{[Nm]} \tag{4.96}$$

단, R'은 2차 권선저항과 기동저항과의 합을 1차로 환산한 값이다.

위 식으로부터 알 수 있는 바와 같이 항상 R'/s를 일정하게 유지하고 R'을 연속적으로 바꾸어 가면 전류 I_1도 전동기 토크도 일정하게 되어 부하토크가 일정하다면 일정한 가속도로 속도가 상승하게 된다. 실제로는 R'을 $R_0', R_1', R_2', \cdots, R_n'$ 등과 같이 계단적으로 줄여가기 때문에 전류는 그림 4.41과 같이 톱니파형으로 바뀌어간다. 이 경우의 전류의 최대 I_{1m}과 최소 I_{1n} 사이의 규정의 범위 내로하기 위해서 기동저항을 어떻게 하면 좋은가를 알아보자.

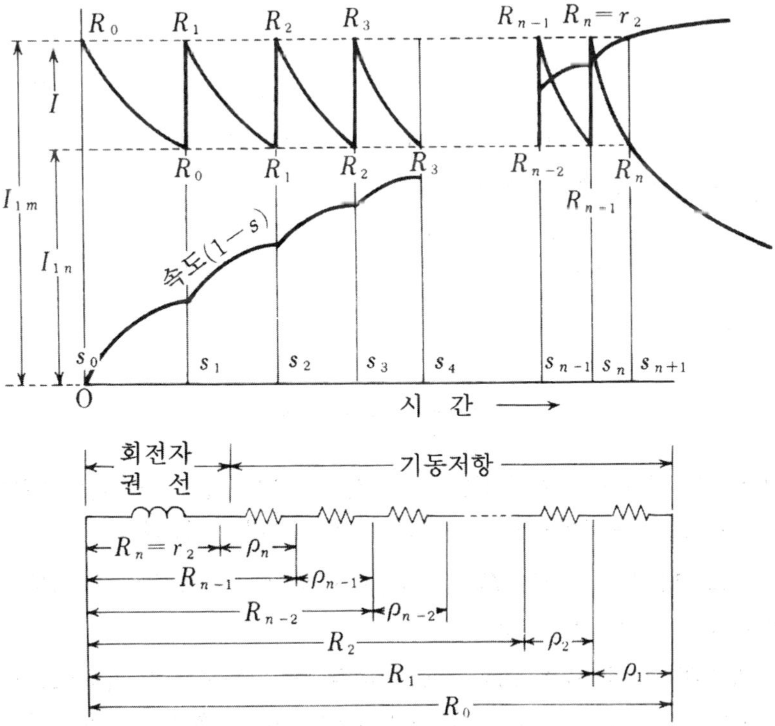

그림 4.41 기동 저항의 계단식

기동저항을 전환단계의 수를 n으로 해 최초의 순간의 슬립을 각각 s_0, s_1, $s_2, \cdots$, s_n로 하면 I_{1m}을 일정하게 유지하기 위해서는 다음의 관계가 성립해야 한다.

$$\frac{R_0'}{s_0} = \frac{R_1'}{s_1} = \frac{R_2'}{s_2} = \cdots\cdots = \frac{R_n'}{s_n} = \alpha, \quad \text{여기서 } \alpha = \text{일정값} \tag{4.97}$$

저항을 다음 단계로 옮기기 직전의 순간, 즉 전류가 I_{1n}이 되었을 때 이것을 일정하게 유지하기 위해서는 다음의 관계가 성립해야 한다.

$$\frac{R_0'}{s_1} = \frac{R_1'}{s_2} = \cdots\cdots = \frac{R_n'}{s_{n+1}} = \beta, \quad \text{여기서 } \beta = \text{일정값} \tag{4.98}$$

식 (4.97), (4.98)에서

$$\alpha^{n+1} = \frac{R_0' R_1' \cdots\cdots R_{n-1}' R_n'}{s_0 s_1 s_2 \cdots\cdots s_{n-1} s_n} \qquad \beta^{n+1} = \frac{R_0' R_1' \cdots\cdots R_{n-1}' R_n'}{s_1 s_2 \cdots\cdots s_n s_{n+1}}$$

$s_0 = 1$이기 때문에

$$\alpha^{n+1} = \beta^{n+1} s_{n+1}$$

그런데 $\alpha = R_0'$, $\beta = R_0'/s_1$이기 때문에

$$s_{n+1} = \left(\frac{\alpha}{\beta}\right)^{n+1} = s_1^{n+1}$$

즉, $s_2 = s_1^2$, $s_3 = s_1^3, \cdots \cdots, s_{n+1} = s_1^{n+1}$되는 등비급수가 된다. 기동저항을 제외한 마지막 순간에는 슬립 $s_n = s_1^{n+1}$, $R_n' = r_2'$ 전류는 I_{1m}이 된다.

한편, 등가회로로부터 알 수 있듯이

$$E_1 = I_{1m}\frac{R_0'}{s_0} = I_{1m}\frac{R_1'}{s_1} = \cdots\cdots = I_{1n}\frac{R_0'}{s_1} = I_{1n}\frac{R_1'}{s_2} = \cdots\cdots$$

의 관계가 있으므로

$$\frac{I_{1n}}{I_{1m}} = \frac{s_1}{s_0} = s_1 = \sqrt[n+1]{s_{n+1}} \tag{4.99}$$

위 식으로부터 기동 중에 최대 전류, 최소 전류와 기동저항을 제외했을 경우의 정상 운전에 있어서의 슬립 s_{n+1}가 주어지면 기동저항의 구분수 n이 구해진다.

식 (4.97)로부터 $R_1' = s_1 R_0'$, $R_2' = s_2 R_0' = s_1^2 R_0' = \cdots\cdots$ 로부터 각 저항 $\rho_1' = R_0' - R_1'$ $\rho_2' = R_1' - R_2', \cdots\cdots$ 가 결정된다.

보통의 경우에는 최대 전류는 100%, 최소 전류는 70% 정도로 하고 기동토크가 큰 것을 필요로 하는 경우에는 각각 150%, 100%로 한다. 기동저항의 값은 보통 회전자 권선 저항의 15~25배 정도이다.

3. 이상기동 현상

다상 유도전동기를 기동할 때 속도가 매우 낮은 상태에서 회전자가 회전하게 되면 전류가 매우 커져 소손을 일으킬 우려가 있다. 이 현상을 **크롤링**(crawling)이라고 한다.

고정자 회전기자력의 기본파는 동기속도 $n_0 = f/p$로 같은 속도로 회전하고 회전자 권선의 전류에 의한 회전자 기자력 사이에 토크 T_1이 발생한다. 그 토크-속도 곡선은 그림 4.42의 T_1으로 나타내었다. 그런데 고정자 기자력의 공간 고조파 가운데 제9, 13,……등은 기본파와 같은 방향으로 n_0/ν_1(ν_1 = 고조파차수)의 속도로 회전해 농형바에 전류를 유도해 각각 토크를 일으킨다. 그 토크-속도 특성곡선 T_7은 그림에 나타내듯이 $n_0/7$가 동기속도가 되어 최대치는 작지만 형태는 기본파와 같이 된다. 이것이 T_1에 합쳐져서 합성 토크는 그림과 같이 된다. 부하토크가 T_l이라고 하고 두 곡선은 a, g에서 교차하는 기동의 경우, 우선 g에 해당하는 슬립으로 안정 상태가 되어 그 이상 속도가 오르지 않게 된다.

고정자 기자력의 제5고조파 등($\nu = 5, 11, 17, \cdots\cdots$)은 기본파와 반대 방향으로 회전하기 때문에 토크 특성은 s=1의 왼쪽부분에서 T_5와 같이 된다. 이것들은 특정의 속도 범위 내에서 생기는 유도전동기 토크, 즉 비동기 토크이다.

회전자 기자력의 기본파는 회전자 속도의 여하에 관계없이 항상 동기속도로 회전해 일정한 유도전동기 토크를 회전방향으로 발생하고 있다.

고정자 회전자속의 고조파에 의해서 회전자에는 여러 고조파 전류가 유도되어 이것들이 각각 회전자에 기자력의 공간고조파를 발생시킨다. 이와 같은 여러 가지의 공간고조파 자속은 회전에 의해 전류를 유도한다. 이 중에서 고조파 기자력과 같은 속도인 회전자 기자력이 있으면 그 사이에는 동기전동기로서의 토크를 발생한다. 특정 속도보다 조금이라도 차이가 나면 토크가 발생되지 않는다. 토크-속도 특성은 그림 4.43에서와 같이 어느 특정 속도로 최대치와 최소치 사이에서 변화하는 동기토크이다.

이상과 같은 기동 시 이상 현상은 소용량 농형 전동기에서 일어나기 쉽다. 그 주된 원인은 고정자와 회전자의 슬롯수의 관계에 의하는 것이라고 생각할 수 있다. 고정자 슬롯수에 대해서 적당하지 않은 회전자 슬롯수가 있다. 고정자 슬롯수가 많을수록 이것과 조합할 수 있는 회전자 슬롯수의 종류가 많다.

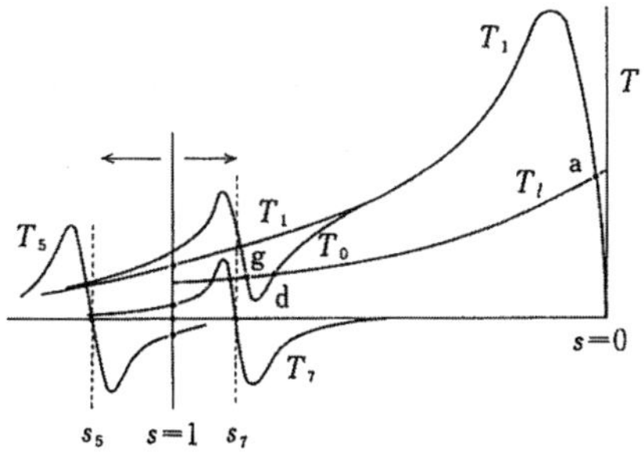

그림 4.42 동기 운전의 설명

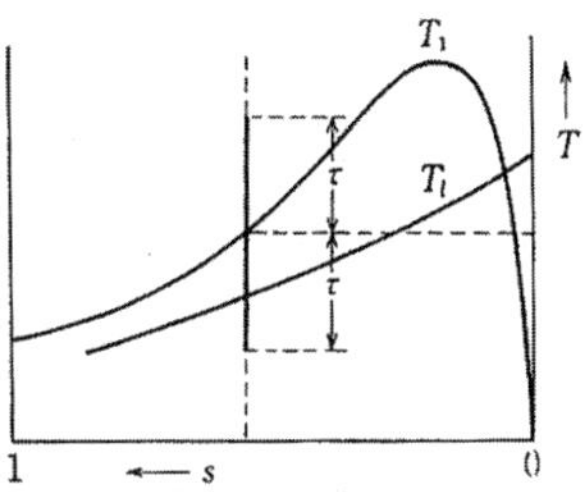

그림 4.43 토크-속도 특성

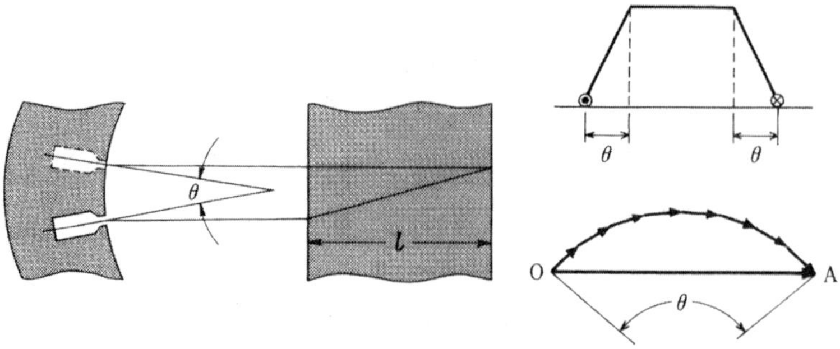

그림 4.44 스큐 슬롯의 설명

다음 동기운전을 피하는 하나의 방법은 스큐 슬롯(skewed slot)으로 하는 것이다(그림 4.44). 기자력 분포는 사다리꼴이 되고 어느 고조파를 없앨 수 있지만 완전하게 유효하다고는 말할 수 없다.

스큐 슬롯 계수(skew reduction factor)　슬롯피치를 α로 하고 슬롯의 스큐각을 θ로 한다. 코일변 상의 각 위치에서 기자력의 공간분포의 위상이 벡터도에 나타내듯이 조금씩 다르기 때문에 합성 기자력은 보통 슬롯의 경우에 비해 현 $\overline{OA}$ / 원호 $\overline{OA}$의 비율로 감소한다. 이 비를 k_s (k_s를 스큐 슬롯 계수라고 한다)라고 하면

$$k_s = \frac{\sin(\theta/2)}{\theta/2}$$

4.6.2 속도제어

1. 속도제어법　유도전동기의 속도제어에는 토크-속도 특성곡선을 바꾸는 방법과 전원의 주파수를 바꾸는 방법이 있다. 여기에서는 주로 전자의 방법에 대해 서술한다. 그림 4.45에서 전동기의 토크-속도 특성곡선이 T_m이고 부하의 토크-속도 특성곡선이 T_l이라고 하면 두 곡선이 교차하는 점 a에 해당하는 속도로 양쪽의 토크가 평형을 유지하고 운전을 계속하게 된다. 어떠한 방법을 사용하여 전동기의 토크/속도 특성이 T_m로부터 T_m'과 같이 바뀌었다고 하면, 점 b의 속도로 되고 속도제어를 한 것이 된다. 부하 특성이 T_l'과 같은 곡선인 경우에는 a'로부터 b'에 해당하는 속도로 바뀐다.

전동기 토크와 부하토크의 두 선이 그림 4.45와 같이 두 점 a, c로 교차하는 경우, 점 a는 안정점이지만 점 c는 불안정한 점으로 운전을 계속할 수 없다. 점 c에 대해서는 만일 속도가 조금 커졌다고 하면 $T_m > T_l$로 더욱 더 가속되고 조금 속도가 작아졌다고 하면 반대로 $T_m < T_l$가 되어 감속된다. 점 a에서는 이러한 일은 일어나지 않는다. 따라서 교점에 있어 $\frac{dT_m}{dn} < \frac{dT_l}{dn}$라면 안정, $\frac{dT_m}{dn} > \frac{dT_l}{dn}$라면 불안정하다.

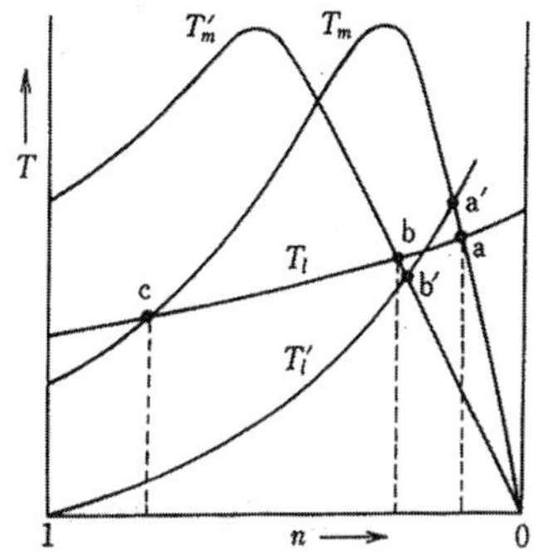

그림 4.45 운전의 안정과 불안정

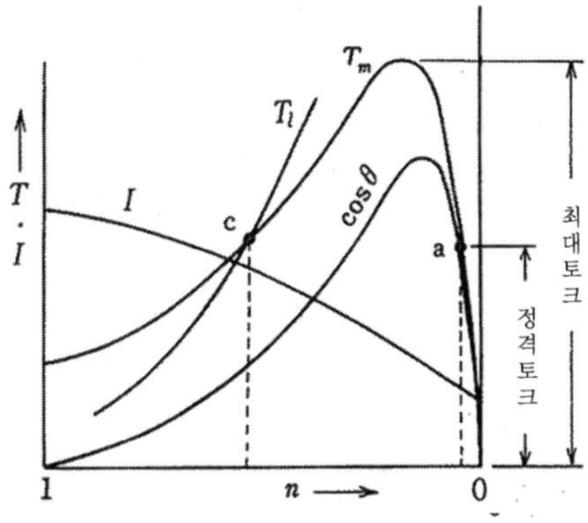

그림 4.46 전동기와 부하와의 토크 특성

유도전동기의 토크-속도 특성곡선이 그림 4.46과 같은 형태이고 부하토크가 T_l과 같은 곡선의 경우에는 최대토크 왼쪽부분에 있는 교점 c로 안정 운전할 수 있지만 왼쪽부분은 전류가 크고 효율, 역률은 모두 낮아서 실제 사용할 수 없다. 보통 최대토크의 약 1/2 정도가 정격토크가 되도록 설계되어 있다.

유도전동기는 부하토크의 증가와 함께 속도가 동기속도보다 낮아지지만 그 정도는 매우 작고 본질적으로는 분권 특성을 가진 정속도 전동기에 속한다.

그 속도는 $n=\dfrac{f}{p}(1-s)$로 전동기 토크는

$$T_m=\frac{p}{2\pi f}\cdot\frac{m_1V_1^2}{\left(r_1+\dfrac{r_2{}'}{s}\right)^2+(x_1+x_2{}')}\times\frac{r_2{}'}{s}\ [\mathrm{Nm}] \tag{4.100}$$

이기 때문에 어느 부하토크에 대해서 속도를 바꾸려면 회로 임피던스 또는 f, p, V_1을 바꾸어야 한다.

2. 저항제어법 속도제어를 위해서는 1차 측에 임피던스를 접속하는 것을 생각할 수 있지만 전동기의 단자전압이 저하해 손실이 증가한다. 1차 리액턴스가 증가하면 회로의 역률도 저하하기 때문에 바람직하지 않다. 권선형 회전자에 슬립링을 거쳐 외부 저항을 접속하고 2차 저항을 바꾸는 속도제어를 할 수 있다. 외부저항을 늘리면 토크-속도 특성곡선은 비례추이의 성질에 의해 그림 4.47에 나타내는 I, II, III, IV와 같이 변화해 슬립은 s_1, s_2, s_3, s_4와 같이 바뀐다. 경부하에서는 s의 변화가 작기 때문에 유효하지 않다. 부하토크 곡선이 수평에 가까운 경우에 2차 저항을 너무 크게 하면 전동기의 토크-속도 특성곡선의 기울기가 완만하게 되고 속도변동률이 커져 바람직하지 않다. 그러나 부하토크가 속도의 제곱에 비례해 증가하는 경우에는 속도변동률에 유효한 제어를 할 수 있다. 외부저항으로서는 전류의 대소에 의해 저항선, 주철 도체, 물 저항 등에 이용된다.

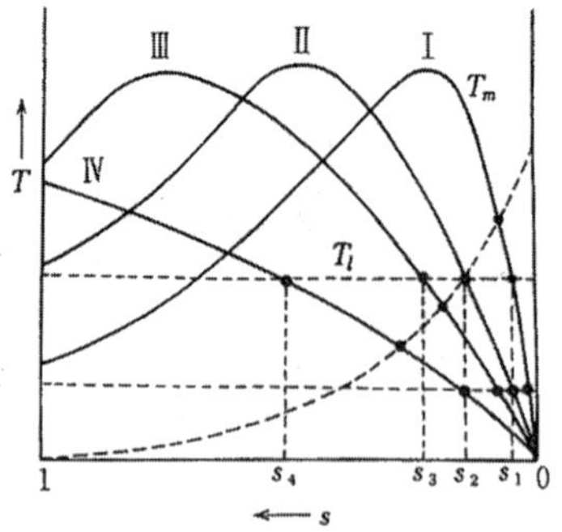

그림 4.47 저항제어법

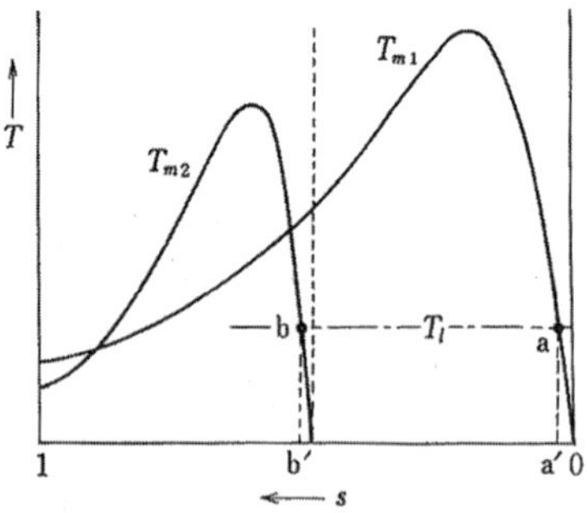

그림 4.48 주파수를 변화했을 경우의 속도 특성곡선

2차 전류에 의한 외부 저항손은 열로서 소비되기 때문에 효율이 저하하는 것은 피할 수 없다. 기동저항을 속도제어에 이용하는 경우에는 발생 열량에 의한 온도 상승에 견딜 수 있는 용량의 것을 이용하는 것이 필요하다.

3. 전원 주파수를 변화하는 방법 전원 주파수 f[Hz]를 바꾸면 동기속도가 f에 비례해 바뀐다. 그러기 위해서는 전동기 전용의 전원을 갖고 있어야 한다.

유도전동기의 기전력은 E_1과 자속 Φ에 비례하지만 전동기의 자속밀도는 대개 일정하게 해 운전하기 때문에, E_1/f를 일정하게 유지할 필요가 있다. 전동기 토크의 간이식에 의하면 $V_1 \fallingdotseq E_1$이므로 s가 작은 범위에서는 토크는 E_1^2/f로 되어, $1/f$에 비례하게 되기 때문에 토크-속도 특성곡선은 그림 4.48과 같이 된다. 주파수를 저감 하는 것에 따라 동기속도가 f에 비례해 감소해 T_l과 같은 부하에 비해서는 슬립은 0a'로부터 0b'에 변화한다.

4. 극수를 변화하는 방법 이것은 고정자 권선의 접속을 바꾸어 권선의 극수를 바꾸는 방법으로 **극수 전환 전동기**(pole change motor)라고 한다. 그림 4.49는 8극을 4극으로 전환하는 경우의 고정자 권선을 나타낸 것이다. 그림 (a)는 권선을 전부 직렬로 해 4극으로 했을 경우, 그림 (b)는 병렬로서 8극으로 했을 경우이다. 동기속도는 1/2이 되기 때문에 2단으로 속도를 제어할 수 있다.

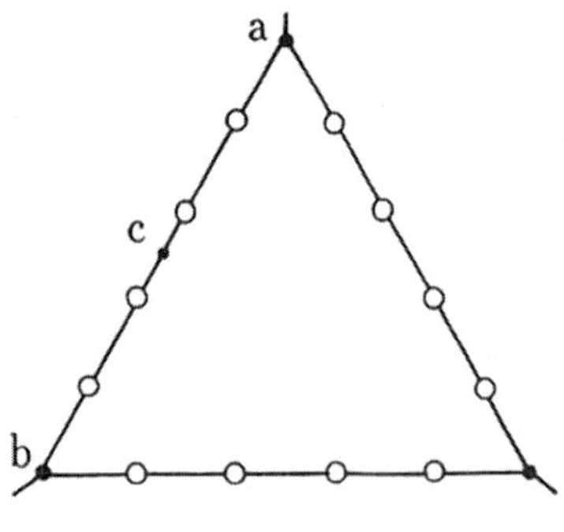

(a) 직렬 △결선(4극)

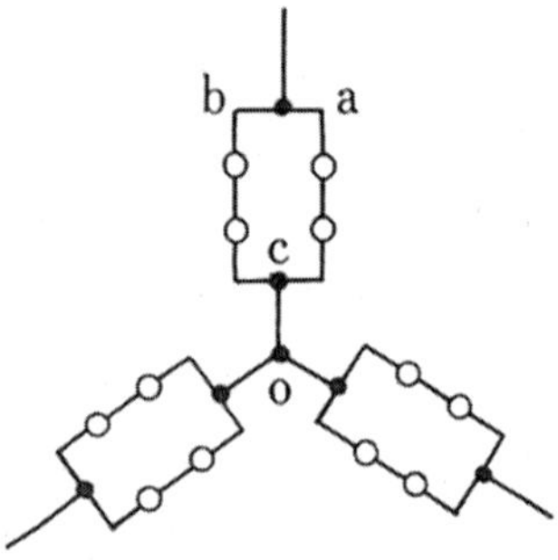

(b) 이중 Y결선(8극)

그림 4.49 전동기의 극수 전환

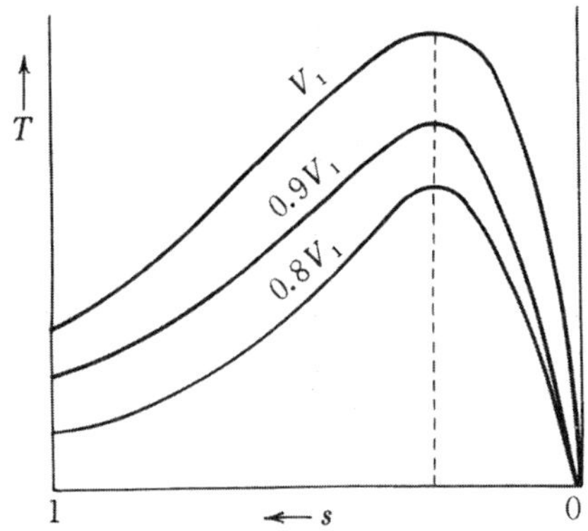

그림 4.50 전원 전압을 바꾸었을 경우의 속도 특성곡선

접속을 전환하는 방법은 복잡하게 되지만 같은 방법에 의해 극수를 3:2 또는 3:2:1 비율로 바꿀 수 있다. 후자와 같이 3단계로 바꾸는 것은 2그룹(group)의 권선을 갖추고 있다. 공작기계, 배의 winch, 대형 펌프 등에 이용된다.

고정자의 극수가 바뀌었을 경우에는 회전자 권선의 극수도 이것에 따라 바꾸지 않으면 안 된다. 농형 회전자에서는 고정자에 대응해 자동적으로 같은 극수로 바뀌지만 권선형에서는 슬립링을 통해서 회전자 권선의 전환을 실시하지 않으면 안 되기 때문에 구조가 복잡하게 된다.

5. 전원 전압을 바꾸는 방법 전원 전압 V_1을 바꾸면 토크-속도 특성곡선은 그림 4.50과 같이 V_1^2에 비례해 바뀌기 때문에 속도제어를 실시할 수 있다. 그러나 최대 토크가 급격하게 감소해 속도제어를 할 수 있는 범위도 좁다.

6. 2차 여자(secondary excitation)**에 의한 방법**

a. 원 리 권선형 전동기가 슬립 $s\,(s>0)$로 회전하고 있을 때 회전자 2차 권선 중에는 주파수가 sf이고 크기는 $sE_2\,(E_2=$정지시의 2차 유도전압)인 전압이 유도되어 2차 전류 I_2가 흘러 토크가 발생한다. 만약 2차 회로에 외부로부터 주파수 sf로 $\dot{V}_2=s\dot{E}_2$의 전압을 그림 4.51(a)와 같은 위상으로 추가하면, 2차 회로의 합성 전압과 전류는 0이 된다. 따라서 동기속도보다 낮은 속도로 무부하 운전을 하게 된다. 부하가 걸리면 슬립이 조금 늘어나 s'이 되어 $(s'\dot{E}_2-\dot{V}_2)$에 의한 2차 전류가 흘러 토크를 발생한다(그림 (b) 참조). 2차 회로의 여자전압 $\dot{V}_2$와 $\dot{I}_2$와의 위상차 ψ는 $\pi/2$보다 커지기 때문에 2차의 여자전원에 $V_2I_2\cos\theta_2$의 전력을 돌려주게 된다.

$s<0$, 즉 동기속도보다 높은 속도 때에도 2차 여자에 의해서 위와 같이 슬립 s로 무부하 운전을 실시할 수 있다. 그림 4.51(c)와 같이 $s'\dot{E}_2$도 2차 여자전압 $\dot{V}_2$와 함께 전과는 반대의 위상이 되지만, ψ는 $\pi/2$보다 작아져 $V_2I_2\cos\theta_2$의 전력이 2차 여자전원으로부터 공급되게 된다.

즉, 2차 회로에 슬립 주파수 고정자 전압을 1차 전압과 거의 동상 또는 반대 위상으로 공급하고 그 크기를 적당히 변경하여 2차 전원과의 사이에 전력의 공급하면서 속도제어를 효율적으로 실시할 수 있다.

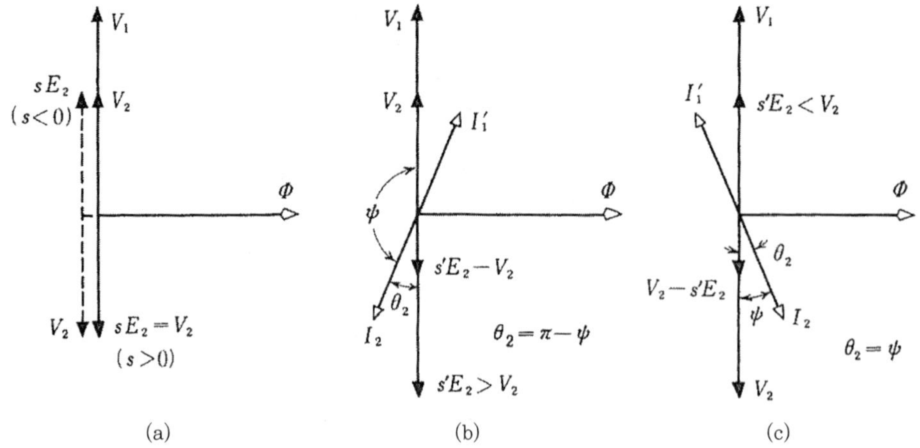

그림 4.51 2차 여자법의 벡터도

2차 저항제어에 의한 방법에서는 외부저항 R 중에 흐르는 2차 전류 $\dot{I}_2$에 의해서 기전력 $\dot{I}_2R$을 $\dot{I}_2$와 역방향으로 발생시켜 $(\dot{I}_2R)\dot{I}_2=\dot{I}_2^2R$의 전력을 저항에 공급하여(이것은 열로서 소비된다) 속도를 제어하게 된다.

2차 여자에는 여러 가지 방식이 있지만 최근에는 반도체 장치를 이용하는 것이 일반적이다.

b. 2차 여자를 가지는 유도기의 등가회로 3상 유도기의 1차 측에서 본 등가회로는 그림 4.25 및 그림 4.26과 같이 된다. $\dot{V}_2'$를 1차로 환산한 2차 여자전압으로 하면 1차로 환산한 2차 전류는

$$\dot{I}_1'=\frac{s\dot{E}_1-\dot{V}_2'}{\dot{Z}_2'}=\frac{\dot{E}_1}{\dfrac{\dot{Z}_2'}{s}}-\frac{\dfrac{\dot{V}_2'}{s}}{\dfrac{\dot{Z}_2'}{s}}\ [\mathrm{A}]$$

단, $\dot{Z}_2'=r_2'+jsx_2'$=1차로 환산한 2차 임피던스

따라서 그림 4.52와 같은 간이 등가회로로 나타내면

$$\dot{I}_1'=\frac{\dot{V}_1-\dfrac{\dot{V}_2'}{s}}{\dot{Z}_1+\dfrac{\dot{Z}_2'}{s}},\ \dot{I}_0=\dot{V}_1\dot{Y}_0 \tag{4.101}$$

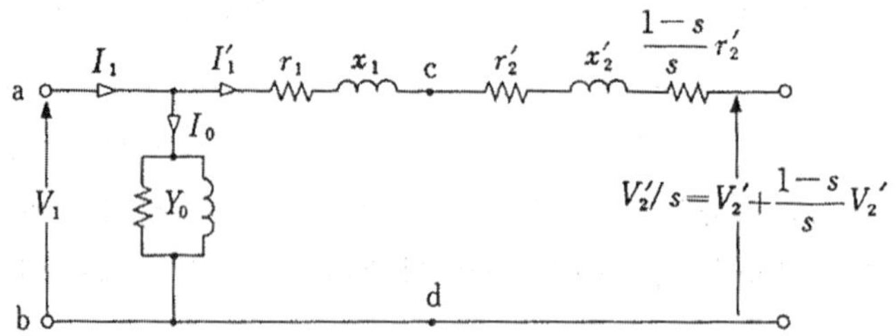

그림 4.52 2차 여자를 가지는 유도기의 등가회로

1차 전류: $\dot{I}_1 = \dot{I}_1' + \dot{I}_0$

ψ, θ_1, θ_2를 각각 $\dot{V}_1$과 $\dot{I}_1$, $\dot{E}_1$과 $\dot{I}_1'$, $\dot{V}_2'$과 $\dot{I}_1'$의 위상차각으로 하면

$$1\text{차 입력 } P_1 = 3V_1I_1\cos\psi \text{ [W]}$$

2차 입력 P_a는

$$P_a = P_1 - 3\dot{I}_1'^2 r_1 = 3E_1I_1'\cos\theta_1 \text{ [W]}$$

$$2\text{차 출력} \quad P_2 = P_a - 3I_1'^2 r_2' = 3\left(\frac{1-s}{s} \cdot V_2'I_1'\cos\theta_2 + I_1'^2\frac{1-s}{s}r_2'\right) \text{ [W]} \quad (4.102)$$

2차 여자기와 전원과의 전력 P_c는

$$P_c = 3V_2'I_1'\cos\theta_2 \quad (4.103)$$

그리고 P_c가 정이라면 여자기를 거쳐 전원에 전력을 돌려주고 부라면 전원으로부터 여자기를 거쳐 전력이 공급되는 것을 나타낸다.

주 유도기의 토크는

$$T_s = P_a = \frac{P_2}{1-s} = 3\left(\frac{1}{s}V_2'I_1'\cos\theta_2 + \frac{1}{s}I_1'^2 r_2'\right) \text{ [동기 와트]} \quad (4.104)$$

7. 전자 커플링(electromagnetic coupling)**을 이용하는 방법** 그림 4.53과 같은 원통형 도체 A에서 식류로 여사된 자극 B를 회전하면 원통 내면에 와전류가 유도되어 원통에는 회전과 같은 방향으로 토크를 발생한다. 발생토크 T_e와 A, B의 상대속도와의 관계, 즉 토크-속도 특성곡선은 원통과 스파이더 모양 자극과 구조 및 자극의 힘(여자전류의 대소)과에 의해 그림 4.54의 1, 2, 3과 같이 여러 가지 바꿀 수 있다. 어느 회전체를 제동하는 경우에 A 또는 B의 한편을 회전축에 달아두고 한편을 고정해 B에 직류 여자를 주면 회전체를 제동할 수 있다. 이것을 **와전류 브레이크**(eddy-current brake)라고 한다.

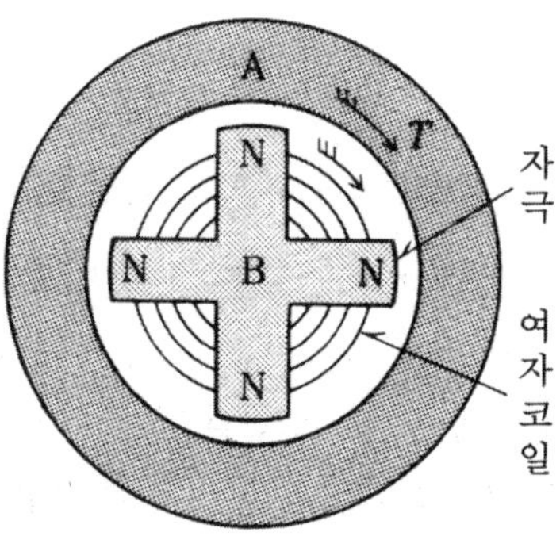

그림 4.53 전자 커플링의 원리

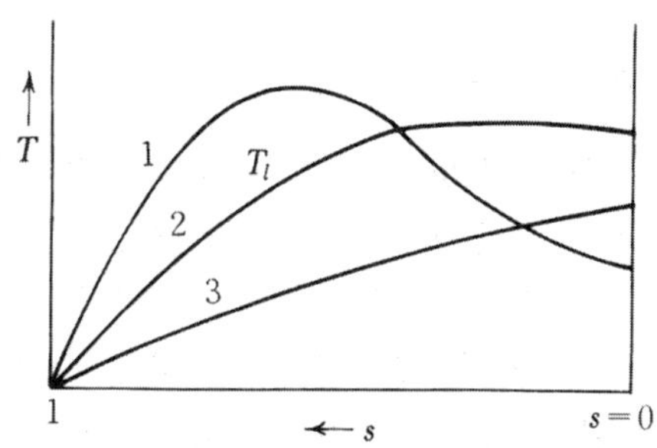

그림 4.54 전자 커플링의 토크-속도 특성

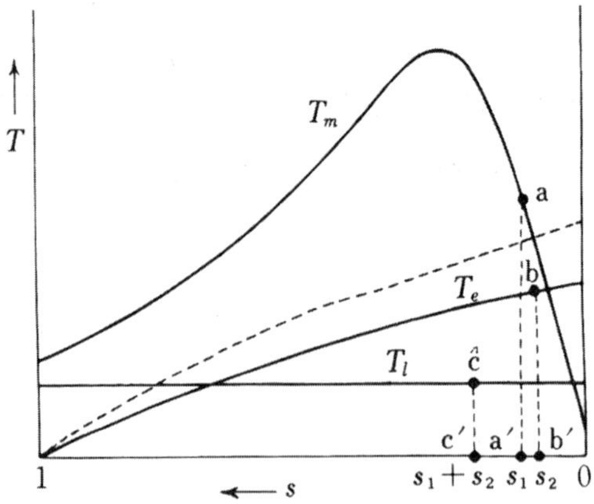

그림 4.55 전자 커플링의 토크-속도 특성곡선

속도제어를 필요로 하는 농형 유도전동기의 축과 부하 축 사이의 이러한 장치를 커플링으로 사용하는 경우 전동기축의 동기속도 n_0에 대해 슬립을 s_1, 부하축의 전동기 축에 대한 슬립을 s_2라고 하면, 부하축의 n_0에 대해 슬립 s는 s_1+s_2가 된다. 그림 4.55에서 s_1에 대한 전동기 토크를 $\overline{aa'}$, s_2에 대한 토크를 $\overline{bb'}$, 따라서 슬립 s_1+s_2로 부하축의 토크를 $\overline{cc'}$라고 하면, $\overline{aa'}=\overline{bb'}+\overline{cc'}$의 관계가 된다.

커플링의 여자전류를 변경하면 토크 T_e는 그림의 파선과 같이 바뀌어 동작점 a는 곡선 T_m 위를 이동해 s, 즉 부하 축의 속도를 변화시킬 수 있다. 이것은 **마찰 커플링**(friction coupling)의 마찰력를 바꾸는 경우에 해당한다.

원통 내의 와전류손은 열이 되어 권선형 전동기의 2차 권선에 저항을 부가한 저항제어와 동일한 결과가 된다. 따라서 효율은 저하하지만 속도를 1:5~10 정도로 광범위하게 제어할 수 있다. 40 kW 정도까지 농형 전동기에 이용되고 있다.

속도 변동에 의한 속도계 발전기의 전압변동을 증폭하고 자극의 여자전류를 바꿈에 따라 자동 속도 조정도 할 수 있다.

4.6.3 제동(braking)

1. 발전 제동(dynamic braking) 회전하고 있는 3상 유도전동기를 빨리 전기적으로 정지시키기 위해 발전 제동을 실시하면 좋다. 3상 유도전동기 고정자의 1차 권선을 전원으로부터 분리하고 두 단자를 접속하여 다른 1 단자와의 사이에 직류 여자전류를 흘리면 고정 자계가 발생하여 회전 전기자형의 교류발전기가 된다. 회전자 2차 권선 중에는 다상의 연결 전류가 흐르고 회전과 반대방향으로 제동토크가 발생하여 빨리 정지한다. 와전류 브레이크와 같은 원리이다. 이 경우 발생 전력은 2차 회로의 동손, 즉 열로 소비된다. 권선형 회전자에서는 외부 저항기에도 열을 발생시킬 수 있지만 농형 회전자에서는 회전자가 과열될 우려가 있다.

이 직류에 의한 제동 방법은 초기 속도에서 회전자 권선에 큰 유도전류가 유기된다. 따라서 제동토크가 크지만 정지 부근의 저속도에서는 토크가 감소하는 결점이 있다.

2. **유도 브레이크**(induction brake)　유도전동기의 슬립 s가 1보다 커졌고, 즉 외력을 가해 회전자를 회전자계와 반대방향으로 돌렸을 경우의 토크와 그 외의 속도 특성곡선은 그림 4.56과 같이 된다. 발생토크는 회전자 회전방향과 반대로 기계적 출력 P_2는 부, 즉 동력은 외부로부터 공급되어 유도 브레이크가 된다. 1차 측으로부터 공급하는 전기적 입력 P_1, 회전자로부터 공급되는 기계적 입력 P_2는 주로 2차 저항 중에 열로서 소비되기 때문에 2차 저항은 충분한 용량의 것을 이용해야 한다. 2차 저항을 크게 하여 전류를 제한해 저속도 부근에서 큰 제동토크를 낼 수 있다. 중량물의 제동에 적절한 방법이다.

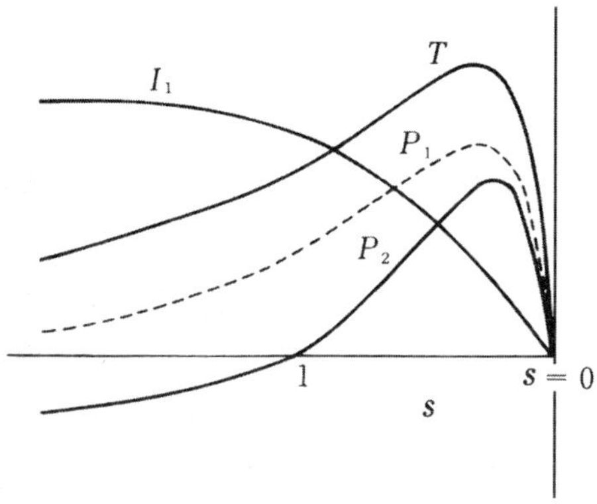

그림 4.56 유도 브레이크의 토크-속도 특성곡선

3. **역상제동과 단상제동**

a. **역상제동**　회전하고 있는 3상 전동기를 급정지하는 경우 1차 측의 3선 중 2개를 바꿔 회전자계의 회전방향을 반대로 하면 전동기는 유도 브레이크가 되어 강력한 제동토크가 발생한다. 이것을 역상제동 또는 플러깅(plugging)이라고 한다. 저속도에서 세동토크는 커져 급속히 정지를 할 수 있지만, 전환 후 역방향의 운전속도에 이를 때까지 큰 전류가 유입되므로 2차 저항을 충분히 크게 해 전류를 제한할 필요가 있다.

b. **단상제동**　유도기의 고정자 3상 권선에 2단자와 다른 1단자와의 사이에 단상 교류를 공급하면 고정된 교번자계를 일으켜 단상 유도전동기가 된다. 교번자계는 1/2의 크기를 가지고 서로 반대방향으로 동기속도로 회전하는 회전자계 Φ_a, Φ_b로 나누어 생각할 수 있다. 회전자가 Φ_a방향으로 돌고 있다고 하면 그림 4.57의 T_a와 같은 전동기 토크를 발생하고, Φ_b가 반대방향이 되어 그림 T_b와 같은 토크를 발생한다. 2차 저항이 큰 경우에 이들은 T_a', T_b'와 같다. 합성 토크는 굵은 선으로 나타낸 T, T'와 같이 되기 때문에 큰 제동토크를 낸다.

이 방법도 정지 부근의 저속도에서는 제동토크가 작아지는 결점이 있다. 3상 권선의 접속을 절환시켜 전원에 접속해 다상 불평형 전류를 권선에 흘림으로써 Φ_a를 Φ_b 보다 크게 하여 낮은 속도에서 제동토크가 커지도록 하는 방식도 있다.

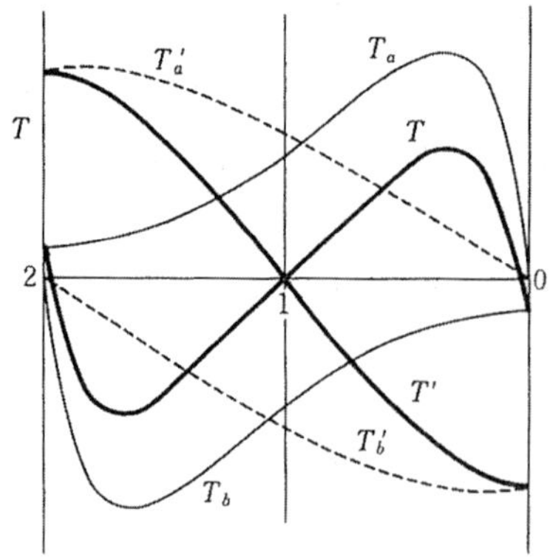

그림 4.57 단상 제동의 토크-속도 특성곡선

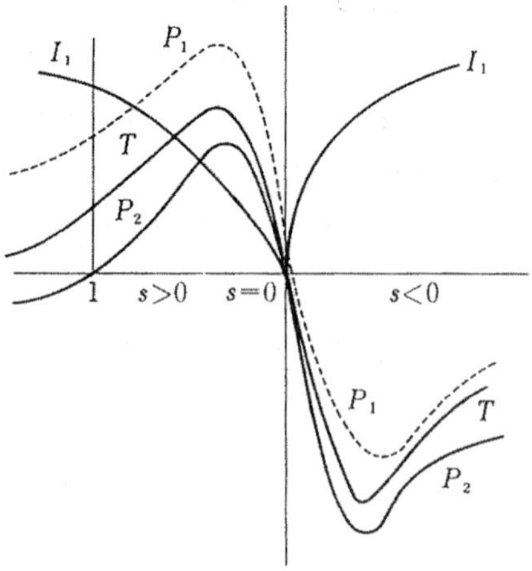

그림 4.58 회생제동의 속도 특성곡선

4. 회생제동(regenerative braking) 이상은 모두 회전체의 에너지를 열로 변환해 제동하는 방법이지만 유도전동기를 유도발전기로서 제동을 하면서 변환 전력을 전원에 반환하는 것이 회생제동이다. 회전자의 회전자계와 같은 방향으로 동기속도 이상의 속도로 돌면, 슬립 $s<0$가 되어 속도 특성곡선은 그림 4.58과 같이 되고 입력 P_1, 출력 P_2, 2차 입력 P_a(토크 T)는 모두 부가 된다. 즉, P_2는 기계적 입력, P_1은 전기적 출력이 된다. 토크는 회전방향과는 반대방향의 제동토크가 되어 발전기로 동작하게 된다.

입력의 일부는 권선 중에 열로서 소비되지만 출력은 전원에 돌려주기 때문에 효율적으로 제동할 수 있다. 권상선, 크레인 등에서 중량을 강하시키는 경우에 사용된다.

4.7 단상 유도전동기(single-phase induction motor)

단상 유도전동기는 고정자에 단상 권선을 감아 회전자는 농형으로 한 구조의 전동기이다. 3상 전동기에 비해 기동 및 운전 특성은 안 좋고, 소요 자재도 조금 많아지므로 1 kW 미만의 소용량, 즉 **분수 마력 전동기**(fractional horsepower motor)로서 사용된다. 그러나 단상 전원에 접속할 수 있기 때문에 가정용, 농촌용 또는 소형기구의 구동용 전동기로서 그 용도는 매우 넓다.

단상 권선에 주파수 f의 단상 교류를 흘리면, 교번자계가 발생한다. 이 자계는 1/2의 크기로 서로 반대방향으로 동기속도 $n_0 = f/p[\mathrm{s}^{-1}]$로 회전하는 회전자계로 분해할 수 있다. 회전자가 정지되었을 때는 유도전류에 의한 토크가 양쪽 모두 동일하기 때문에 합성 토크는 0으로 기동토크를 발생시키지 않는다. 회전자가 어느 쪽인가의 방향으로 돌고 있으면 합성 토크는 그림 4.57의 T와 같이 회전방향과 같은 방향이 되고, 회전자를 동기속도 근처까지 가속한다. 동기속도의 토크-속도 특성은 대개 다상 전동기의 속도-토크 특성과 가까운 것을 그림으로부터 알 수 있다. 따라서 후술과 같이 적당한 기동방법으로 기동토크를 발생시키면 된다.

4.7.1 등가회로

그림 4.59와 같이 고정자에 I 및 II가 동일한 2개의 권선을 공간적으로 π/2의 위상차를 갖도록 배치해 I군은 I_a, I_b를 II도 각각 2등분 하고 I_a, II_a 및 I_b, II_b에 각각 같은 크기의 2상 교류를 흘린다고 하자. 단, II_a, II_b에는 역방향으로 전류가 흐르도록 접속했다고 하자. I_a, II_a에 의해서 시계방향으로 원형 회전자계가 발생하고, I_b, II_b에 의해서 반시계방향으로 같은 크기의 원형 회전자계가 발생된다. II_a, II_b는 그 기자력이 동일하게 반대방향이기 때문에 II의 권선은 없는 것과 같기 때문에 이러한 단상 전동기는 I_a, I_b의 단상 권선만을 갖고 있는 단상 전동기와 등가로 있다. 즉, 단상 전동기를 그림과 같이 2상 전동기를 조합한 것으로 생각하면 된다(그림 4.60).

회전자가 회전자계와 같은 방향으로 회전하고 있는 쪽의 전동기를 정상분 전동기 P, 역방향으로 회전하고 있는 쪽을 역상분 전동기 N으로 한다. 회전자가 슬립 s로 돌고 있으면 회전 주파수는 $(1-s)f$이고, P의 2차 주파수는 sf, N의 2차 주파수는 $f+(1-s)f=(2-s)f$이다. 두 전동기의 1차 임피던스는 $(r_1+jx_1)/2$, 여자 어드미턴스는 $2(g_0-jb_0)$이기 때문에 2차를 1차로 환산하면 그림 4.61과 같은 등가회로가 된다.

$\dot{V}_a$, $\dot{V}_b$는 각각 가해지는 1차 전압이다.

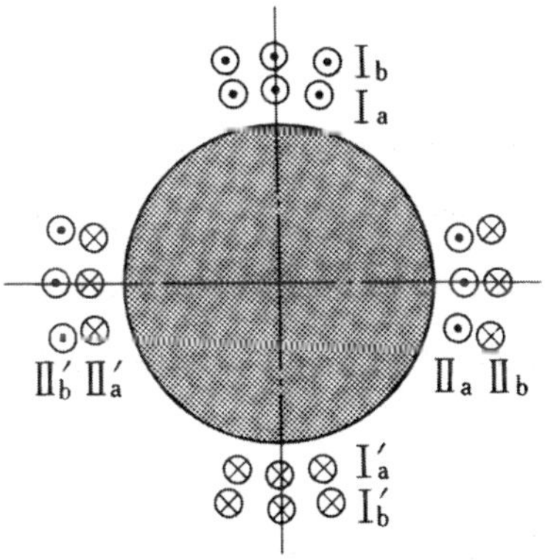

그림 4.59 1상을 반전한 개상권선

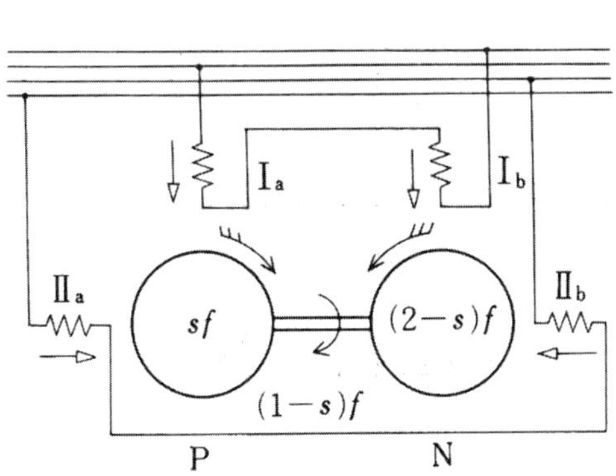

그림 4.60 단상 유도전동기의 등가회로

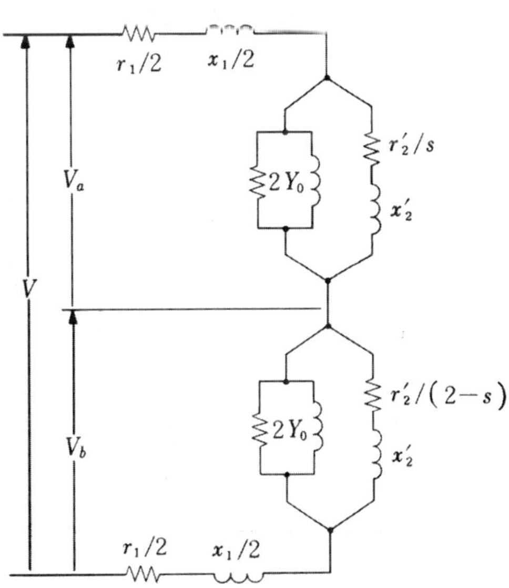

그림 4.61 단상 유도전동기의 설명도

4.7.2 간이 등가회로와 특성

단상 유도전동기의 범위는 대개 $0<s<0.15$ 정도의 s가 작은 범위이기 때문에 역상 임피던스는 다음과 같이 두어도 좋다.

$$\dot{Z}_{2(2-s)} = \frac{r'}{2} + jx_2{}'$$

역상분 전동기 회로의 합성 임피던스 $\dot{Z}_{2b}'$ 은

$$\dot{Z}_{2b}' = \frac{1}{2\dot{Y}_0 + \dfrac{1}{\dot{Z}_{2(2-s)}}} \fallingdotseq \frac{\dfrac{\dot{r}'}{2} + j\dot{x}_2}{1 + 2\dot{Y}_0\left(\dfrac{r'_2}{2} + jx'_2\right)}$$

2차 회로의 합성 임피던스(1차로의 환산치)를 각각 $\dot{Z}_{2s}$, $\dot{Z}_{2(2-s)}$라고 하면

$$\dot{Z}_{2s} = \frac{r_2{}'}{s} + jx_2,\quad \dot{Z}_{2(2-s)} = \frac{r_2{}'}{2-s} + jx_2\ \ [\Omega] \tag{4.105}$$

1차 임피던스 전압 강하를 무시하면

$$\frac{V_a}{V_b} = \frac{Z_{2s}}{Z_{2(2-s)}}$$

V_a, V_b는 각각 정상 및 역상 회전자속에 비례하고 있지만, s가 작은 경우에는 $Z_{2s} > Z_{2(2-s)}$ $V_a > V_b$이므로 정상자속 Φ_a가 크고 Φ_b는 작다. s가 커짐에 따라서 $Z_{2(2-s)}$가 Z_{2s}에 비해 커져 Φ_b가 크게 되고 Φ_a가 작아진다. 정지 상태에서는 $Z_{2s} = Z_{2(2-s)}$로 $V_a = V_b$, $\Phi_a = \Phi_b$가 된다.

그림 4.61의 등가회로에서 s에 의해 변하는 부분을 1개로 통합하여 표현하면 그림 4.62와 같은 등가회로가 된다.

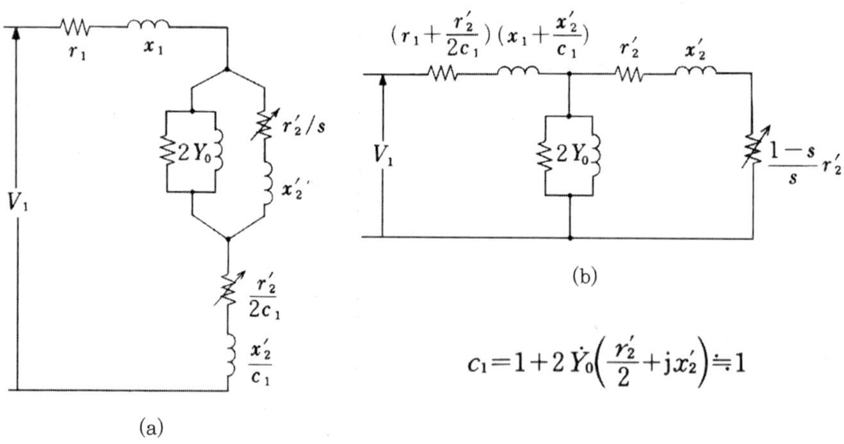

그림 4.62 단상 유도전동기의 등가회로의 변환

$$1+2\dot{Y}_0\left(\frac{r'_2}{2}+\mathrm{j}\,x_2\right)=c_1$$

으로 두면

$$\dot{Z}_{2b}' \fallingdotseq \frac{r_2'}{2c_1}+\mathrm{j}\,\frac{x_2'}{c_1}$$

이 되어, 그림 4.61의 등가회로는 그림 4.62(a)와 같이 표현된다. r_2', x_2'를 정리하면 그림 (b)가 된다.

다상 전동기와 비교하면 1차 저항이 $r_1+(r_2'/2c_1)\fallingdotseq r_1+(r_2/2)$, $x_1+(x_2'/2c_1)\fallingdotseq x_1+x_2'$가 되어, 1차 리액턴스가 $x_1+(x_2'/c_1)\fallingdotseq x_1+x_2'$로 증가된다. 또한, 여자 어드미턴스는 2배가 되기 때문에 여자전류는 다상의 경우에 비해 2배 가깝게 커진다. 따라서 $2\dot{Y}_0$를 앞에 배치하는 간이 등가회로는 오차가 크다.

다상 유도전동기의 수식 중 $\dot{Y}_0$를 $2\dot{Y}_0$, r_1을 $r_1+(r_2'/2)$, x_1을 x_1+x_2'로 두고 전류 I_1, 역률, 2차 출력, 입력 등을 구할 수 있다. 식 (4.80), (4.82), (4.83)으로부터

$$\text{최대 토크 } P_{am}=\frac{V_1^2}{\left(r_1+\frac{r_2'}{2}\right)+\sqrt{\left(r_1+\frac{r_2'}{2}\right)+(x_1+2x_2')^2}}\ [\text{동기 와트}] \tag{4.106}$$

$$\text{최대 출력 } P_{2m}=\frac{V_1^2}{\left(r_1+\frac{3r_2'}{2}\right)+\sqrt{\left(r_1+\frac{3r_2'}{2}\right)+(x_1+2x_2')^2}}\ [\text{W}] \tag{4.107}$$

$$\text{최대 역률}(\cos\phi)_m=\frac{1-b_0(x_1+2x_2')}{1+b_0(x_1+2x_2')} \tag{4.108}$$

이러한 양의 속도 특성곡선은 비례추이 현상이 없고 최대 토크는 2차 저항의 증가와 함께 감소한다(그림 4.63 참조). 그림 4.64는 속도 특성곡선을 나타낸다.

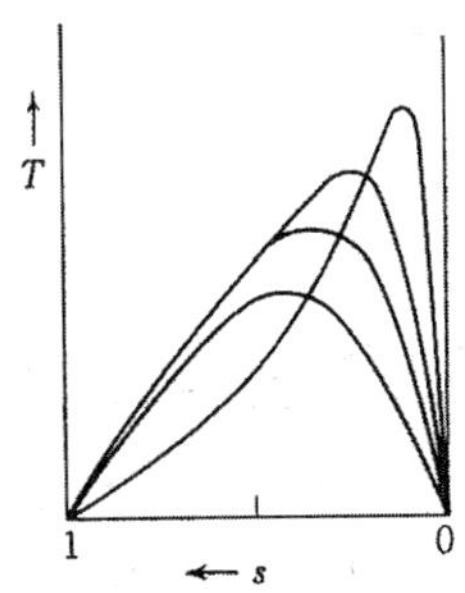

그림 4.63 2차 저항과 토크와의 관계

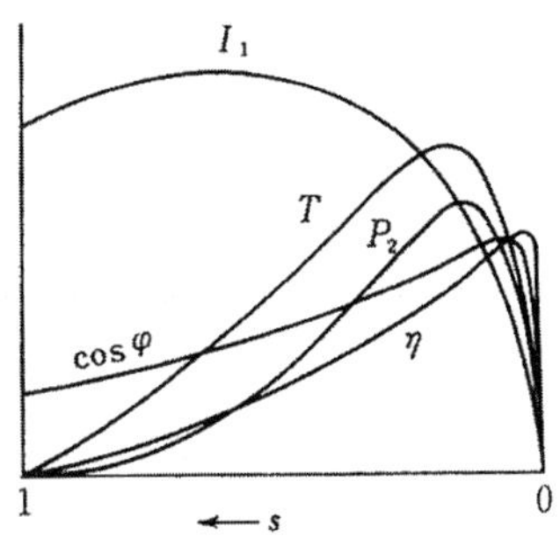

그림 4.64 단상 유도전동기의 속도 특성곡선

4.7.3 단상 유도전동기의 기동

단상 유도전동기의 기동토크는 0이기 때문에 자기기동을 시키기 위해서는 기동장치가 필요하다.

기동 방법으로서는

(1) 분상 기동(저항분상, 리액터분상, 콘덴서분상)　　(2) 반발 기동

(3) 반발 유도　　(4) 쉐이딩 코일형　　(5) 모노사이클릭(monocyclic)

등의 방법이 있다.

1. 분상 기동　그림 4.65에서 M을 고정자의 주권선, A를 이것과 공간적으로 전기각 π/2의 위치에 감겨진 보조권선으로 한다. 양권선을 동일 전원으로 병렬로 접속했을 경우 각각 I_{0m}, I_{0a}의 여자전류가 흘러 Φ_m, Φ_q의 교번자속을 권선축의 방향으로 발생시킨다. 농형 회전자의 2차 권선에는 변압기 작용에 의해서 $\dot{E_{2m}}, \dot{E_{2a}}$의 기전력이 Φ_m, Φ_q보다 시간적으로 π/2뒤져 유도되고 $\dot{E_{2m}}, \dot{E_{2a}}$에 의해서 2차 전류 $\dot{I_{2m}}, \dot{I_{2a}}$가 2차 권선에 흐른다.

그림 4.66(a)는 주권선 M의 2차 측을 1차 측으로 환산한 등가회로이고, 그림 (b)는 전압, 전류의 벡터도를 나타낸다. 그림 4.67(a)는 마찬가지로 보조권선 A의 등가회로이고, 그림 (b)는 그 벡터도이다. $x_a > x_m$의 경우에 대해서 그린 것이다.

주권선 자속 Φ_m과 공간적으로 동상인 2차 전류 $\dot{I_{2a}}$와의 사이에는 반시계식 방향의 토크 T_1이 발생하고, 횡축의 $\dot{\Phi_q}$와 2차 전류 $\dot{I_{2m}}$ 사이에는 시계방향의 토크 T_2가 발생된다.

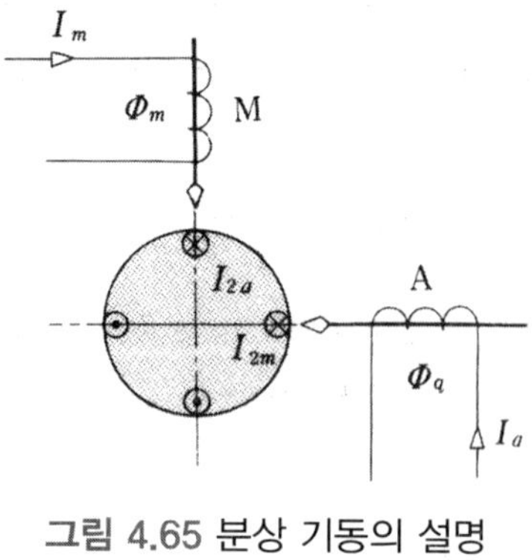

그림 4.65 분상 기동의 설명

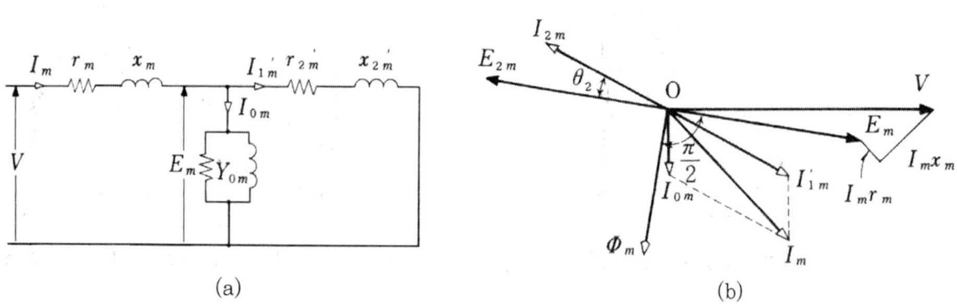

그림 4.66 주권선 M의 등가회로와 벡터도

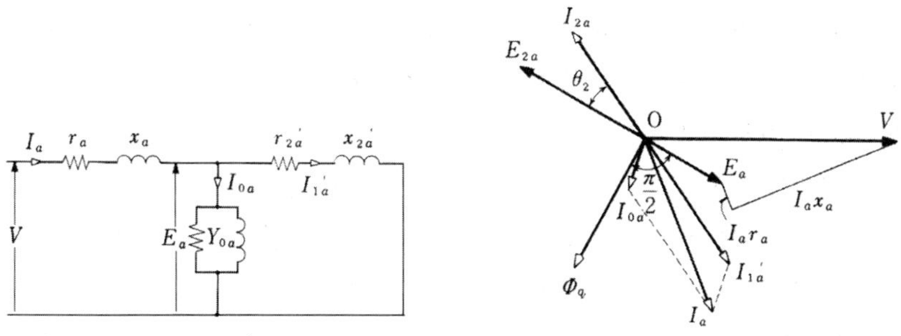

(a) (b)

그림 4.67 보조권선 A의 등가회로와 벡터도

Φ_q가 Φ_m보다 α만큼 차이가 나면

$$T_1 = K\frac{\Phi_m I_{2a}}{2}\cos\theta_{ma} = K\frac{\Phi_m I_{2a}}{2}\cos\left(\frac{\pi}{2}+\theta_2+\alpha\right)$$

$$T_2 = K\frac{\Phi_q I_{2m}}{2}\cos\theta_{qm} = K\frac{\Phi_q I_{2m}}{2}\cos\left(\frac{\pi}{2}+\theta_2-\alpha\right)$$

여기서 θ_{ma}, θ_{qm}은 각각 $\dot{\Phi}_m$와 $\dot{I}_{2a}$, $\dot{\Phi}_q$와 $\dot{I}_{2m}$ 사이의 위상차각

따라서 $I_{2m} = \dfrac{E_{2m}}{Z_2'}$, $I_{2a} = \dfrac{E_{2a}}{Z_2'}$

$$\dot{Z}_2' = 2\text{차 임피던스} = r_2' + jx_2'$$

$$E_{2m} = \sqrt{2}\,\pi f k_{w1} w_2 \Phi_m, \qquad E_{2a} = \sqrt{2}\,\pi f k_{w2} w_2 \Phi_q$$

이기 때문에 $\Phi_m I_{2a} = \Phi_q I_{2m}$

시계방향의 합성 토크 T는

$$\begin{aligned} T = T_2 - T_1 &= K\frac{\Phi_m I_{2a}}{2}\left[\cos\left(\frac{\pi}{2}+\theta_2-\alpha\right) - \cos\left(\frac{\pi}{2}+\theta_2+\alpha\right)\right] \\ &= K\Phi_q\Phi_m \frac{\sqrt{2}\,\pi f k_{w2} w_2}{Z_2'}\sin\alpha\cos\theta_2 \\ &= K\Phi_q\Phi_m \frac{\sqrt{2}\,\pi f k_{w2} w_2}{Z_2'}\frac{r_2'}{Z_2'}\sin\alpha \end{aligned} \tag{4.109}$$

즉, 토크는 주자속의 크기 Φ_m과 이것과 시간적으로 $\pi/2$의 위상차가 나는 횡자속 $\dot{\Phi}_q$의 분력 $\Phi_q \sin\alpha$와의 곱에 비례한다. 또한, 2차 임피던스에 비해서는 $r_2'/Z_2^{2\prime}$에 비례한다.

이와 같이 단상 전동기에 보조권선을 연결하고 단상 전원으로부터 주권선과 보조권선에 위상이 다른 전류를 흘려 불평형의 2상 전동기로서 기동하는 방법을 **분상 기동법**(split-phase starting)이라고 한다. 보조권선을 **기동권선**(starting winding)이라고도 한다.

보조권선 회로 A를 고저항으로 하여 I_m과 I_a 사이의 위상차를 만드는 방법을 **저항 분상 기동**이라고 하고 유도리액턴스를 A에 접속하여 분상하는 방식을 **리액턴스 분상 기동**이라고 한다.

일반적으로 공간에 2개의 권선이 있어 전류가 흘러 이 권선에 흐르는 전류에 의한 자속 $\dot{\Phi}_m$, $\dot{\Phi}_q$의 시간적 위상차 α가 $\pi/2$일 때 합성 자속 $\dot{\Phi}$는 Φ_m, Φ_q를 긴 지름과 짧은 지름으로 하는 타원 회전자속이 된다(그림 4.73 참고).

2상 전동기에서는 $\Phi_m = \Phi_q$이고 $\alpha = \pi/2$이기 때문에 원형 회전자속이 형성된다. 단상 전동기에서는 $\alpha \neq \pi/2$일 때 $\dot{\Phi}_m = \Phi_m \sin\alpha$, $\dot{\Phi}_q = \Phi_q$ 운전 시 슬립이 3상 전동기에 비해 크고 가상 2상 전동기의 역상분 전동기 N의 임피던스 $Z_{2(2-s)}$가 어떤 값을 가지기 때문에 역기전력 V_b는 0이 되지 않고 역상 회전자속을 만들게 된다. 따라서 무부하의 경우에서도 회전자계는 원형이 아니라 타원형이 된다. 부하가 증가되어 속도가 떨어지는 만큼 타원의 짧은 지름과 긴 지름이 작아진다.

a. 저항 분상형 전동기 그림 4.68(a)와 같은 전동기로 보조권선에 감는 고저항선을 이용하거나 외부에 고저항을 접속하여 r_a를 X_a에 비해 크게 했을 경우 벡터도는 그림 (b)와 같이 된다. $\dot{I}_a$와 $\dot{I}_m$의 위상차 α는 30° 정도보다 크게 할 수 없다. 운전 중에 r_a에 의한 동손이 커지기 때문에 원심력 개폐기를 사용하여 운전속도가 되었을 때 A회로를 열도록 한다.

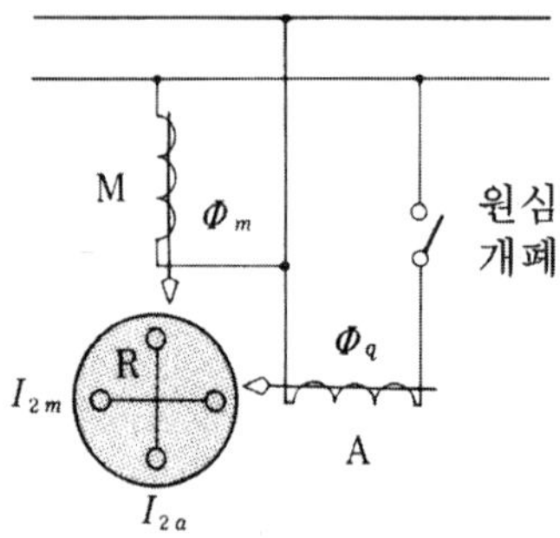

(a)

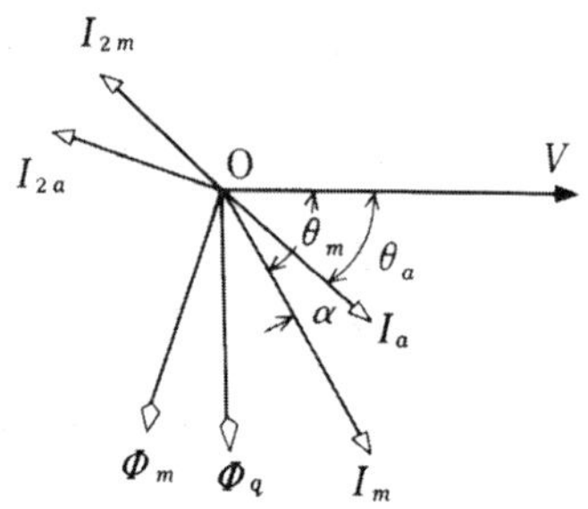

(b)

그림 4.68 분상 기동형 단상 유도전동기

b. 유도 리액턴스 분상형 전동기 그림 4.69와 같이 단권 변압기 AT의 2차 측을 보조권선 A에 직렬로 접속해 기동하면 변압기 2차 권선은 높은 리액턴스이기 때문에 $\dot{I}_a$는 $\dot{I}_m$보다 뒤진 $(\alpha > 0)$이 되어, 기동토크가 발생한다. AT의 탭을 2, 3으로 바꾸면 단자전압이 바뀌어 속도제어를 할 수 있지만 기동토크도 작고 효율이 작아 선풍기 등 소용량에 사용된다.

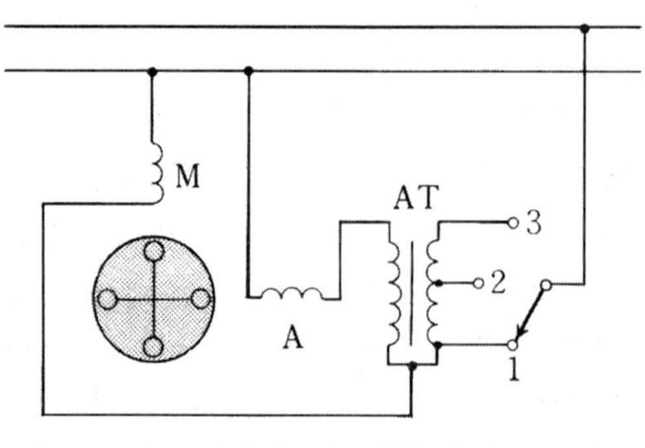

그림 4.69 유도리액턴스 분상형 단상 유도전동기

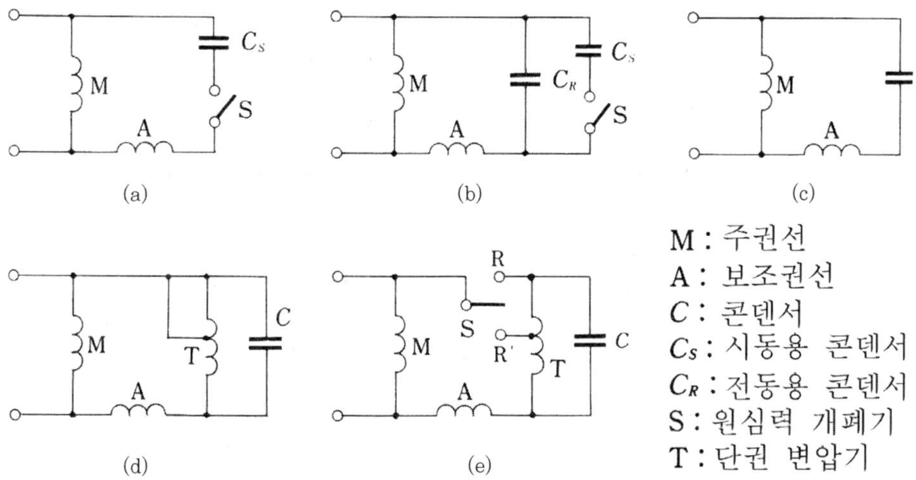

그림 4.70 콘덴서 기동 및 콘덴서 모터의 접속도

c. **콘덴서 모터** (condenser motor) 콘덴서 모터는 리액턴스 분상의 일종으로 콘덴서를 보조권선 A의 외부에 직렬로 접속, $\dot{I}_a$는 $\dot{I}_m$보다 앞서게 해 분상 기동하는 것이다. 보조권선은 보통 주권선 M보다 권수가 많고 가는 동선을 이용한다.

그림 4.70에 보조권선과 콘덴서와의 접속을 나타내었다. 그림 (a)는 전해 콘덴서 C_s를 사용해 기동을 끝내면 원심력 개폐기 S가 동작하여 A를 떼어내는 것이 **콘덴서 기동 단상 유도전동기**(condenser-start motor)이다. 그림 (b)는 상기 C_s 외에 전해 콘덴서 C_R을 이용해 운전 중에도 이것이 A와 직렬로 전원에 접속되고 있으므로 콘덴서 모터라고 한다. 개폐기 S가 닫혀 있으므로 언제나 C를 보조권선 A에 접속해 사용하는 것도 있다.

기동토크 M과 A의 2차를 1차로 환산한 등가회로는 그림 4.71(a), (b)와 같이 되고 벡터노는 그림 (c)와 같이 된다.

보조권선 A의 전류 $\dot{I}_a = \dfrac{\dot{V}}{R_a + j(X_a - x_c)}$

$$\dot{V}_a = (R_a + jX_a)\dot{I}_a$$

$$V_a = \frac{\sqrt{R_a^2 + X_a^2}}{\sqrt{R_a^2 + (X_a - x_c)^2}} V = \frac{Z_a}{\sqrt{Z_a^2 - 2x_c X_a + x_c^2}} V$$

$\dot{V}_a$와 $\dot{V}$와의 위상차를 α로 하면

$$\sin\alpha = \frac{R_a x_c}{Z_a\sqrt{Z_a^2 - 2x_c X_a + x_c^2}}$$

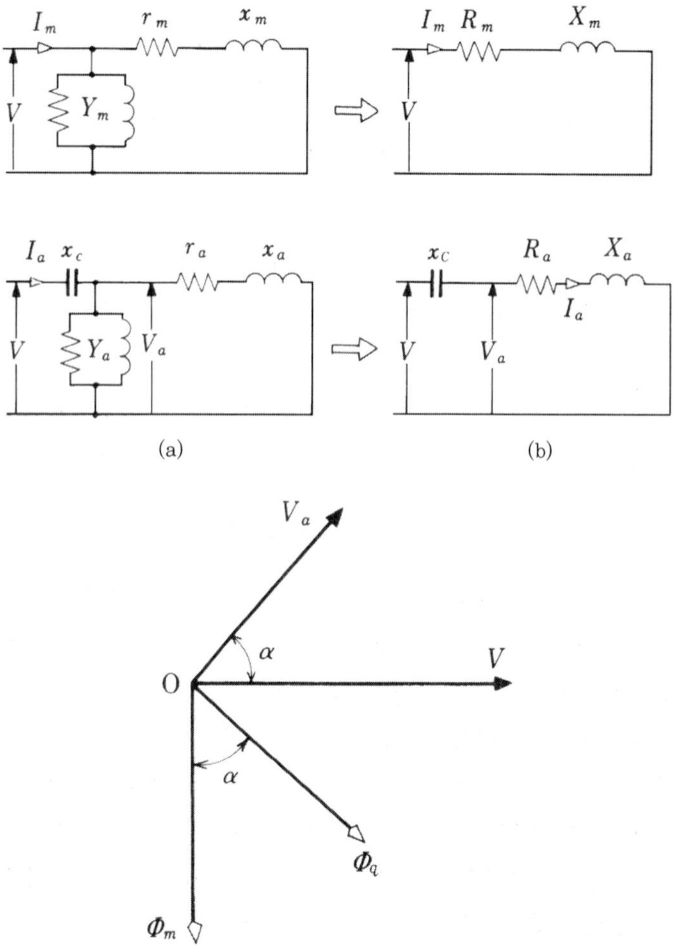

(c)

그림 4.71 콘덴서 모터의 등가회로와 벡터도

따라서

$$\dot{\Phi}_m = \frac{\dot{V}}{\mathrm{j}\sqrt{2}\,\pi f k_{m1} w_{m1}} = \frac{\dot{V}}{\mathrm{j}\,K_m w_{m1}}$$

$$\dot{\Phi}_a = \frac{\dot{V}_a}{\mathrm{j}\sqrt{2}\,\pi f k_{a1} w_{a1}} = \frac{\dot{V}_a}{\mathrm{j}\,K_a w_{a1}}$$

식 (4.109)로부터

$$\text{토크 } T = \frac{k\sqrt{2}\,\pi f k_{w2} w_2}{K_a K_m w_{m1} w_{a1}} \left(\frac{r'_2}{Z'^2_2} \right) V^2 \frac{R_a x_c}{Z_a^2 - 2x_c X_a + x_c^2} \tag{4.110}$$

최대 토크 T_m을 발생하는 x_c를 구하기 위해 $dt/dx_c = 0$으로 계산하면

$x_c = Z_a$ 또는 $C = 1/\omega Z_a$

$$최대\ 토크\ T_m = \frac{k\sqrt{2}\pi f k_{w2} w_2}{K_a K_m w_{m1} w_{a1}} \left(\frac{r'_2}{Z'^2_2} \right) V^2 \frac{R_a}{2(Z_a - X_a)} \tag{4.111}$$

가 된다. 예를 들어 50~200 W의 전동기는 $Z_a = 20\ \Omega$, $C = 160\ \mu F$이 된다.

식 (4.111)에서 A와 M의 1차 권선의 비 $w_{a1}/w_{m1} = a$로 하면 $T_m \backsim a$가 된다. 권수비 a는 통상 1.2~1.8 정도로 선택한다. 4극, 50 Hz, 100 V의 전동기로 기동토크를 200~300%로 하기 위해서 필요한 콘덴서의 용량은 다음과 같다.

전동기 출력 [W]	100	200	400	750
콘덴서 용량 [μF]	80	150	250	400

현재는 교류용 전해 콘덴서가 발달하고 소형으로 정전용량이 큰 것을 용이하게 얻을 수 있어서 기동토크가 큰 콘덴서 모터가 널리 이용되고 있다.

2. 쉐이딩 코일형 단상 유도전동기(shaded-pole type single phase induction motor) 이것은 그림 4.72에서 알 수 있듯이 돌극형의 고정자와 농형 회전자로 구성된 전동기이다.

자극에 슬롯을 마련하고, 단락시킨 **쉐이딩 코일**(shading coil)SC를 설치한다. 계자코일 F의 여자에 의해서 생기는 자속 $\dot{\Phi}_m$는 자극면적에 따라 $\dot{\Phi}$와 $\dot{\Phi}_1$로 나누어진다. $\dot{\Phi}_1$에 의해서 SC에 전압 $\dot{E}_s$, 따라서 단락전류가 유도된다. $\dot{I}_s$에 의해서 자속 $\dot{\Phi}_s$를 만들기 때문에 SC부분을 지나는 자속은 $\dot{\Phi}_1$와 $\dot{\Phi}_s$를 합성한 $\dot{\Phi}'$와 같이 되어 위상이 달라진다. $\dot{\Phi}$와 $\dot{\Phi}'$는 **이동자계**(shifting field)를 형성해 회전자에 전류를 유도해 자계의 이동방향으로 토크를 발생한다.

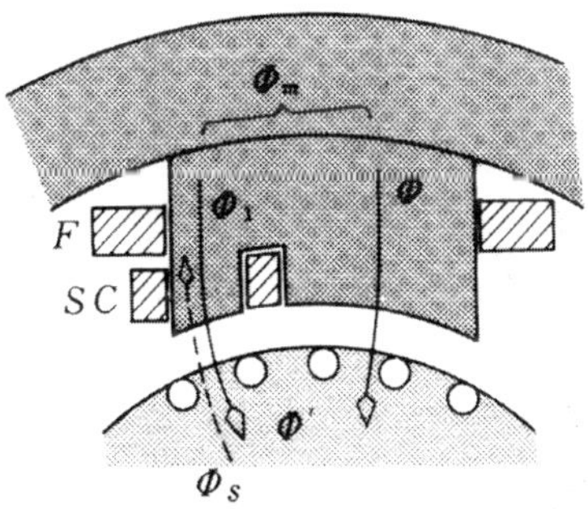

(a) 구조 설명

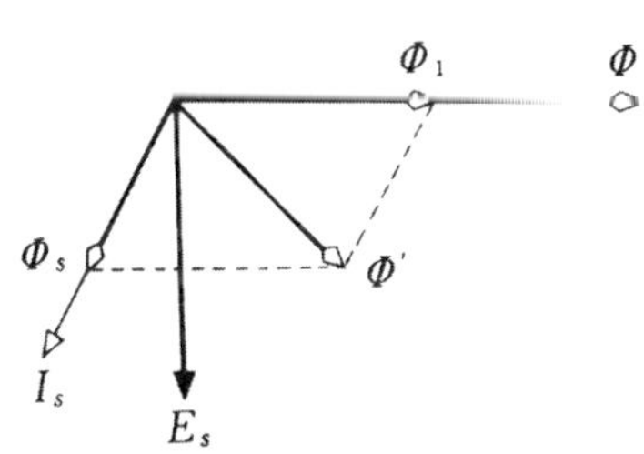

(b) 벡터도

그림 4.72 쉐이딩 코일형 단상 유도전동기

이 쉐이딩 코일형의 기동토크는 매우 작기 때문에 기동토크를 필요로 하지 않는 소 출력의 응용분야에 이용된다. 천정 선풍기와 같이 회전수가 낮고 극수가 많은 것에는 유리하다. 쉐이딩 코일의 동손이 크고 동일한 출력의 콘덴서 모터에 비하면 입력은 2배 정도가 된다. 앞의 절 1의 방법은 보조권선의 접속 단자를 절환함으로써 전동기의 회전방향을 반대로 할 수 있지만 이 방법으로는 회전방향은 바꿀 수 없다.

4.7.4 단상 전동기의 회전자계

1. **타원 회전자계** 공간적으로 $\pi/2$의 위상차를 가지는 고정자 2상 권선에 의해서 2개의 교번 자속 $\dot{\Phi}_m$, $\dot{\Phi}_q$가 생기고 있는 경우 이것들을 서로 $1/2$의 크기로 반대방향으로 동기속도로 도는 2개의 회전자계로 분해하고 그 합성자계를 구해보자. $\dot{\Phi}_m$, $\dot{\Phi}_q$의 시간적 위상차를 α라고 하면, 그림 4.73에 나타낸 바와 같이 시계방향으로 회전하는 합성자계는 $\dot{\Phi}_p$ 반시계방향은 $\dot{\Phi}_n$이 된다. $\dot{\Phi}_p$와 $\dot{\Phi}_n$의 합성은 $\Phi_p + \Phi_n$을 긴 지름으로 하고, $\Phi_p - \Phi_n$을 짧은 지름으로 하는 타원 회전자계가 된다. $\Phi_m = \Phi_q$이고 $\alpha = \pi/2$인 경우에 Φ_n은 0이 되어 원형 회전자계가 된다. 2차 권선의 상차각이 $\beta(\beta \neq \pi/2)$의 경우에는 자계의 한쪽을 $\cos\beta$, $\sin\beta$로 분리하여 생각하면 된다.

단상 유도전동기를 4.7.1절에 말한 것처럼 가상적 2상 전동기로서 생각하면 역상 전동기의 2차 임피던스 $\dot{Z}_{2(2-s)} = r_2'/(2-s) + jx_2'$, $s=0$의 경우에도 정상 2차 임피던스와 같이 무한대는 되지 않는다. 따라서 역상전압 V_b, 즉 Φ_n은 0이 되지 않고 타원 회전자계가 형성된다. s가 증가함에 따라 Φ_n이 커져 짧은 지름의 타원이 된다.

물리적으로 설명하면 그림 4.74(a)와 같이 단상 전동기의 고정자 단상 코일에 의해 생기는 권선축(Y축) 방향의 주자속 $\dot{\Phi}_m$의 시간적 변화에 의해서 회전자 코일에 그림 (c)와 같은 **변압기 기전력**(transformer voltage) $\dot{E}_{ty}$가 $\dot{\Phi}_m$보다 시간적으로 $\pi/2$ 늦게 유도되어 단락전류가 흐른다. 이 단락전류의 분포는 그림과 같이 Y축의 좌우로 대칭이며, 또한 시간적으로 $\dot{\Phi}_m$보다 위상이 거의 $\pi/2$정도 늦기 때문에 주자속과의 사이에서 토크를 발생하지 않는다. 즉, 전동기의 정지 시의 토크는 0이다.

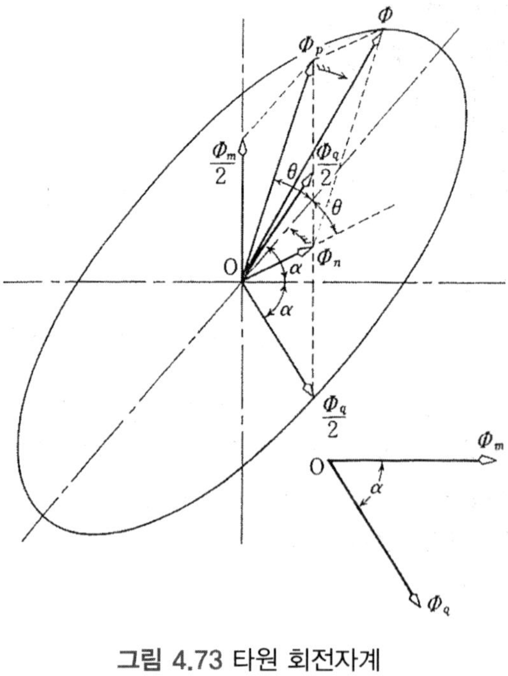

그림 4.73 타원 회전자계

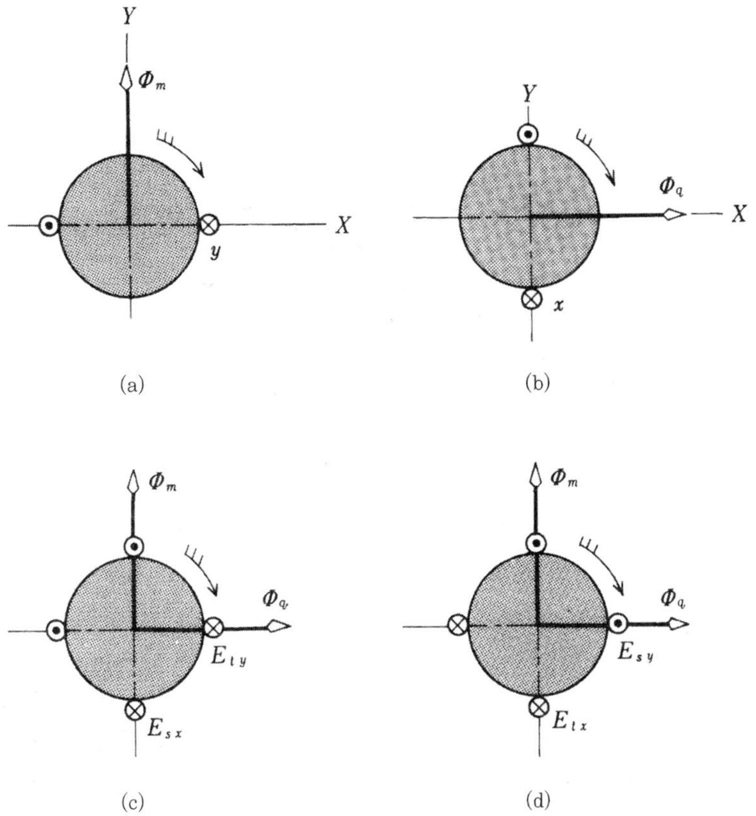

그림 4.74 타원 회전자계 발생의 설명

회전자가 시계방향으로 회전하고 있다고 하면, 그림 (c)와 같이 X축에 직각인 코일은 자속 $\dot{\Phi}_m$를 자르기 때문에 **속도 기전력**(speed voltage) $\dot{E}_{sx}$가 유도된다. X축 상에는 회전자 코일이 없기 때문에 이 회로는 유도성이고 이 유도전압으로부터 거의 $\pi/2$ 늦은 전류가 흐른다. 이 전류에 의해서 X축 방향으로 **교차자속**(cross field, 또는 **횡자속**) $\dot{\Phi}_q$가 만들어진다. $\dot{\Phi}_m$와 $\dot{\Phi}_q$의 시간차는 $\pi/2$에 가까운 타원 회전자계를 만들게 된다.

2. 벡터도 주자계의 방향을 Y축, 이것과 직각방향을 X축으로 해 자속 $\dot{\Phi}_m$, $\dot{\Phi}_q$ 및 주축(Y축)에 직각의 회전자 코일 y, 횡축(X축)에 직각인 회전자 코일 x의 기전력의 정방향을 그림 4.74(a), (b)와 같이 정해 둔다. 그림 (c), (d)와 같이 주자속 $\dot{\Phi}_m$에 의한 코일 y의 변압기 기전력을 $\dot{E}_{ty}$(첨자 t는 변압기 전압, s는 속도 전압을 나타낸다), 횡자속 $\dot{\Phi}_q$에 의한 코일 x의 변압기 전압을 $\dot{E}_{tx}$로 $\dot{\Phi}_m$, $\dot{\Phi}_q$에 의한 코일, x, y의 속도 기전력을 $\dot{E}_{sx}$, $\dot{E}_{sy}$로 한다. 그림 4.75와 같이, $\dot{E}_{sx}$는 $\dot{\Phi}_m$와 동상으로 $\dot{E}_{tx}$는 $\dot{\Phi}_q$보다 $\pi/2$의 뒤져지고 합성전압 $\dot{E}_x$에 의해서 회전자 전류 $\dot{I}_x$가 흐르고 $\dot{I}_x$에 의해 $\dot{\Phi}_q$가 만들어진다. $\dot{E}_{ty}$는 $\dot{\Phi}_m$보다 $\pi/2$ 뒤지고 $\dot{E}_{sy}$는 $\dot{\Phi}_q$와 역상이 되어 그 합성 $\dot{E}_y$로 회전자 전류 $\dot{I}_y$가 흐르게 된다. 결국 회전자에는 $\dot{I}_x$, $\dot{I}_y$의 합성전류가 흐른다.

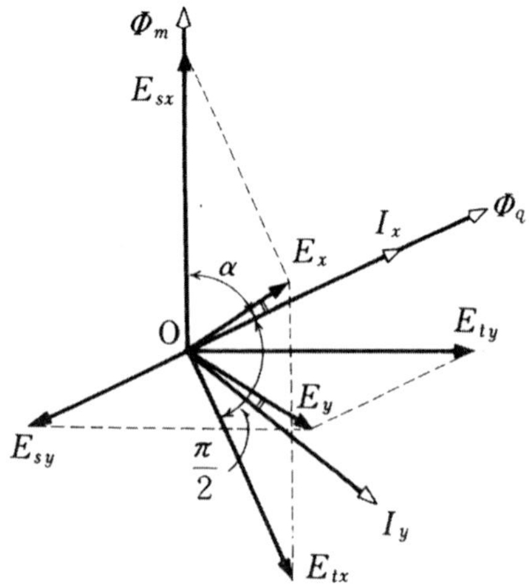

그림 4.75 단상 유도전동기의 벡터도

4.7.5 단상기와 3상기와의 용량 비교

3상기의 경우에는 고정자 또는 회전자의 전체 원주의 슬롯 상대[5]를 $\pi/3$로서 유효하게 사용할 수 있지만, 단상기의 경우에는 고정자의 상대를 π로서 전체 원주를 사용하려고 하면 권선계수가 작아지고, 보조권선을 감을 필요도 있으므로 보통 전체 슬롯의 2/3 정도 밖에 유효하게 이용할 수 없다.

동일 철심을 단상기와 3상기에 사용하는 경우를 비교해 보면, Φ는 같고 각각의 유도 전압을 E_1, E_3 한 상의 직렬 권수를 w_1, w_3 권선계수를 k_{w1}, k_{w3}라 하면,

$$E_1 = \sqrt{2}\,\pi f k_{w1} w_1 \Phi, \quad E_3 = \sqrt{2}\,\pi f k_{w3} w_3 \Phi$$

도체의 전류 용량은 같고 이것을 I로 하면 각각의 용량 P_1, P_3는

$$P_1 = \sqrt{2}\,\pi f k_{w1} w_1 \Phi I, \quad P_3 = 3\sqrt{2}\,\pi f k_{w3} w_3 \Phi I$$

따라서 $\dfrac{P_1}{P_3} = \dfrac{k_{w1} w_1}{3 k_{w3} w_3}$

3상기로 상대를 $\pi/3$로 해 슬롯수가 많다고 하면, $k_{w3} = 3/\pi$

단상기로 상대를 $2\pi/3$로 하면, $k_{w1} = 3\sqrt{3}/2\pi$

이라고 하면 $w_3 = w_1/2$이기 때문에 원 식에 대입하면 다음과 같이 된다.

$$\frac{P_1}{P_3} = \frac{1}{\sqrt{3}} = 0.578$$

즉, 동일 치수의 기계로부터 얻을 수 있는 단상기의 출력은 3상기의 60% 이하이다.

---

5) 상대(相帶(角))는 1상의 권선이 매 극에서 차지하는 전기각이다.

4.8 그 외의 유도기

4.8.1 특수 농형 유도전동기

특수 농형 유도전동기는 농형 유도전동기의 기동 특성을 개량하기 위해서 고안된 것으로 2차의 실효저항이 기동 시에는 자동적으로 커지고 운전 시에는 작아지는 구조로 만들어진 것이다. 심구 농형과 2중 농형 2종류가 있다.

1. 심구 농형 유도전동기(deep-slot squirrel-cage induction motor) 그림 4.76과 같이 슬롯 내에 삽입된 도체에 전류가 균일하게 흐르면 누설자속의 분포는 그림과 같이 되어 슬롯 하부에 가까운 도체일수록 많은 자속과 쇄교하므로 하부에 가까운 도체일수록 누설인덕턴스가 커진다. 도체 소자 양단의 전압차는 동일하기 때문에 교류의 경우에는 누설리액턴스가 크면 전류가 작아져 전류밀도의 분포를 횡축에 나타내면 그림과 같이 슬롯의 상부일수록 커지고 전체적으로 실효저항이 늘어난 것이 된다. 이것은 표피효과라고 하는 현상이다.

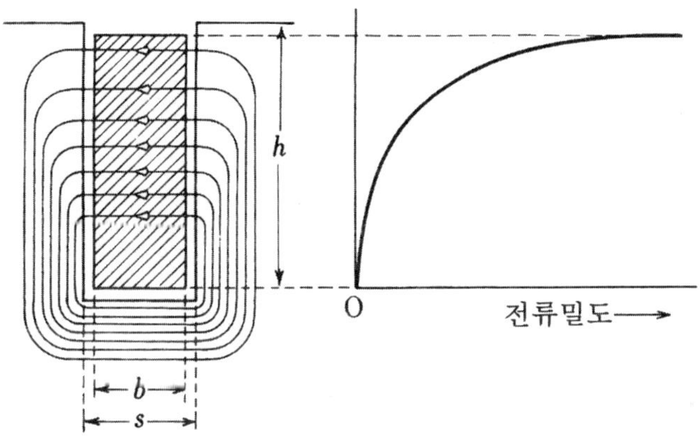

그림 4.76 슬롯 부분의 누설자속 분포와 전류밀도

s : 슬롯의 간격[m], b : 도체 단[m], h : 도체의 높이[m]
f : 주파수[Hz], 저항률 : ρ [Ωm] 이면

$$\xi = \alpha h, \quad \alpha = 2\pi\sqrt{\frac{b}{s} \cdot \frac{f}{\rho \times 10^7}} \tag{4.112}$$

다음의 관계가 계산에 의해서 성립한다.

$$\frac{\text{교류 실효 저항}}{\text{직류 저항}} = K_r = \phi_1(\xi) = \xi\frac{\sinh 2\xi + \sin 2\xi}{\cosh 2\xi - \cos 2\xi} \tag{4.113}$$

표피효과에 의해서 전류가 누설인덕턴스가 작은 부분에 집중되면 균일하게 분포되었을 경우에 비해 실효 누설인덕턴스 L_a는 감소한다.

$$\frac{\text{교류 실효 누설 인덕턴스}}{\text{직류 누설 인덕턴스}} = K_l = \phi_2(\xi) = \frac{3}{2\xi} \cdot \frac{\sinh 2\xi - \sin 2\xi}{\cosh 2\xi - \cos 2\xi} \tag{4.114}$$

되어 식 (4.113), (4.114)를 도시하면 그림 4.77과 같이 된다.

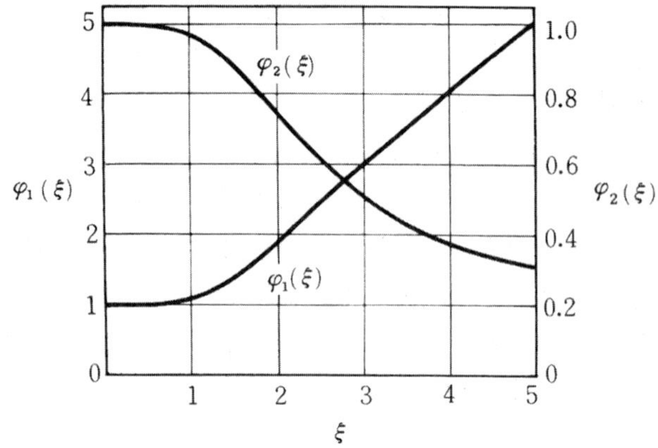

그림 4.77 $\phi_1(\xi)$, $\phi_2(\xi)$ **주코일**

$1.0 \geq \xi \geq 0$의 범위에서는

$$K_r \fallingdotseq 1 + \frac{4}{45}\xi^4$$

$\xi > 2$의 범위에서는

$$K_r \fallingdotseq \xi \ , \quad K_l \fallingdotseq 3/(2\xi)$$

로 두면 된다. $\xi > 2$의 범위에서는 $\sqrt{f} \cdot h$에 비례한다.

일례로서 $s = b, f = 50\ \text{Hz}$, $\rho = 1.784 \times 10^{-8}\ \Omega\text{m}$로 하면

$$\alpha = 1.052 \times 10^2 \ , \quad \xi = \alpha h \fallingdotseq h \times 10^2$$

도체의 높이 6 cm로 하면

$$K_r = \xi \fallingdotseq 6.3, \ K_l \fallingdotseq \frac{1}{4}$$

즉, 실효 저항은 6배로 증가해, 실효 누설리액턴스는 1/4로 감소한다.

그림 4.78은 $\rho = 2 \times 10^{-8}$, $s = b$의 경우 여러 가지의 f에 대한 K_r, K_l의 값을 h를 파라미터로서 나타낸 것이다.

2차 도체의 형태는 앞에서 본 바와 같이 장방형 외 그림 4.79와 같은 쐐기형, L형, 철형과 같은 여러 가지 형태로 하는 것에 의해서 실효 저항, 리액턴스를 바꿀 수 있다.

기동 시에는 2차 주파수가 1차 주파수와 동일하기 때문에 표피효과가 가장 현저하게 나타나며 2차 저항이 크고 2차 리액턴스가 작은 전동기가 되기 때문에 기동전류는 제한되고 기동토크는 크다.

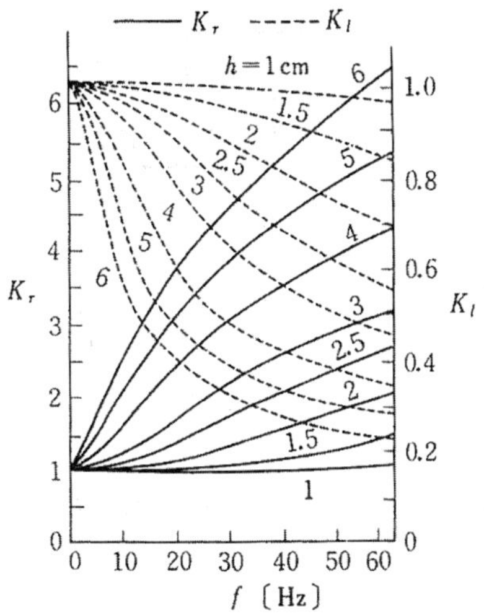

그림 4.78 $p = 2 \times 10^{-8}\,\Omega\mathrm{m}$에서 K_r과 K_l

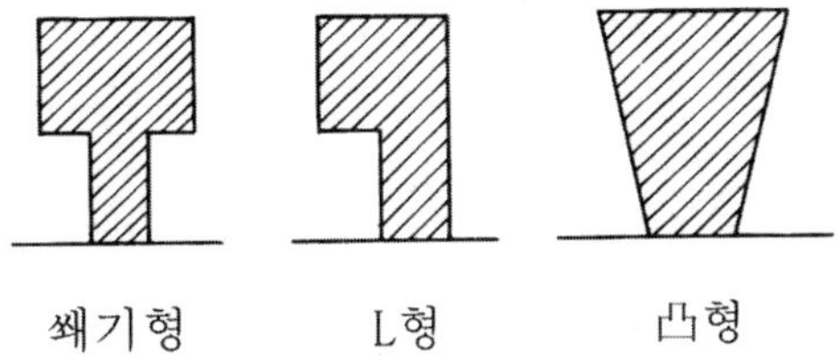

그림 4.79 2차 도체의 형태

속도 상승과 함께 저항은 감소, 리액턴스는 증가해 운전 상태에서는 s가 작기 때문에 2차 전류의 분포는 균일하게 되어 2차 저저항의 전동기가 된다.

2. 이중 농형 유도전동기(double squirrel-cage induction motor) 이중 농형 유도전동기는 그림 4.80과 같이 회전자의 슬롯을 상하 2단으로 하여 도체를 삽입해 상하 다른 단락환 또는 공동의 단락환에 접속한 것이다. 상부에는 황동 혹은 동의 특수합금등 저항률이 높은 도체를, 하부에는 보통 경인동을 이용한다. 하부 권선은 상부 권선에 비해 누설리액턴스가 상당히 크다.

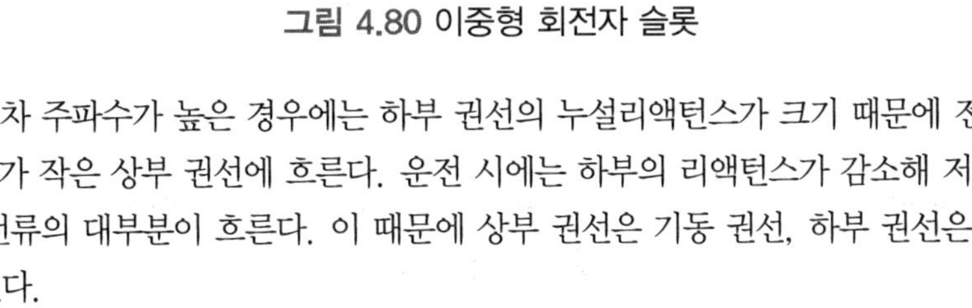

그림 4.80 이중형 회전자 슬롯

기동 시 2차 주파수가 높은 경우에는 하부 권선의 누설리액턴스가 크기 때문에 전류의 대부분은 리액턴스가 작은 상부 권선에 흐른다. 운전 시에는 하부의 리액턴스가 감소해 저항이 작은 하부 권선에 전류의 대부분이 흐른다. 이 때문에 상부 권선은 기동 권선, 하부 권선은 운전 권선이라고도 불린다.

토크-속도 특성은 그림 4.81과 같이 고저항, 저 리액턴스의 기동 권선에 의한 곡선 a와 저저항, 고 리액턴스의 운전 권선에 의한 곡선 b를 합친 곡선 c와 같이 된다.

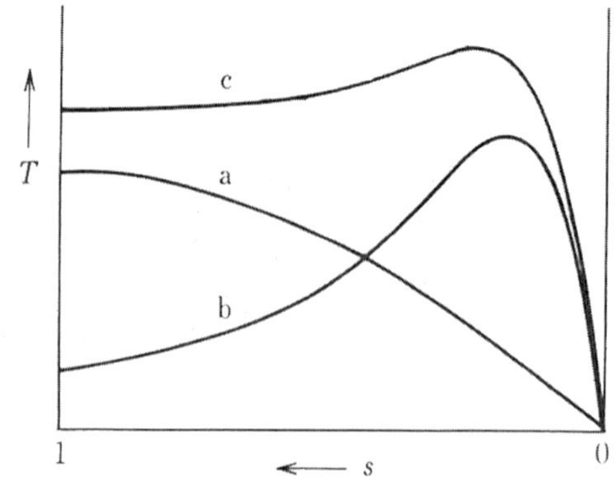

그림 4.81 이중 농형 유도전동기의 토크-속도 특성곡선

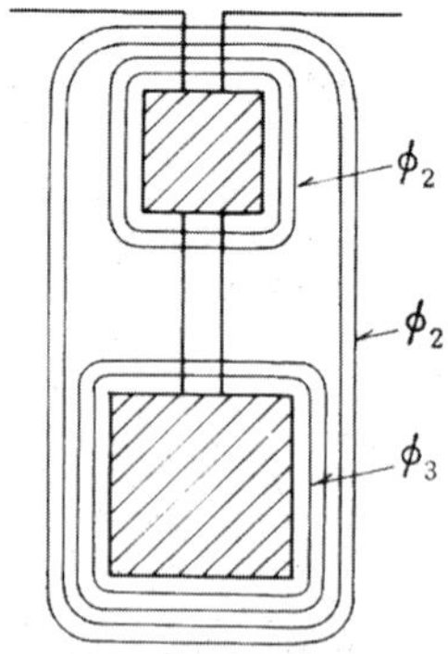

그림 4.82 이중 농형 도체와 누설자속

3. 이중 농형 유도전동기의 등가회로

a. 등가회로 이중 농형 회전자의 상부 및 하부 슬롯 내의 도체의 전류 I_2, I_3에 의한 각각의 누설자속을 ϕ_2, ϕ_3, 양슬롯에 걸치는 누설자속을 ϕ_{23}로 한다.(그림 4.82) 주파수 f에 있어서의 이러한 리액턴스를 x_2, x_3, x_{23}로 한다. 두 개의 2차 회로는 일차에 대해 병렬로 되어 있어 이것들을 1차 1상으로 환산했을 경우의 전류를 I_2', I_3', 저항을 r_2', r_3', 리액턴스를 x_2', x_3', x_{23}'으로 한다.

ϕ_{23}는 $\dot{I_2}', \dot{I_3}'$의 합 $\dot{I_2}''$로 된다.

슬립 s에서 2차 전압(1차 환산치)은

$$sE_1 = \dot{I_2}'(r_2' + jsx_2') + jI_2''sx_{23}' = \dot{I_3}'(r_3' + jsx_3') + jI_2''sx_{23}'$$

$$\left.\begin{aligned} \dot{I_2}' &= \frac{\dot{E_1} - jI_2''x'_{23}}{\left(\dfrac{r_2'}{s} + jx_2'\right)} \ [\mathrm{A}] \\ \dot{I_3}' &= \frac{\dot{E_1} - jI_2''x'_{23}}{\left(\dfrac{r_3'}{s} + jx_3'\right)} \ [\mathrm{A}] \end{aligned}\right\} \quad (4.115)$$

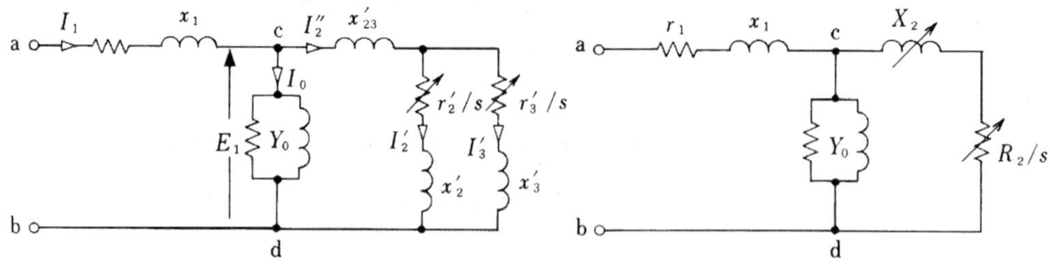

그림 4.83 이중 농형 전동기의 등가회로

식 (4.115)의 등가회로는 그림 4.83(a)의 cd보다 오른쪽 부분과 같이 되므로 이것에 1차 회로를 접속하고 전동기 1차 1상에서 본 등가회로는 그림과 같이 된다. 상부 도체의 리액턴스 x_2'는 저항 r_2'에 대해서 무시해도 된다.

cd에서 오른쪽의 합성 임피던스 $\dot{Z}_{2s}$를 구하면

$$\dot{Z}_{2s} = \mathrm{j}x'_{23} + \frac{\dfrac{r_2'}{s}\left(\dfrac{r_3'}{s} + \mathrm{j}x_3'\right)}{\dfrac{r_2'}{s} + \left(\dfrac{r_3'}{s} + \mathrm{j}x_3'\right)} = \frac{R_2}{s} + \mathrm{j}X_2\ [\Omega] \tag{4.116}$$

여기서

$$R_2 = \frac{r_2'[r_3'(r_2' + r_3') + (sx_3')^2]}{(r_2' + r_3') + (sx_3')^2}\ [\Omega]$$

$$X_2 = x_{23}' + \frac{x_3' r_2'^2}{(r_2' + r_3')^2 + (sx_3')^2}\ [\Omega]$$

로서 4.83(b)와 같은 등가회로로 나타낸다.

R_2도, X_2도 모두 s의 함수이므로 1차 전류벡터의 궤적은 원이 되지 않고 그림 4.84와 같은 고차의 곡선이 되지만 s가 작은 곳에서는 원에 가깝게 된다.

b. 원선도 상기와 같이 일반적으로 특수한 농형 전동기에서는 전류 궤적이 원이 되지 않지만 근사적으로는 다음과 같이 원선도를 그려 특성을 계산한다.

특수한 농형 전동기에서는 2차 저항, 2차 리액턴스가 s에 의해서 크게 변하기 때문에 정격주파수로 구속 시험 결과로부터 산정한 값으로는 운전 중의 실제 값과는 다르게 된다. 따라서 정격주파수로 구속시험을 실시하는 것 외에 정격주파수의 1/2의 주파수로 저주파 구속시험을 실시하여, 이 시험의 결과로부터 정격주파수의 1/5과 동일한 주파수에서 2차 저항 및 리액턴스를 산출한다. 그리고 이것을 실제 운전할 때 저주파일 때의 값으로 원선도를 만드는 데 필요한 구속전류를 산출한다.

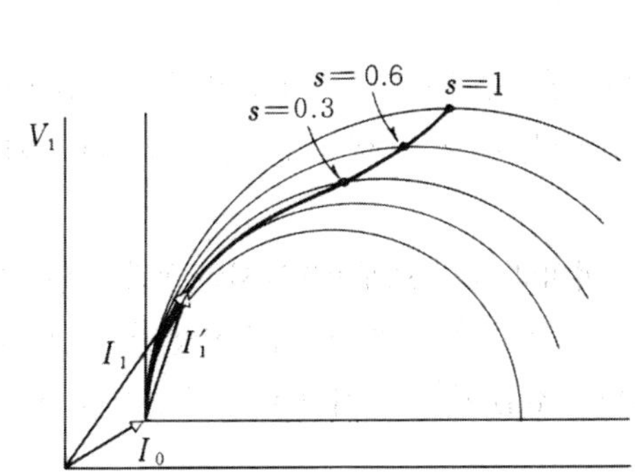

그림 4.84 1차 전류의 벡터 궤적

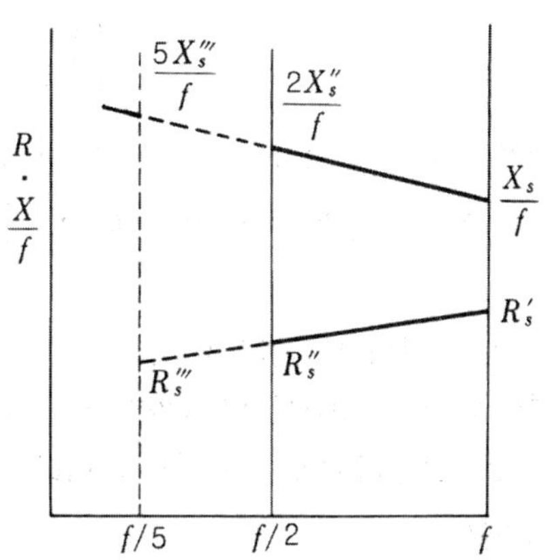

그림 4.85 저주파수에 있어서의 정수를 구하는 방법

정격주파수에서 구속시험으로부터 구한 전체 임피던스를 Z_s', 2차 저항을 R_s', 2차 리액턴스를 X_s', 정격주파수의 1/2의 저주파수에 있어서 구속시험으로부터 구한 각각의 값을 Z_s'', R_s'', X_s''으로 한다.

이러한 값으로부터 그림 4.85와 같이 외삽법에 따라 1/5의 주파수에서의 R_s''', X_s'''를 구한다. 혹은 다음의 식으로부터도 구할 수 있다.

$$R_s''' = 1.6R_s'' - 0.6R_s'$$
$$X_s''' = 0.64X_s'' - 0.12X_s'$$

따라서 구해진 구속전류는

$$I_s = \frac{V_1}{\sqrt{R_s'''^2 + (5X_s''')^2}}$$

그리고 이것을 정격전압에서 구속전류로서 원선도를 그린다.

4.8.2 유도발전기(induction generator)

1. 유도발전기의 벡터도 다상 유도전동기의 회전자가 동기속도 이상의 속도, 즉 슬립 $s < 0$으로 운전하고 있다면 2차 유도전압 $s\dot{E}_2$는 고정자 권선이 회전 자속을 끊는 방향이 거꾸로 되기 때문에 벡터도는 그림 4.86과 같이 되어 전동기의 경우와는 반대위상이 된다. 2차 전류 $\dot{I}_2$는 $\theta_2 = \tan^{-1}(sx_2/r_2)$로 $s < 0$이므로 부가 되어 $s\dot{E}_2$보다 앞선다. 따라서 1차 전류 $\dot{I}_1$는 앞선 전류가 된다. $\dot{I}_2$의 전동기의 경우와 거의 역위상이 되기 때문에 자계에 의해 발생하는 토크는 회전방향과 거꾸로 된다. 따라서 외부로부터 힘을 가하고 회전을 계속해야 하므로 유도발전기가 된다.

2. 원선도에 의한 설명 원선도(그림 4.35)로 설명하면 $s = 0$에 해당하는 점을 N, $s = 1$의 점을 S로 한다. $\overline{\mathrm{SU}}$는 $r_1 : r_2'$의 비로 나뉜 점을 T로 하고 $\overline{\mathrm{NS}}$를 출력선, $\overline{\mathrm{NT}}$를 토크선이라고 부른다. $\overline{\mathrm{ST}}$와 원과의 교점을 A라고 하면 이것은 $s = \infty$에 해당하는 점이 된다. 왜냐하면 $s = \infty$ 때는

$$(I_1')^2\left(\frac{1-s}{s}\right)r_2' = -(I_1')^2 r_2'$$

이고 2차 동손과 상쇄한다. 어느 전류 $\overline{\mathrm{OP}}$에 대한 2차 동손은 P로부터 수평선에 내린 수선 $\overline{\mathrm{PU'}}$ 중 출력선과 토크선과의 사이의 부분 $\overline{\mathrm{P_0T_0}}$로 나타내진다. 이것이 0이 되는 것은 점 A이기 때문이다.

따라서 S로부터 A까지의 범위는 $+\infty > s > 1$의 범위로 유도 브레이크로서의 동작점 범위다. 하반부에서 N($s = 0$)로부터 A까지의 범위가 $-\infty < s < 0$의 범위이며 유도발전기의 범위다. 임의의 점 P로부터 수평선에 수선을 내려 수평선과의 교점을 U′, $\mathrm{U_0}$라고 하면 전동기의 경우와 마찬가지로

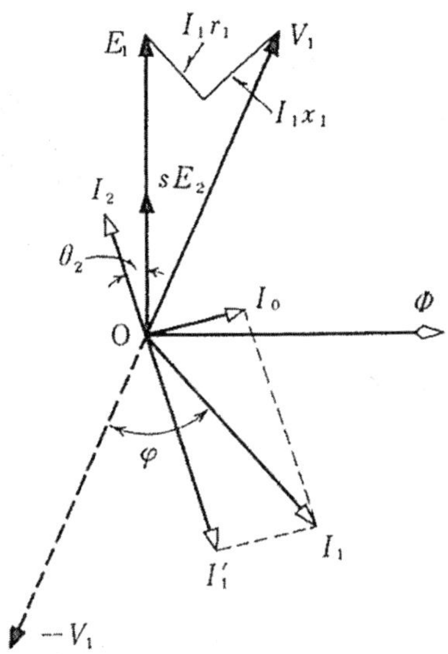

그림 4.86 유도발전기의 벡터도

여자전류 : $I_0 = \overline{\mathrm{ON}}$, 부하전류 : $I_1' = \overline{\mathrm{NP}}$, 전일전류 : $I_1 = \overline{\mathrm{OP}}$

2차 동손 : $P_{t1} = \overline{\mathrm{P_0T_0}}$, 철손 : $P_i = \overline{\mathrm{U_0U'}}$

전기저 출력 : $P_1 = \overline{\mathrm{PU'}}$, 기계적 입력 : $P_2 = \overline{\mathrm{PP_0}}$

토크 : $T = \overline{\mathrm{PT_0}}$, 2차 입력 : $P_a = \overline{\mathrm{PT_0}}$

효율 : $\eta = \dfrac{\overline{\mathrm{PU'}}}{\overline{\mathrm{PP_0}}}$, 슬립 : $s = \dfrac{\overline{\mathrm{P_0T_0}}}{\overline{\mathrm{PT_0}}}$

입력, 출력, 토크 등이 최대가 되는 점은 전동기의 경우와 같이 구할 수 있다.

발전기로서는 전류의 정방향을 전동기의 경우와 같이 역방향으로 나타내는 것이 편리하다. 전류벡터를 전압 $\dot{V}_1$에 대해서 역상으로 고쳐 쓰는 대신 전압 $\dot{V}_1$를 반전하여 표현해도 된다.

3. 유도발전기의 특징 유도전동기의 등식에서 s를 계산해 토크-속도 특성곡선을 그리면 그림 4.87과 같이 된다.

유도발전기는 여자전류를 필요로 하기 때문에 단독으로는 발전할 수 없다. 또, 진상 역률의 부하에만 전력을 공급할 수 있기 때문에 항상 동기발전기와 병렬로 운전할 필요가 있다. 이 동기발전기는 부하가 요구하는 지연전류를 나눠서 공급해야 한다. 또, 유도기이기 때문에 갭이 작아 취급에 주의를 요하는 것 등이 결점이다. 그러나 이점으로서는

(1) 농형 회전자를 이용할 수 있기 때문에 구조가 간단하고 저가이다.

(2) 동기화의 수고가 불필요하다.

(3) 단락 되었을 경우 여자가 소실되기 때문에 동기 발전기에 비하면 단락전류는 작고 지속 시간은 짧다.

등을 들 수 있으므로 소수력 발전기로서 이용되는 일이 있다.

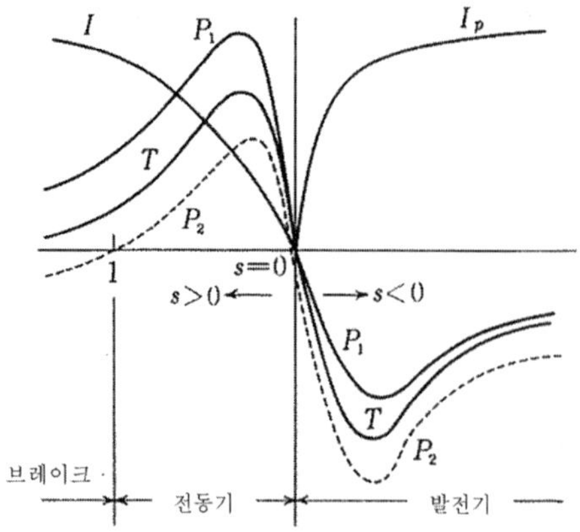

그림 4.87 유도발전기의 토크-속도 특성곡선

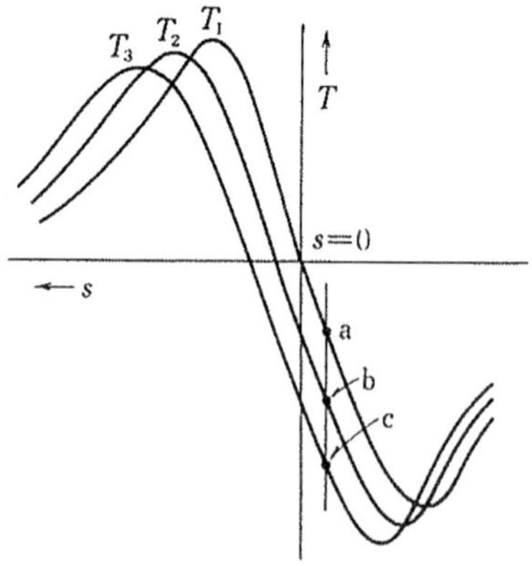

그림 4.88 타여자 유도발전기

4. 타여자 유도발전기(separately excited induction generator) 유도발전기에서는 부하전류, 역률, 슬립 사이에 정해지는 관계가 있어 발생 전압의 주파수 f(Hz)를 일정하게 유지하기 위해서는 부하의 대소에 따라 회전속도를 바꾸지 않으면 안 된다.

코일형 회전자를 2차 여자 유도전동기의 경우와 같이 2차 여자 해 주파수 변환기로부터 주파수 sf 의 기전력 E_a를 회전자 2차 전압과 동상 또는 역위상으로 가하면 무부하 때의 슬립 s_0를 동기속도의 상하로 바꿀 수 있다. 이 경우 토크-속도 특성곡선은 T_1, T_2, T_3와 같이 된다(그림 4.88 참조). 누설리액턴스는 s에 비례해 증가하기 때문에 s_0의 증가와 함께 최대 토크는 전동기로서는 감소하고 발전기로서는 증가하기 때문에(식 (4.80) 참조) 부하 변화의 경우 여자전압 E_a를 바꾸면 같은 슬립의 경우 토크를 a, b, c와 같이 바꿀 수 있기 때문에 구동 속도를 바꿀 필요는 없다.

4.1 6극의 3상 유도전동기의 고정자 슬롯 총수가 72이다. 매극당 상당 슬롯에 분포해 코일 피치 75%의 단절권으로 했을 경우의 권선계수를 구하여라.

4.2 상당 π/m의 전절권 m상 코일로 슬롯수가 매우 많은 경우의 분포계수를 구하여라.

4.3 정격출력 350 kW, 극수 8, 60 Hz의 3상 권선형 유도전동기가 있다. 이것의 슬립링 간에 측정한 회전자의 저항은 0.5 Ω이다. 또, 슬립링을 단락해 전부하시에 측정한 슬립은 1.8%이다. 게다가 슬립링을 열어 이것의 각 상에 1상 1 Ω의 저항을 Y 결선으로 삽입하여 운전해 입력 전류가 전부하전류와 동일해졌을 때 전동기의 회전속도(rpm)와 출력(kW)을 구하여라.

4.4 3상 이중 농형 유도전동기 한 상의 등가회로가 그림과 같다. 실제 3상 이중 농형 유도전동기에 대한 다음 세 개의 측정에 의해 얻은 값으로부터 등가회로 한 상당 제정수를 구하는 식을 구하여라. 단, x_1은 1차(고정자) 누설리액턴스, x_2는 2차(회전자) 누설리액턴스, x_m은 여자 리액턴스, r_2는 2차 (회전자) 저항, s는 슬립으로 $x_1 : x_2 = a : b$로 가정한다.

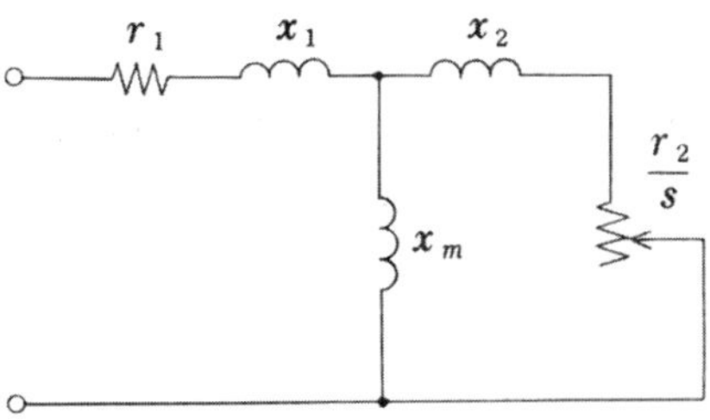

그림 문제 4.4

측정 1. 정격주파수 f에 있어서의 무부하 시험

인가 전압(선간) V_0

평균 선로 전류 I_0

전력 W_0

측정 2. 주파수 $f/4$에 있어서의 회전자 구속 시험

인가 전압(선간) V_0

평균 선로 전류 I_0

전력 W_0

측정 3. 고정자 1상당의 직류 저항 r_1

풀어보기

4.5 3상 유도전동기의 전원 주파수를 1/2로 할 때 전동기의 토크-속도 곡선은 어떻게 바뀌는지 그려 설명하라. 다만, 전동기의 자속 밀도가 변하지 않게 전원 전압을 바꾸는 것으로 한다.

4.6 3상 농형 유도전동기가 있다. 1차 코일을 Y결선으로 하여 각 상 마다의 저항 및 누설리액턴스를 각각 r_1및 x_1, 2차 도체바의 저항 및 누설리액턴스를 각각 r_2 및 x_2, 1차 및 2차의 슬롯수를 각각 Q_1 및 Q_2, 자극수를 $2p$, 각 상의 권수(전절 2층권)를 w_1, 일차 단자전압을 V로 할 때, 슬립 s의 경우의 1차 전류를 산출하라.

4.7 60 Hz로 설계된 3상 유도전동기를 동일 전압에서 50 Hz로 사용할 때 아래와 같이 각 항에 대하여 그 증감을 말하고, 한편 간단하게 이유를 설명하라.

(1) 무부하 전류 (2) 온도 상승 (3) 속도

4.8 일정 토크의 부하로 운전하고 있는 3상 권선형 유도전동기의 2차 코일 중의 전원이 3%이다. 지금 외부 저항을 삽입했을 때 전 2차 동손이 7%가 되었다고 하면 속도는 빛의 몇 배인가?

4.9 정격전압으로 기동하면 기동전류가 500%, 토크가 150%인 3상 농형 유도전동기가 있다. 이것을 기동전류 200% 이하, 토크를 50% 이상으로 기동하기 위해서는 어떠한 방법이 있는지를 설명하라.

4.10 코일형 회전자를 가지는 3상 유도전동기에 회전속도에 비례하는 토크를 요구하는 부하를 지게 할 때의 슬립은 1%였다. 지금 이 회전자의 저항을 증가시키고, 슬립을 2%로 하기 위해서는 원래 저항의 몇 배로 해야 하는가? 다만, 전동기의 토크와 속도와의 관계는 직선으로 나타낼 수 있는 것으로 한다.

4.11 정격주파수 60 Hz, 6극의 코일형 3상 유도전동기가 있다. 이 전동기의 2차 코일은 Y결선으로 1상의 저항값은 0.034 Ω이며, 정지시의 유도 전압은 단자 간 315 V이다. 이 전동기의 2차 코일을 단락해, 송풍기를 운전했을 때의 2차 전류가 190 A이었다고 하면, 이 송풍기를 960 rpm으로 운전하기 위해서는 2차 회로에 몇 Ω의 저항을 삽입하면 좋은가? 단, 송풍기의 요구하는 토크는 회전속도의 제곱에 비례해 변화하는 것으로 하고 전동기의 2차 코일의 리액턴스의 영향은 무시하고 계산하라.

4.12 정격출력 200 kW, 4극, 50 Hz의 코일형 33상 유도전동기가 있다. 이 전동기의 2차 코일은 Y결선으로 1상의 저항값은 0.032 Ω이며 정지시의 유도 전압은 단자 간 460 V이다. 이 전동기의 2차 코일을 단락해 송풍기를 운전할 때의 2차 전류는 270 A이다. 이 송풍기를 1,200 rpm으로 운전하기 위해서는 2차 회로에 몇 Ω의 저항을 삽입하면 좋은가? 또, 이때 2차 동손은 정격출력의 몇 %가 될까? 다만, 송풍기의 요구하는 토크는 회전속도의 제곱에 비례해 변화하는 것으로 계산하라.

4.13 유도전동기의 최대 토크 T_m은 2차 저항 r_2'(일차측 환산치)에 무관하고 또, 최대 토크에 상당하는 슬립 s는 2차 저항 r_2'에 비례하는 것을 L형 등가회로를 이용하여 증명하라.

4.14 3상 유도전동기의 L형 원선도가 있다. 이 원선도로부터 다음의 값은 어떻게 구할 수 있는지 식으로 나타내 보여라. 다만, 정격 1차 전압을 V_1, 동기속도를 n_s로 한다.

(1) 출력 P에 대한 특성 중
  1) 역률
  2) 효율
  3) 슬립
  4) 토크

(2) 최대 출력

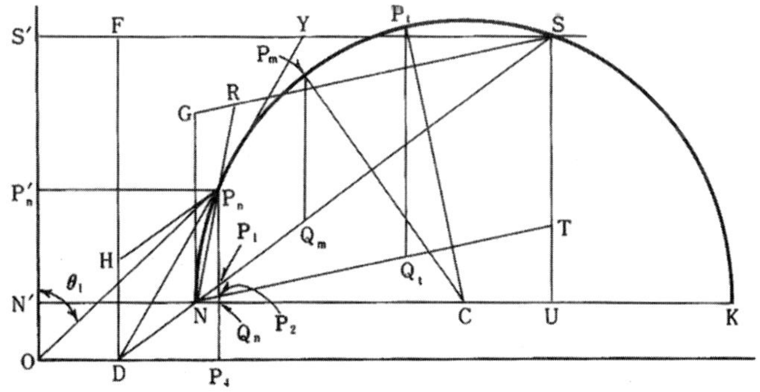

그림 문제 4.14

4.15 코일형 3상 유도전동기의 기동방법으로서 회전자 측에 저항을 삽입하는 경우의 특성에 대해 말하라.

풀어보기

4.16 3상 농형 유도전동기를 전전압 기동하는 경우의 토크 및 기동전류는 각각 전부하에 있어서의 값의 1.8배 및 4.5배이다. 지금 기동 보상기를 사용하고, 전압을 2/3로서 기동하는 것이라고 하면 토크 및 기동전류는 각각 전부하 값의 몇 배가 될까?

4.17 30 kW, 440 V, 6극, 50 Hz의 정격을 갖는 어느 3상 유도전동기의 구속시험의 결과는 다음과 같다.

선간전압 $V=60\,\mathrm{V}$, 선 전류 $I=60\,\mathrm{A}$, 3상입력 $P=3.2\,\mathrm{kW}$
단자의 직류 저항 $R=0.212\,\Omega$

이 전동기를 전전압으로 기동하는 경우 기동토크는 얼마인가?

4.18 다상 유도전동기의 속도제어 방식에 대해 말해라.

4.19 속도의 제곱에 비례하는 부하토크를 3상 유도전동기의 속도제어를 2차 저항제어법에 따라 실시하는 경우 2차 동손이 최대가 되는 슬립의 값을 구하라.

4.20 3상 권선형 유도전동기를 유도 제동기로서 W[kg]의 하중을 v[m/s] 하중의 속도로 내리고 있다. 이 경우 전동기의 일차 주파수 60 Hz, 극수 12, 매분 회전수를 400이라고 하면, 전동기의 제어용 2차 저항 중에 소비되고 있는 전력은 얼마나 될까? 단, 전동기의 1차 및 2차 코일의 저항을 무시하는 것으로 한다.

4.21 3상 유도전동기의 갭안을 회전하는 공간 고조파자속의 성질을 설명해 이것이 전동기의 특성에 미치는 영향과 그 대책을 설명하라.

4.22 3상 유도전동기에 대해 역률을 2차 여자에 의해서 제어하는 경우의 원선도를 그려보라.

4.23 3상 유도전동기에 대해 속도를 2차 여자에 의해서 제어하는 경우의 원선도를 그려보라.

4.24 중소형 수차 발전기로써 유도 발전기를 사용하는 경우 그 이점 및 결점을 동기 발전기와 비교하여 논하라.

동기기(synchronous machine)

5.1 동기기의 원리

자극 N, S 사이에 권선을 축 주위로 일정 속도로 회전시키면, 권선에 일정 주파수의 교류 전압이 유도된다. 직류기에서는 정류자에 의해서 이 교류 전압을 정류하지만, 동기기에서는 권선 단자를 슬립링에 접속해 브러시를 통해서 이 교류 전압을 그대로 외부에 이끌어낼 수 있다. 이것이 **교류발전기**(alternating current generator, alternator)의 원리이다.

만약 권선을 외측에 두고 자극을 안쪽으로 하고 이것을 회전시키면, 권선단에서 바로 교류 전압을 얻을 수 있다. 즉, 권선과 쇄교하는 자속을 주기적으로 변화하면 권선단은 일정 주파수의 교류 전압을 얻을 수 있고 교류발전기가 된다.

그림 5.1(a)와 같이 N, S의 계자부분 F가 고정되어 교류 전압을 발생하는 권선 aa′를 넣은 전기자 A가 회전하는 형태를 **회전 전기자형**(rotating(revolving) – armature type), 그림 (b)의 경우와 같이 전기자 A가 고정되어 계자부분 F가 회전하는 형태를 **회전 계자형**이라고 한다.

어느 경우에 대해서도 회전부분을 **회전자**, 고정부분은 **고정자**라고 한다. 계자의 자극수를 $2p$, 회전자의 회전속도를 $n\,[\mathrm{s}^{-1}]$이라 하면, 교류 전압의 주파수 $f\,[\mathrm{Hz}]$는 pn과 같다. 즉,

$$f = pn \ \ [\mathrm{Hz}], \quad n = \frac{f}{p} \ \ [\mathrm{s}^{-1}] \tag{5.1}$$

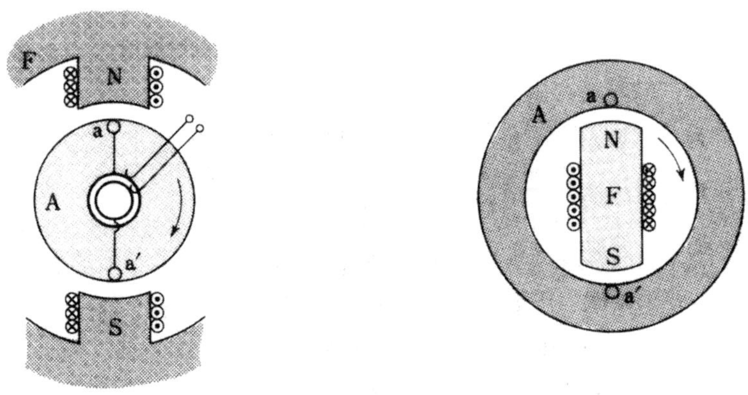

(a) 회전 전기자형 (b) 회전 계자형

그림 5.1 동기발전기의 원리

그리고 일정 주파수의 교류 전압을 얻기 위해서는 회전속도는 자극 수에 따라 일정한 값으로 유지되어야 한다. 주파수와 자극수로 정해지는 회전속도를 **동기속도**(synchronous speed)라고 한다. 일반적으로 매분의 속도(rpm)로 나타내는 것이 많다. 예를 들면 60 Hz, 자극수 2의 경우에는 3,600 rpm이 된다. 동기속도의 비로 바꾸는 교류발전기를 **동기발전기**(synchronous generator)라고 하며 일반적으로 교류발전기라고도 칭한다.

동기발전기의 권선에 교류 전압을 공급하면 동기속도로 회전하는 전동기가 될 수 있다. 이것은 **동기전동기**(synchronous motor)이다.

유도기의 회전자가 동기속도로 돌고 있을 때는 회전자 권선의 2차 주파수는 0이지만 이 경우 회전자 권선을 단상 권선으로 하고 교류 여자시키면 회전 계자형의 동기기가 된다. 즉, 동기기는 유도기(비동기기)의 특수한 경우라고도 할 수 있다.

동기기의 계자는 극히 소형의 것에 영구자석을 이용하는 일이 있지만 보통 직류 여자 방식이며, 그것을 위한 직류발전기를 구비하는 경우가 많다. 이 직류발전기를 **여자기**(exciter)라고 한다.

5.2 구 조

직류기는 회전 전기자형이지만 동기기는 계자가 회전하는 회전 계자형이 일반적이다. 동기기는 특수한 용도를 제외하면, 대부분 큰 전력에 이용되므로 전기자전압이 높고 전류용량은 크며 기계의 용적 또한 커진다. 회전 전기자형으로 하면 전기자권선 및 슬립링이 절연 강도와 기계적 강도 면에서 구조가 어렵게 된다. 또한 후술과 같이 고장 시의 과도 안정도를 크게 하기 위해서는 회전부분의 플라이휠 효과를 크게 할 필요가 있지만 회전 전기자형에서는 이것이 어렵다. 이러한 이유로부터 보통 회전 계자형의 구조가 이용된다.

동기기는 구동하는 원동기 또는 용도에 따라서 회전속도가 다르다. 회전자는 형태에 의해 돌극기와 비돌극기(원통기라고도 한다) 2종이 있다. 전자는 비교적 저속기에, 후자는 고속기에 사용된다.

5.2.1 돌극기(salient-pole machine)

수차에 의해 운전되는 **수차발전기**(water-wheel generator), 내연기관에 의해 운전되는 **엔진발전기**(engine generator), 보통 용도의 동기전동기 등 현저히 고속이 아닌 것은 이 형태에 속한다.

1. 전기자 동기기의 전기자철심은 직류기의 전기자와 유도기의 고정자와 같이 두께 0.35 mm 또는 0.5 mm의 규소강판을 연강판으로 조립한 **고정자 프레임**(stator frame)의 안쪽에 겹쳐 쌓아 만들고, 적당한 통풍 덕트를 만든다. 철심의 슬롯은 주로 개방 슬롯으로 이것에 형권권선을 넣어 목제의 슬롯 쐐기로 막는다. 권선은 소형의 것은 환동선, 중형 이상은 각동선을 이용하고 전류용량이 큰 것은 도체의 **전위(轉位)**를 실시하여 표피효과에 의한 동손을 감소시킨다.

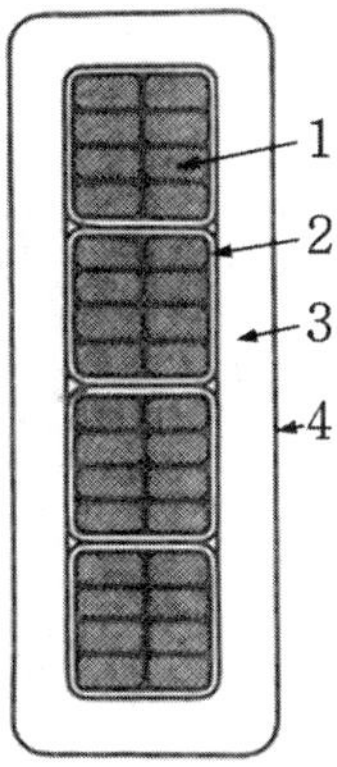

1. 소선, 피복선
2. 턴 절연, 마이카 테이프 반중권
3. 슬롯 절연 마이카 테이프 반중권, 레진 진공 압입 처리
4. 보호권 위에 코로나 방지 도료 도포

그림 5.2 전기자권선의 단면

전기자권선 절연의 경우 정격전압 3 kV급 이하의 회전기에서 **부분 방전**(partial discharge, **코로나**(corona)라고도 한다)의 발생은 별로 문제가 되지 않지만 6 kV 이상의 회전기에서는 부분 방전의 발생의 우려가 있으므로 절연에 대한 특별한 고려가 필요하다. 여기서는 주로 6 kV 이상의 고전압 전기자의 절연에 대해 말하기로 한다. 또한, 후술의 비돌극기에서도 전기자권선 절연은 큰 차이 없다.

6 kV 이상의 고전압용 전기자권선은 성형 절연한 다음에 철심의 개방형 슬롯 내에 삽입할 수 있다. 그림 5.2는 1도체당 8개의 소선으로 된 4턴 권선의 예이다. 소선에는 석면(asbestos), 유리 섬유, 아라미드 등의 내열성이 있는 것으로 피복한 평각동선이 이용된다. 소선은 그림과 같이 배열하여 이것에 적당한 턴 절연을 실시하여 전압에 따라 필요한 만큼의 횟수의 마이카 테이프를 감아 대지절연을 한다. 고전압용 권선의 절연에는 **마이카**(운모 : mica)가 많이 사용되는데, 마이카는 부분방전에 의한 열화가 적고, 높은 절연내력을 갖기 때문에 고압용 권선에 대해서 필수적인 절연재료가 된다.

슬롯 내에 삽입되는 형권의 권선은 도체와 철심 사이에 상당한 전기 스트레스가 가해지므로 상기의 마이카를 주로 사용한 대지절연에 공기층이 있으면 거기에 강한 부분방전이 생겨 마이카라고 해도 절연열화를 일으켜 마침내 절연파괴의 우려가 있게 된다. 따라서 형권의 권선 내의 절연층의 빈 곳을 제거할 필요가 있어 이 절연층에 폴리에스테르, 에폭시와 같은 합성 레진의 진공 압입을 한다. 또한, 레진의 압입은 도체와 절연물 또는 절연물을 강고하게 접착시켜 기계적 강도의 향상에도 도움이 된다.

권선은 마지막에 권선 표면에 석면 테이프 혹은 유리 테이프를 감아 이것에 부분 방전 방지 도료를 하는 것, 반도체 테이프를 감는 것 등이 있어 권선과 철심 슬롯 사이의 부분 방전의 발생을 억제하고 있다. 그림 5.3은 완성된 권선의 외관이다.

상술과 같은 부분 방전을 억제함으로써 높은 전압의 전기자권선을 만들 수 있게 되어 33 kV, 36 kV라고 하는 고전압의 전기자 권선도 터빈발전기용으로 만들어진 예가 있다. 그러나 이러한 고전압의 전기자 권선은 경제적으로 유리하지 않기 때문에, 일반적으로 만들어지는 것은 초대형의 터빈발전기용 전기자 권선이라도 25 kV 정도까지이다.

그림 5.3 교류발전기의 전기자권선의 외관

2. 계자 자극 철심은 강판을 겹쳐 리벳으로 조립하고 이것을 그림 5.4 및 그림 5.5와 같이 **회전자 스파이더**(rotor spider)에 dove-tail joint 또는 T head joint로 한다. 스파이더는 일반적으로 연강판을 겹쳐서 만든다.[1)]

계자권선은 소형은 사권 평각동선을 평권권선으로, 중형 이상은 그림 5.9에 나타내듯이 리본 모양의 나동선을 **평타권**(edgewise)으로 감고 동선 사이를 절연지 또는 내열 석면으로 절연한다. 계자권선에 여자전류를 흘리려면 슬립링을 이용한다.

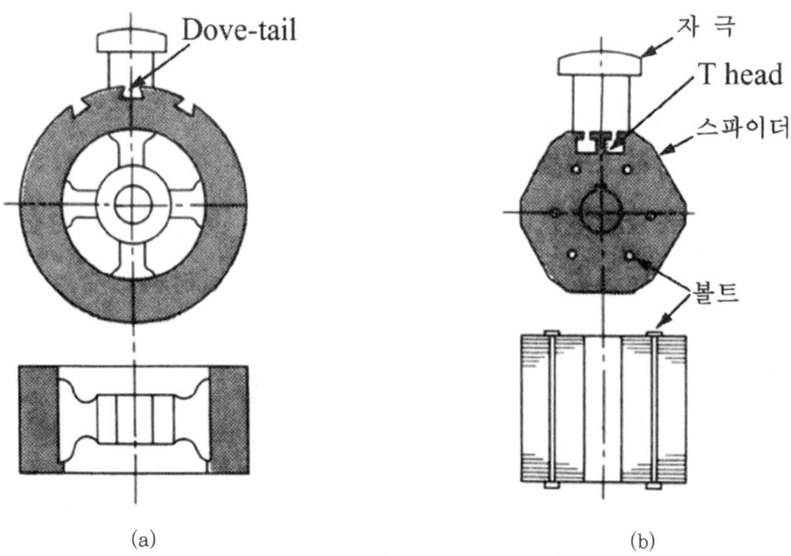

그림 5.4 돌극형 회전자의 구조

1) 그림 5.4(a)는 소형기의 경우로 두꺼운 강판을 겹쳐 만든 스파이더, 그림 (b)는 중형기 이상의 경우에 스파이더 포스의 주위에 날개형으로 타발한 강판을 겹쳐 쌓은 성형 림으로 된 스파이더를 나타낸다. 스파이더 포스는 주조강이 많이 사용되지만 현재, 특히 대형기에서는 거의 강판의 용접구조를 사용한다. 그림 5.5(a)는 이와 같은 적층 림 스파이더를, 그림 (b)는 여기에 자극을 부착한 상태이다. 림의 부분은 자극을 지탱함과 동시에 자기회로의 일부를 형성한다.

(a) 완성된 적층 림 스파이더

(b) 자극 설치 중의 스파이더관

그림 5.5 돌극형 회전자의 외관

3. 횡축형과 종축형 수차발전기는 낙차가 크고 소용량은 수차의 속도가 빠르기 때문에 **횡축형**(horizontal shaft type)이 이용되지만, 대용량기에서는 **종축형**(vertical shaft type)의 것이 일반적이다. 종축형은 수차가 발전기의 하부에 있기 때문에 낙차를 유효하게 이용할 수 있어 바닥 면적이 적어도 되어 홍수 시에 발전기가 침수로부터 안전한 이점이 있으나 가격은 약간 비싸다. 그림 5.6은 그 구조의 일례이다. **스러스트 베어링**(thrust bearing)이 회전자의 아래쪽에 있는 것을 **우산형**(umbrella type)이라고 하여 상부 안내 베어링을 생략할 수 있으므로 주축의 길이가 짧고 회전 중량을 경감할 수 있다. 스러스트 베어링 부분에는 자전부분의 전하중 및 수차의 스러스트가 가해져 기계구조가 복잡한 부분이다. 여자기는 최상부에 있다.

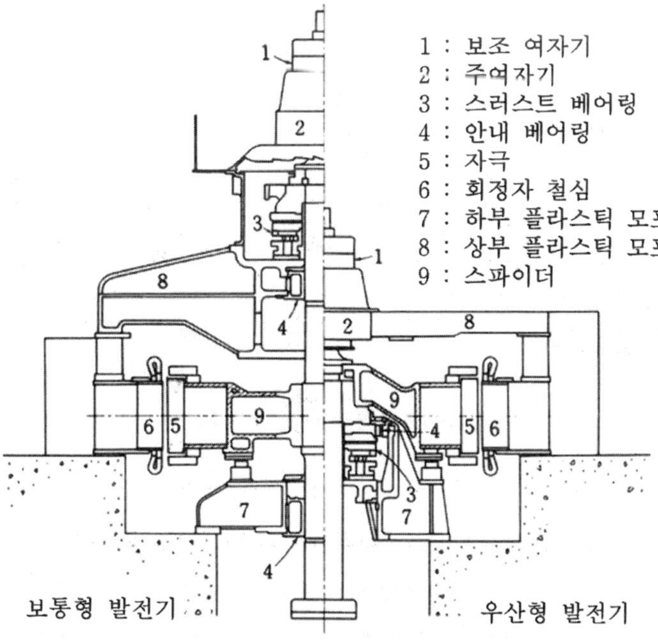

그림 5.6 우산형 수차발전기와 보통형 수차발전기의 비교

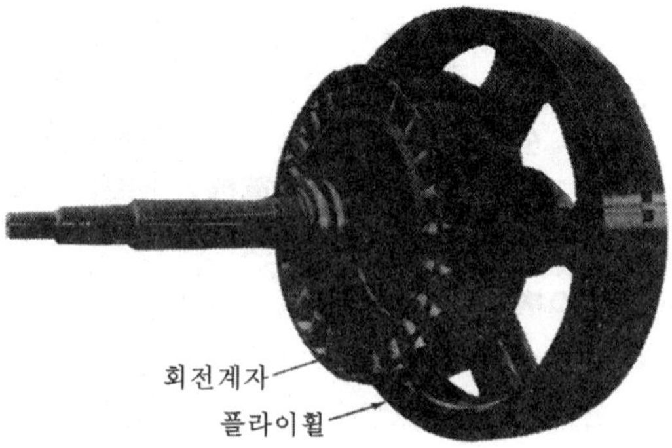

그림 5.7 플라이휠을 설치한 회전자

4. 엔진발전기 엔진발전기는 횡축형으로 1회전 중에 토크가 주기적으로 변동하기 때문에 적당한 플라이휠을 부착하거나(그림 5.7) 또는 회전자 부분의 중량을 크게 하여 플라이휠 효과를 갖도록 하고 있다. 축의 강도에 대해서도 특별하게 주의를 기울여야 한다.

5.2.2 비돌극기(non-salient pole machine)[2)]

1. 구조 증기터빈으로 운전되는 동기발전기, 즉 **터빈발전기**(turbine-generator)는 터빈의 특징상 고속이 요구되므로 2극기 또는 4극기가 되어 60 Hz기(50 Hz기)에서 회전속도는 각각 3,600(3,000) rpm 또는 1,800(1,500) rpm의 고속으로 회전한다. 그림 5.8(a)에 구조도를 나타낸다. 조립구조의 돌극형에서는 풍손이 많아지는 것은 물론이고 원심력이 커지기 때문에 강도적으로 견딜 수 없다.

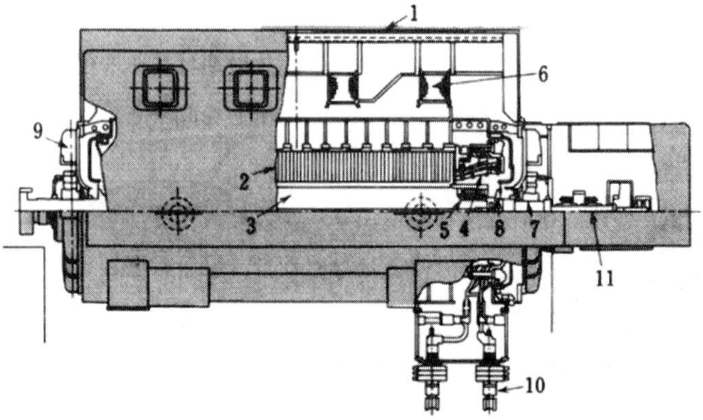

(a) 구조 (직접냉각 터빈발전기)

그림 5.8 터빈발전기의 구조와 회전자(단일 주조)

2) **원통회전자**(cylindrical rotor machine)라고도 한다.

(b) 회전자

그림 5.8(계속) 터빈발전기의 구조와 회전자(단일 주조)

따라서 회전자를 그림 5.8(b)이 같은 원통형으로 한다. 이 회전자는 강도가 큰 특수강철(NiCrMo, NiCrMoV, NiCrV 강철)로 만든 회전자에 슬롯을 절삭해 이것에 여자권선을 감아 비자성 금속의 쐐기로 막는다. 회전자의 직경은 원심력의 중심점에서부터 2극기에서는 직경 1 m를 약간 넘는 것이 한계이며 대용량이 되면 축 방향으로 매우 긴 모양이 된다.

내부의 열을 방출하기 위해서 회전자에도 통풍 덕트를 마련한다. 고속 회전하는 회전자의 기계적 구조는 가장 복잡한 문제이다. 회전자는 대용량의 것은 일반적으로 **단일단조식**(solid-forged rotor)이다.

대용량의 발전기는 수소냉각방식이 채용되고 있지만, 고속 대용량이 될수록 효율이 좋아져 경제적으로 되므로 단위 용량이 100만 kVA를 넘는 것도 있고 앞으로 한층 더 증대하는 경향이 있다.

2. 수소냉각 수소기스를 냉가 매체로서 이용하는 주된 이점은 다음과 같다.

(1) 수소가스의 밀도는 공기의 약 7%이기 때문에, 기체밀도에 비례하는 회전자 풍손은 공기의 약 12%가 되고, 발전기 효율은 약 0.75~1% 향상한다.

(2) 수소의 열전도율은 공기의 약 6.7배, 표면방산율은 약 1.5배가 되기 때문에, 유효 재료의 단위무게당 출력을 늘릴 수 있다. 출력이 동일하다고 하면 기계의 크기를 약 25% 작게 할 수 있다.

(3) 수소는 공기보다 불활성이므로 권선 절연의 수명이 길어진다.

(4) 전폐형으로 하므로 이물질의 침입이 없어져 소음이 현저하게 감소한다. 가스 냉각기가 소형으로 해결되어 고정자 틀 내에 삽입할 수 있다.

(5) 가스압력을 15 psig(1.055 kgf/cm^{2}g)로 하면 15%, 30 psig(2.11 kgf/cm^{2}g)로 하면 25%의 과부하를 걸을 수 있다.

그림 5.9는 돌극기와 원통기의 계자권선 구조를 나타낸다.

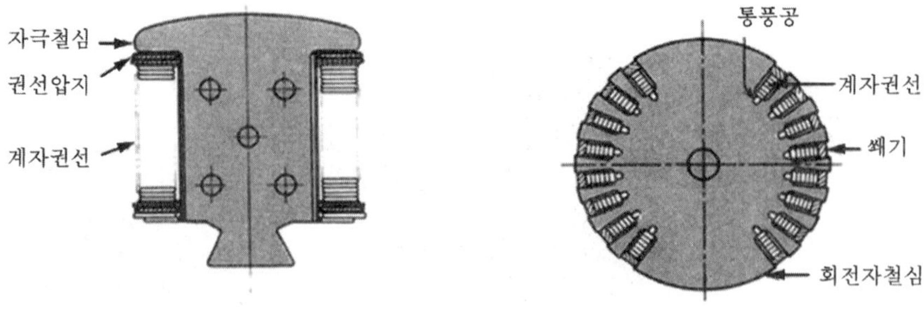

(a) 돌극기의 계자권선 (b) 원통기의 계자권선

그림 5.9 계자권선의 구조

5.3 유도기전력

동기기의 공극에서 주자계의 자속밀도 분포는 그림 5.10과 같이, 자극의 중심축에 대해 좌우 대칭이라면, 다음 식으로 주어진다.

$$B = B_1 \sin\theta + B_3 \sin 3\theta + \cdots + B_\nu \sin\nu\theta + \cdots \ [\mathrm{T}] \tag{5.2}$$

여기서, θ : 전기각(중성점에 대해 0으로 한다.), ν : 홀수

계자극이 전기자에 대해서 $\omega_0 = 2\pi f/p\,[\mathrm{rad/s}]$의 동기 각속도로 회전하고 있다고 하면, 집중, 전절 권의 전기자권선 aa'에 유도되는 기전력 e는 4.1.3절에서 말한 것처럼

$$e = \sqrt{2}E_1 \sin\omega_0 t + \sqrt{2}E_3 \sin 3\omega_0 t + \cdots + \sqrt{2}E_\nu \sin\nu\omega_0 t + \cdots \ [\mathrm{V}] \tag{5.3}$$

$$E_\nu = \sqrt{2}\pi\nu f w \Phi_\nu \ [\mathrm{V}]$$

가 된다.

여기서, w : 권수, Φ_ν : 제ν차 고조파의 매극 자속수$=(2/\pi)B_\nu \tau_\nu l$ [Wb],

l : 권선변의 실효길이[m], τ_ν : 제ν차 고조파에 대한 극피치[m]

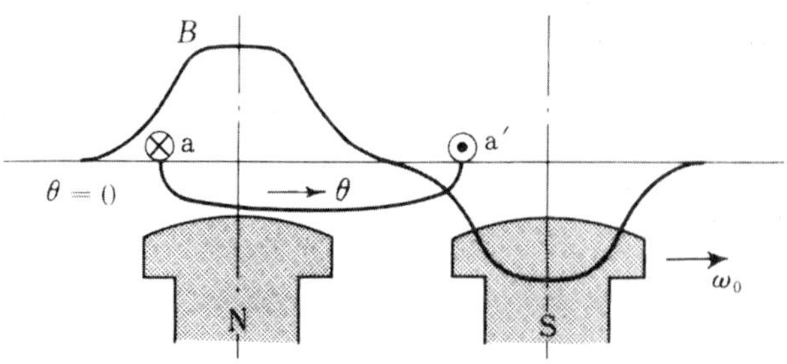

그림 5.10 계자 자속 분포

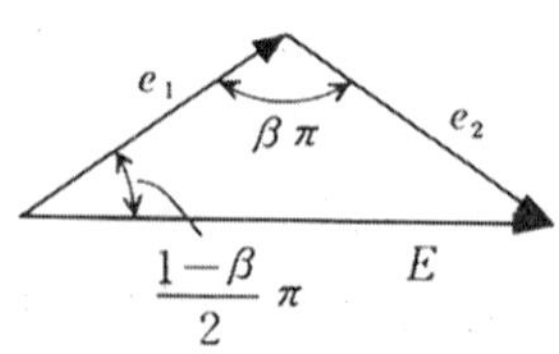

단절계수 $k_p = \dfrac{E}{e_1 + e_2}$

그림 5.11 단절권의 기자력

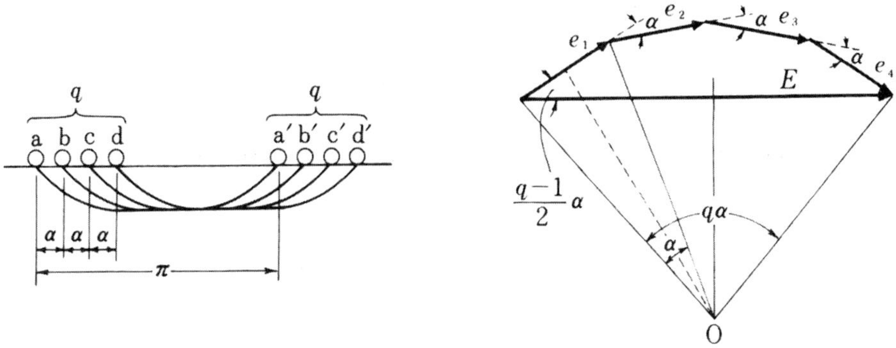

(a) (b)

그림 5.12 분포권의 기자력

단절권의 경우(그림 5.11), 기본파에 대한 권선피치를 $\beta\pi$로 하면, 유도기전력 e_ν는 벡터도로부터

$$e_\nu = \sqrt{2}\,k_{p\nu}E_\nu \sin\left(\nu\omega_0 t - \frac{1-\nu\beta}{2}\pi\right) \tag{5.4}$$

여기서, $k_{p\nu}$: 제ν차 고조파에 대한 단절계수 $=\sin(\nu\beta\pi/2)$

q개의 슬롯에 분포된 분포권의 경우(그림 5.12)에는 기본파에 대한 슬롯피치를 α로 하면 ($\alpha = \pi/mq$, m=상수)

$$e_\nu = \sqrt{2}\,k_{d\nu}E_\nu \sin\left(\nu\omega_0 t - \frac{q-1}{2}\nu\alpha\right) \tag{5.5}$$

여기서, $k_{d\nu}$: 분포계수$=\dfrac{\sin\left(\dfrac{q\nu\alpha}{2}\right)}{q\sin\dfrac{\nu\alpha}{2}} = \dfrac{\sin\left(\dfrac{\nu\pi}{2m}\right)}{q\sin\left(\dfrac{\nu\pi}{2mq}\right)}$

따라서 단절, 분포권의 경우에는 다음과 같이 된다.

$$e = \sum_{\nu=1}^{\infty}\sqrt{2}\,k_{w\nu}E_\nu \sin\left(\nu\omega_0 t - \frac{1-\nu\beta}{2}\pi - \frac{q-1}{2}\nu\alpha\right)[\mathrm{V}] \tag{5.6}$$

여기서, $k_{w\nu} = k_{p\nu}\times k_{d\nu}$= 제$\nu$차 고조파에 대한 권선계수

따라서 단절권 또는 분포권으로 하면 기전력의 파형은 자속분포의 파형과 달라진다.

권선계수는 일반적으로 고조파 차수가 큰 만큼 급격하게 감소하기 때문에 기전력 파형은 정현파에 가깝게 된다.

$k_{w\nu}=0$의 경우, 기전력의 제ν차 고조파는 사라진다. 예를 들어 단절권에서 $\sin(\nu\beta\pi/2)=0$, 즉, $\beta=(\nu-1)/\nu$으로 선택하면 제ν차 고조파는 사라진다.

슬롯을 **스큐 슬롯**(skewed slot)으로 하면, 기전력은 **스큐 슬롯계수**(skew reduction factor)를 곱한 값이 되고, 파형을 한층 더 개선할 수 있다.

θ_s를 스큐 슬롯각으로 하면, 스큐 슬롯계수 $k_{s\nu}$는 다음과 같게 된다.

$$k_{s\nu} = \frac{\sin\nu(\theta_s/2)}{\nu(\theta_s/2)} \tag{5.7}$$

제 ν차 고조파를 없애기 위한 스큐 슬롯각 θ_s는 다음과 같게 된다.

$$\theta_s = 2\pi/\nu$$

스큐 슬롯은 슬롯수가 적은 기계에서 슬롯에 의한 자속의 고조파를 제거해, 자기 소음을 줄이기 위해서 이용된다.

축 전류(shaft current) 전기자철심의 원주 방향에 대한 자기저항이 불균일하면 축과 쇄교하는 교번자속이 발생하기 때문에 축의 양단에 교류 전압이 발생해 베어링 홀더 및 베이스를 폐회로로 축 전류가 순환한다.

축 전류를 방지하려면 베어링 지지대 또는 베어링 메탈의 지지부에 절연 컴파운드를 삽입한다.

5.4 전기자권선의 종류

5.4.1 중권, 파권, 쇄권

중권 (lap winding) (그림 5.13(a))는 가장 많이 이용되고 있다.

파권 (wave winding) (그림 (b))는 극간접속을 생략할 수 있어 극수가 많은 경우에 이용된다.

쇄권 (chain winding) (그림 (c))는 슬롯에 1개의 권선변밖에 넣을 수 없기 때문에 분포권의 경우 다종류의 형권권선이 필요하게 되어 수리가 불편하고 전절권에 한정되는 결점이 있어 최근에는 거의 사용되어 있지 않다.

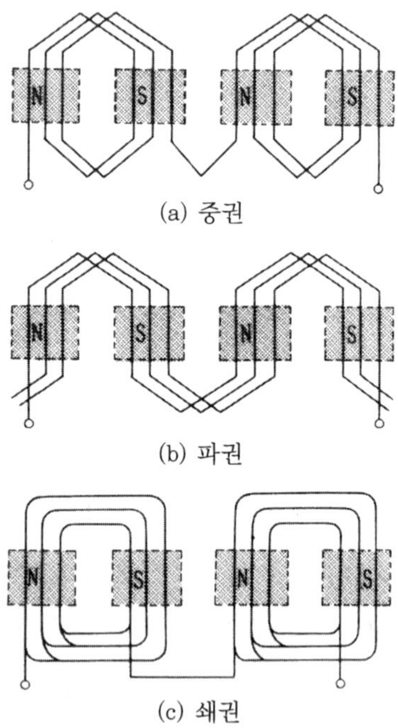

그림 5.13 전기자권선의 종류

5.4.2 단층권, 이층권

1개의 슬롯에 코일변 1개를 넣은 것이 **단층권**(single layer winding)이고, 상하에 2개를 넣은 것이 **이층권**(double layer winding)이다. 쇄권은 단층권이고 중권, 파권은 이층권이다.

5.4.3 집중권, 분포권 및 전절권, 단절권

– 4.1.2절 참조

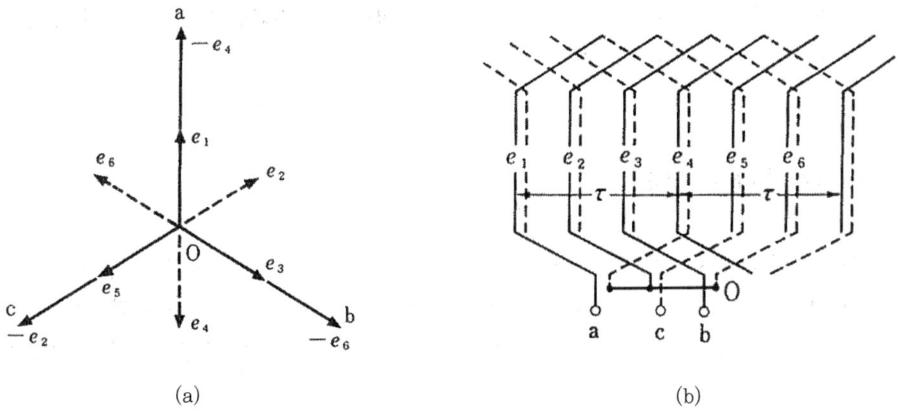

그림 5.14 3상 접속(τ : 극피치)

5.4.4 단상권, 다상권

전기자 주변을 1극당 m등분하여 π/m 사이에 있는 슬롯 내의 도체변을 직렬로 접속해 분포권으로 하면, $2m$상의 다상 교류발전기가 된다. 1상이 차지하는 전기자 주변부분을 **상대**(phase belt)라고 한다.

이층권의 경우에는 서로 1자극 피치 떨어진 상대의 도체를 권선으로 접속한다. 분포계수를 가능한 한 크게 할 필요가 있고 상대는 작은 것이 좋기 때문에 3상 발전기에서는 그림 5.14와 같이 60° 상대의 6상의 합성 기전력 e_1, ⋯, e_6가 3상 전압이 되도록 권선을 접속하는 것이 보통이다. 이 경우 상대는 60°이며 실제는 6상 발전기인 것을 권선의 접속으로 3상 발전기로 바꾸게 된다.

단상 발전기에서는 상대를 180°로 하면 분포계수가 작아지므로 보통 120°의 상대에 단상 분포권선을 마련한다.

5.4.5 정수권과 분수권

1극 1상의 슬롯수가 정수인 것을 **정수권**(integral slot winding), 분수인 것을 **분수권**(fractional slot winding)이라고 한다. 예를 들어 그림 5.15로 4극 마다 27개의 슬롯이 있는 경우에는 1극 1상의 슬롯수는 $2\frac{1}{4}$이 된다. 3상의 상대 UU', VV', WW'에 포함되는 슬롯수의 배열은 3, 2, 2, 2이다. 이 배열이 4극 마다 반복된다.

U	W'	V	U'	W	V'	U	W'	V	U'	W	V'
3	2	2	2	3	2	2	2	3	2	2	2
1 극			2 극			3 극			4 극		

숫자는 1상에 항상 포함되는 슬롯 수

그림 5.15 분수권의 배열

3상기의 슬롯수는 3의 배수이면 좋고, 극수의 정수배일 필요는 없다. 다수의 슬롯에 분포되어 전압파형이 개선되는 이점이 있다.

5.5 전기자 반작용

직류기에서 부하전류가 전기자권선에 흐르면 브러시가 중성축으로 있는 경우에 전기자 반작용은 교차 또는 감자 자계로 작용해, 전기자 유도기전력이 무부하일 때 보다 감소하는 것을 말한다. 동기기에서는 전기자전류의 위상에 의해서 교차, 감자 또는 증자 자계로 작용해 유도기전력은 감소할 수도, 증가할 수도 있다.

5.5.1 비돌극기의 경우

비돌극기의 계자권선은 분포권이기 때문에, 그 기자력 분포는 그림 4.9와 같이 되지만, 계자 슬롯수가 많으면 매우 정현파에 가깝기 때문에, 그 기본파 F_i만을 생각하는 것으로 한다. 전기자 권선의 상수를 m_2, 권수를 w_2, 전기자전류를 I로 하면, m_2상의 다상 교류에 의해서 상회전 방향으로 동기속도로 회전하는 회전기자력을 일으키고 그 기본파 F_a를 취하면(4.1.2절 참조)

$$F_a = \frac{4}{\pi} \frac{m_2}{2} \frac{k_{w2} w_2}{p} \sqrt{2}\, I$$

이다. 다만, k_{w2}는 전기자권선계수, $2p$는 자극 수이다.

1. 전기자전류 I가 무부하 유도기전력 E_0와 동상인 경우(그림 5.16(a)) 이 경우 F_a는 그림에 나타나듯이 F_f와 공간적으로 $\pi/2$의 위상차를 갖고, 주계자에 대해서 교차 자화 작용을 한다.

2. 전기자전류 I가 E_0보다 $\pi/2$ 늦는 경우(그림 5.16(b)) 이 경우 F_a는 F_f와 역상이 되어, F_a는 감자작용을 하게 되고 주 자속은 감소해, 유도기전력 E는 E_0보다 감소한다.

3. 전기자전류 I가 E_0보다 $\pi/2$ 앞선 경우(그림 5.16(c)) 이 경우 F_a는 F_f와 동상이 되어, F_a는 증자작용을 하게 되고 주자속을 늘려, E는 E_0보다 증가한다.

일반적으로 E_0와 I와의 위상차가 ϕ인 경우에는 그림 5.17과 같이 I를 E_0와의 동상분 $I\cos\phi$, 직각분 $I\sin\phi$로 나누어 생각하면 $I\cos\phi$는 교차 자화작용, $I\sin\phi$는 감자($\phi > 0$) 또는 증자작용($\phi < 0$)을 한다.

4. 벡터도 1상의 전기자권선에 대해서 그 기전력 E, 전류 I, 기자력 F, 이것과 쇄교하는 자속 Φ의 시간 벡터도를 그리면, 그림 5.18과 같이 된다.

전류 I를 기준 벡터로 취하면, 전기자 기자력 F_a 는 I와 동상이 되고 주계자기자력 F_f와의 합성 F_r에 의해 계자속 Φ가 만들어져 Φ의 변화에 의해서 전기자에 유도되는 기전력 E는 F_r 또는 Φ보다 $\pi/2$ 늦는다. 무부하 유도기전력 E_0는 F_r보다 $\pi/2$ 늦어진다.

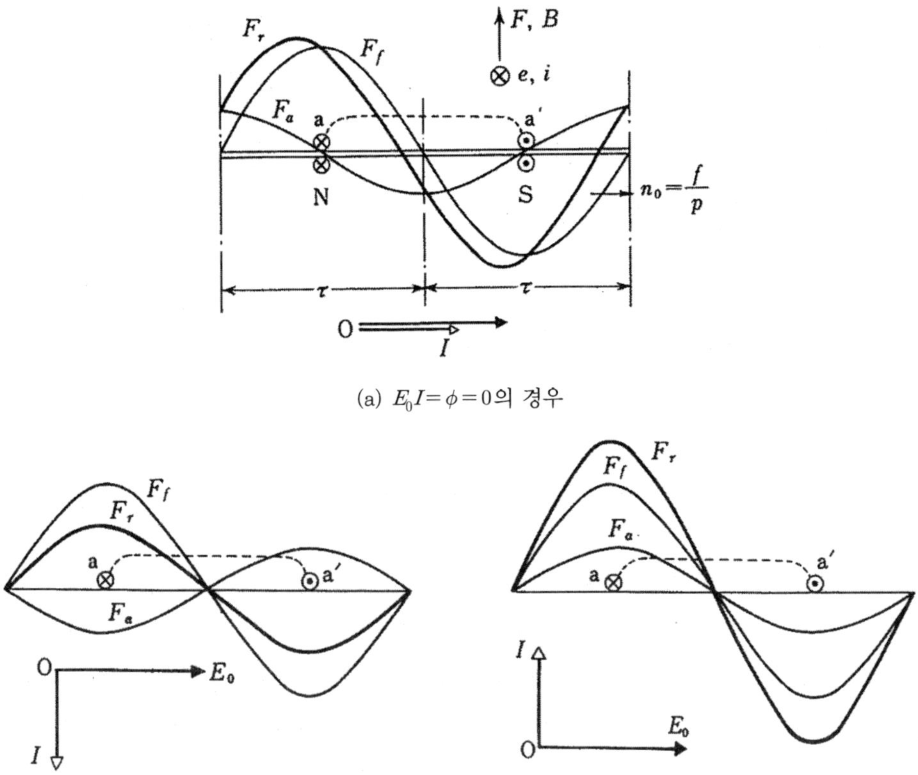

(a) $E_0 I = \phi = 0$의 경우

(b) $\phi = \frac{\pi}{2}$의 경우

(c) $\phi = -\frac{\pi}{2}$의 경우

그림 5.16 전기자 반작용

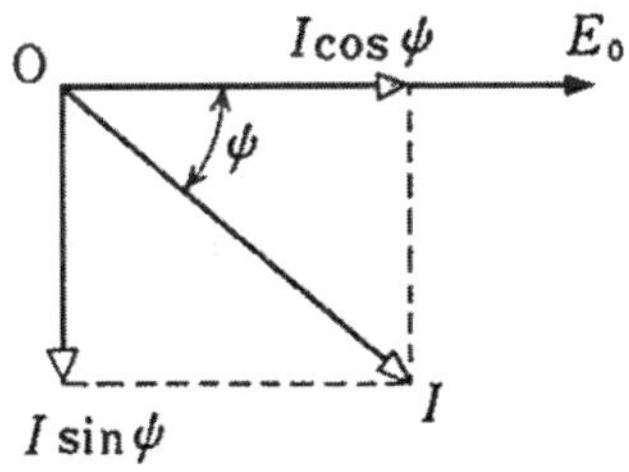

그림 5.17 벡터도

$$E_0 \propto F_f,\quad E \propto F_r \quad \therefore \triangle \mathrm{Oab} \propto \triangle \mathrm{Ocd}$$

따라서 $\overline{\mathrm{cd}}$는 $\overline{\mathrm{Oe}}$에 수직이 되어, $\overline{\mathrm{cd}} \propto \overline{\mathrm{ab}} \propto \mathrm{I}$

유도기전력은 전기자 반작용에 의한 전압 $\dot{E}_0$로부터 $\dot{E}$로 변한 것이지만, $\overrightarrow{\mathrm{cd}}$는 전기자전류에 의한 리액턴스 강하로 나타낼 수 있다.

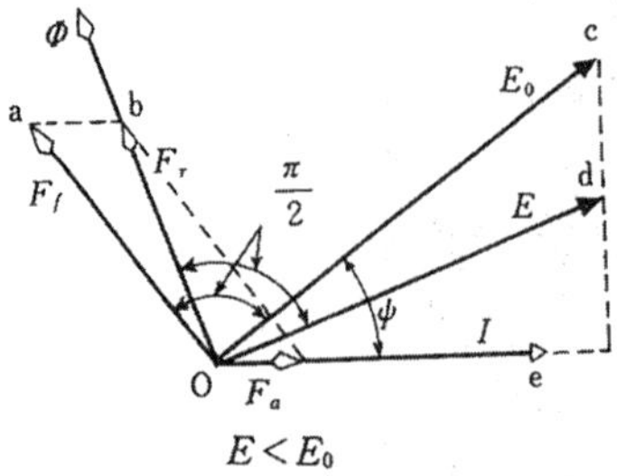

그림 5.18 기자력, 기전력, 전류의 벡터도

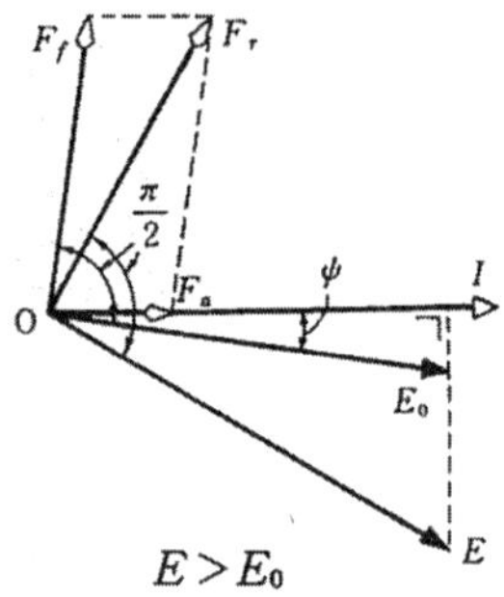

그림 5.19 진상 역률의 경우

$$\dot{E}_0 - j\dot{I}x_a = \dot{E}\,[\mathrm{V}]$$

뒤진역률($\phi > 0$)의 경우에는 $E \langle E_0$이지만, 앞선역률($\phi < 0$)의 경우는 $E \rangle E_0$가 된다(그림 5.19).

5. 동기임피던스, 동기리액턴스 전기자권선에는 4.2절에서 말한 것처럼, 누설자속이 있다. 이에 따른 누설리액턴스를 $x_1[\Omega]$, 전기자권선저항을 $r_a[\Omega]$라고 하면, 벡터각은 그림 5.20과 같이 된다. 단자전압을 $\dot{V}$(Oh), 역률을 $\cos\varphi$로 하고, 이것에 저항강하 $\dot{I}r_a$(hg), 누설리액턴스 강하 $\dot{I}x_l$(gd)를 더한 $\dot{E}$(Od)가 유도기전력이 된다. $\dot{E}$에 전기자 반작용에 의한 전압강하 $\dot{I}x_a$(dc)를 더한 $\dot{E}_0$(Oc)가 무부하 유도기전력이다. $\dot{E}$를 **내부기전력**(internal emf), $\dot{E}_0$를 공칭 **유도기전력**(nominal induced emf)이라고 한다.

E_0와 V와의 위상차 δ를 **내부상차각**(internal phase angle) 또는 **부하각**(power angle)이라고 한다. 전압의 관계식은 다음과 같게 된다.

$$\dot{V} = \dot{E}_0 - \dot{I}[r_a + j(x_l + x_a)]\ \ [\mathrm{V}] \tag{5.8}$$

뒤진역률의 경우는 $V < E < E_0$, $\psi > \varphi$, φ=역률각으로 전기자 반작용은 단자전압을 떨어뜨리는 작용을 하고 있다.

앞선역률의 경우는 $V > E > E_0$, $\psi < \varphi$로 전기자 반작용은 단자전압을 올리는 작용을 하고 있다.

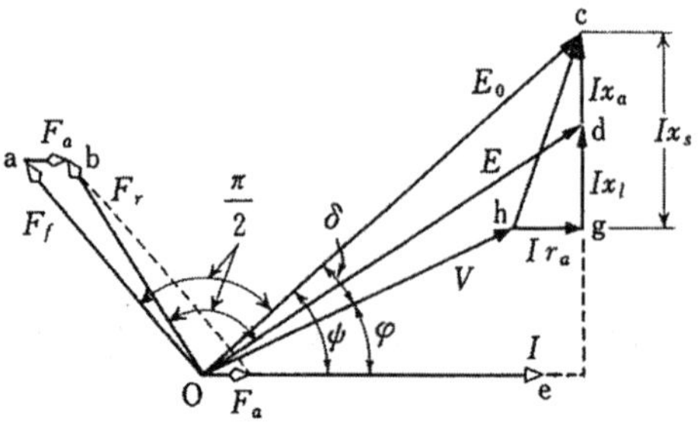

그림 5.20 발전기의 벡터도

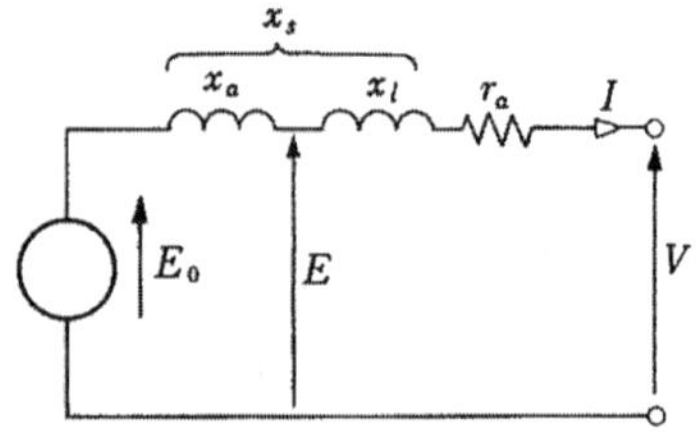

그림 5.21 등가회로

$$x_s = x_l + x_a, \quad \dot{Z}_s = r_a + jx_s$$

로 두고 X_a를 **전기자 반작용 리액턴스**, x_s를 **동기리액턴스**(synchronous reactance), Z_s를 **동기임피던스**(synchronous impedance)라고 한다. 전기자 반작용이 전기자전압에 미치는 영향을 리액턴스의 작용으로서 나타내, 이것에 누설리액턴스를 더한 값이 동기리액턴스이다. 따라서 동기발전기의 등가회로를 그림 5.21과 같이 나타낼 수 있다.

5.5.2 돌극기의 경우

1. 브론델 2 반작용 이론 돌극기에서는 자극편쪽으로는 갭이 작고, 자기저항이 작지만, 그 외의 부분에서는 자기저항이 현저하게 크다. 그림 5.22에 나타나듯이 전기자 기자력 F_a를 자축방향인 직축분 F_d와 자축과 직각 방향, 즉 중성축방향인 횡축분 F_q와 두 개로 나누어 생각한다. 무부하 유도기전력 E_0와 전기자전류 I와의 위상차를 ψ로 하면, F_a는 I에, F_d는 $I\sin\psi$에, F_q는 $I\cos\psi$에 비례한다.

직축분 F_d가 작용하는 부분은 그림 5.23(a)와 같이 주로 자극편에 대한 부분으로 감자 또는 증자작용을 한다. 이것을 계자기자력으로 환산하기 위해서 푸리에 급수로 전개하여 그 기본파 B_{d1}을 취하면 그 기자력으로 생기는 자속에 의해서 전기자권선에 유도되는 기전력 E_d는 다음과 같게 된다.

$$E_d = I\sin\psi\overline{x_d} \text{ [V]}$$

단, $\overline{x_d}$는 비례정수이다.

횡축분 F_q는 그림 (b)와 같이 되지만, F_q에 의한 자속분포는 그림의 실선으로 나타낸 곡선 B_q와 같이 된다. 이것은 제3조파를 다량으로 포함하고 있지만, 그 기본파 B_{q1}을 취해, B_{q1}에 의해서 전기자에 유도되는 기전력 E_q는 다음과 같게 된다.

$$E_q = I\cos\psi\overline{x_q} \text{ [V]}$$

단, $\overline{x_q}$는 비례정수이다.

이와 같이, 전기자 반작용을 직축분, 횡축분에 나누어 취급하는 방법은 브론델(Blondel)이 고안한 것으로 **2 반작용 이론**(two reaction theorem)이라 한다.

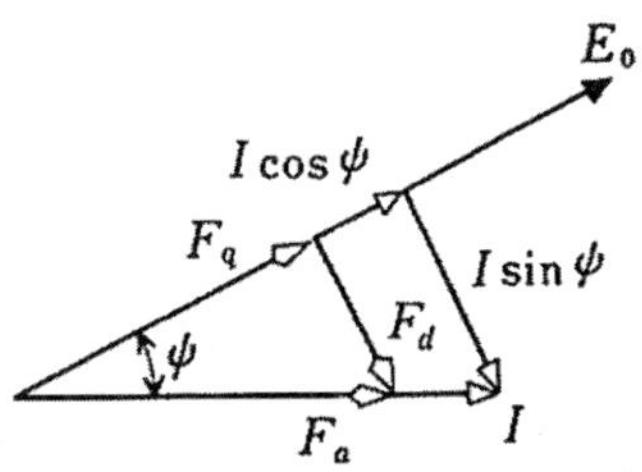

그림 5.22 전류의 d축 성분과 q축 성분

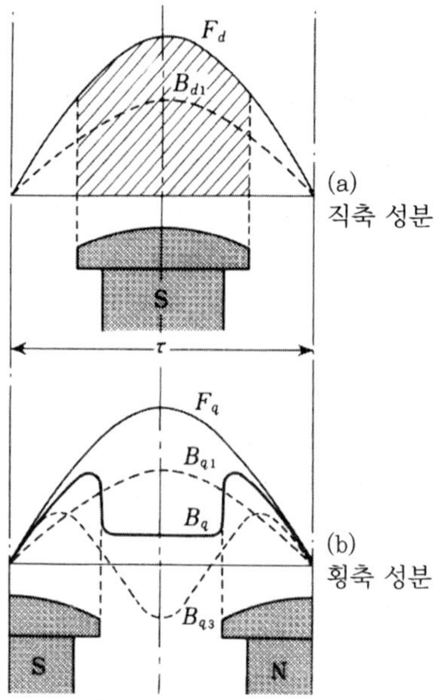

그림 5.23 전기자권선 힘의 분배

2. 벡터도 그림 5.24와 같이 단자전압 $\dot{V}$, 전기자전류 $\dot{I}$, 그 위상차이를 φ로 하면, $\dot{V}$에 $\dot{I}r_a$, j $\dot{I}x_l$를 더한 $\dot{E}$가 내부 기전력이다. 전기자 기자력의 횡축분 $\dot{F}_q$에 의한 자속 $\dot{\Phi}_q$에 의해서 유도되는 기전력 $\dot{E}_q$는 $\dot{F}_q$보다 $\pi/2$ 뒤지고 직축분 $\dot{F}_q$에 의한 자속 $\dot{\Phi}_d$에 의해서 유도되는 기전력 $\dot{E}_d$는 $\dot{F}_d$보다 $\pi/2$ 뒤진다. 무부하 유도기전력 $\dot{E}_0$에 $\dot{E}_d$, $\dot{E}_q$를 더한 것을 $\dot{E}$로, $\dot{E}_0$는 계자기자력 $\dot{F}_f$보다 $\pi/2$ 늦은 위상에 있다.

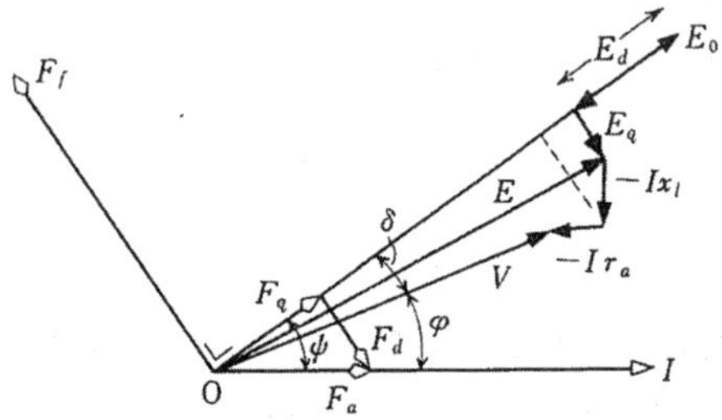

그림 5.24 돌극형 발전기의 벡터도

3. 직축, 횡축 동기리액턴스

$$x_l + \overline{x_d} = x_d,\ \ x_l + \overline{x_q} = x_q \tag{5.9}$$

로 두고, 벡터도를 고쳐 그리면, 그림 5.25와 같이 된다. V, I, φ 및 r_a, x_d, x_q 가 주어져 있을 때 벡터도를 그리려면 점 b에 대하여 ab에 수직선을 긋고, 그 위에 $\overline{\mathrm{bc}} = Ix_q$, $\overline{\mathrm{bd}} = Ix_d$이 되는 점 c, d를 구해 d로부터 $\overline{\mathrm{Oc}}$상에 수직선을 그으면, $\overline{\mathrm{Oe}} = E_0$되고, 무부하 유도기전력 E_0를 얻을 수 있다.

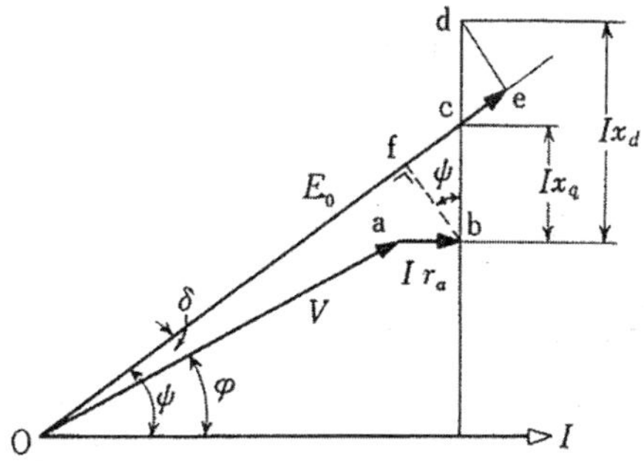

그림 5.25 돌극형 발전기의 벡터도

만약 E_0, I, φ 및 r_a, x_d, x_q가 주어지고 있을 때 $\dot{V}$를 구하려면, 그림 5.25에 대해

$$\overline{ef} = Ix_d \sin\varphi, \ \overline{fb} = Ix_q \cos\varphi, \ \mathrm{fb} \perp \mathrm{ef}, \ \overline{\mathrm{ba}} = Ir_a, \ \overline{\mathrm{ba}} \parallel \overline{\mathrm{OI}}$$

로서 $\dot{V}$를 구하면 된다.

$\overline{x_d}$를 **직축 전기자 반작용 리액턴스**

$\overline{x_q}$를 **횡축 전기자 반작용 리액턴스**

x_d를 **직축(동기) 리액턴스**(direct axis(synchronous) reactance)

x_q를 **횡축(동기) 리액턴스**(quadrature axis(synchronous) reactance)

라 한다. 일반적으로 $x_d > x_q$이고, 비돌극기에서는 $x_d = x_q = x_s$이다.

돌극기에서는 앞에서 본 횡축분에 의한 자속의 제3조파가 전기자권선에 제3조파의 기전력을 유도하므로 전기자 유도기전력의 파형을 왜곡시킨다.

전기자의 누설리액턴스 x_l의 동기리액턴스 x_s에 대한 비율은 기계의 종류에 따라 차이가 나지만 비돌극형의 고속기로 0.06 정도로부터 돌극형의 저속기로 0.2 안팎의 값이다. 전기자저항 r_a는 일반적으로 x_s에 비해 작기 때문에 이것을 무시해 취급하는 것이 편리한 경우가 많다.

5.5.3 전동기의 경우(비돌극형)

전기자에 외부로부터 전압을 가해 무부하 유도기전력 E_0와 I와의 위상차 ψ, 단자전압 V와 I와의 위상차 ϕ가 $\pi/2$보다 커지도록 하면, 벡터도는 그림 5.26의 실선으로 나타낸 바와 같이 되어

$$\text{(전기적) 출력 } P_2 = m_2 VI\cos\phi$$

$$\text{(기계적) 입력 } P_1 = m_2 E_0 I\cos\psi$$

는 모두 −가 된다. 즉, P_2가 전기적 입력, P_1이 기계적 출력이 되는 것을 의미하고, 토크는 역방향이 되어 전동기로서 동작하고 있는 것을 나타낸다. 전압 벡터의 위상을 π만큼 반전해 도시하면, 그림의 파선과 같이 된다. 이것은 등가회로(그림 5.27)에서 전류의 정방향을 전압의 정방향과 반대로 했을 경우의 전압, 전류의 벡터도가 된다.

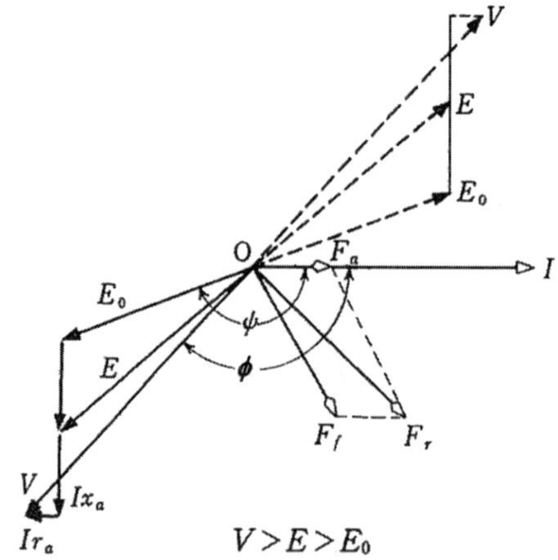

그림 5.26 비돌극성 동기발전기의 벡터도

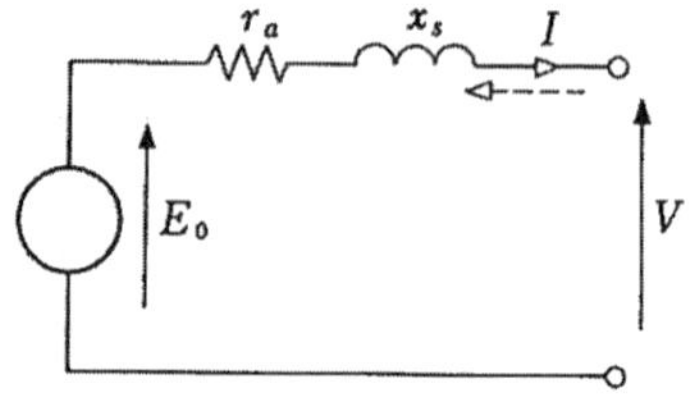

그림 5.27 동기발전기의 등가회로

그림은 뒤진역률의 경우로 $V > E > E_0$되고 전기자 반작용은 증자작용을 하고 있어, 앞선역률의 경우는 $V < E < E_0$이고 전기자 반작용은 감자작용을 한다.

5.6 전압변동률, 계자전류의 산정

5.6.1 전압변동률

동기발전기를 정격 부하 상태로부터 여자를 조정하지 않고 회전속도를 일정하게 유지한 채로 무부하로 했을 경우의 단자전압의 변동 비율을 **전압변동률**(voltage regulation)이라고 하여 정격전압의 백분율로 나타낸다. 즉, 정격전압을 V_n, 무부하 전압을 E_0로 하면

$$\text{전압변동률} \quad \varepsilon = \frac{E_0 - V_n}{V_n} \times 100\ [\%]$$

실부하를 걸어 전압변동률을 측정하는 것이 곤란한 경우에는 후술과 같이 비교적 간단한 시험을 통해 얻은 값으로 산정할 수 있다. 전압변동률은 부하의 역률과는 다르다.

5.6.2 특성곡선

1. **무부하 포화곡선**(no-load saturation curve) 무부하 포화곡선은 동기기를 발전기로서 무부하·정격속도로 운전하고 계자전류를 바꾸어 계자전류와 단자전압과의 관계를 구했을 경우의 양자의 관계를 나타내는 곡선이다(그림 5.28). 계자전류를 0부터 증감하면, 자기 히스테리시스 때문에, 직류발전기의 경우와 마찬가지로 파선으로 나타낸 것 같은 작은 루프가 되지만, 그 평균치 OM을 취한다.

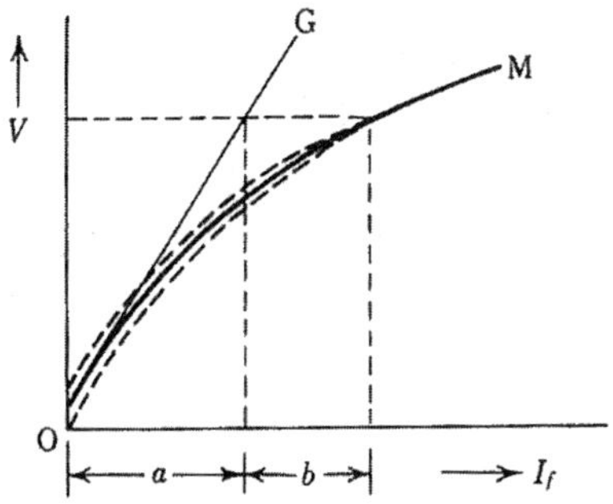

그림 5.28 무부하 특성곡선

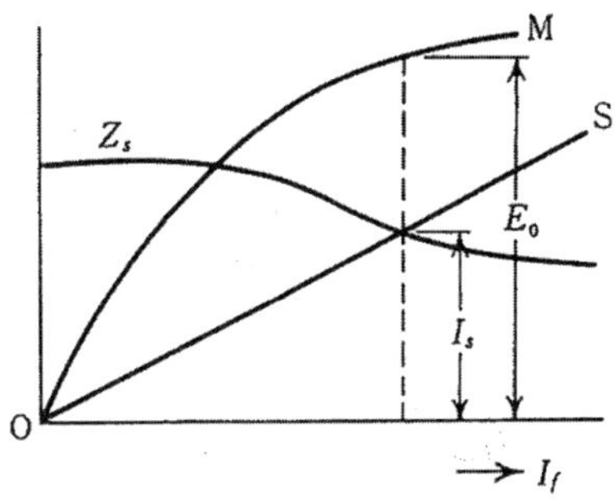

그림 5.29 단락곡선

잔류자기 때문에 I_f가 0일 때에도 일반적으로 적은 전압이 유도된다. 원점에서 곡선 OM에 접선 OG를 그리면 OG는 갭에 필요로 하는 기자력(전류값으로 표현한다)과 유도기전력과의 관계를 나타낸다. 이른바 갭선이다. 전압 V를 유도하는 데 필요한 기자력은 그림에서 $(a+b)$에서 만나며 a 및 b는 각각 갭 및 철부분에 자속을 통하기 위해서 필요한 기자력이다. 자기회로의 포화가 큰 만큼, b가 크다. b와 a와의 비를 가지고 포화의 정도를 나타낼 수 있어 $\sigma = b/a$를 **포화계수**(saturation factor)라고 한다.

2. 단락곡선(short-circuit curve) 전기자 전체 상을 단락해 발전기로서 정격속도로 운전하고, 여자전류 I_f를 0부터 서서히 증가했을 경우 전기자전류 I_s와 I_f와의 관계를 도시하면, 그림 5.29의 OS와 같은 직선이 된다. 이것을 **대칭단락곡선** 또는 **단락곡선**이라고 한다.

무부하 포화곡선과 단락곡선으로부터 동기임피던스 Z_s를 구할 수 있다. 매상의 전압 E_0에 대한 여자전류에 상당하는 단락전류를 I_s라고 하면

$$Z_s = E_0/I_s$$

전기자저항 r_s를 실측으로 구하면

동기리액턴스 $x_s = \sqrt{Z_s^2 - r_a^2}$

가 된다. 포화 때문에 Z_s는 그림과 같이 되어 일정한 값은 아니지만, E_0가 정격 상전압 V_n일 때의 Z_s를 취하는 것이 보통이다.

3. 부하 포화곡선(load saturation curve) 이것은 일정 역률, 일정 부하에서 여자전류 I_f를 바꾸었을 경우, 단자전압 V와 I_f와의 관계를 나타내는 곡선이며, 그림 5.30과 같이 된다.

역률 0인 경우의 곡선 O'N을 **영역률 부하 포화곡선**이라고 한다. 영역률(지상)에서 부하 전류 I가 완전하게 감자작용을 일으키기 때문에, 곡선상 단자전압이 0인 점을 O'로 하면, OO'는 전류 I에 의한 전기자 기자력을 계자기자력(다만, 전류)으로 환산한 값이 된다. 따라서 단락 곡선상 단락전류가 I인 경우의 여자전류와 같아진다.

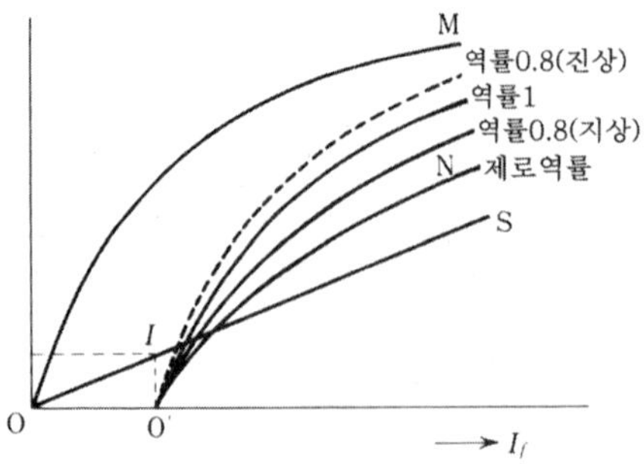

그림 5.30 부하 포화곡선

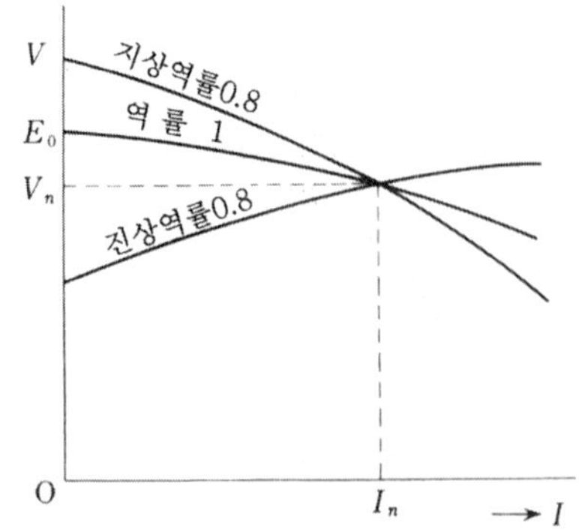

그림 5.31 외부 특성곡선

4. 외부 특성곡선(external characteristic curve) 일정 역률의 부하로 여자전류 I_f를 일정한 값으로 유지하고 부하전류 I를 바꾸었을 경우의 단자전압 V와 I와의 관계를 나타내는 곡선을 **외부특성곡선**이라고 한다(그림 5.31).

비돌극기의 벡터도(그림 5.20)로부터

$$E_0^2 = (V\cos\varphi + Ir_a)^2 + (V\sin\varphi + Ix_s)^2 = V^2 + I^2 Z_s^2 + 2VIZ_s\cos(\varphi - \alpha) \ \ [\mathrm{V}]$$

$$\alpha = \tan^{-1}\left(\frac{x_s}{r_a}\right) \tag{5.10}$$

식 (5.10)은 V, I에 관한 2차 방정식으로 I를 횡축으로 그리면 그림 5.31과 같이 되어 일반 타원의 일부가 된다.

단자전압, 전류의 1상의 정격치 V_n, I_n 및 $\dot{Z}_s$, $\cos\varphi$가 주어지고 있을 때는 위의 식으로부터 $V = V_n$, $I = I_n$로 두고 E_0가 구해지고, 따라서 전압변동률을 계산할 수 있다.

5. 포이셔의 삼각형(Potier's triangle) 그림 5.32와 같이 무부하 포화곡선 OM과 부하전류 I에 대한 영역률 부하 포화곡선 O'N이 주어졌다고 한다. 점 O에 대해 갭선 OG를 그린다. O'N상 임의의 점 a에 대해 수평선 ab를 그려, $\overline{\mathrm{ab}} = \overline{\mathrm{OO'}}$로 하고, 점 b로부터 갭선 OG에 평행선을 그어 OM과의 교점을 c로 한다. 점 c로부터 $\overline{\mathrm{ab}}$ 상에 수직을 내리면, $\overline{\mathrm{cd}}$는 다음에 서술하듯이 전기자 누설리액턴스 x_l에 의한 전압강하 Ix_l과 동일해져 곡선 OM과 O'N으로부터 x_l을 도식적으로 구할 수 있다.

점 O'로부터 $\overline{\mathrm{ac}}$에 평행선을 그어, OG와의 교점을 e로 하면 $\overline{\mathrm{ab}} = \overline{\mathrm{O'O}}$이기 때문에

$$\triangle \mathrm{OO'e} = \triangle \mathrm{bac}$$

따라서 곡선 O'N는 곡선 OM의 각 점을 $\overline{\mathrm{eO'}}$ 방향으로 같은 길이만큼 이동한 것이 된다. 삼각형의 fO'e를 포이셔 삼각형이라고 한다.

$\triangle$ OO'e에 대하여 $\overline{\mathrm{OO'}}$는 언급한 바와 같이 전기자를 단락했을 경우의 전체 전기자 기자력(계자전류 환산치), $\overline{\mathrm{Of}}$는 누설리액턴스 전압강하 Ix_l를 일으키는 전기자 기자력분이다. 따라서 나머지 $\overline{\mathrm{fO'}}$는 이 경우 전기자 반작용으로 작용하는 **전기자 기자력**(계자전류에 환산)이다.

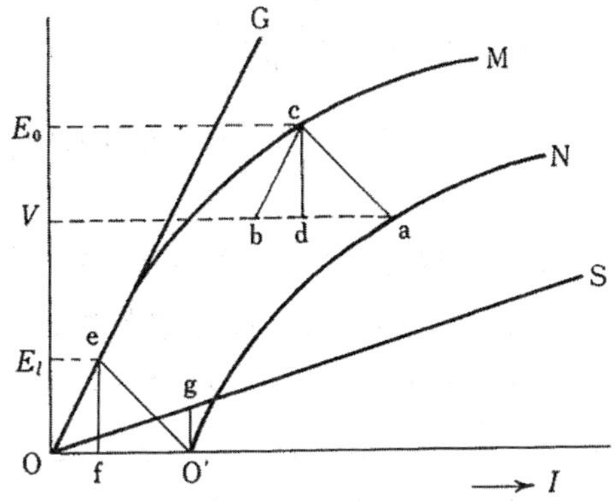

그림 5.32 포이셔 삼각형

즉, 무부하에서 유도기전력은 E_0이지만 영역률의 부하전류 I가 흐르면, 누설리액턴스 때문에 $Ix_l=\overline{\mathrm{cd}}$의 전압강하가 일어나 전압은 V가 된다. 그런데, 전기자 반작용이 있으므로 동일전압 V를 일으키기 위해서는 계자기자력은 $\overline{\mathrm{ad}}=\overline{\mathrm{fO'}}$을 더한 것이 되어 점 a가 부하 포화곡선 상에서 전압 V에 상당하는 점이 된다.

반대로 말하면, 무부하 포화곡선과 누설리액턴스 x_l이 주어지고 있으면, 영역률 부하 포화곡선이 구해진다. 즉, OM 상에서 $\overline{\mathrm{ef}}=Ix_l$의 점 e를 구하고 단락곡선 상에서 $\overline{\mathrm{O'g}}=I$의 점 O′를 구해 △OO′e를 그려, OM 상의 각 점을 $\overline{\mathrm{eO'}}$의 방향으로 이동해 곡선 O′N를 얻을 수 있다.

같은 용량의 동기기가 2대 있는 경우에는 이것을 병렬에 접속하고 한 쪽을 발전기, 한 쪽을 무부하 전동기로 운전한다. 전동기 측의 여자를 약하게 하면, 후술과 같이 거의 영역률(지상)의 부하가 된다. 부하전류가 I가 되도록 발전기 측의 여자를 가감하여 부하 포화곡선을 구할 수 있다.

영역률 부하 포화곡선이 구해지면 포이셔 삼각형을 그려 임의의 부하전류, 역률에 대한 부하 포화곡선을 그릴 수 있다(포이셔 삼각형은 전기자전류에 비례한다). 또 전기자 누설리액턴스를 구할 수 있다.

5.6.3 전압변동률의 산정

실부하를 걸어 전압을 측정해 전압변동률을 구할 수 없는 경우에는 비교적 간단한 무부하 및 단락시험의 결과로부터 전압변동률을 산정하는 방법을 이용한다.

1. 기전력법(emf method)　이 방법은 전기자 누설리액턴스 및 전기자 반작용의 전압에 미치는 영향을 모두 리액턴스의 작용이라고 생각하고 동기리액턴스로 나타내 산정하는 방법이다. 식 (5.10)에서 V_n, I_n를 전압, 전류의 정격치로 하면 무부하 유도기전력 E_0는

$$E_0=\sqrt{V_n^2+2V_nI_nZ_s\cos(\varphi-\alpha)+I_n^2Z_s^2}\quad[\mathrm{V}]\tag{5.11}$$

$$\cos\varphi=\text{정격역률},\quad \alpha=\tan^{-1}(x_s/r_a)$$

동기임피던스는 무부하 포화곡선과 단락곡선으로부터 구한다.

$$전압변동률\ \varepsilon = \frac{E_0 - V_n}{V_n} \times 100\ [\%]$$

기전력법에 의하면 실제의 값보다 자주 큰 값이 되므로 **비관법**(pessimistic method)이라고도 한다.

2. 기자력법(mmf method) 이 방법은 전기자 누설자속을 일으키는 전기자 기자력(F_l)과 전기자 반작용을 일으키는 전기자 기자력(F_a)의 합과 동일한 계자기자력 F_a'과 무부하 계자기자력 F_f와의 합성 기자력(F_r')에 의해 단자전압 V가 발생한다고 생각하는 방법이다.

즉, 이 경우의 전압, 전류, 기자력의 벡터도는 그림 5.33(a)와 같이 된다.

정격 상태($V = V_n$, $I = I_n$)의 기자력 벡터의 삼각형에 대하여 $F_r' = I_{f1}$, $F_a' = I_{f2}$, $F_f = I_{f0}$로 한다. 그림 (b)의 무부하 포화곡선 OM, 단락곡선 OS로부터 I_{f1}, I_{f2}를 구할 수 있기 때문에 역률각 φ가 주어지면 벡터도를 그려 합성 기자력 I_{f0}를 구할 수 있다. OM 위의 I_{f0}에 해당하는 전압을 구하면 무부하 유도기전력 E_0가 된다.

이 방법에서 ε의 값은 실제 값보다 일반적으로 작아지므로 **낙관법**(optimistic method)이라고도 한다.

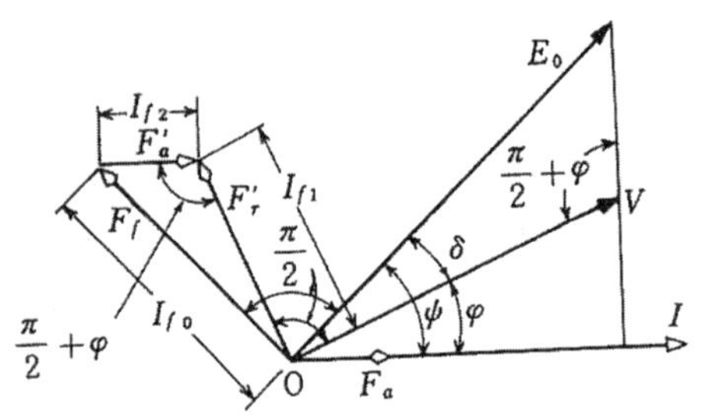

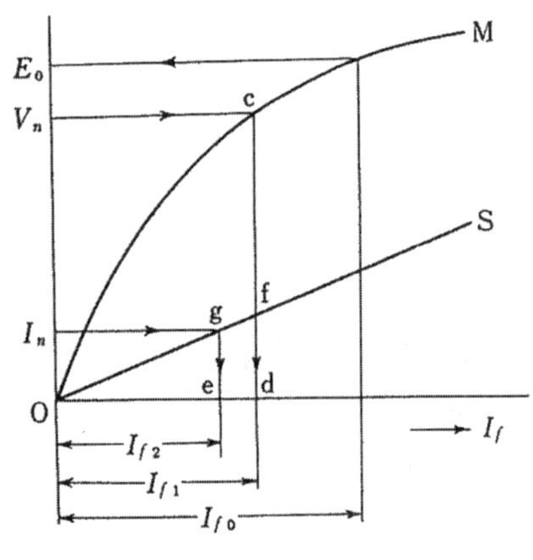

그림 5.33 기자력법의 벡터도

3. 기자력법의 보정 기전력법은 전기자 반작용의 전압에 미치는 영향을 하나의 리액턴스로서 전기자 누설리액턴스와 함께 동기리액턴스 x_s로서 생각하는 방법이므로 그림 5.34에서 무부하 포화곡선 OM을 수직방향 Ix_s만큼 이동한 곡선 ON'이 전기자전류 I의 영역률 부하 포화곡선이 된다. 기자력법은 누설리액턴스 강하를 일으키는 등가 전기자 기자력을 고려해 이것을 전기자 반작용의 기자력과 함께 기자력으로서 나타내는 방법이기 때문에, 그림은 곡선 OM을 수평 방향으로 $\overline{OO'}$만큼 이동한 곡선 O'N"이 영역률 부하 포화곡선이 되고 있다. 따라서 그림으로부터 알 수 있듯이 전자의 방법으로 구한 전압변동률이 후자의 전압변동률보다 커지는 것을 알 수 있다.

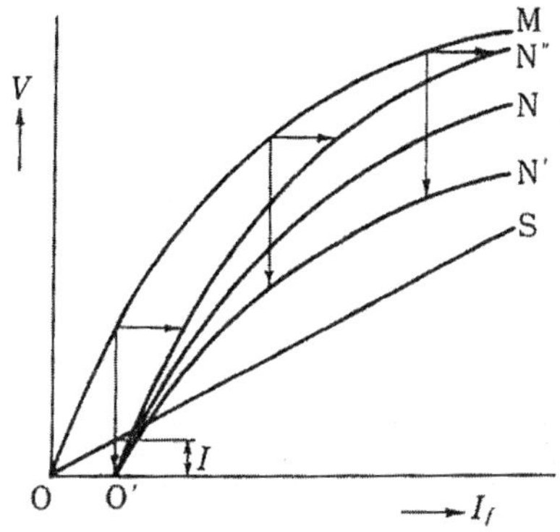

그림 5.34 기전력법과 기자력법에 의한 영역률 부하 포화곡선의 비교

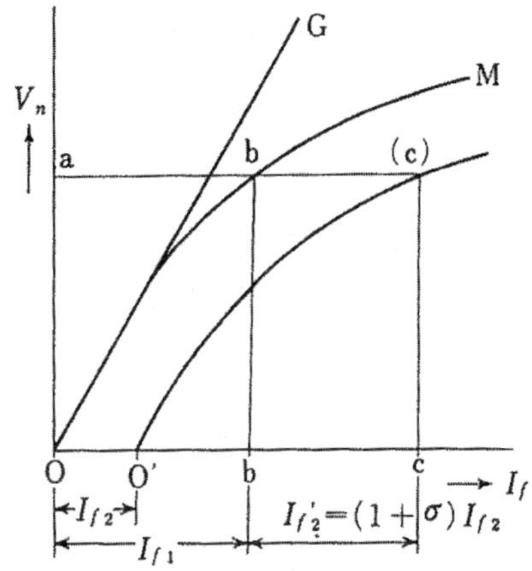

그림 5.35 기자력법의 보정

실부하 상태에서 전기자 기자력은 자기회로의 포화 때문에 저포화의 경우인 포화곡선 위에 원점에 가까운 부분에서 구한 기자력 OO'보다 커지고 있다. 따라서 실제의 영역 부하 포화곡선은 O'N과 같이 된다.

그림 5.35로 정격전압 V_n에 대한 계자기자력 $\overline{\text{Ob}}$를 I_{f1}, 단락전류 I_n에 해당하는 계자기자력 $\overline{\text{OO}'}$을 I_{f2}로 하면 전기자 반작용, 누설리액턴스를 보상하기 위해서 필요한 계자기자력은 $\overline{\text{bc}}$이다. 포화 때문에 $\overline{\text{bc}} > \overline{\text{OO}'}$이 된다. $\overline{\text{bc}} = kI_{f2}(k > 1)$로 두면 k는 포화계수의 크기에 따라 다른 값이 되고 $k = 1 + \sigma$로 둔다.

영역률 전부하 때의 계자기자력의 벡터도를 그림 5.36에 나타낸다.

$\overline{\text{Ob}}=I_{f1}$, $\overline{\text{bc}}=kI_{f2}$로 하면, $\overline{\text{Oc}}=I_{f0}=I_n+kI_{f2}$가 계자의 선제 기자력으로 무부하 유도기전력 E_0를 무부하 포화곡선 상에서 구할 수 있다(그림 5.35). I_{f1}으로서는 발전기의 경우, V_n에 저항강하 v를 더한 전압값을 취한다.

역률 1의 경우, 벡터도는 그림 5.36의 $\triangle$Obd가 되어 $\overline{\text{bd}}=I_{f2}$, $\overline{\text{Od}}=I_{f0}$가 된다. $k=1$로서 포화에 대한 보정을 하지 않는다. 역률 $\cos\varphi$의 경우에는 $\triangle$Obe($\angle$dbe$=\phi$)가 되지만 $\overline{\text{be}}$는 $\overline{\text{bc}}$ 및 $\overline{\text{bd}}$를 축 길이의 반으로 하는 타원상의 점 e가 된다고 생각할 수 있다.

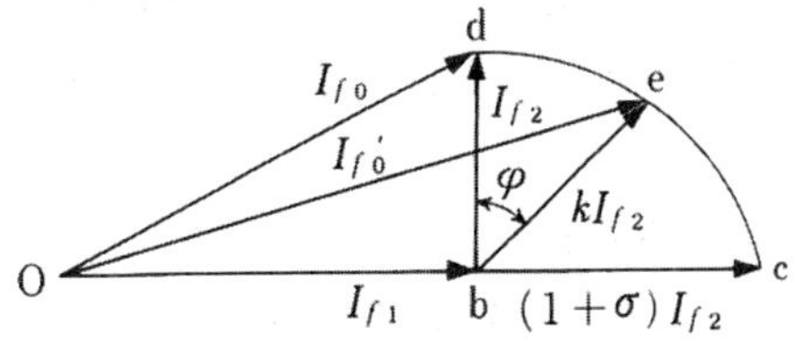

그림 5.36 기자력 벡터의 보정

$$\overline{\mathrm{be}} = kI_{k2} = \frac{1+\sigma}{\sqrt{(1+\sigma)^2\cos^2\varphi + \sin^2\varphi}} \times I_{f2}$$

$$I_{f0}' = \sqrt{I_{f1}^2 + k^2 I_{f2}^2 + 2kI_{f1}I_{f2}\sin\varphi} \tag{5.12}$$

σ의 값으로서는 1.2(정격 전압)에 대한 포화계수를 취한다. 자극의 돌극도를 고려해, k의 값은 표 5.1과 같은 값을 취한 것으로 한다.

표 5.1 k의 값

$\cos\varphi$	1.0	0.95	0.90	0.85	0.8	0
돌 극 형	1.0	1.10	1.15	1.20	1.25	$1+\sigma$
원 통 형	1.0	1.00	1.05	1.10	1.15	$1+\sigma$

$\sigma = 0.8$ 이상의 현저히 포화하고 있는 기계, 또한 앞선역률의 경우는 본법에서는 오차가 커지므로 다른 산정법을 추천한다.[3)]

5.6.4 단락비(short-circuit ratio)

정격속도에 대하여 무부하로 정격전압 V_n을 발생하는 데 필요한 여자전류를 I_{f1}이라고 하고 3상 단락의 경우에 정격전류 I_n과 동일한 단락전류를 발생하는 데 필요한 여자전류 I_{f2}와의 비 K를 **단락비**라고 한다(그림 5.33(b) 참조).

그림 5.33(b)에서, $K=\overline{\mathrm{Od}}/\overline{\mathrm{Oe}}$, 동기임피던스 $Z_s=\overline{\mathrm{cd}}/\overline{\mathrm{fd}}$

단위법(per unit system), 즉 정격치를 1로 전압, 전류, 임피던스를 나타내면

$$z_s(\text{단위법}) = \frac{I_n Z_s}{V_n} = \overline{\mathrm{ge}} \times \frac{\overline{\mathrm{cd}}}{\overline{\mathrm{fd}}} / \overline{\mathrm{cd}} = \frac{\overline{\mathrm{ge}}}{\overline{\mathrm{fd}}} = \frac{\overline{\mathrm{Oe}}}{\overline{\mathrm{Od}}} = \frac{1}{K}$$

즉, 단위법으로 나타낸 동기임피던스는 단락비의 역수와 같다.

여자전류 I_f, 단락전류 I_s를 단위법으로 i_f, i_s로 나타내면, 단락곡선은 다음 식으로 나타내진다.

$$i_s = Ki_f = \frac{1}{z_s} i_f \tag{5.13}$$

단락비가 큰 만큼, 반대로, 동기임피던스가 작은 만큼 단락곡선의 기울기는 급하게 된다.

단락비 K가 큰 기계는 전기자 반작용이 작고 계자부분의 주재료인 철이 전기자 부분의 강철에 비해 양이 많아, 전체적으로 대형이 되고, 이른바 **철기계**(iron machine)가 된다. 이에 반해 K가 작고, 구리 함량이 큰 것을 **동기계**(copper machine)라고 한다. 철기계는 동기임피던스가 작기 때문에 일반적으로 전압변동률이 작고 후술과 같이 송전선로의 무부하 충전 및 과도현상에 대한 안정도는 크지만 고가가 된다.

3) JEC-114 참조.

5.6.5 진상부하에 의한 자기여자 현상

1. 자기여자 현상 동기발전기에 정전 용량 부하를 접속하면, 전기자에 단자전압보다 90° 앞선 전류가 흘러 무부하 전압보다 단자전압이 높아진다. 즉, 발전기의 자기회로의 잔류 자속에 의해서 약간의 전압이 유도되고 앞선 전류가 흘러 이것이 자화작용에 의해서 더욱 전압을 유도하여 단자전압이 상승되어 전압이 어떤 값까지 확립(buid up)되는 이른바 **자기여자 현상**(self-excitation)이 일어난다.

무부하의 장거리 송전선로의 송전단에 발전기를 송전단 및 수전단에 변압기를 접속했을 경우의 1상의 간이 등가회로는 그림 5.37과 같이 나타낼 수 있다. 다만, 송전선 회로를 집중 정수회로로 하여 선로 및 변압기의 손실을 무시한 것이다.

C : 송전선로의 대지 정전용량 X : 변압기의 여자 리액턴스

x =(발전기의 동기리액턴스 x_s) + (변압기의 전체 누설리액턴스 x_l)

+ (전송선로의 유도 리액턴스)

그림 5.38(a)는 전압과 전류의 벡터도를, 그림 (b)는 그 크기의 관계를 나타낸 곡선이다. 곡선 Oab는 변압기의 여자전류 I_0와 부하 단자전압 V와의 관계, 즉 변압기의 무부하 포화곡선, 직선 Oac는 충전전류 I_c와 V와의 관계($V = I_c / \omega C$)이다. 두 곡선으로부터 발전기전류 $I = I_c \times I_0$와 V와의 관계곡선 Ode가 구해진다. $V < \overline{\mathrm{Od}}$의 범위에서 I는 진상, $V > \overline{\mathrm{Od}}$의 범위에서는 지상이다.

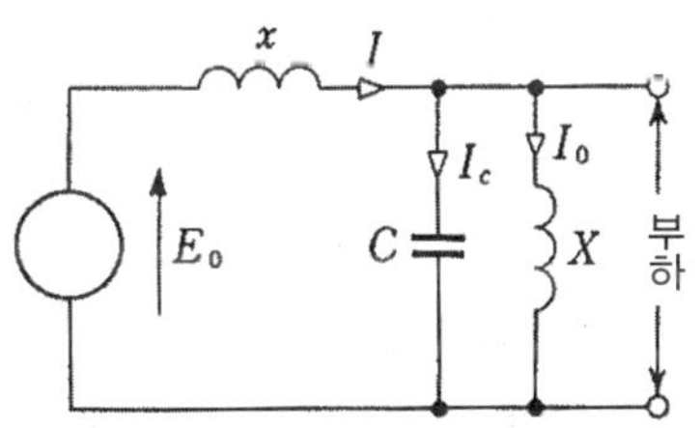

그림 5.37 무부하 송전선로의 등가회로

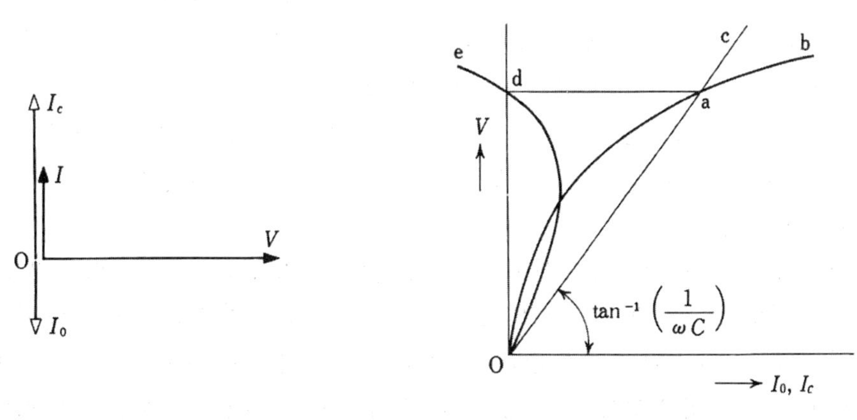

(a) (b)

그림 5.38 무부하 송전선로의 충전 특성

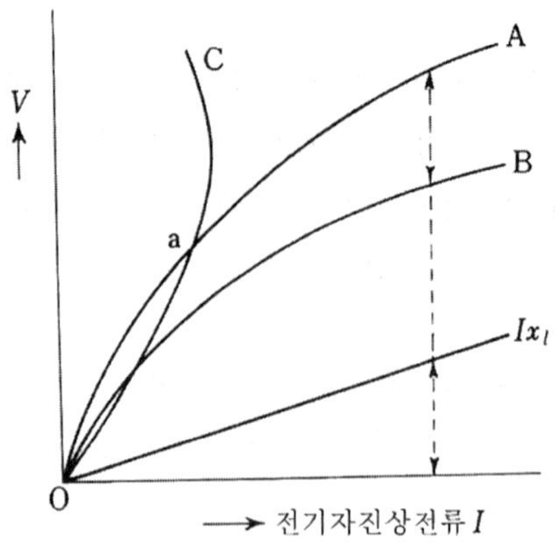

그림 5.39 진상 부하에 대한 발전기의 충전특성곡선

전자의 경우, 앞선 전류 I는 여자전류를 주지 않아도 자화작용에 의해 전기자에 전압을 유도해 유도전압과 전류의 관계곡선은 자기포화 때문에 그림 5.39의 곡선 B와 같이 된다. 이것에 전기자 누설리액턴스 강하 Ix_l을 더한 곡선 A가 발전기의 단자전압 V이다. 곡선 A와 같이 전기자에 영역률 앞선 전류가 흐를 때의 포화 곡선을 **충전특성곡선**이라고 한다. 회로의 전압 전류 곡선 C가 A와 그림과 같이 점 a와 만나고 있다고 하면, 잔류자속에 의한 작은 유도기전력에 의해 앞선 전류가 흘러 유도 전압이 증가한다. 이 값이 충전 전압보다 크면 전류는 더욱 더 증가하여, 두 곡선의 교점 a에 상당하는 값까지 전압이 상승하게 된다. 이러한 자기여자 현상이 일어나면 직류 여자전류의 조정에 의해서 발전기 전압을 원하는 값으로 유지하지 못하고, 이것이 높아지는 경우에는 기기의 절연을 위협하게 되므로, 안정하게 무부하 충전을 할 수 있도록, 즉 곡선 A와 C가 교차하지 않게 발전기와 송전선 회로를 설계해야 한다.

2. 충전특성곡선의 작도법 전기자 앞선 전류에 의한 발전기 1상의 유도전압, 단자전압 등은 다음과 같이 발전기의 무부하 포화곡선과 단락곡선으로부터 도식적으로 구할 수 있다.

그림 5.40의 제1상한에 대하여 OM은 무부하 포화곡선, OS는 단락곡선, 또 제2상한에 대하여 종축에 전기자 앞선 전류 I를 취해 Ix_l의 곡선 OC를 그린다. 어느 전기자전류 I에 의한 누설리액턴스 강하 Ix_l에 동일한 무부하 유도기전력을 일으킨다. 계자전류 I_{fx}를 점 a로부터 출발하여 구한다. 여기서 단락곡선 OS로부터 I에 대한 포이셔 삼각형 b'bd를 작성하여 전기자 반작용 기자력에 대응하는 계자전류 $I_{fa} = I_{f2} - I_{fx}$를 구해 이것에 해당하는 유도기전력을 무부하 포화곡선 OM으로부터 구한다.

이 값을 왼쪽으로 옮기면 앞선 전류 I의 전기자 반작용에 의해서 유도되는 전압(점k)을 얻을 수 있어 이것에 Ix_l을 더하면, 단자전압(점1)을 얻을 수 있다. 이와 같이 곡선 OB, OA가 구해진다.

여자전류 I_{f3}에 의해서 최초 전압 Om이 유도되고 있을 때는 곡선 OB를 점 m까지 수평으로 이동해 얻을 수 있던 곡선 mE에 Ix_l를 더해 단자전압의 곡선 mD를 얻을 수 있다.

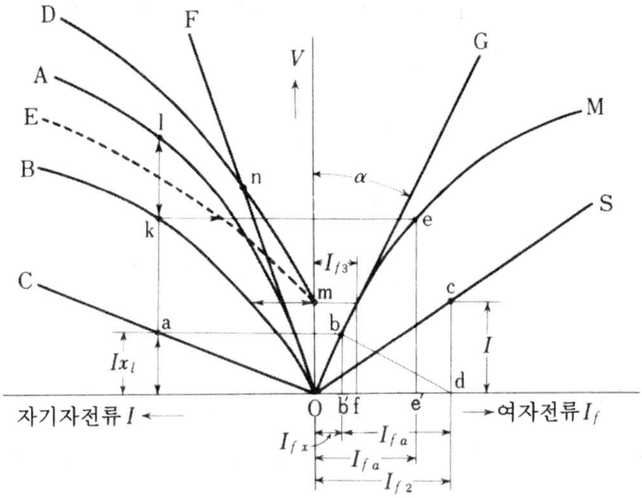

그림 5.40 충전특성곡선의 작도법

회로의 충전 특성 곡선이 OF와 같을 때에는, 여자되지 않는 경우에는 OF와 OA와는 교차하지 않기 때문에 자기 여자 현상은 일어나지 않는다. 그러나 I_{f3}으로 여자하면 곡선 mD와 OF와의 교점 n에 해당하는 전압까지 단자전압이 상승한다. 여자전류 I_{f3}을 조정하면 곡선 mD, 따라서 점 n은 이것에 따라 바뀌므로 단자전압을 임의로 조정할 수 있다.

3. 평형 진상부하에 있어서의 안정운전 조건 위에서 설명한 바와 같이 장거리 송전선로를 충전하는 경우와 같이 발전기가 영역률의 평형 진상부하를 취하는 경우, 발전기가 자기여자에 의해서 과전압이 발생하지 않도록 안정운전하기 위해서 필요한 조건을 구해보자.

단위법으로 나타낸 전압, 전기자전류, 여자전류를 각각 u, i, i_f라고 하면 그림 5.40에 대하여

$$\text{무부하 포화곡선 OM: } u = f(i_f) \tag{5.14}$$

$$\text{단락곡선 OS: } i = Ki_f, \quad K=\text{단락비} \tag{5.15}$$

$$\text{전기자의 누설리액턴스 강하: } u_x = \frac{Ix_l}{V_n} = \frac{I_n x_l}{V_n}\frac{I}{I_n} = qi \tag{5.16}$$

여기서, q는 단위법으로 나타낸 리액턴스이다.

곡선 OC상에 있고, 전기자전류 i에 해당하는 u_x를 구해 이 전압에 해당하는 여자전류 i_{fx}를 구한다. 한편, 단락전류 i에 대한 여자전류 i_{f2}를 구하면, $i_{f2}-i_{fx}$는 전기자 반작용에 상당하는 여자전류가 된다.

무부하 포화곡선의 갭선과 세로축과 이루는 교점을 α로 하면 i_{fx}는 $i_{fx} = qi\tan\alpha$로 놓을 수 있다.

식 (5.15) $i_f = i/K$로부터

$$i_{fa} = i_{f2} - i_{fx} = \frac{i}{K} - qi\tan\alpha$$

OM상의 e에 대한 전압은 전기자 반작용으로 유도되는 전압이기 때문에 곡선 OB, OA를 나타내는 식은 각각 다음 식이 된다.

$$u = f(i_{fa}) = f\left(\frac{i}{K} - qi\tan\alpha\right)$$

$$u = f\left(\frac{i}{K} - qi\tan\alpha\right) + qi$$

i의 작은 부분에서 곡선 A는 직선이라고 볼 수 있기 때문에

$$u = \frac{1}{\tan\alpha}\left(\frac{i}{K} - qi\tan\alpha\right) + qi = \frac{i}{K}\cot\alpha \tag{5.17}$$

이것은 무부하 포화곡선 OM의 O에서의 접속, 즉 갭선을 나타내는 식이다.

다음으로 부하의 충전전류 I_c의 식을 변압기의 영향을 무시하여 구하면

$$I_c = K_c V,\ \ K_c = \omega C$$

$$i_c = \frac{I_c}{I_n} = K_c \frac{V_n}{I_n} u \tag{5.18}$$

따라서

$$u = \frac{I_n}{K_c V_n} i_c \tag{5.19}$$

식 (5.17)과 (5.19)로부터

$$\frac{1}{K\tan\alpha} < \frac{I_n}{K_c V_n} \tag{5.20}$$

이라면, 부하의 충전특성곡선은 발전기의 그것과 교차 않기 때문에 안정하다.

전압 V'에 대한 충전 전력 $Q' = 3V'^2 K_c$를 식 (5.20)에 대입해

$$K\tan\alpha > \frac{V_n Q'}{3V'^2 I_n} = Q'\frac{1}{3V_n I_n}\left(\frac{V_n}{V'}\right)^2$$

$$\therefore Q > \frac{Q'}{K\tan\alpha}\left(\frac{V_n}{V'}\right)^2 \qquad Q = 3V_n I_n = \text{정격출력} \tag{5.21}$$

$V' = V_n$이라면

$$Q > \frac{Q'}{K\tan\alpha} \tag{5.22}$$

$u = 1$ 때의 포화계수를 σ로 하면 그림 5.41보다 $1 + \sigma = 1/\tan\alpha$ 이기 때문에 식 (5.21)은 다음과 같게 된다.

$$Q > \frac{Q'}{K}\left(\frac{V_n}{V'}\right)^2 (1 + \sigma) \tag{5.23}$$

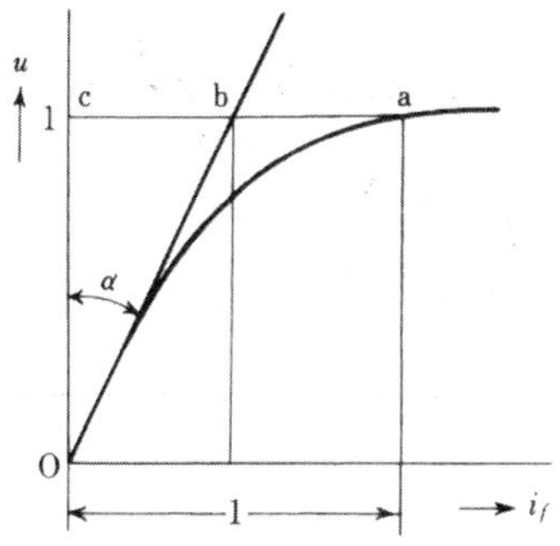

$$1+\sigma=\frac{\overline{ac}}{\overline{bc}}=\frac{1}{\tan\alpha}$$

그림 5.41 포화 계수와 공극선 경사각의 관계

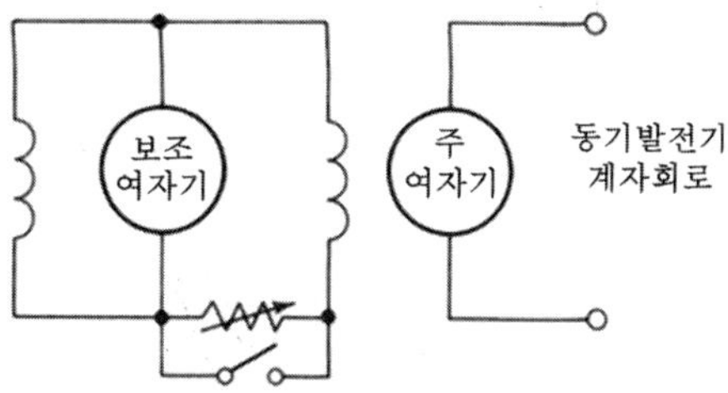

그림 5.42 여자기의 접속

즉, 포화도가 클수록, 단락비가 작을수록, 동일 충전 용량에 대해서 기계의 소요 용량(kVA)이 커진다. 단락비 $K=1$, 무포화에서 $\sigma=0$의 경우에는 $Q>Q'$이 된다.

5.6.6 여자기와 자동전압조정기

동기기의 여자기로서는 보통 분권 직류발전기를 이용해 그 계자를 조정하고 전기자전압, 동기기의 계자전류를 조정한다. 대용량의 동기발전기에서는 여자기를 그림 5.42와 같이 2단으로 하고 **부여자기**(subexciter)(분권식)로 **주여자기**(main exciter)(타여식)를 여자하도록 한 방식이 이용된다.

동기발전기의 부하전류 및 역률의 변동을 수반하고 그 단자전압을 항상 일정하게 유지하려면 **자동전압조정기**(automatic voltage regulator)를 사용한다. 이것에는 발전기 전압의 변동을 검출해 분권식 여자기의 계사서항을 게전기 접점에서 주기적으로 단락하는 **티릴조정기**(Tirrill regulator)와 같은 **진동형**(vibrating type)과 토크 전동기를 이용한 진동형 접점이라고 하는 전동조작저항기를 조합한 **저항기형**(rheostatic type)이 있다.

최근에는 조정회로에 반도체 회로 등을 이용해 가능한 한 기계적, 전자적 지연이 없게 한 방식이 많이 이용되고 있다.

여자기로서 직류기 대신에 교류발전기를 이용해 반도체 정류회로로 정류한 직류를 이용하는 방식도 있다. 주동기발전기의 전압을 이용하면, 직류 전원을 필요로 하지 않는 **자여식 교류발전기**(self-excited alternator)가 된다.

5.7 동기기의 출력특성

5.7.1 V곡선

1. 비돌극기의 경우 그림 5.43의 벡터도로부터 다음의 관계가 성립된다. **발전기의 경우**에는 그림 (a)로부터

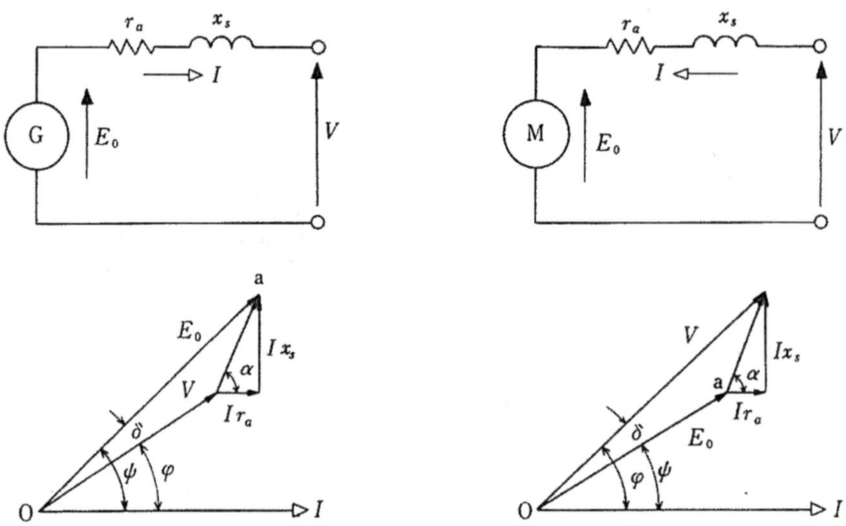

(a) 발전기　　　　　　　　　　(b) 동기기

그림 5.43 동기기의 벡터도

$$V^2 = (E_0 - Ir_a \cos\psi - Ix_s \sin\psi)^2 + (Ix_s \cos\psi - Ir_a \sin\psi)^2$$

$\cos\psi = E_0$와 I가 이루는 사이각의 코사인 (5.24)

전동기의 경우에는 그림 (b)로부터

$$V^2 = (E_0 + Ir_a \cos\varphi + Ix_s \sin\varphi)^2 + (Ix_s \cos\varphi - Ir_a \sin\varphi)^2 \quad (5.25)$$

식 (5.24), (5.25)를 하나로 정리하여 나타내면

$$V^2 = E_0^2 + I^2 Z_s^2 \pm 2E_0 I(r_a \cos\varphi + Ir_a \sin\varphi) \quad (5.26)$$

여기서, $Z_s^2 = r_a^2 + x_s^2$, $+$는 전동기, $-$는 발전기

전력으로부터 동력으로 전환되는 power는 1상당 충분하여 $P_2 = E_0 I \cos\psi$이며

$$\cos\psi = P_2/E_0 I, \quad \sin\psi = \sqrt{1-(P_2/E_0 I)^2}$$

이것을 식 (5.26)에 대입하면

$$V^2 = E_0^2 + I^2 Z_s^2 \pm 2r_a P_2 \pm 2x_s \sqrt{(E_0 I)^2 - P_2^2} \quad (5.27)$$

이것을 다음과 같게 변형한다.

$$(V^2 \mp 2r_a P_2) - (E_0^2 + I^2 Z_s^2) = \pm 2x_s \sqrt{E_0^2 I^2 - P_2^2}$$

또한, $E_0^2 + I^2 Z_s^2 = a$, $E_0^2 - I^2 Z_s^2 = b$, $V^2 \mp 2r_a P_2 = u$를 위 식에 대입하면,

$$u - a = \pm 2x_s \sqrt{\frac{a^2 - b^2}{4Z_s^2} - P_2^2}$$

양변을 제곱하면

$$(u-a)^2 = 4x_s^2\left(\frac{a^2-b^2}{4Z_s^2} - P_2^2\right) = \frac{x_s^2a^2 - x_s^2b^2 - 4Z_s^2x_s^2P_2^2}{Z_s^2}$$

$$Z_s^2(u-a)^2 - (Z_s^2 - r_a^2)a^2 + x_s^2b^2 = -4Z_s^2x_s^2P_2^2$$

$r_a^2 = Z_s^2 - x_s^2$이므로

$$Z_s^4u^2 - 2Z_s^2ur_a^2a + r_a^4a^2 + x_s^2r_a^2b^2 = Z_s^2x_s^2(u^2 - 4r_a^2P_2^2)$$

$$(r_a^2a - Z_s^2u)^2 + x_s^2r_a^2b^2 = Z_s^2x_s^2(u^2 - 4r_a^2P_2^2)$$

여기에 앞에서의 a, b, u를 대입하면 다음의 식을 얻는다.

$$\left[r_a^2(E_0^2 + I^2Z_s^2) - Z_s^2(V^2 \mp 2r_aP_2)\right]^2 + \left[r_ax_s(E_0^2 - I^2Z_s^2)\right]^2$$

$$= Z_s^2x_s^2V^2(V^2 \mp 4r_aP_2) \tag{5.28}$$

여기서, $\sin^2\beta + \cos^2\beta = 1$이 되는 β를 파라미터로서 다음과 같이 나타내 보면

$$r_a^2(E_0^2 + I^2Z_s^2) - Z_s^2(V^2 \mp 2r_aP_2) = Z_sx_sV\sqrt{V^2 \mp 4r_aP_2}\cos\beta$$

$$r_a(E_0^2 - I^2Z_s^2) = Z_sV\sqrt{V^2 \mp 4r_aP_2}\sin\beta$$

이로부터

$$E_0 = \frac{VZ_s}{r_a}\sqrt{\frac{1}{2}\left[\left(1 \mp \frac{2r_aP_2}{V^2}\right) + \left(\frac{x_s}{Z_s}\cos\beta + \frac{r_a}{Z_s}\sin\beta\right)\sqrt{1 \mp \frac{4r_uP_2}{V_2}}\right]}$$

$$I = \frac{V}{r_a}\sqrt{\frac{1}{2}\left[\left(1 \mp \frac{2r_aP_2^2}{V^2}\right) + \left(\frac{x_s}{Z_s}\cos\beta - \frac{r_a}{Z_s}\sin\beta\right)\sqrt{1 \mp \frac{4r_aP_2}{V^2}}\right]} \tag{5.29}$$

P_2의 일정치에 대해 β를 파라미터로 E_0, I를 계산하여 도시하면 그림 5.44와 같은 곡선이 된다. 후술과 같이 점선 ab보다 위의 영역은 불안정 영역이 된다. 안정 영역에서는 $E_0 - I$ 곡선이 V형이 된다. 후술과 같이 I가 최소 일 때 역률=1, 곡선의 위 부분은 앞선역률(발전기에서는 뒤진역률), 왼쪽 부분은 뒤진역률(발전기에서는 앞선역률)이 된다.

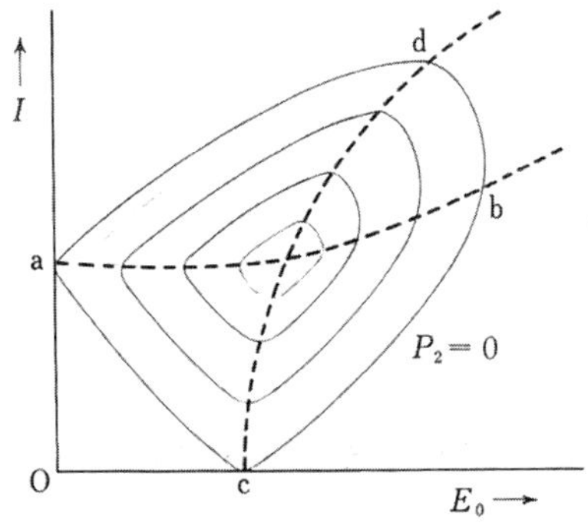

그림 5.44 동기기의 V곡선 ($E_0 - I$ 곡선)

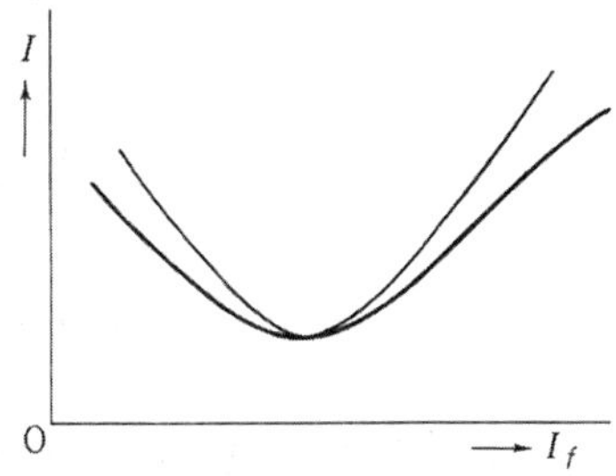

그림 5.45 V곡선 ($I_f - I$ 곡선)

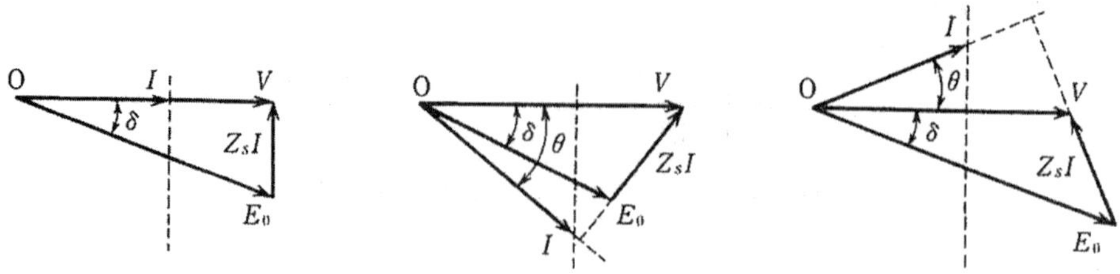

그림 5.46 동기전동기의 벡터도

포화가 없으면 횡축의 척도를 여자전류 I_f로 바꾸면 $E_0 - I$곡선과 같은 형태가 되지만, 포화가 있기 때문에 그림 5.45의 굵은 선으로 나타낸 것 같은 형태가 된다. 이와 같이 동기전동기를 일정 전압 및 일정 주파수로 운전하여 무부하 또는 일정 출력 하에서 여자전류를 증감했을 경우, 여자전류 I_f와 전기자전류 I와의 관계를 나타낸 곡선을 **V곡선**(V curve)이라 한다.

이 V곡선을 동기전동기에 예를 들어 벡터도로부터의 설명을 덧붙이자. 부하가 걸리면 회전자는 부하각 δ만큼 늦어 V와 E_0와의 사이에는 δ의 위상각이 그림 5.46과 같은 관계가 된다. 또한, Z_s에서 r_a는 작기 때문에, $Z_s = x_s$로 I와 Z_sI는 서로 수직관계에 있다고 생각해도 좋다. 같은 그림 (b)는 V와 I가 동상으로 역률 1로 운전하고 있는 경우이다. 부하 P_2는 후술의 식 (5.35)에서 나타내고 있듯이 $P_2 = (3VE_0/x_s) \times \sin\delta$ 로 나타내지므로 부하를 일정하게 한 채로 I_f를 감소시키면 E_0가 작아져 $\sin\delta$, 즉 δ가 증가해 벡터도는 그림 (b)와 같이 된다. I도 커져, 지연역률이 된다. I_f를 증가시키면 E_0는 커지므로 δ는 감소하여 벡터도는 그림 (c)와 같이 된다. 이 경우 I는 커져 앞선역률이 된다. 부하는 일정하므로 부하전류 I의 유효성분 $I\cos\theta$ (θ는 역률각)는 일정하다. 이러한 관계로부터 그림 5.46의 관계를 얻을 수 있다. 부하가 증가하면 상대적으로 I가 증가하는 경향에 있으므로 V곡선은 위쪽으로 이동하는 관계는 후술의 그림 5.56에 나타내고 있다.

2. 최대 출력 식 (5.29)에 대하여 근호 안의 제2항의 값이 0이 되는 경우가 출력 P_2가 최대인 때이다.

$$P_{2m} = \frac{V^2}{4r_a}$$

$$E_0 = \frac{Z_s}{2r_a}V, \quad I = \frac{V}{2r_a}$$

$$\cos\psi = \frac{P_{2m}}{E_0 I} = \frac{r_a}{Z_s} = \cos\alpha$$

따라서 전동기의 벡터도는 그림 5.47과 같이 되어, E_0와 I가 이루는 사이각의 코사인 $\cos\psi$는 1이 된다.

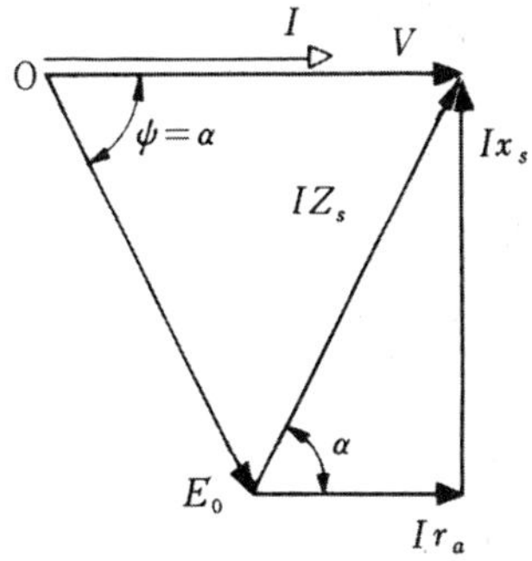

그림 5.47 최대출력 시 벡터도

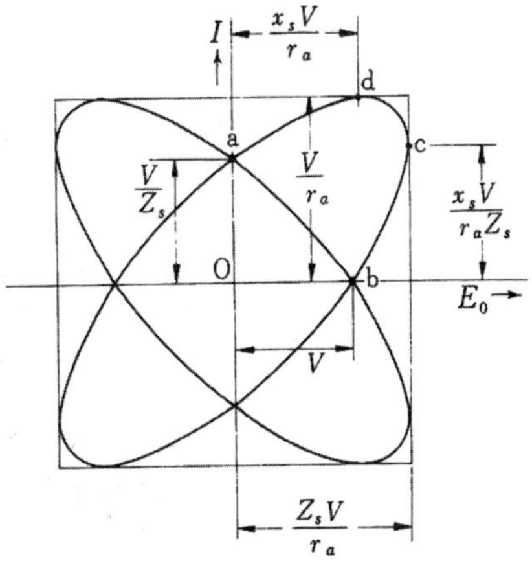

그림 5.48 무부하 시 V곡선

3. 무부하의 경우 $P_2 = 0$으로부터 식 (5.27)은

$$E_0^2 + I^2 Z_s^2 - V^2 \pm 2 I x_s E_0 = 0 \tag{5.30}$$

식 (5.30)은 E_0, I에 관계되어 타원의 식이 된다(그림 5.48).

그림에서 점 a는 $E_0 = 0$로서 $I = V/Z_s$,

점 b는 $I = 0$으로 $E_0 = V$,

점 c는 $\dfrac{\partial E_0}{\partial I} = 0$으로 $I = \dfrac{x_s V}{r_a Z_s}$, $E_0 = \pm \dfrac{Z_s}{r_a} V$

점 d는 $\dfrac{\partial I}{\partial E_0} = 0$으로 $I = \dfrac{V}{r_a}$, $E_0 = \pm \dfrac{x_s}{r_a} V$

4. 역률 $\cos\psi = 1$의 점의 궤적 역률 1의 벡터도는 그림 5.47과 같이 되므로 다음의 관계식이 성립된다.

$$E_0^2 = V^2 + I^2 Z_s^2 - 2VIZ_s \cos\alpha = V^2 + I^2 Z_s^2 - 2VIr_a \tag{5.31}$$

식 (5.31)은 쌍곡선(그림 5.49)이 되어, V곡선에 대해 I최소의 점을 통과한다.

보통 $r_a \ll x_s$이므로 $r_a = 0$으로 하면,

$$E_0^2 - I^2 x_s^2 = V^2$$

이 되어

$$\frac{E_0^2}{V^2} - \frac{I^2}{(V/x_s)^2} = 1$$

이 점근선은

$$\frac{E_0}{V} \pm \frac{I}{V/x_s} = 0$$

그리고 원점 O를 통과하는 경사각은 $\gamma = \tan^{-1}[(V/x_s)/V] = \tan^{-1}(1/x_s)$이다.

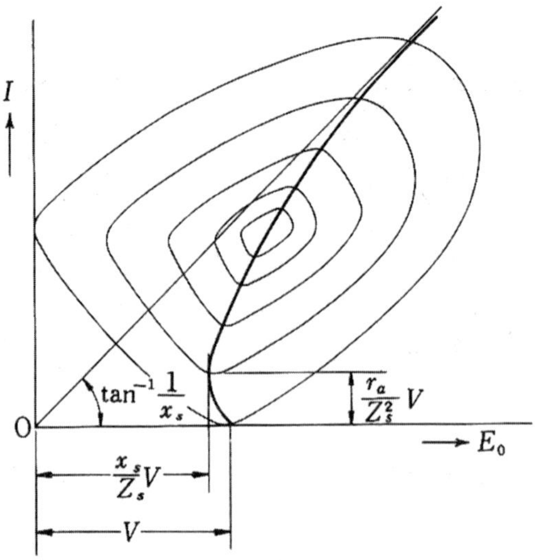

그림 5.49 역률 1의 점의 궤적

5.7.2 변환전력과 부하각의 관계

1. 비돌극기

a. 전동기의 경우 전동기의 등가회로와 벡터도(그림 5.43(b))로부터 3상 동기전동기의 전기적 입력 P_i는

$$P_i = 3VI\cos\varphi \text{ [V]}, \quad \text{역률} = \cos\varphi$$

철손, 기계손을 무시하면 전력으로부터 동력으로 변환되는 출력 P_2는 P_1으로부터 전기자권선의 동손을 뺀 것이며

$$P_2 = 3(VI\cos\varphi - I^2 r_a) = 3E_0 I\cos\psi \text{ [W]}$$

여기에서 δ=내부 상차각(부하각)으로 $\psi = \varphi - \delta$

전압의 벡터를 Oa의 방향과 이것에 수직의 방향에 투영하면, 다음의 관계식이 얻어진다.

$$\begin{aligned} Ir_a\cos\psi + Ix_s\sin\psi &= V\cos\delta - E_0 \\ Ix_s\cos\psi - Ir_a\sin\psi &= V\sin\delta \end{aligned} \tag{5.33}$$

이 두 식으로부터

$$I\cos\psi = \frac{r_a(V\cos\delta - E_0) + Vx_s\sin\delta}{Z_s^2}, \; Z_s = \sqrt{r_a^2 + x_s^2}$$

식 (5.32)에 대입해

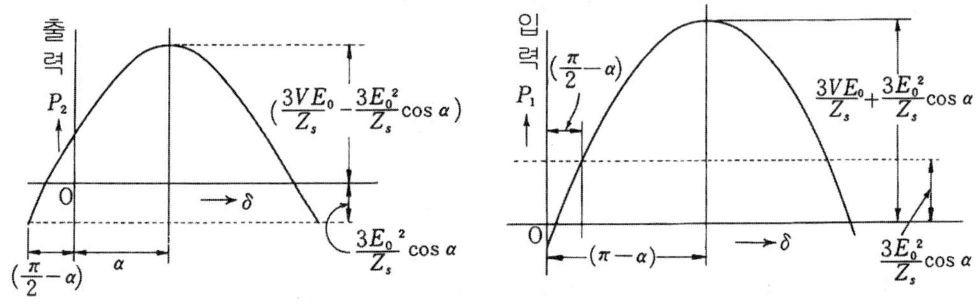

(a) 전동기 (b) 발전기

그림 5.50 비돌극형 동기기의 전력과 내부 상차각과의 관계

$$\begin{aligned} P_2 &= 3\frac{VE_0}{Z_s}\left(\frac{x_s}{Z_s}\sin\delta+\frac{r_a}{Z_s}\cos\delta-\frac{E_0}{V}\frac{r_a}{Z_s}\right) \\ &= 3\frac{VE_0}{Z_s}\left(\cos(\alpha-\delta)-\frac{E_0}{V}\cos\alpha\right),\quad \alpha=\tan^{-1}\frac{x_s}{r_a} \end{aligned} \tag{5.34}$$

δ를 횡축으로서 P_2를 그림에 나타내면 그림 5.50(a)와 같이 된다. $r_a \fallingdotseq 0$이라고 하면 $\alpha=\pi/2$, $Z_s=x_s$로

$$P_2=\frac{3VE_0\sin\delta}{x_s}\ [\mathrm{W}] \tag{5.35}$$

$\delta=\pi/2$일 때 P_2는 최대가 되고 최대치 P_{2m}은 다음과 같이 된다.

$$P_{2m}=\frac{3VE_0}{x_s}\ [\mathrm{W}] \tag{5.36}$$

최대 부하 P_{2m} 때의 토크를 **탈출 토크**(pull-out torque)라고 한다.

b. 발전기의 경우　발전기의 등가회로와 벡터도(그림 5.43(a))로부터

$$\dot{E}_0-\dot{V}=\dot{I}\dot{Z}_s,\quad \dot{I}=\frac{\dot{E}_0-\dot{V}}{\dot{Z}_s}$$

지금 $\dot{E}_0=E_0$, $\dot{V}=Ve^{-j\delta}$로 하면

$$\dot{I}=\frac{1}{Z_s^2}[r_a(E_0-V\cos\delta)+x_sV\sin\delta]+j\frac{1}{Z_s^2}[r_aV\sin\delta-x_s(E_0-V\cos\delta)]$$

입력, 즉 전환 전력 P_1은 $3\dot{E}_0\dot{I}$의 유효분을 구하면

$$\begin{aligned} P_1 &= \frac{3E_0}{Z_s^2}[r_a(E_0-V\cos\delta)+x_sV\sin\delta] \\ &= \frac{3VE_0}{Z_s}\left[\frac{E_0}{V}\cos\alpha-\cos(\alpha+\delta)\right]\ [\mathrm{W}] \end{aligned} \tag{5.37}$$

이를 그림으로 나타내면 그림 5.50(b)와 같이 된다.

$r_a \fallingdotseq 0$으로 하면

$$P_1 = P_2 = \frac{3VE_0}{x_s}\sin\delta\,[\mathrm{W}]$$
$$P_{2m} = \frac{3VE_0}{x_s}, \quad \delta = \pi/2 \qquad (5.38)$$

2. 돌극기 전기자저항 r_a를 무시하면, 전동기의 경우의 벡터도는 그림 5.51(a)와 같이 되어 전동기의 입력은 역률을 $\cos\varphi$로 하면

$$P_1 = 3VI\cos\varphi = 3VI\cos(\psi + \delta) \qquad (5.39)$$

하지만

$$\left.\begin{aligned} V\cos\delta &= E_0 + Ix_d\sin\psi \\ V\sin\delta &= Ix_q\cos\psi \end{aligned}\right\} \qquad (5.40)$$

$$\therefore\ I\cos\psi = V\sin\delta/x_q, \quad I\sin\psi = (V\cos\delta - E_0)/x_d$$

식 (5.39)에 대입하여

$$\begin{aligned} P_1 &= 3VI(\cos\psi\cos\delta - \sin\psi\sin\delta) \\ &= \frac{3V^2}{2}\left(\frac{1}{x_q} - \frac{1}{x_d}\right)\sin 2\delta + \frac{3VE_0}{x_d}\sin\delta \end{aligned} \qquad (5.41)$$

이것을 그림에 나타내면 그림 5.52의 곡선 C와 같이 되어, 일반적으로 δ가 60~70° 전후 때 P_1이 최대가 된다. 비돌극기에서는 $x_d = x_q = x_s$이기 때문에, $P_1 = (3VE_0/x_s)\sin\delta$가 된다.

발전기의 경우 벡터도는 그림 5.51(b)와 같은 모양이 되어 출력 P_2와 δ와의 관계식으로 얻을 수 있다.

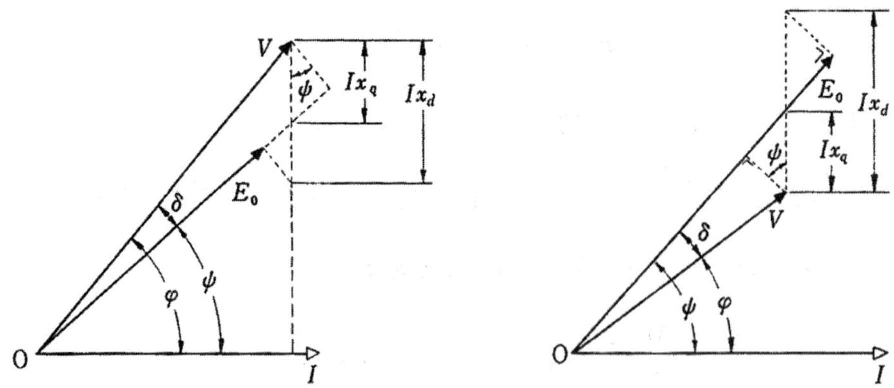

(a) 전동기 (b) 발전기

그림 5.51 돌극형 동기기의 벡터도

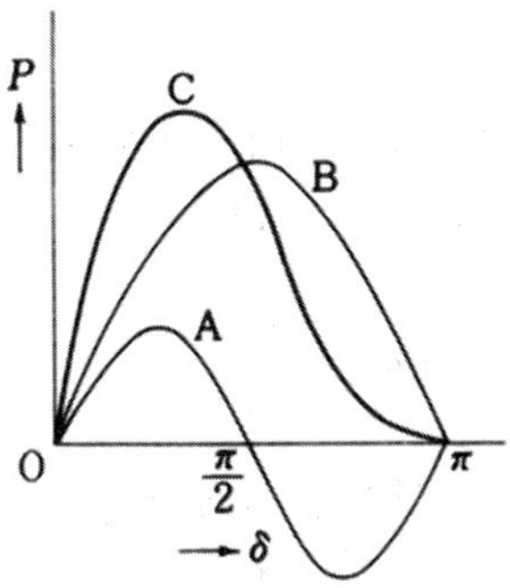

그림 5.52 돌극형 동기기의 전력 상차각 곡선

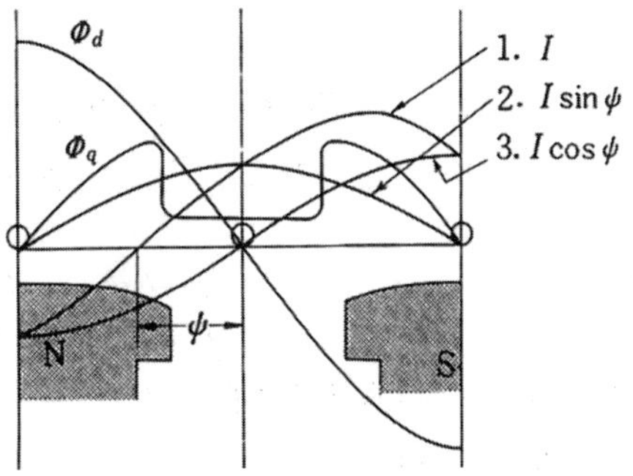

그림 5.53 반작용 전동기의 전기자 반작용

계자의 여자전류가 0일 때는 $E_0 = 0$이므로

$$P_1 = \frac{3V^2}{2}\left(\frac{1}{x_q} - \frac{1}{x_d}\right)\sin 2\delta \tag{5.42}$$

그리고 그림 5.52의 곡선 A와 같이 45° 부근에서 최댓값이 되어

$$P_{1m} = \frac{3V^2}{2}\left(\frac{1}{x_q} - \frac{1}{x_d}\right)$$

즉, 돌극기에서는 여자를 주지 않아도 동기 토크를 일으킨다. 이러한 전동기를 **반작용 전동기**(reaction machine)라고 하여 단상기는 전기시계, 레코드용 전동기(phonomotor)와 같은 소형 전동기에 이용된다.

반작용 전동기가 토크를 일으키는 것은 다음과 같이 설명할 수 있다. 그림 5.53에서 전기자전류 I에 의한 전류 분포 1을 $I\cos\psi$, $I\sin\psi$에 의한 분포 2, 3으로 나누어 생각하면 직축분 $I\sin\psi$에 의한 자속 분포 Φ_d를, 횡축분 $I\cos\psi$에 의해서 자속 분포 Φ_q를 일으킨다.

Φ_q와 $I\sin\psi$에 의한 전류 분포는 2로 회전자에 $\Phi_q I\sin\psi$에 비례한 토크 T_l이 왼쪽 방향으로 생기고 Φ_d와 $I\cos\psi$에 의한 전류 분포는 3으로 $\Phi_d I\cos\psi$에 비례한 토크 T_r이 오른쪽 방향으로 생긴다.

$$\Phi_d = K_d I\sin\psi,\quad \Phi_q = K_q I\cos\psi$$

으로부터

$$T_l = K_q I^2 \sin\psi\cos\psi,\quad T_r = K_d I^2 \sin\psi\cos\psi$$

가 되어 비돌극기에서는 공극의 자기저항이 일정하고 $K_d = K_q$와 $T_r = T_l$으로부터 합성 토크는 0이 된다. 돌극기에서는 자극편 아래에서 자기저항이 작고 $K_q < K_d$이므로 $T_r > T_l$으로부터 합성토크 $(T_r - T_l)$가 오른쪽 방향으로 생긴다. 이와 같이 돌극형 동기기에서 직류 여자 없이 돌극과 전기자전류에 의해서 발생하는 토크를 **반작용 토크**라고 한다.

단상의 돌극형 동기전동기와 같이 동기속도로 회전한다.

5.7.3 원선도

비돌극형 동기전동기에서 단자전압 V와 부하를 일정하게 유지해 여자전류를 바꾸면, 전기자 전류 I의 벡터 궤적이 원이 된다. 무부하 유도기전력을 E_0로 하면

$$\dot{V}=\dot{E}_0+\dot{I}\dot{Z}_s, \quad \dot{Z}_s=r_a+\mathrm{j}x_s, \quad \tan\alpha=\frac{x_s}{r_a}$$

이기 때문에 그림 5.54에서 OO'$=V$, OI$=I$, ∠O'OI$=\varphi$(역률각), Ob$=IZ_s$, ∠bOI$=\alpha$로 하면 bO'$=E_0$가 된다.

이제 OO'을 밑변으로서 이등변 삼각형 mOO'을 그려 ∠mOO'=∠mO'O$=\alpha$로 하여 m'O를 y좌표축, 이것에 수직인 O'x를 x좌표축으로 하여 점 b의 좌표를 구하면

$$\left.\begin{aligned} x &= E_0\sin(\alpha-\delta) \\ y &= E_0\cos(\alpha-\delta) \end{aligned}\right\}$$

$$\therefore\ x^2+y^2=E_0^2$$

$$\left.\begin{aligned} &\text{출력 } P_2=\frac{3VE_0}{Z_s}\left[\cos(\alpha-\delta)-\frac{E_0}{V}\cos\alpha\right]=\frac{3V}{Z_s}y-\frac{3r_a}{Z_s^2}(x^2+y^2) \\ &x^2+\left(y-\frac{Z_sV}{2r_a}\right)^2=\frac{Z_s^2}{r_a^2}\left(\frac{V^2}{4}-\frac{P_2r_a}{3}\right)=R^2 \end{aligned}\right\} \quad (5.43)$$

단, $R=\dfrac{Z_s}{r_a}\sqrt{\dfrac{V^2}{4}-\dfrac{P_2r_a}{3}}$

식 (5.43)은 좌표 $x=0$, $y=\dfrac{Z_sV}{2r_a}=\dfrac{V}{2\cos\alpha}$에 중심을 갖고, R을 반경으로 하는 원의 방정식이다. $V/(2\cos\alpha)$=O'm 이므로 m이 원의 중심이다(그림 5.54).

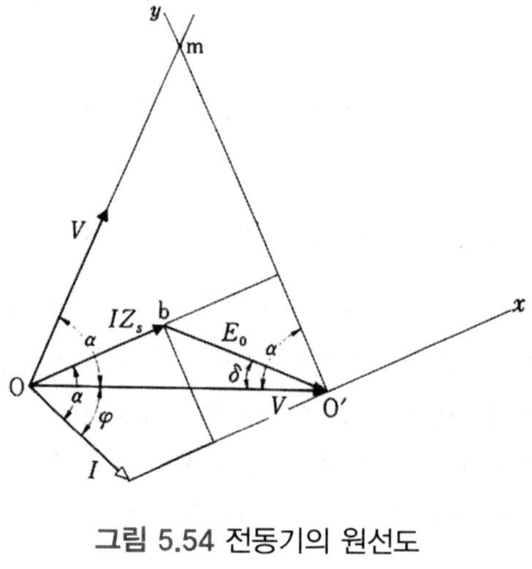

그림 5.54 전동기의 원선도

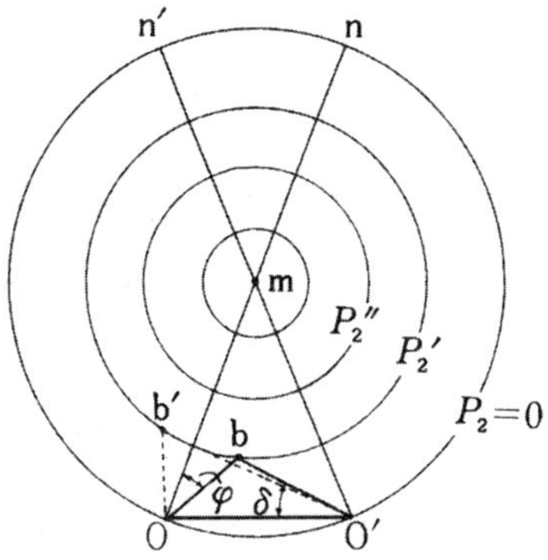

그림 5.55 원선도

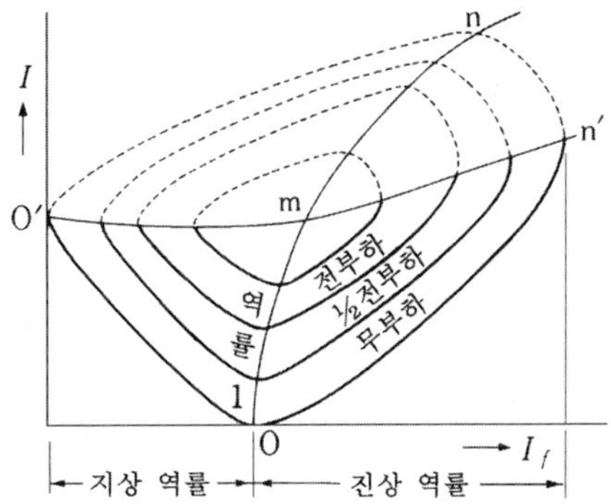

그림 5.56 V곡선

$Ob/Z_s = I$, $\angle$ mOb=φ이므로 V의 위상각 Om에 일치시키면 Ob은 전류 I의 벡터를 나타내게 되어, 그 궤적은 원이 된다(그림 5.55).

$P_2 = 0$ 무부하에서는 $R = \dfrac{Z_s}{r_a}\dfrac{V}{2} = \overline{\mathrm{Om}}$이 되고 $P_2 = 0$의 궤적은 O, O'을 통과하는 원이다. P_2가 커지는 것에 따라 반경 R은 작아진다. 근호의 중간의 값이 0이 될 때, $R = 0$으로 최대 출력이 된다. 이때의 최대치는

$$P_{2m} = \frac{3V^2}{4r_a} \tag{5.44}$$

어느 일정 출력 P_2에 대해, 점 b가 Om의 오른쪽에 있는 경우는 $\phi > 0$으로 뒤진역률, 왼쪽에 있을 때는 $\phi < 0$으로 앞선역률, b점이 Om상에 있을 때는 $\phi = 0$으로 역률은 1이 되어 전기자전류 I는 최소이다. 점 b가 O'm위에 있을 때는 E_0, 즉 여자전류가 최소가 된다.

또, P_2일정 영역의 경우 O'm보다 오른쪽 부분에서는 $\delta > \alpha$가 되어

$$\frac{dP_2}{d\delta} = \frac{3VE_0}{Z_s}\sin(\alpha - \delta) < 0 \tag{5.45}$$

이제 일정출력 P_2로 두고 여자전류 I_f, 즉 E_0를 바꾸었을 경우의 전기자전류 I를 원선도에 나타내면 그림 5.56과 같은 곡선이 된다. E_0, 즉 I_f가 작은 경우는 뒤진역률로 I가 크지만 I_f의 증가와 함께 역률이 양호하게 되어 I는 점차 감소하고 I가 최소일 때 역률이 1이 된다. 이것보다 I_f를 늘리면 앞선역률로 I가 크고 역률이 나빠진다. O'n위의 부분은 불안정영역이다. 이 곡선은 앞서 서술한 V곡선이다.

그림으로부터 알 수 있듯이 동기전동기에서는 여자전류의 조정에 의해서 역률을 광범위하게 바꾸어 역률을 1로 할 수 있다는 것이 큰 이점이다.

동기전동기를 일정 부하 아래에서, 여자전류 I_f를 바꾸었을 경우의 I와 역률과의 관계는 그림 5.57과 같이 된다. 이것을 **위상특성곡선**(phase characteristic curve)이라고 한다.

동기조상기(synchronous phase modifier)는 무부하의 동기전동기를 선로에 접속해 그 여자의 조정에 의해서 부하 회로의 역률을 개선하는 목적이다.

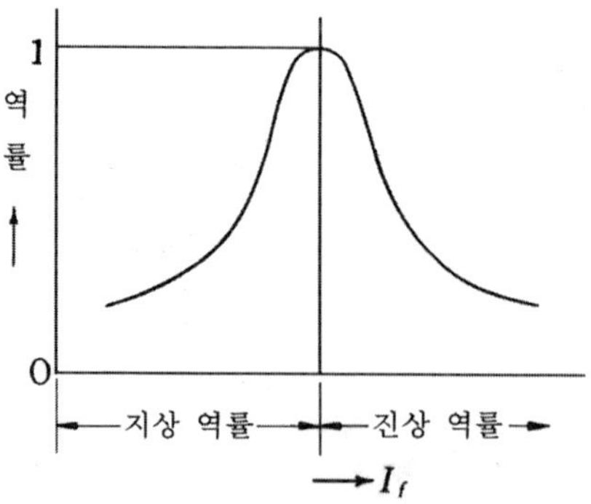

그림 5.57 위상특성곡선

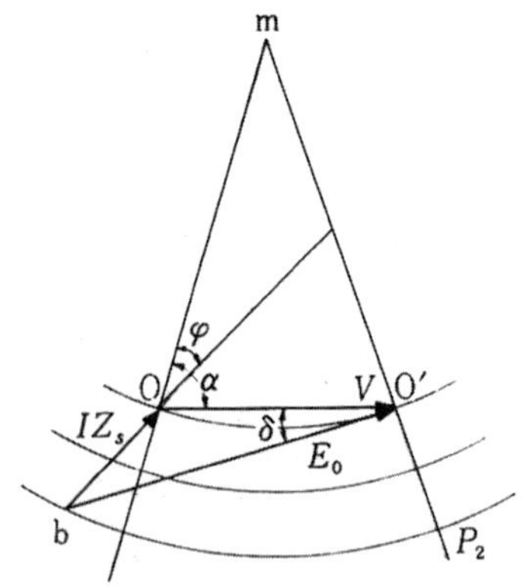

그림 5.58 발전기의 원선도

동기발전기의 경우에 벡터도는 그림 5.58과 같이 되고 점 b의 좌표는

$$\left.\begin{aligned} x &= E_0 \sin(\alpha+\delta) \\ y &= E_0 \cos(\alpha+\delta) \end{aligned}\right\}$$

$$P_2 = \frac{3VE_0}{Z_s}\left[-\cos(\alpha+\delta)+\frac{E_0}{V}\cos\alpha\right] = -\frac{3V}{Z_s}y+\frac{3r_a}{Z_s}(x^2+y^2)$$

그리고 점 b의 궤적은 원이 된다.

Om보다 왼쪽의 영역이 뒤진역률, 오른쪽의 영역으로 앞선역률이 된다. 단자전압과 입력 P_2가 일정한 경우 여자를 강하게 하면 뒤진역률, 약하게 하면 앞선역률이 된다.

5.8 동기기의 병렬 운전

5.8.1 동기발전기의 병렬 운전(parallel running)

수대의 발전기를 공통의 모선에 접속해 병렬 운전하려면 각 기기의 주파수 및 기전력의 크기가 동일하고, 기전력의 위상이 거의 일치해야 한다.

그림 5.59와 같이 2대의 발전기 G_1, G_2가 병렬 운전을 하고 있는 경우, 두 동기발전기의 유도 기전력을 E_1, E_2, 전기자전류를 I_1, I_2, 전부하전류를 I, 동기임피던스를 $\dot{Z}_1 = r_1 + jx_1$, $\dot{Z}_2 = r_2 + jx_2$로 하면

$$\left.\begin{aligned} \dot{I}_1 &= \dot{I}\frac{\dot{Z}_2}{\dot{Z}_1+\dot{Z}_2}+\frac{\dot{E}_1-\dot{E}_2}{\dot{Z}_1+\dot{Z}_2} \\ \dot{I}_2 &= \dot{I}\frac{\dot{Z}_1}{\dot{Z}_1+\dot{Z}_2}-\frac{\dot{E}_1-\dot{E}_2}{\dot{Z}_1+\dot{Z}_2} \end{aligned}\right\} \quad (5.46)$$

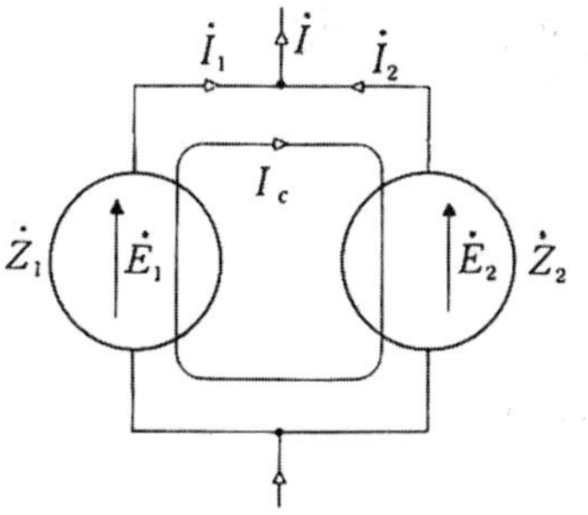

그림 5.59 발전기의 병렬 운전

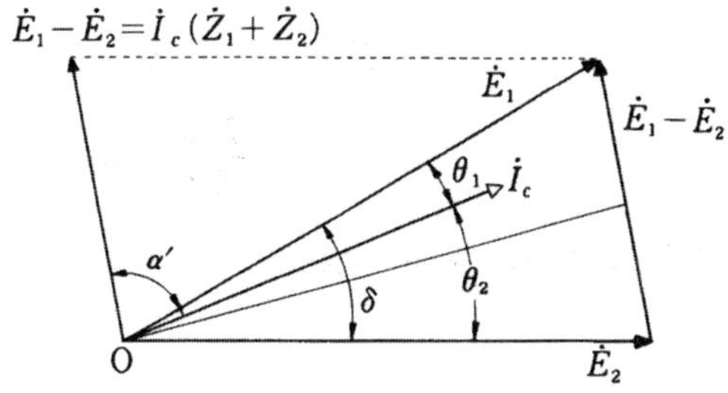

$E_1=E_2$ $\delta \neq 0$의 경우

그림 5.60 벡터도

되어, $(\dot{E}_1-\dot{E}_2)/(\dot{Z}_1+\dot{Z}_2)=\dot{I}_c$ 가 두 발전기의 사이의 순환 전류로 $\dot{E}_1=\dot{E}_2$의 경우는 $\dot{I}_c=0$ 된다. 무부하의 경우($\dot{I}=0$)에 대해서 다음의 경우를 생각해보자.

1. 기전력이 동일하고 위상차이가 있는 경우 전기자권선에 대해서 G_1의 자극이 G_2의 그것보다 δ만큼 앞서서 회전하고 있다고 하자. 그림 5.60에 대해

$$E_1=E_2=E, \quad \widehat{\dot{E}_1\dot{E}_2}=\delta$$

로 하면

$$I_c=\frac{2E}{Z'}\sin\frac{\delta}{2}, \quad \text{단, } Z'=|\dot{Z}_1+\dot{Z}_2|, \quad \alpha'=\tan^{-1}\left(\frac{x_1+x_2}{r_1+r_2}\right)$$

$\dot{Z}_1=\dot{Z}_2=r+jx=\dot{Z}$ 의 경우 $\alpha'=\tan^{-1}(x/r)=\alpha$ 이라면

$$I_c=\frac{E}{Z}\sin\frac{\delta}{2}$$

$$\widehat{\dot{E}_1\dot{I}_c}=\theta_1=\alpha-\left(\frac{\pi}{2}-\frac{\delta}{2}\right)$$

$$\widehat{\dot{E}_2\dot{I}_2}=\theta_2=\frac{\pi}{2}+\frac{\delta}{2}-\alpha$$

G_1에서는 $\dot{E}_1$과 $\dot{I}_c$ 과는 같은 방향으로 발전기로서의 출력 P_1은

$$P_1=E_1I_c\cos\theta_1=\frac{E_2}{2}\sin\frac{\delta}{2}\sin(\alpha+\frac{\delta}{2})$$
$$=\frac{E_2}{Z}\sin\frac{\delta}{2}(\sin\alpha\cos\frac{\delta}{2}+\cos\alpha\sin\frac{\delta}{2})$$

$\sin\alpha=x/Z, \cos\alpha=r/Z$ 을 대입하면

$$P_1=\frac{E^2x}{2Z^2}\sin\delta+I_c^2r \tag{5.47}$$

G_2에서는 $\dot{E}_2$과 $\dot{I}_c$ 과는 역방향으로 발전기로서의 출력 P_2는

$$P_2 = -E_2 I_c \cos\theta_2 = -\frac{E^2}{Z}\sin\frac{\delta}{2}\sin\left(\alpha - \frac{\delta}{2}\right) \quad (5.48)$$

$$= -\frac{E^2 x}{2Z}\sin\delta + I_c^2 r$$

양쪽 기계의 출력차이는

$$P_1 - P_2 = \frac{E^2 x}{Z^2}\sin\delta = P_s$$

즉, I_c는 위상이 앞서 있는 G_1에 대한 발전기 전류, 위상이 뒤지는 G_2에 대해서는 전동기 전류가 되어 G_1을 감속, G_2를 가속하여 상차각 δ를 0으로 하고 동기를 유지하려고 한다.

2. 기전력이 동일하지 않는 경우($E_1 \neq E_2$) $\dot{E}_2 = a\dot{E}_1 (a < 1)$으로 하면

$$\dot{I}_c = \frac{\dot{E}_1(1-a)}{2\dot{Z}}$$

단자전압은

$$\dot{V} = \dot{E}_1 - \dot{I}_c\dot{Z} = \frac{1}{2}(\dot{E}_1 + \dot{E}_2)$$

그림 5.61에 나타냈듯이 $\dot{I}_c$는 여자를 강하게 한 G_1 기계에 대해서 뒤진 전류가 되어 감자작용을, 여자를 약하게 하면 기계에 대해서 앞선 전류가 되어 자화작용을 하게 된다.

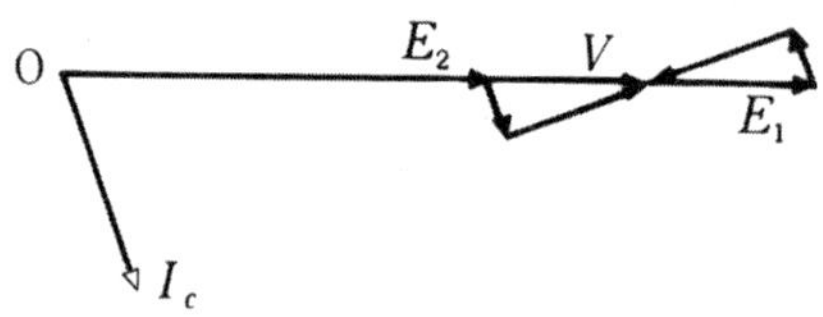

$E_1 \neq E_2$ $\delta = 0$ 의 경우

그림 5.61 벡터도

부하전류가 흐르고 있는 경우도 마찬가지로 여자를 강하게 한 쪽은 전류의 무효분(지상)이 흘러 역률을 저하시키고, 여자를 약하게 한 쪽은 진상의 무효분이 흘러 그 기기의 역률을 개선한다. 즉, 병렬 운전의 경우 여자를 가감하더라도 무효 전류가 횡류로써 각 기기의 역률을 바꾸기만 하고 각 기기의 부하의 분담을 바꿀 수 없다.

3. 부하의 분담 동기발전기가 병렬 운전하고 있는 경우의 부하의 분배는 원동기의 속도 특성으로 정해진다. 그림 5.62에서 1 및 2를 원동기의 속도 특성 곡선으로 하면 병렬 운전을 하려면 두 기기의 주파수, 즉, 속도가 동일해야 하며

그림의 ab의 속도에서는 Ob의 부하를 두 동기발전기 각각 분담하고 있다. 부하가 조금 감소했다고 하면 원동기의 속도는 각각 곡선 1, 2에 따라서 상승하여 새로운 부하에 대응해 $\overline{\mathrm{Od}} = \overline{\mathrm{Of}}$ 새로운 부하, $\overline{\mathrm{cd}} = \overline{\mathrm{ef}}$의 관계를 만족하는 일정 속도 cd로 운전하게 된다.

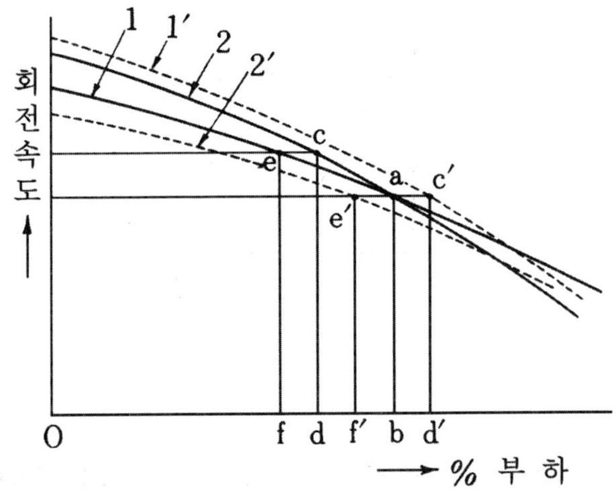

그림 5.62 원동기의 속도 특성곡선

이때, 두 발전기의 원동기의 속도 특성곡선이, 그림과 같이 차이가 나는 경우에는 두 기기의 부하 분담은 $\overline{Od'}$, $\overline{Of'}$ 와 같이 달라진다. 따라서 항상 두 기기가 동일한 부하를 분담하도록 하려면 속도 특성곡선이 같은 형태여야 한다. 또, 일정 부하 때, 주파수를 바꾸지 않고 분담하고 있는 부하를 한 쪽으로부터 다른 쪽으로 옮기기 위해서는 두 발전기의 **조속기**(governor)의 조정을 바꾸고 속도 특성곡선을 그림의 1′, 2′와 같이 바꾸지 않으면 안 된다.

5.8.2 동기화력

동기기가 매우 용량이 큰 전원에 접속되어 있는 경우, 전력과 동력 사이의 1상의 변환 전력 P는 5.7.2절에 말한 것처럼 전기자권선 저항을 무시하면 비돌극기에서는 식 (5.38)에 의해

$$P = \frac{VE_0}{x_s}\sin\delta \ [\mathrm{W}]$$

$$\frac{dP}{d\delta} = \frac{VE_0}{x_s}\cos\delta = P_s \ [\mathrm{W/rad}] \tag{5.50}$$

그리고, 이것을 도시하면, 그림 5.63과 같이 되어, $\delta = 0$일 때 최대이다.

돌극기에서는 식 (5.41)에 의해

$$P = \frac{V^2}{2}\left(\frac{1}{x_q} - \frac{1}{x_d}\right)\sin 2\delta + \frac{VE_0}{x_d}\sin\delta$$

$$\frac{dP}{d\delta} = V^2\left(\frac{1}{x_q} - \frac{1}{x_d}\right)\cos 2\delta + \frac{VE_0}{x_d}\cos\delta = P_s \tag{5.51}$$

그리고, $\delta = 0$일 때 최대가 된다.

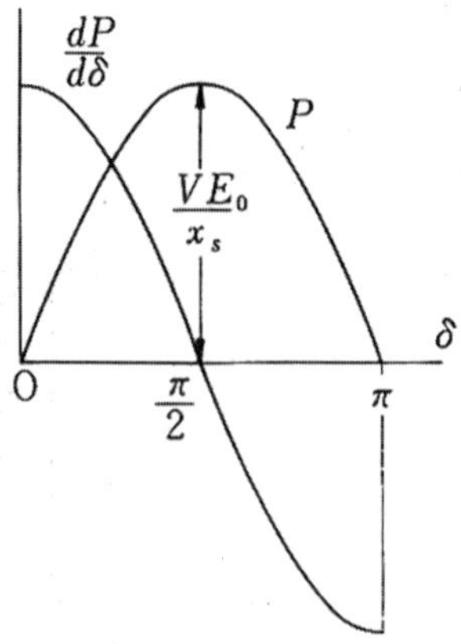

그림 5.63 비돌극기의 동기화력과 부하각과의 관계

P_s는 부하각 1 라디안의 변화에 대해서 생기는 전력의 변화이며 동기화 작용을 일으키는 것으로 **동기화력**(synchronizing power)으로 칭한다. 동기화 작용을 일으키는 토크는

$$\frac{P_s}{2\pi f/p} = T_s \tag{5.52}$$

이고 **동기화 토크**(synchronizing torque)라고 한다.

이것은 기계적인 용어로 묘사하면 용수철 이음새에 해당된다. 즉, 용수철의 탄성 한도 내에서는 움직이는 축은 움직임을 당하는 축보다 δ만 앞서 회전하고 있고, δ는 부하의 토크에 비례하여 증감해 동기기의 부하각이 작은 경우에 해당한다. 용수철의 힘이 강할 때는 동일 부하에 대해서 δ가 작고, 동기기에서는 동기리액턴스 부하가 작은 경우에 해당한다.

5.8.3 불균일 토크에 의한 강제 진동

1. 제동권선 동기발전기가 내연기관을 원동기로 하는 경우 또한 동기전동기가 컴프레서와 같은 왕복동기계를 부하로 하는 경우에는 원동기 또는 부하의 토크가 균일한 것이 아니고 평균치의 상하에 주기적으로 맥동하기 때문에 동기기가 일정 속도를 유지하지 못하고 강제 진동에 의해서 전류의 진폭이 주기적으로 변한다. 이것이 큰 경우에는 안정적으로 운전할 수 없고, 결국 동기속도로부터 벗어나 멈추어 버리는 일도 일어난다. 이것을 **동기이탈**(step out)이라고 한다.

동기기가 동기속도로부터 조금이라도 빗나갈 때, 이것을 제동하는 데 유효한 방법은 그림 5.64와 같이 자극편에 슬롯을 마련해 도체를 삽입해 양단을 단락환으로 묶어, 불완전한 농형 권선을 마련하는 것이다. 이것을 **제동권선**(damper winding) 또는 **아모르트 권선**(amortisseur winding)이라고 한다. 자극에 슬립이 발생하면 전기자 회전 자속에 의해서 슬립 주파수의 전류가 제동권선 중에 흘러 운동을 제동하는 작용을 한다.

그림 5.64 제동권선이 있는 자극

2. 제동권선이 없는 경우 동기전동기의 부하가 컴프레서와 같은 왕복동기계이면 토크 T_l이 평균치의 전후로 주기적으로 변동하므로 다음 식과 같이 나타낼 수 있다.

$$T_l = T_0 + T_1 \cos(\omega_1 t + \varphi_1) + T_2 \cos(2\omega_1 t + \varphi_2) + T_3 \cos(3\omega_1 t + \varphi_3) + \cdots \quad (5.53)$$

이 기본파만을 취하여 생각하기로 한다.

전기자저항 r_a를 무시해 전동기의 최대토크를 T_m으로 하면

$$T_m = \frac{3VE_0}{x_s} \cdot \frac{p}{2\pi f} \ [\text{N} \cdot \text{m}]$$

회전부분의 관성모멘트 Θ [kgf · m^2], 부하각을 δ로 하면, 운동 방정식은 아래와 같은 식으로 주어진다.

$$\frac{\Theta}{p}\frac{d^2\delta}{dt^2} + T_m \sin\delta = T_l \quad (5.54)$$

일정한 토크 T_0에 대한 부하각 δ_0, 토크의 변동분에 대한 부하각의 변동분을 δ_p로 하면

$$\delta = \delta_0 + \delta_p, \quad T_0 = T_m \sin\delta_0$$

그리고 δ_p가 작을 때는

$$\sin\delta = \sin(\delta_0 + \delta_p) = \sin\delta_0 \cos\delta_p + \cos\delta_0 \sin\delta_p \fallingdotseq \sin\delta_0 + \delta_p \cos\delta_0$$

따라서 식 (5.54)에 대해 $d^2\delta_0/dt^2 = 0$이므로

$$T_m \sin\delta_0 + \left(\frac{\Theta}{p}\frac{d^2\delta_p}{dt^2} + \delta_p \cdot T_m \cos\delta_0\right) = T_m \sin\delta_0 + T_1 \cos(\omega_1 t + \varphi_1)$$

$$\frac{\Theta}{p}\frac{d^2\delta_p}{dt^2} + T_s\delta_p = T_1 \cos(\omega_1 t + \varphi_1) \quad (5.55)$$

단, $T_s = T_m \cos\delta_0 =$ 동기화 토크

식 (5.55)일 때 인덕턴스 $L = \Theta/p$, 용량 $C = 1/T_s$ 의 직렬회로에 $E_m = T_1/\omega_1$의 교류기전력(각주파수 ω_1)을 가했을 경우의 전압 관계식과 마찬가지로 δ_p는 전류 I에 해당한다.

따라서 부하각 δ_p의 진동 고유 주파수 f_e는

$$f_e = \frac{1}{2\pi}\sqrt{\frac{pT_s}{\Theta}}\ [\mathrm{s}^{-1}] = \frac{14,400}{N_0}\sqrt{\frac{fP_s}{GD^2}}\ [\mathrm{rpm}] \tag{5.56}$$

여기서, N_0 : 동기속도[rpm], P_s :동기화전력[kW/rad]

$$GD^2 = 4\Theta\ [\mathrm{kgf \cdot m^2}]$$

부하각의 변동분 δ_p의 최대치는

$$\delta_{pm} = \frac{T_1}{(\omega_1^2 - \omega_e^2)\Theta/p}, \quad \omega_1 = 2\pi f_1, \quad \omega_e = 2\pi f_e = \sqrt{\frac{pT_s}{\Theta}} \tag{5.57}$$

$\omega_e = \omega_1$, 즉 고유 진동수가 변동 토크의 진동수와 일치하면, 공진 현상을 일으켜 δ_{pm}는 무한대가 되어 동기이탈을 일으키기에 이른다.

여자가 주어지지 않을 때에는

$$T_s = 0, \qquad \delta_{pm}' = \frac{pT_1}{\omega_1^2\Theta}$$

$$\zeta = \frac{\delta_{pm}}{\delta_{pm}'} = \frac{1}{1-\left(\dfrac{\omega_e}{\omega_1}\right)^2} \tag{5.58}$$

그리고 나타내지는 ζ를 **공진 계수**(modulus of resonance) 라고 하여 이것을 도시한다면 그림 5.65와 같이 된다. 실제는 공진 상태에 가까운 범위($\omega_e/\omega_1 = 0.8$~1.25)가 되지 않게 하기 위해서 고유 진동수 ω_e가 ω_1에 비해 작아지도록, 즉 관성모멘트 Θ를 크게 설계하는 것이 필요하다.

3. 제동권선이 있는 경우 제동권선이 있을 때는 동기기가 동기속도로부터 조금 빗나갔을 경우 제동권선에 의해서 유도전동기로서의 제동 토크 T_d를 일으킨다. 슬립 s의 작은 범위에서는 T_d는 s에 비례한다.

$$s = \frac{1}{2\pi n_0 p} \cdot \frac{d\delta_p}{dt}, \qquad n_0 : \text{동기속도}$$

$$T_d = ks = \frac{k}{2\pi n_0 p} \cdot \frac{d\delta_p}{dt} = \gamma\frac{d\delta_p}{dt} \tag{5.59}$$

단, $k/2\pi n_0 p = \gamma$: 제동계수

토크, 부하각의 변동분에 대한 기본식은

$$\frac{\Theta}{p}\frac{d^2\delta_p}{dt^2} + \gamma\frac{d\delta_p}{dt} + T_s\delta_p = T_1\cos(\omega_1 t + \varphi_1) \tag{5.60}$$

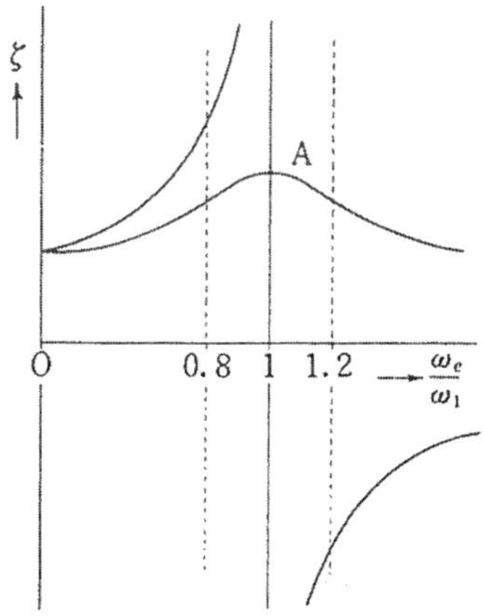

그림 5.65 공진곡선

이것은 L, C, R(저항)의 직렬 회로의 전압 관계식과 같은데,

$$\left.\begin{aligned} &\text{고유진동수} \quad \omega_e' = 2\pi f_e' = \sqrt{\frac{T_s}{\Theta/p} - \frac{1}{4}\left(\frac{\gamma}{\Theta/p}\right)^2} \fallingdotseq \omega_e \\ &\delta_p\text{의 최대치} \quad \delta_{pm}'' = \frac{T_1}{\omega_1^2 \dfrac{\Theta}{p}\sqrt{\left[\left(\dfrac{\omega_e}{\omega_1}\right)^2 - 1\right]^2 + \left(\dfrac{\gamma p}{\omega_1 \Theta}\right)^2}} \end{aligned}\right\} \tag{5.61}$$

$$\text{공진계수} \quad \zeta' = \frac{\delta_{pm}''}{\delta_{pm}'''} = \frac{\sqrt{1+\left(\dfrac{\gamma p}{\omega_1 \Theta}\right)^2}}{\sqrt{\left[\left(\dfrac{\omega_e}{\omega_1}\right)^2 - 1\right]^2 + \left(\dfrac{\gamma p}{\omega_1 \Theta}\right)^2}} \tag{5.62}$$

단, δ_{pm}''' : $T_s = 0$일 때 δ_{pm}

이 경우는 일반적으로 감쇠 진동이 되어 그 감쇠 계수 $= p\gamma/2\Theta$

이것을 도시하면 그림 5.65의 곡선 A와 같이 된다. $\omega_1 = \omega_e$의 공진 상태에 있어서의 최대치는 $\omega_1\Theta/\gamma p$, 그리고 이것을 작게 하려면 제동 계수 γ를 크게 하는 것, 즉 제동권선의 저항을 작게 할 필요가 있다.

4. 전력의 진동 속도 및 부하각의 변동에 따라 유도기 및 동기기로서의 전력이 전원과 동기기와의 사이에 주고받도록 된다. 이 맥동 전력을 ΔP로 하면

$$\Delta P = \frac{\omega_1}{p}\left(\gamma \frac{d\delta_p}{dt} + T_s \delta_p\right)$$

ΔP의 진폭은

$$\Delta P_m = \frac{\omega_1 T_1 \sqrt{T_s + (\omega_1\gamma)^2}}{p\sqrt{\omega_1^2\left(\dfrac{\Theta}{p} - T_s\right)^2 + (\omega_1\gamma)^2}}$$

토크의 변동분 T_1에 대한 전력을 P_1으로 하면, $P_1 = \omega_1 T_1/p$ 이기 때문에

$$\xi = \frac{\Delta P_m}{P_1} = \frac{\sqrt{T_s^2 + (\omega_1 \gamma)^2}}{\sqrt{(\omega_1^2 \Theta / p - T_s^2) + (\omega_1 \gamma)^2}} = \frac{1}{\sqrt{1 - \dfrac{\omega_1^2 \Theta / p \cdot (2T_s - \omega_1^2 \Theta / p)}{T_\xi^2 + (\omega_1 \gamma)^2}}}$$

$$= \frac{1}{\sqrt{1 - \dfrac{(\omega_1 \Theta / p)^2 (2\omega_e^2 - \omega_1^2)}{\omega_e^4 \Theta / p + (\omega_1 \gamma)^2}}}$$

$$\therefore \ \omega_e^2 = \frac{T_s}{\Theta / p} \tag{5.63}$$

(1) $2\omega_e^2 - \omega_1^2 > 0 (f_1/f_e < \sqrt{2})$의 경우

ξ는 γ가 증가하는 것과 동시에 감소한다.

$\gamma \to \infty$ 때 $\xi = 1$, $\delta_{pm} = 0$, 즉 제동 계수가 매우 큰 경우에는 부하의 변동이 곧 지원 전력으로서 전원 쪽에서 나와 전달되는 것이다.

(2) $2\omega_e^2 - \omega_1^2 < 0 \ (f_1/f_e > \sqrt{2})$의 경우

γ가 증가하면 ξ는 증가한다. 즉, 제동권선이 유효하게 되도록 바꾸면 전력의 맥동이 커진다. $\gamma = 0$의 경우에는 ΔP가 감소해 오히려 최소가 된다. 즉, 이와같은 범위에서는 제동권선이 없는 것이 바람직하다.

(3) $f_1/f_e = \sqrt{2}$의 경우

$\xi = 1$ 되고, 제동권선은 아무런 영향도 주지 않게 된다.

5.8.4 불균일 토크를 갖는 동기기의 병렬 운전

5.8.2, 5.8.3절에서는 하나의 동기기를 용량이 극히 큰 전원에 접속해 있는 경우의 현상에 대해 서술하였으나 여기에서는 그림 5.66(a)와 같이 2개의 동기발전기를 병렬 운전해, 한편이 균일 토크, 한편이 불균일 토크의 원동기로 각각 구동되고 있다든가 혹은 그림 (b)와 같이 동일 전원에 접속되어 있는 2개의 동기전동기의 한쪽이 균일 토크, 한쪽이 불균일 토크의 부하로 운전하고 있는 경우를 생각해보자.

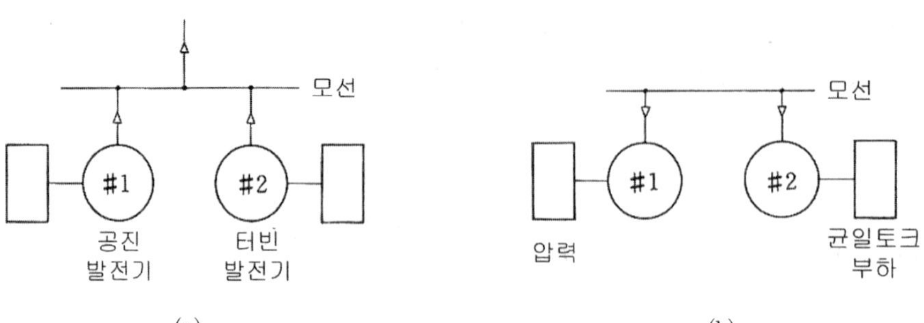

그림 5.66 병렬 운전(불균일 토크의 경우)

모선 전압의 위상각 변화분을 δ_n, 두 기계의 그것을 δ_{p1}, δ_{p2}로 하면 두 기기에 대해서 제동계수를 0으로하여 다음의 관계식이 얻어진다.

$$\frac{\Theta_1}{p_1}\frac{d^2\delta_{p1}}{dt^2}+T_{s1}(\delta_{p1}-\delta_n)=T_1\cos(\omega_1 t+\varphi_1) \tag{5.64}$$

$$\frac{\Theta_2}{p_2}\frac{d^2\delta_{p2}}{dt^2}+T_{s2}(\delta_{p2}-\delta_n)=0 \tag{5.65}$$

동기화 전력은 두 기계의 사이에 주고받게 되기 때문에

$$\frac{\omega_1}{p_1}T_{s1}(\delta_{p1}-\delta_n)+\frac{\omega_1}{p_2}T_{s2}(\delta_{p2}-\delta_n)=0 \tag{5.66}$$

식 (5.66)으로부터

$$\delta_n=\frac{\tau_1\delta_{p1}+\tau_2\delta_{p2}}{\tau_1+\tau_2} \tag{5.67}$$

단, $\tau_1=T_{s1}/p_1$, $\tau_2=T_{s2}/p_2$

식 (5.64), (5.65)의 정상상태에서의 해를 구한다. $\dot{\delta}$를 벡터로 하면

$$-\omega_1^2\frac{\Theta_1}{p_1}\dot{\delta}_{p1}+T_{s1}(\dot{\delta}_{p1}-\dot{\delta}_n)=\dot{T}_1 \tag{5.68}$$

$$-\omega_1^2\frac{\Theta_2}{p_2}\dot{\delta}_{p2}+T_{s2}(\dot{\delta}_{p2}-\dot{\delta}_n)=0 \tag{5.69}$$

각 기기의 고유 진동수는

$$f_{1e}=\frac{1}{2\pi}\sqrt{\frac{p_1T_{s1}}{\Theta_1}},\qquad f_{2e}=\frac{1}{2\pi}\sqrt{\frac{p_2T_{s2}}{\Theta_2}} \tag{5.70}$$

식 (5.70)을 식 (5.68), (5.69)에 대입해

$$\left(-\frac{f_1^2}{f_{1e}^2}+\frac{\tau_2}{\tau_1+\tau_2}\right)\dot{\delta}_{p1}-\frac{\tau_2}{\tau_1+\tau_2}\dot{\delta}_{p2}=\frac{\dot{T}_1}{T_{s1}} \tag{5.71}$$

$$\left(-\frac{f_1^2}{f_{2e}^2}+\frac{\tau_2}{\tau_1+\tau_2}\right)\dot{\delta}_{p2}-\frac{\tau_2}{\tau_1+\tau_2}\dot{\delta}_{p1}=0 \tag{5.72}$$

이로부터

$$\dot{\delta}_{p2}=\frac{\tau_1}{\tau_1-(\tau_1+\tau_2)\left(\frac{f_1}{f_{2e}}\right)^2}\dot{\delta}_{p1} \tag{5.73}$$

$$\dot{\delta_{p1}} = \frac{\dot{T_1}/T_{s1}}{\left[\frac{\tau_2}{\tau_1+\tau_2} - \left(\frac{f_1}{f_{1e}}\right)^2\right] - \frac{\tau_1\tau_2}{(\tau_1+\tau_2)^2} \cdot \frac{1}{\frac{\tau_2}{\tau_1+\tau_2} - \left(\frac{f_1}{f_{2e}}\right)^2}} \tag{5.74}$$

$\dot{\delta_{p1}}$, $\dot{\delta_{p2}}$가 무한대가 되는 f의 값은 식 (5.74)의 분모를 0으로 두어

$$f_e = \sqrt{\frac{\tau_1 f_{2e}^2 + \tau_2 f_{1e}^2}{\tau_1+\tau_2}}\,[s^{-1}] = \frac{14,400}{N_1}\sqrt{\frac{P_{s1}f_1(1+n_i/n_q^2}{GD_1^2(1+n_p)}}\ [\mathrm{min}^{-1}] \tag{5.75}$$

단, N_1 :#1기의 회전수[rpm], P_{s1} :#1기의 동기화 전력[kW/rad]

f_1 : 전압주파수, GD_1^2 : #1기기의 플라이휠 효과[kgf·m^2]

$n_i = GD_1^2/GD_2^2$, $n_q = p_1/p_2$, $n_p = P_{s1}/P_{s2}$

f_e는 두 동기기의 고유 진동수의 중간의 값으로 두 기기 중에서 용량이 작은 쪽의 기계의 고유 진동수에 가까운 값이 된다.

5.8.5 동기화(synchronizing)

모선에 대해서 동기기를 접속하려면 동기화의 조작이 필요하다. 즉, 동기기를 여자하여 그 유도기전력의 크기, 위상, 주파수를 모선의 각각의 값에 동일해지도록 조정하고, 회로의 차단기를 닫는 것으로 이 세 개의 조건이 만족되어 있지 않으면 차단기를 닫는 순간에 큰 돌입전류가 흘러 이것이 현저한 경우에는 차단기가 동작한다든가, 기계 자체에 큰 충격을 주게 된다. 전압은 전압계, 주파수는 주파수계로 알 수 있으나 전압의 위상은 **동기 검정기**(synchroscope)로 알 수 있다.

이것에는 여러 가지의 형식의 것이 있지만 백열전구를 이용하는 간단한 방법을 다음에 서술한다.

그림 5.67(a)에 대하여 3상의 모선 단자를 A, B, C 동기기의 단자를 a, b, c로 해 상회전이 a, b, c의 방향이라고 한다. 단자, Aa Bc, Cb의 사이에 3개의 백열전구 ①, ②, ③을 접속하여 여자전류를 조정하여 동기기의 유도상전압 Oa, Ob, Oc가, 모선관전압의 OA, OB, OC와 대략 같아졌다고 하자.

동기기의 회전수가 부적당한 사이에 각 전구는 밝고 어둠을 반복하지만, 동기기의 회전수를 조정하여 주파수 및 전압의 위상이 일치하여 ①은 어둡고 ②, ③은 같은 광도가 되어 순간 차단기를 투입하면 위의 조건이 만족 돌입 전류는 흐르지 않는다.

전원 전압이 고압인 경우에는 3상의 변압기를 이용하고 전압을 내려 전구에 가할 필요가 있다. 전구 대신에 3개의 권선을 두고 그 전류의 자화력으로 지침을 돌리도록 하면 지침의 회전속도로 주기 속도와의 늦고 빠름의 차이를 알 수 있다.

대용량의 기계에서는 동기화의 조작을 사람 손으로 실시하면 잘못이 일어나는 일이 있으므로 앞에서 본 3조건이 만족된 순간에 자동적으로 차단기가 투입되도록 한 **자동 동기 장치**(automatic synchronizer)가 이용된다.

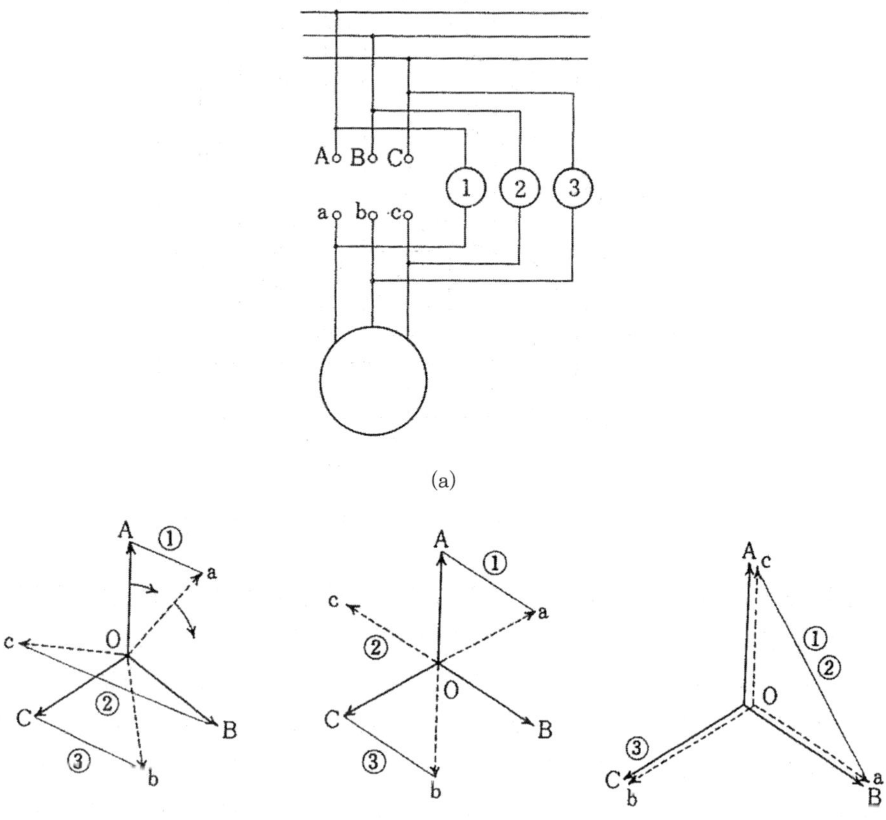

그림 5.67 동기화

5.9 동기전동기의 기동

동기전동기는 동기속도에 이르고 처음으로 토크를 동일 방향으로 생기는 것으로 그대로는 기동 토크는 거의 0에 가깝다. 적당한 방법을 마련하여 기동시키는 자기 기동법과 기동용의 보조 전동기를 사용하는 방법이 있다.

5.9.1 자기 기동법

1. 기동 토크 자기 기동법은 돌극 회전자의 자극편부분에 농형 권선과 같은 제동권선을 감아 계자권선을 여자하지 않고 전기자권선에 전원 전압을 가하고 유도 전압기로서 기동해 동기속도 부근이 되었을 때 여자전류를 투입하고 동기전동기로서의 토크를 발생시켜 동기에게 끌어들이는 pull in 방법이다. 기동 중에 생기는 토크는 다음의 3부분으로부터 이루어지고 있다.

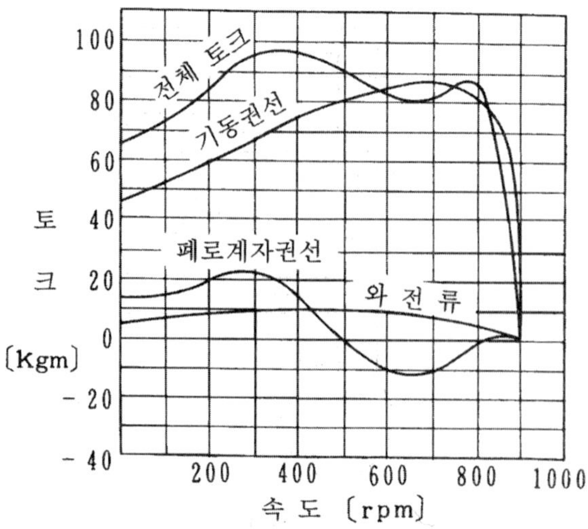

그림 5.68 동기전동기의 토크 속도 특성곡선

a. **농형 제동권선에 의한 토크** 자극편의 슬롯에 설치된 농형 회전자 도체는 전기자의 회전자계에 의해서 불완전한 농형 유도 전압기의 회전자와 같게 작용해 토크 속도 특성은 그림 5.68과 같은 곡선이 된다. 제동권선의 저항이 큰 만큼 기동 토크는 크다. 기동 토크를 늘리기 위해서 심구형 또는 이중 농형으로 하거나 도체에 황동과 같은 고저항 도체를 이용하기도 한다.

b. **와전류에 의한 토크** 회전자계에 의해서 자극 한 면 및 자극 철심 고정용 리벳 등에 생기는 와전류에 의한 토크는 기동 권선에 의한 토크에 비해 작고, 속도에 의한 변화도 작다.

c. **계자권선에 의한 토크** 계자권선은 일반적으로 권수가 많기 때문에 기동 시 슬립주파수가 큰 경우에는 회전자계에 의한 유도 전압이 커지고 권선의 절연을 위협한다.

따라서 이것을 몇 개의 구분으로 나눈다든가, 절연 저항으로 폐로를 만들어 기동한다.

따라서 회전자가 단상의 유도전동기와 같은 토크를 발생시킨다. 즉, 1/2동기속도보다 작은 속도에서는 토크는 정방향이지만, 그것보다 큰 속도에서는 역방향이 되어 동기속도에 가까운 곳에서 다시 정지된다.

이와 같은 세 가지 토크의 합성토크는 그림과 같이 되고 동기속도의 90~95%의 속도에 이르렀을 때 계자권선을 직류 여자하면 후술과 같이 그때의 조건이 적당하면 동기전동기로서의 토크가 정 방향으로 작용하여 동기속도에 도달한다.

2. 보상기 기동(compensator start) 이 방식은 자기 기동 때 전전압을 전기자에 가하면 큰 돌입전류가 흐르므로 이것을 제한하기 위해서 단권 변압기로 전압을 정격 전압의 50~80%로 저하해 가하는 방법으로 기동 토크는 작다. 기동 보상기로서 이용하기도 한다.

3. 전전압 기동(line starting) 이 방식은 전동기 용량에 비해 전원 용량이 큰 경우 전전압을 가해 기동하는 방식으로 돌입전류는 커지지만 기동 토크는 크다. 기동 때의 전류를 제한해 토크를 크게 하기 때문에 기동 권선의 슬롯을 심구형 또는 이중 농형으로 해 고저항 도체(예를 들어, 황동)를 이용한 고기동 토크형 동기전동기로 하는 경우가 많다.

4. 유도 동기전동기(induction synchronous motor) 이 전동기는 원통형의 권선형 회전자를 가진 구조로 기동 시에는 기동 저항을 삽입해 고 토크로 기동시켜 동기속도 부근이 되었을 때 회전자의 3상 권선을 단상으로 바꾸어 직류 여자시켜 동기속도로 되도록 하여 그 다음은 동기전동기로서 사용하는 방식이다.

권선형 유도전동기와 같은 기동 특성을 가지므로 돌입전류를 제한해, 고기동 토크를 필요로 하는 부하, 예를 들어, 송풍기, 동기조상기 기동용 등에 이용된다.

5.9.2 기동 전동기에 의한 기동법

이 기동법은 유도 전압기, 유도 동기전동기, 직류전동기 등의 기동 전동기를 주 전동기에 결합시켜 기동하고 동기속도에 이르렀을 때 주 전동기를 전원에 동기화시키는 방법이다. 이전에는 대용량 고속 전동기의 기동에 이 방법이 이용되었지만, 최근에는 동기전동기의 기동 특성이 앞서 언급한 것과 같이 개선되었으므로 점차 자기 기동법이 많이 이용되게 되었다.

표 5.2는 각종 동기전동기의 기동 특성을 나타낸다.

표 5.2 동기전동기의 기동특성

전동기의 종류	기동토크 [%]	인입토크 [%]	탈출토크 [%]	기동 kVA [%]
표준형	50	40	150	300~350
높은 기동토크형	150	100	175	500~650
유도동기형	150	150	150	150~200

5.9.3 동기전동기의 동기화

비돌극형 동기전동기가 자기 기동 뒤, 동기속도 부근에 이르렀을 때 직류 여자를 갑자기 더했을 경우의 운동 방정식은 다음 식에서 주어진다. $u(t)$는 단위 함수이다. $t<0$일 때 0, $t \geq 0$일 때 1이 된다.

$$\frac{\Theta d^2\delta}{pdt^2}+\gamma\frac{d\delta}{dt}+(T_m\sin\delta)\cdot u(t)=T_l \tag{5.76}$$

여기서, T_l: 부하 토크

제3항은 여자전류를 투입했을 때 생기는 동기기 토크이다. 이 식의 해는 수치계산을 순차적으로 하던지, 전자계산기에 의해서 하던가 하여 부하각의 변화를 도시하면 그림 5.69와 같이 된다.

동기화 되었는지 아닌지는 여자전류를 투입한 순간($t=0$)의 부하각 δ_0, 부하 토크 T_l, 회전속도, 관성모멘트 등으로 정해진다.

식 (5.76)에서

$$t=t'\sqrt{\frac{\Theta}{pT_m}}, \qquad k=\frac{\gamma}{\sqrt{\frac{\Theta T_m}{p}}}$$

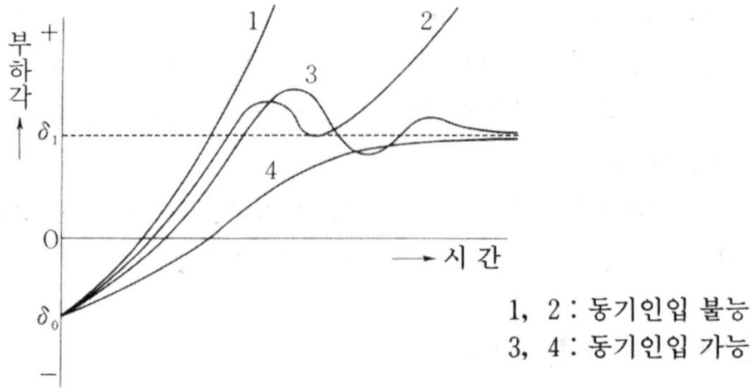

그림 5.69 동기인입 시의 부하각의 변화

로 두면

$$\frac{d^2\delta}{dt'^2} + k\frac{d\delta}{dt'} + (\sin\delta) \cdot u(t) = \frac{T_l}{T_m}$$

k를 파라미터로서 동기화 가능한 T_l / T_m과 k와의 관계를 계산에 의해서 구하면 동기화 가능 한계는 다음 식으로 나타낼 수 있다.

$$\frac{T_l}{T_m} \leq 8k = \frac{8\gamma}{\sqrt{\Theta T_m / p}} \tag{5.77}$$

동기화 시의 슬립을 s_0, 유도 전압기 토크를 T_d, 부하 토크를 T_l으로 하면

$$T_d = T_l = 2\pi s_0 n_0 pr, \ n_0 \ : 동기속도\,[s^{-1}] \tag{5.78}$$

식 (5.77), (5.78)로부터

$$T_m \geq 0.616 n_0^2 s_0^2 \frac{\Theta}{p} \ [kgf \cdot m] \tag{5.79}$$

즉, 동기화를 위해서는 회전 부분의 관성모멘트, 전동기의 탈출 토크, 슬립 등의 사이에 상기의 관계가 성립되어야 한다.

기동 시에 거의 동기속도에 가까이에 있는 전동기에 여자를 했을 때 이것이 회전부분의 관성에 이기고 동기속도로 들어올 수 있는 최대 부하 토크를 인입토크(pull-in torque)라고 한다.

전동기가 정격 주파수 및 정격 전압에 대해 기동 중, 유도 전압기로서 5%의 슬립에 대해 이용할 수 있는 토크를 **공칭 인입토크**라고 한다.

5.10 단락 현상

5.10.1 지속(영구) 단락

1. 평형 단락 3상 발전기의 각 상을 단락하고, 여자전류를 0으로부터 점차 증가시켜 나가면

전기자에 전압이 유도되고 단락전류 I_s가 흐른다. 이 전류를 지속 또는 **영구 단락전류**(sustained or permanent short-circuit current)라고 한다.

$I_s - I_f$의 관계는 5.6.2절의 그림 5.29에 말한 단락곡선이며, 직선이 된다.

영구 단락전류 I_s는 무부하 전압을 $\dot{E}_0$, 동기임피던스를 $\dot{Z}_s$로 하면 다음과 같게 된다.

$$\dot{I}_s = \dot{E}_0 / \dot{Z}_s$$

2. 불평형 단락 3상 발전기의 3상 중 2상을 합선된 비대칭단락의 경우의 전류를 구하려면 대칭 좌표법에 의해서 전압, 전류, 임피던스를 정상분, 역상분, 영상분으로 나누어 취급하면 좋다. 즉, A, B, C 각 상의 무부하 유도기전력은 다상 평형 전압이므로 $\dot{E}_a = E_a$, $\dot{E}_b = a^2 E_a$, $\dot{E}_c = aE_a$로 나타낼 수 있다. 다만,

$$a = e^{+j2\pi/3} = -\frac{1}{2} + j\frac{\sqrt{3}}{2}, \quad a^2 = e^{+j4\pi/3} = -\frac{1}{2} - j\frac{\sqrt{3}}{2}$$

동기임피던스의 정상분, 역상분, 영상분, $\dot{Z}_1, \dot{Z}_2, \dot{Z}_0$, 각 상의 단자의 전압을 $\dot{V}_a, \dot{V}_b, \dot{V}_c$ 그 대칭분을 $\dot{V}_{a1}, \dot{V}_{a2}, \dot{V}_{a0}$, 전기자전류 $\dot{I}_a, \dot{I}_b, \dot{I}_c$의 대칭분을 $\dot{I}_{a1}, \dot{I}_{a2}, \dot{I}_{a0}$로 한다.

$$\left.\begin{aligned} \dot{V}_{a1} &= \dot{E}_a - \dot{I}_{a1}\dot{Z}_1 \\ \dot{V}_{a2} &= -\dot{I}_{a2}\dot{Z}_2 \\ \dot{V}_{a0} &= -\dot{I}_{a0}\dot{Z}_0 \end{aligned}\right\} \tag{5.80}$$

$$\left.\begin{aligned} \dot{V}_a &= \dot{V}_{a0} + \dot{V}_{a1} + \dot{V}_{a2} \\ \dot{V}_b &= \dot{V}_{a0} + a^2\dot{V}_{a1} + a\dot{V}_{a2} \\ \dot{V}_c &= \dot{V}_{a0} + a\dot{V}_{a1} + a^2\dot{V}_{a2} \end{aligned}\right\} \tag{5.81}$$

$$\left.\begin{aligned} \dot{I}_a &= \dot{I}_{a0} + \dot{I}_{a1} + \dot{I}_{a2} \\ \dot{I}_b &= \dot{I}_{a0} + a^2\dot{I}_{a1} + a\dot{I}_{a2} \\ \dot{I}_c &= \dot{I}_{a0} + a\dot{I}_{a1} + a^2\dot{I}_{a2} \end{aligned}\right\} \tag{5.82}$$

a. 선간 단락 그림 5.70(a)과 같이, 2상의 단자간을 단락했을 경우의 조건은

$$\dot{I}_a = 0,\ \dot{I}_b = -\dot{I}_c = \dot{I},\ \dot{V}_b = \dot{V}_c = \dot{V} \tag{5.83}$$

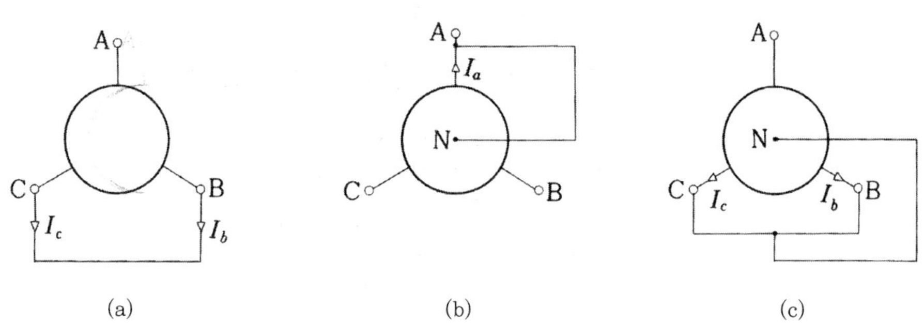

그림 5.70 3상 발전기의 불평형 단락

식 (5.82), (5.83)으로부터

$$\dot{I}_{a0}=0,\ \dot{I}_{a1}=\frac{\dot{I}}{3}(a-a^2),\ \dot{I}_{a2}=\frac{\dot{I}}{3}(a^2-a)=-\dot{I}_{a1} \tag{5.84}$$

식 (5.81), (5.83)으로부터

$$\left.\begin{aligned}\dot{V}_{a0}&=\frac{1}{3}(\dot{V}_a+\dot{V}_b+\dot{V}_c)=\frac{1}{3}(\dot{V}_a+2\dot{V}')=-\dot{I}_{a0}\dot{Z}_0=0\\ \dot{V}_{a1}&=\frac{1}{3}(\dot{V}_a+a+a^2\dot{V}')=\dot{E}_a-\dot{I}_{a1}\dot{Z}_1\\ \dot{V}_{a2}&=\frac{1}{3}(\dot{V}_a+a+a^2\dot{V}')=-\dot{I}_{a2}\dot{Z}_2\end{aligned}\right\}$$

식 (5.80)으로부터

$$\left.\begin{aligned}\dot{I}_{a1}&=-\dot{I}_{a2}=\frac{\dot{E}_a}{\dot{Z}_1+\dot{Z}_2},\quad \dot{I}_{a0}=0\\ \dot{V}_{a1}&=\dot{V}_{a2}=\frac{\dot{Z}_2\dot{E}_a}{\dot{Z}_1+\dot{Z}_2},\quad \dot{V}_{a0}=0\end{aligned}\right\}$$

식 (5.82)로부터

$$\left.\begin{aligned}&\dot{I}_b=-\dot{I}_c=\frac{(a^2-a)\dot{E}_a}{\dot{Z}_1+\dot{Z}_2}=\frac{\dot{E}_{bc}}{\dot{Z}_1+\dot{Z}_2},\quad \dot{I}_a=0\\ &\dot{V}_a=\frac{2\dot{Z}_2\dot{E}_a}{\dot{Z}_1+\dot{Z}_2},\quad \dot{V}_b=\dot{V}_c=\frac{-\dot{Z}_2\dot{E}_a}{\dot{Z}_1+\dot{Z}_2}\end{aligned}\right\} \tag{5.85}$$

b. 1상 중성점 사이의 단락(그림 5.70(b)) 조건은 $\dot{V}_a=0,\ \dot{I}_b=\dot{I}_c=0$

$$\left.\begin{aligned}\dot{I}_a&=\frac{3\dot{E}_a}{\dot{Z}_0+\dot{Z}_1+\dot{Z}_2}\\ \dot{V}_b&=\frac{(a^2-1)\dot{Z}_0+(a^2-a)\dot{Z}_2}{\dot{Z}_0+\dot{Z}_1+\dot{Z}_2}\dot{E}_a\\ \dot{V}_c&=\frac{(a-1)\dot{Z}_0+(a-a^2)\dot{Z}_2}{\dot{Z}_0+\dot{Z}_1+\dot{Z}_2}\dot{E}_a\end{aligned}\right\} \tag{5.86}$$

c. 2상 중성점 사이의 단락(그림 5.70(c)) 조건은 $\dot{I}_a=0,\ \dot{V}_b=\dot{V}_c=0$

$$\left.\begin{aligned}\dot{I}_b&=\frac{(a^2-a)\dot{Z}_0+(a^2-1)\dot{Z}_2}{\dot{Z}_1(\dot{Z}_0+\dot{Z}_2)+\dot{Z}_0\dot{Z}_2}\dot{E}_a\\ \dot{I}_c&=\frac{(a-a^2)\dot{Z}_0+(a-1)\dot{Z}_2}{\dot{Z}_1(\dot{Z}_0+\dot{Z}_2)+\dot{Z}_0\dot{Z}_2}\dot{E}_a\\ \dot{V}_a&=\frac{3\dot{Z}_0\dot{Z}_2\dot{E}_a}{\dot{Z}_1(\dot{Z}_0+\dot{Z}_2)+\dot{Z}_0\dot{Z}_2}\end{aligned}\right\} \tag{5.87}$$

표 5.3 단락전류의 정상분과 등가회로

단락의 종류	정상분 $\dot{I}_{a1}$	단락동락외부 impedance	정상분 등가회로
3상	$\dot{E}_a/\dot{Z}_1$	0	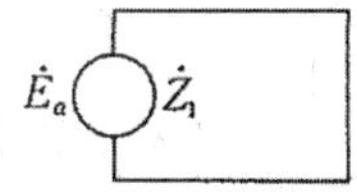
선간	$\dot{E}_a/(\dot{Z}_1+\dot{Z}_2)$	$\dot{Z}_2$	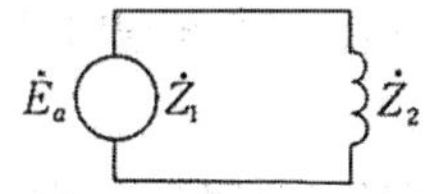
1상중성점 사이	$\dot{E}_a/(\dot{Z}_1+\dot{Z}_2+\dot{Z}_0)$	$\dot{Z}_0+\dot{Z}_2$	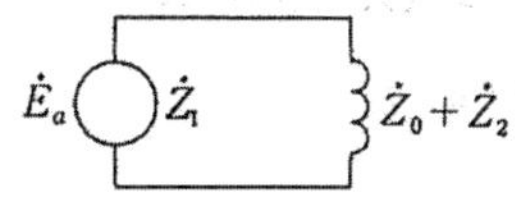
2상중성점 사이	$\dot{E}_a\Big/\left(\dot{Z}_1+\dfrac{\dot{Z}_0\dot{Z}_2}{\dot{Z}_0+\dot{Z}_2}\right)$	$\dfrac{\dot{Z}_0\dot{Z}_2}{\dot{Z}_0+\dot{Z}_2}$	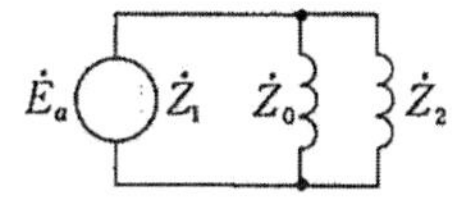

이 상의 각종 지속 단락에 대하여 정상전류 $\dot{I}_{a1}$는 다음의 표 5.3의 등가회로로부터 구해진 값이 된다.

3. 전기자 임피던스의 각 상분의 측정

a. 정상임피던스 정상임피던스는 동기임피던스와 같은 것으로 무부하 시험과 단락 시험 등으로부터 구할 수 있다.

b. 역상임피던스 역상임피던스를 측정하려면, 시험기를 무부하로 하여 정격속도로 돌려 전원으로부터 역상 전압을 가하고, 전압 V_2, 전류 I_2, 입력 W_2을 측정한다.

$$Z_2=\frac{V_2}{I_2},\quad x_2=\sqrt{\left(\frac{V_2}{I_2}\right)^2-\left(\frac{W_2}{I_2^2}\right)^2} \tag{5.88}$$

Z_2는 또, 다른 방법으로도 구할 수 있다. 그림 5.71과 같이 임의의 2단자 B, C를 단락하여 이것과 A 단자 간에 단상전압 V_{ab}를 가하면, 식 (5.85)로부터

$$\dot{V}_{ab}=\dot{V}_a-\dot{V}_b=\frac{3\dot{Z}_2\dot{E}_a}{\dot{Z}_1+\dot{Z}_2},\quad \dot{I}_b=\frac{(a^2-a)\dot{E}_a}{\dot{Z}_1+\dot{Z}_2}$$

따라서

$$\frac{\dot{V}_{ab}}{\dot{I}_b}=\frac{3\dot{Z}_2}{a^2-a} \tag{5.89}$$

$$\dot{Z}_2=\frac{\dot{V}_{ab}}{\sqrt{3}\,\dot{I}_b}$$

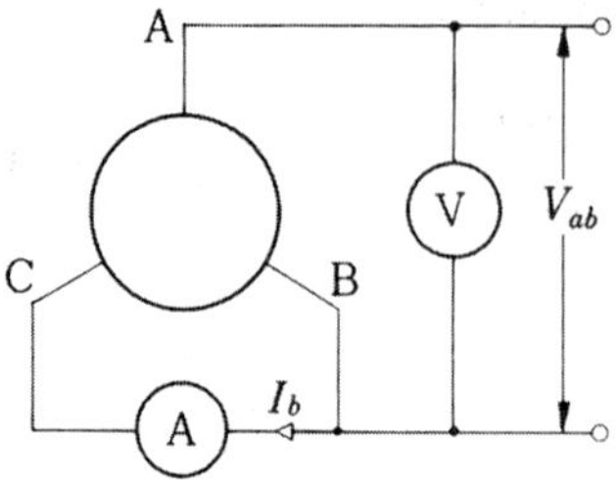

그림 5.71 역상임피던스의 측정법의 예

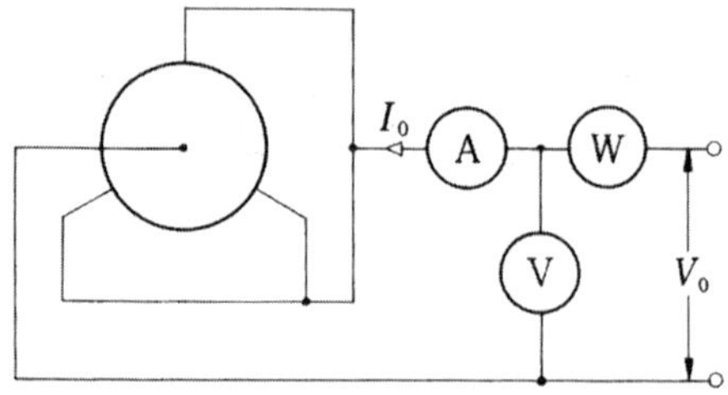

그림 5.72 영상임피던스의 측정법

c. 영상임피던스 영상임피던스를 측정하려면 그림 5.72와 같은 접속으로 단상 전압 V_0를 더하면

$$\left.\begin{aligned} Z_0 &= \frac{3V_0}{I_0} \\ r_0 &= \frac{3W}{I_0^2} \\ x_0 &= \sqrt{Z_0^2 - r_0^2} \end{aligned}\right\} \tag{5.90}$$

5.10.2 돌발(급) 단락(sudden short - circuit)

1. 3상 돌발 단락전류의 등식 여자되고 있는 3상 동기발전기의 3상의 단자를 갑자기 단락하면, 그림 5.73에 나타냈듯이 전기자 및 계자권선에 큰 과도 단락전류가 흐르고 전기자전류는 몇 초 후에 감쇠해 5.10.1절에서 언급한 영구 단락전류가 된다.

이것은 과도 시에는 전기자권선과 계자권선 및 제동권선과의 사이의 자기결합 때문에 전기자 단자에서 본 등가리액턴스의 값이 동기리액턴스와 다르게 되기 때문이다. 상기 3개의 권선 간의 상호리액턴스는 전기자 반작용 리액턴스이며, 각 권선은 각각 고유의 리액턴스를 가지고 있다. 그림 5.74에 이 관계를 나타낸다.

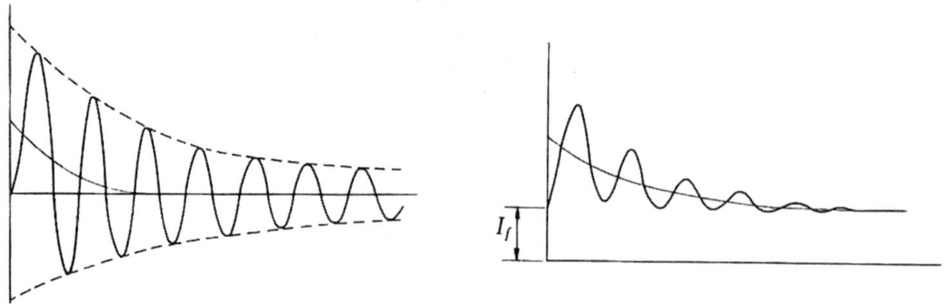

(a) 전기자전류 (b) 계자전류

그림 5.73 3상 발전기의 돌발 단락전류

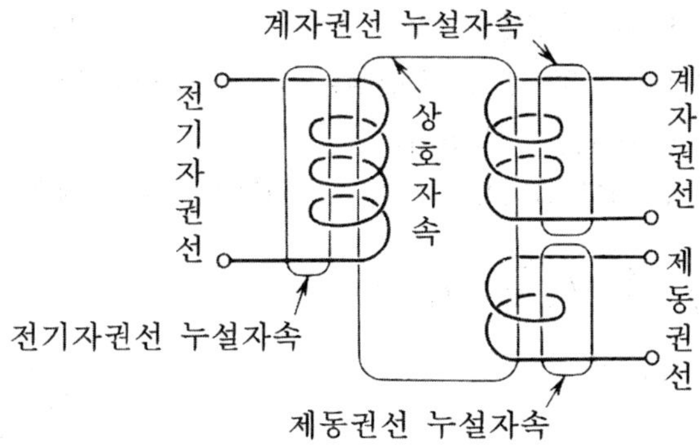

그림 5.74 과도현상 시의 권선 간 자기결합 설명도

과도 전류 i_a는 일반적으로 다음 식으로 표시한다.

$$i_a = -\frac{E_0}{x''_d}\cos\alpha \cdot e^{-t/T_a} + \left\{\left(\frac{1}{x'_d} - \frac{1}{x_d}\right)e^{-t/T'_d} + \left(\frac{1}{x''_d} - \frac{1}{x'_d}\right)e^{-t/T''_d} + \frac{1}{x_d}\right\} E_0 \cos(wt - \alpha) \tag{5.91}$$

여기서 $E_0 \sin(\omega t - a) =$ 전기자 1상의 단락전의 유도기전력

$x_a =$ 전기자 반작용 리액턴스, $x_l =$ 전기자 누설리액턴스, $x_f =$ 계자 누설리액턴스로 하면

$x_d =$ 동기리액턴스 $= x_a + x_l$

$x'_d =$ 과도리액턴스 (transient reactance) $= x_l + x_f$

$x''_d =$ 초기 과도리액턴스 (subtransient reactance)

$T_d' =$ 단락 과도 시정수 (계자 과도 시정수)

$T_d'' =$ 단락 초기 과도 시정수

$T_a =$ 전기자 시정수

과도리액턴스는 제동효과를 생각하지 않는 경우의 과도전류에 대한 등가리액턴스로 전기자권선과 계자권선과의 자기 결합 상태에 의해 정해진다. 초기 과도리액턴스는 제동효과를 생각했을 경우의 과도전류의 등가리액턴스로 전기자권선, 계자권선, 제동권선의 자기 결합 상태에 의해서 정해진다.

식 (5.91)의 제1항은 완화시간 T_a로 감쇠하는 직류분, 제2항은 교류분이다. 제2항의 괄호 내의 제1, 2항에 해당하는 부분은 과도전류를 나타낸다.

$T''_d \ll T'_d$ 이므로 단락 순간의 값은 x''_d에 의해서 제한되어 시정수 T''_d로 급속히 감쇠해, 그 다음에 x'_d에 의해서 제한되고 시정수 T'_d로 점차 감쇠한다. 또, 괄호 내의 제3항에 해당하는 부분은 영구 단락 교류분을 나타내고 교류분은 마지막에 이 값으로 안정한다.

제동권선이 없는 돌극기에서는 이 외 제2차 고조파의 과도전류분이 흐르지만, 보통 기본파의 20% 정도이다. 또, x'_d는 거의 x''_d에 동일한 값이 된다.

2. 자속쇄교 불변의 정리에 의한 고찰 일반적으로 단락전류를 수식적으로 도출하는 것은 복잡하기 때문에 정성적으로 현상을 고찰하도록 한다. 거기에는 **자속쇄교 불변의 정리**(constant linkage theorem)를 이용하는 것이 편리하다.

그림 5.75와 같이 몇 개의 회로가 자기적으로 결합되고 있는 경우 각 회로에 대해

$$L_1\frac{di_1}{dt}+\sum M_{12}\frac{di_2}{dt}+r_1i_1=0$$

$r_1=0$(으)로서 무시하면

$$\frac{d}{dt}(L_1i_1+\sum M_{12}i_2)=0$$

$$\therefore\ L_1i_1+\sum M_{12}i_2=\text{일정} \tag{5.92}$$

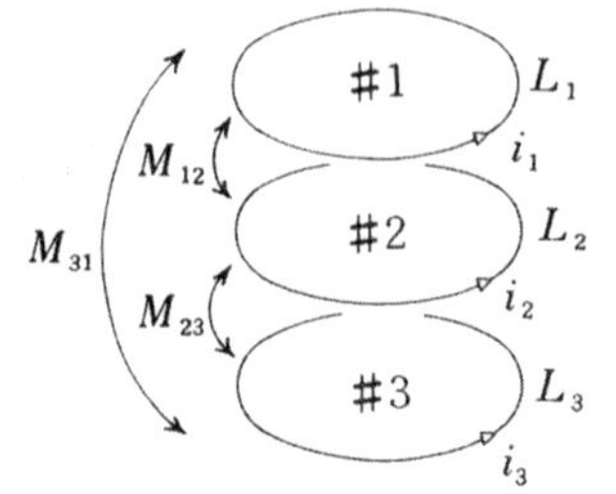

그림 5.75 자속쇄교불변의 정리

식 (5.92)는 회로와의 자속쇄교수가 일정하게 유지되도록 전류가 흐르는 것을 나타내고 있다.

3상 전기자권선의 단락 직전에는

$$i_a=i_b=i_c=0,\qquad \frac{d}{dt}(M_{12}i_2)=e_a$$

이때 단락하면 계자극이 이동해도 권선에 쇄교하는 자속을 일정하게 유지하도록 전기자권선에 과도전류 I_a'가 흐른다. I_a'의 크기는 전기자와 계자권선의 누설리액턴스 x_l, x_f에 의해서 제한되어 전기자권선으로 정해지는 시정수 T_a로 감쇠하므로 유도기전력 $e_a=E_0\sin(\omega t-\alpha)$로 하면

$$i_a'=\frac{E_0\cos\alpha}{x_l+x_f}e^{-t/T_a} \tag{5.93}$$

로 나타내진다. 다른 b, c상 전기자에도 단락 순간의 유도기전력 e_b, e_c에 따라 똑같이 직류분 전류가 흐른다.

I_a'에 의한 합성 기자력에 의한 자속은 단락 순간 공간에 정지하고 있어 계자권선은 동기속도로 이 자속을 잘라 회전하고 있기 때문에, 계자권선에는 정격주파수의 교류 전압이 유도되어 전류가 흐르고 전기자 완화시간 T_a로 감쇠한다. 이것을 식으로 나타내면

$$i_f'=K_f'I_a'e^{-t/T_a}\cos(\omega t-\alpha),\qquad K_f':\text{비례상수} \tag{5.94}$$

계자권선에는 전기자 반작용의 감자작용이 작용하만, 자속쇄교수를 일정하게 유지하는 직류분 i_f''가 흘러 계자권선 저항으로 정해지는 시정수 T_d'으로 감쇠한다.

$$i_f''=K''I_a''e^{-t/T_d'} \tag{5.95}$$

i_f''에 의해서 전기자에 감쇠 교류가 생기지만, 전기자전류의 초기치 I_a''는 주로 x_1+x_f로 제한되므로

$$i_a'' = \frac{E_0}{x_1 + x_f} e^{-t/T_d'} \cos(\omega t - \alpha) \tag{5.96}$$

결국, 전기자 및 계자권선에는

$$i_a = i_a' + i_a'', \qquad i_f = i_f' + i_f''$$

로 표시되는 과도전류가 흐른다. 제동권선이 없는 경우, 전류 초기값을 제한하는 리액턴스를 x_d'로 하고, 과도리액턴스라고 한다.

제동권선이 있으면 합선 시에 계자극면에 전기자 과도전류로 유도되는 와전류, 또는 제동권선 중의 유도 전류는 계자권선을 전기자권선으로부터 차폐작용을 하고, 단락 순간의 전류 초기치를 크게 하지만 그때 정수 T_d''는 작다. 이 전류 초기치를 제한하는 리액턴스를 x_d''로 하면, 이것이 식 (5.91)의 초기 과도리액턴스이다.

3. 각종 리액턴스와 시정수 크기 표 5.4에 각종 리액턴스와 시정수의 대표적인 수치를 보여주고 있다. 터빈발전기는 용량이 증가함에 따라 리액턴스가 증가하는 경향이 있다.

이러한 값은 설계치로부터, 또한 시험에 의해서 구한 값으로부터 산정할 수 있다.

역상리액턴스 x_2는 특별한 경우를 제외하고 x_d''에 거의 같다. 표 5.4로부터 단락전류의 초기치가 정격치의 10배~수배 정도도 되는 것을 알 수 있다. 그러나 전기자권선의 완화시간은 0.05~0.2초의 단시간이기 때문에 과도 단락전류에 의한 권선의 온도 상승은 크지는 않다.

지속 단락전류는 정격치의 2배를 넘지 않으나 모선 또는 송전선로의 전압을 현저하게 떨어뜨린다.

돌발 단락전류에 의한 가장 무서운 장해는 기계적 여러 문제이다. 즉, 도체 사이에는 전류의 제곱에 비례하는 큰 힘을 일으키므로 전기자권선의 권선단이 충분히 지지되어 있지 않으면 단락 시의 충격 전자력으로 파괴될 우려가 있다. 발전기의 축, 기초 등도 충분히 이것에 견딜 수 있도록 설계되어 있지 않으면 안 된다. 합선 전류를 제한하기 위해서 발전기 단에 한류반응장치를 직렬로 접속하기도 한다.

5.10.3 과도리액턴스의 측정 방법

3상 동기발전기의 단락전류 오실로그램을 촬영하고 그림 5.73(a)에 나타냈듯이 상하 포물선과 중앙선을 그리고 중앙선으로부터 포물선까지의 길이, 즉 교류분의 3상 평균치의 $1/\sqrt{2}$을 시간에 대해서 그리면, 그림 5.76(a)와 같은 교류분 실효치의 감쇠곡선을 얻을 수 있다. 이 교류분과 지속 합선 전류 I와의 차이 $\Delta i'$를 그림 (b)에 보인 바와 같이 세로축만 대수 눈금으로 그리고, 하부 직선 부분을 연장하여 세로축과의 교점을$(\Delta i')_0$이라고 하면, 과도리액턴스 x_d'는 다음 식으로부터 구할 수 있다.

$$x_d' = \frac{V}{I + (\Delta i')_0} = \frac{V}{I'} \tag{5.97}$$

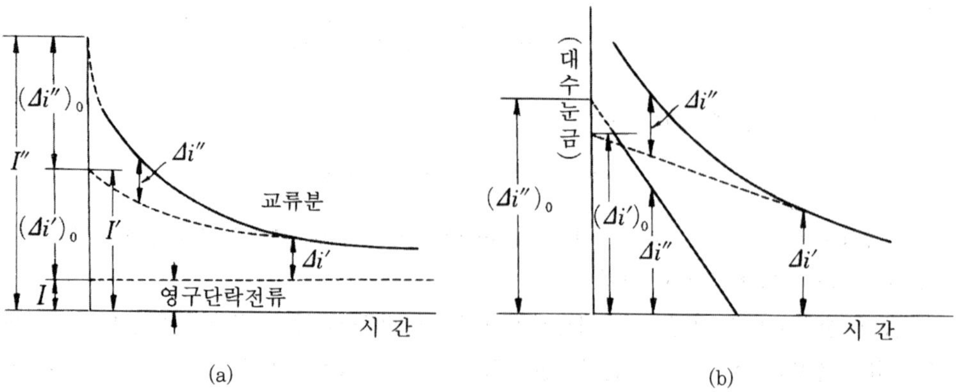

그림 5.76 과도리액턴스의 구하는 방법

표 5.4 각종 리액턴스, 시정수의 대표적 수치(단위법)

리액턴스 \ 기기의 종류	직접냉각 터빈발전기	2극 터빈 발전기	수차발전기	동기전동기
x_d	1.68 / 1.48 ~ 2.01	1.70 / 1.28 ~ 2.08	0.97 / 0.59 ~ 1.49	1.06 / 0.49 ~ 1.64
x_q	1.67 / 1.47 ~ 1.82	1.70 / 1.27 ~ 2.05	1.60 / 0.34 ~ 0.87	0.71 / 0.26 ~ 1.10
x_d'	0.27 / 0.15 ~ 0.42	0.22 / 0.14 ~ 0.31	0.32 / 0.14 ~ 0.48	0.28 / 0.13 ~ 0.47
x_d''	0.21 / 0.14 ~ 0.31	0.16 / 0.09 ~ 0.24	0.23 / 0.10 ~ 0.35	0.20 / 0.07 ~ 0.35
x_2	0.21 / 0.14 ~ 0.28	0.17 / 0.09 ~ 0.28	0.23 / 0.14 ~ 0.36	0.22 / 0.08 ~ 0.42
x_0	0.11 / 0.07 ~ 0.16	0.06 / 0.02 ~ 0.18	0.12 / 0.03 ~ 0.24	0.07 / 0.01 ~ 0.18
T_{d0}'	7.1 / 3.7 ~ 10.6	6.7 / 3.0 ~ 11.2	5.8 / 1.4 ~ 12.9	2.9 / 0.4 ~ 7.9
T_d'	1.0 / 0.7 ~ 1.6	0.8 / 0.38 ~ 1.70	1.7 / 0.4 ~ 3.9	0.8 / 0.09 ~ 2.6
T_d''	0.03 / 0.015 ~ 0.125	0.037 / 0.02 ~ 0.11	0.076 / 0.007 ~ 0.20	0.019 / 0.001 ~ 0.40
T_a	0.4 / 0.20 ~ 0.61	0.22 / 0.08 ~ 0.98	0.18 / 0.04 ~ 0.35	0.11 / 0.03 ~ 0.38

[주] (1) 시정수는 초이다.
(2) 전기공학 핸드북, p.697 (1978) 전기학회에 의한다.

다음으로 그림 (b)의 곡선 부분과 직선 부분의 연장선과의 차이 $\Delta i''$를 다시 세로축만 대수 눈금으로 그리면 직선을 얻을 수 있다. 이 직선을 연장하여 세로축과의 교점을$(\Delta i'')_0$이라고 하면 초기 과도리액턴스 x_d''는 다음 식으로 주어진다.

$$x_d'' = \frac{V}{I' + (\Delta i'')_0} = \frac{V}{I''} \tag{5.98}$$

그림 5.76(b)에 의해서 구한 값을 그림 5.76(a)로 옮기면, 단락전류 교류 분의 완전한 감쇠 곡선을 얻을 수 있다.

5.11 동기기의 운전

5.11.1 상태 안정도(static stability)

동기발전기 또는 동기전동기에서 여자를 일정하게 유지하고 그 부하를 점차 증가시키면, 이미 언급했듯이 출력이 어떤 값을 넘으면 안정적으로 운전할 수 없게 되고, 동기이탈을 일으킨다. 이 때 출력을 **상태 안정 극한전력**(static stability limit)이라고 한다. 이것은 비돌극기는 부하각 $\delta = 90°$일 때 전력은 $3VE_0/x_s$와 같다. 또한, 돌극기에서는 $\delta = 60\sim70°$일 때 전력은 식 (5.41)로 주어진다.

5.11.2 과도 안정도

동기기의 부하가 급변했을 경우에는 기계의 입력과 출력 사이에 과부족을 일으켜 새로운 부하에 맞는 부하각으로 자극이 이동하기 시작한다. 그런데, 회전체에는 관성이 있으므로 즉시 새로운 부하각의 위치에 안정되지 못하고, 그 전후에 진동해 마지막에 안정되든가, 혹은 부하에 의해서 진동이 증대해 동기이탈하게 된다. 부하를 급격하게 증대했을 경우, 안정하게 운전을 계속할 수 있는 극한의 전력을 **과도 안정 극한전력**(transient stability limit)이라고 한다.

1. 동기전동기의 경우 동기전동기의 과도 안정도에 대해 설명해보자. 그림 5.77은 여자전류가 일정한 경우의 전동기 입력 $P \fallingdotseq 3(VE_0/x_s)\sin\delta$를 부하각에 대해서 도시한 것이다. 처음 부하 P_0, 부하각 δ_0일 때, 부하가 갑자기 P_1으로 늘어났다고 하면 입력이 $P_1 - P_0$만큼 부족하게 되기 때문에 감속하여 부하각 δ가 늘어난다. 그 때문에 입력이 증가하고 회전체의 운동 에너지의 일부를 방출하게 된다. 이 에너지는 그림의 면적 abd에 비례한다. 회전체의 관성 때문에, δ은 δ_1에 안정되지 않고 계속 커지고 δ_1 이상이 되면 입력이 P_1보다 커지므로 가속되어 운동 에너지를 축적하게 된다. 이 값(면적 bcf)이 전에 잃은 에너지(면적 abd)에 동일해지는 부하각 δ_2까지 이동하여 동기속도가 된다. 가속은 계속되고 동기속도 이상이 되어, δ는 감소하고 다시 δ_1부하각 쪽으로 되돌아가지만 관성 때문에 지나쳐 δ는 감소한다. 다시 동기속도가 감속을 시작한다. 이렇게 하여 새로운 부하각 δ_1을 중심으로 진자처럼 진동을 계속하지만, 전기적, 기계적 손실 때문에 감쇠하여 결국 안정하게 된다.

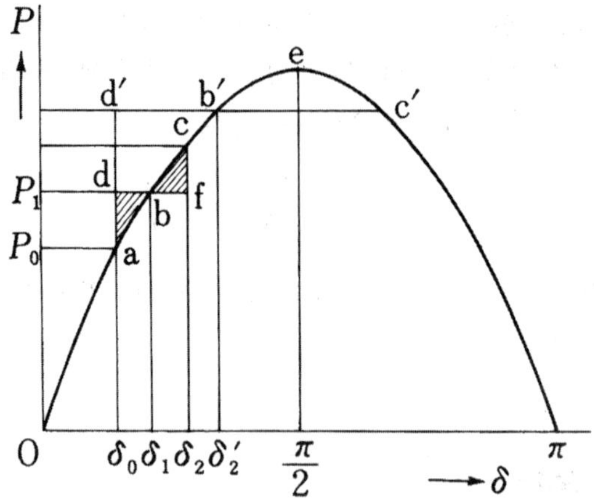

그림 5.77 전력 대 부하각 곡선

P_1이 커지면 δ_1 따라서 최대 이동각 δ_2도 증가하고, $\delta_2{}'$와 같이 되어, 면적 b′c′e < 면적 a′b′d′와 같이 되면, 동기이탈하게 된다.

운동의 일반식은

$$\frac{\Theta}{p}\frac{d^2\delta}{dt^2}+\gamma\frac{d\delta}{dt}+T_m\sin\delta=T_l \tag{5.99}$$

여기서, Θ : 관성모멘트, γ: 제동계수, $T_m=3VE_0/(\omega_0 x_s)$ = 최대토크
T_l :부하토크, ω_0 :동기각속도

T가 T_0로부터 갑자기 ΔT_l 만큼 증가했다고 하면, 한계 조건이

$$t=0,\quad \frac{d\delta}{dt}=0,\quad \frac{d^2\delta}{dt^2}=0$$

$$t\le 0,\quad T_l=T_0,\quad \delta=\delta_0$$

$$t>0,\quad T_l=T_0+\Delta T_l=T_1\quad \delta=\delta_1$$

이라면, $\dfrac{d^2\delta}{dt^2}=\dfrac{1}{2}\dfrac{d}{dt}\left(\dfrac{d\delta}{dt}\right)^2$ 이기 때문에

제동권선이 없는 경우에는 $\gamma=0$로 하면 식 (5.99)는 다음과 같게 된다.

$$\frac{\Theta}{2p}\left|\left(\frac{d\delta}{dt}\right)^2\right|_{\delta_0}^{\delta}+T_m\int_{\delta_0}^{\delta}\sin\delta\cdot d\delta=T_1(\delta-\delta_0)$$

δ가 T_1에 해당하는 새로운 부하각 δ_1에 동기이탈하지 않기 위해서는 회전체가 잃은 운동 에너지가 양의 값이 되어야 한다. 즉,

$$-\frac{\Theta}{2p}\left|\left(\frac{d\delta}{dt}\right)^2\right|_{\delta_0}^{\delta}\ge 0$$

따라서

$$T_1(\delta-\delta_0) \leq T_m\int_{\delta_0}^{\delta}\sin\delta \cdot d\delta = T_m(\cos\delta_0-\cos\delta)$$

위의 식을 다시 고치면

$$T_1(\delta-\delta_0)-T_m\int_{\delta_0}^{\delta_1}\sin\delta \cdot d\delta \leq T_m\int_{\delta_1}^{\delta}\sin\delta \cdot d\delta - T_1(\delta-\delta_1) \tag{5.100}$$

식 (5.100)의 좌변은 면적 abd와, 우변은 면적 bcf와 같다. 즉, 위 식의 관계를 만족하도록 부하각 δ_2가 존재하면 안정되고, 부하각은 δ_2까지 증가하고 다시 δ_1으로 향해 감소하여 δ_0와 δ_2의 사이를 진동하여 결국은 감쇠하여 δ_1으로 안정되는 것이다. 만약 이러한 δ_2가 존재하지 않는 경우에는 동기이탈한다.

무부하로부터 갑자기 부하를 가했을 경우에는 가할 수 있는 최대 부하는 계산 결과, 다음 식에서 주어진다.

$$(\Delta T_l)_m \fallingdotseq 0.7T_m(1-\sin\delta_0) \tag{5.101}$$

무부하에서는 보통 $\delta_0=0$이므로 최대 부하의 약 70%의 부하를 급격하게 걸 수 있다.

이때, $\delta_1=47°$, $\delta_2=128°$가 된다.

전부하(역률 1)에서의 정격전압, 전류, 토크, 부하각을, 각각 V_n, I_n, T_n, δ_n으로 하면

$$\tan\delta_n = \frac{I_n x_s}{V_n} = q \text{ (단위법으로 나타낸 리액턴스 강하)}$$

$$T_n = T_m\sin\delta_n = T_m \cdot \frac{q}{\sqrt{1+q^2}}$$

따라서

$$(\Delta T_l)_m = 0.7\frac{\sqrt{1+q^2}}{q}T_n(1-\sin\delta_0) \tag{5.102}$$

$q=0.6\sim1.2$로 하면, $(\Delta T_l)_n/T_n=1.36\sim0.91$이 된다. 무부하로부터 정격토크까지는 급격하게 가할 수 있다. 또한, 동기리액턴스가 작은 만큼, 다시 말하면 단락비가 큰 만큼, 갑자기 가할 수 있는 부하가 크고, 따라서 과도 안정도가 크게 된다.

동기기의 회전부분의 플라이휠 효과를 크게 하면, 상차각 변화의 속도가 늦어지기 때문에 발전기에 접속된 2회선 송전선로의 선택 차단 시간에 여유가 주어져 선로의 고장 시에 동기이탈에 의한 정전을 막을 수 있다.

2. 속응여자(quick – response excitation) 동기전동기의 최대 토크 T_m은 VE_0에 비례하므로 부하 급변 시에 급속히 여자전류를 늘리면 과도 안정도가 증대한다. 여자기의 완화시간을 작게 하고, 그 발생 전압이 급격하게 상승하게 되고, 여자기의 속응도를 증가시키는 방식을 속응여자방식이라고 한다. 이 때문에 계자회로의 반도체화를 하고 있다.

5.11.3 난조(hunting)

부하로 정해지는 부하각 δ_1의 전후에 진동하는 현상은 부하가 급변하는 경우 외에 앞에서 언급한 바와 같이 동기기의 원동기 또는 부하의 토크가 불균일한 경우에 생긴다. 전자의 경우, 조속기의 조정작용에 뒤져있고 진동이 오히려 증대되도록 작용하면, 이른바 정귀환 작용으로 진동은 더욱 더 증대하고 결국 동기이탈된다. 이것을 난조라고 한다. 이 경우는 운동의 기본식으로 제동계수 γ를 $(-)$값으로 하는 것에 해당한다.

제동권선이 없는 경우에도 회전부분의 기계손, 계자극면의 와전류손 등에 의해서 제동 작용을 일으키기 때문에, γ의 값은 0은 아니다. 계산 결과, 전기자저항 r_a가 한계 저항값 $r_c = x_q \tan\delta_1$ (δ_1 : 정상상태시의 부하각)보다 크면 제동계수 γ는 $(-)$값이 되는 것으로 알려져 있다. 경부하 시에는 $\tan\delta_1$이 작기 때문에, 난조를 일으키기 쉽다. 발전소가 송전선로의 말단에 있고, 변압기는 없고 장거리 송전선로에 직접 송전을 하는 특수한 경우에 자주 일어나는 현상이다. 이 경우는 직렬 리액턴스를 접속하면 어느 정도 방지할 수 있다.

제동권선이 있으면 r_c의 값은 커지고 난조는 일어나기 어려워지지만 제동권선의 저항은 작을수록 유효하다.

5.11.4 3상 발전기의 불평형부하

3상 동기발전기에 불평형부하를 가할 수 있었을 경우에는 3상 불평형 전류를 대칭 좌표법에 따라 정상분과 역상분으로 분리하여 생각하면 좋다. 정상분의 전기자 반작용은 앞에서 언급한 영향을 전압에 준다. 역상분의 전기자 반작용은 단상기의 역상분의 반작용과 같이 계자권선 및 제동권선, 자극면에 2배 주파수의 교류를 유도하고, 이것들을 과열한다. 그러나 제동권선은 이것이 없는 경우에 비해 전기자의 전압 파형의 왜곡을 바로잡는 작용을 한다. 송전 계통에 불평형 단락이 일어났을 경우에는 불평형 단락전류의 역상분에 의한 전압 파형의 왜곡을 경감하기 위해서, 발전기에 제동권선을 마련하는 것이 좋다.

5.12 손실 및 효율

5.12.1 규약효율 산정을 위한 손실

동기기의 규약효율의 산정에는 다음의 제손실이 포함된다.

(1) 고정손(일정하다고 보는 손실)

(a) 철손, (b) 베어링 마찰손, (c) 브러시 마찰손, (d) 풍손

(2) 직접 부하손

(a) 전기자권선의 저항손, (b) 회전 전기자형의 브러시의 전기손

(3) 여자손

(a) 계자권선의 저항손, (b) 브러시의 전기손

(4) 표류부하손　부하전류에 의해서 생기는 전기자 도체의 표피효과에 의한 부가손, 계자속의 왜곡에 의한 철손의 증가 등에서 (2)에 포함되지 않는 것.

(5) 기타 동기기와 일체형이지만 측정으로 분리하기 어려운 것. 예를 들어, 동기기로부터 분리하기 어려운 직결 여자기의 풍손과 마찰손. 여자장치의 손실은 포함하지 않는다.

각권선의 저항손은 기준 권선온도로 산정한다. 따라서 A종, E종, B종 절연에 대하여 75℃, F종, H종은 115℃, 단, F종, H종에서 온도 상승이 B종 이하에 지정되고 있는 경우에는 75℃로 한다.

5.12.2 손실 측정법

손실 측정에는 시험기를 적당한 출력을 가지는 별도의 전동기에 의해서 정격속도로 운전하여 전동기의 출력으로부터 기계의 손실을 산정한다. 이 경우, 여자기가 동기기에 직결되어 있어도 이것을 사용하지 않고서는 발전할 수 없다.

(1) 동기기를 여자시키지 않고 정격속도로 운전하면, 동기기 및 직결 여자기의 기계손을 얻을 수 있다.

(2) 동기기를 여자시키고 정격전압을 발생시키면, 철손을 포함한 고정 손실이 얻어진다. 앞서 (1)항의 기계손을 빼면 철손을 얻을 수 있다.

(3) 동기기의 3상 전단자를 단락시켜 정격속도로 운전하여 여자를 주어 전기자전류를 흘리면, 기계손과 그 전기자전류에 있어서의 전기사지항손과 표류부하손과의 합을 얻을 수 있다. 앞서 (1)항의 기계손을 빼면 전기자저항손과 표류부하손과의 합(**단락손**이라고 한다)을 얻을 수 있다.

이 외에 시험기를 무부하 동기전동기로서 운전하는 방법, 기계를 정격속도 이상의 속도로 운전하다가 입력을 갑자기 끊고 속도감쇠곡선을 구하는 **감속법**(retardation method)이 있다.

5.12.3 규약효율

규약효율은 다음 식으로 계산한다.

$$\text{규약효율} = \frac{\text{정격출력}}{(\text{정격출력}) + (\text{손실의 합})} \tag{5.103}$$

정격출력의 단위는 다음과 같이 나타낸다.

(1) 동기발전기　정격출력은 전기자 단자에 있어서의 전력으로 나타내며, 그 단위는 VA, kVA이며, 어느 경우도 역률을 함께 표기한다.

(2) 동기전동기　정격출력은 축을 통하여 이용되는 기계적 출력으로 나타내고, 그 단위는 W 또는 kW로 한다.

(3) 동기조상기　정격용량은 단자에 있어서의 피상전력으로 나타내고, 그 단위는 VA 또는 kVA로 한다.

그림 5.78 및 그림 5.79는 수차발전기 및 터빈발전기의 출력과 효율(개략치)의 관계를 나타내지만, 설계 기술과 재료의 진보에 의해 점점 상승하는 경향이 있다.

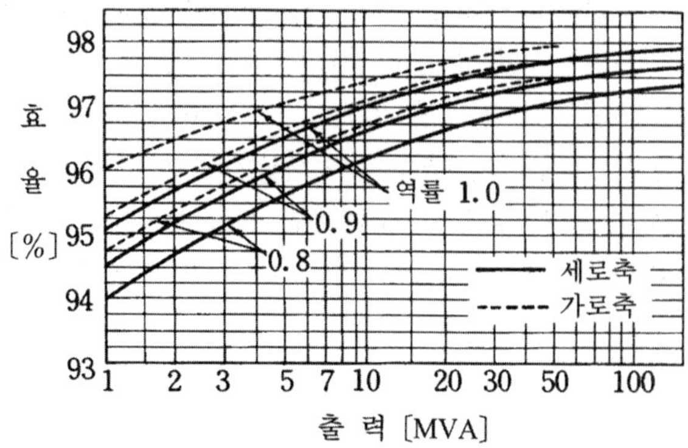

그림 5.78 수차발전기의 효율

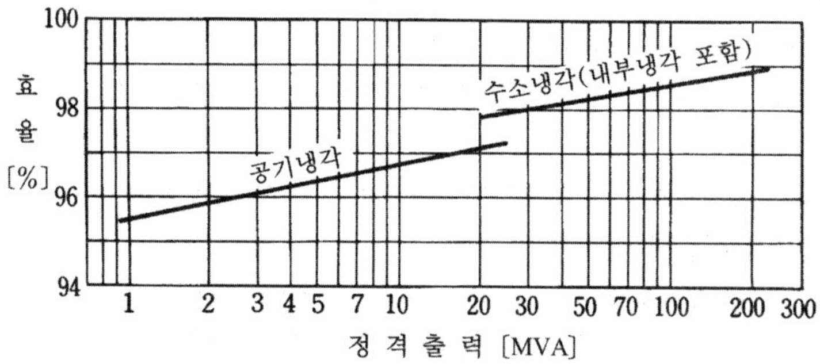

그림 5.79 터빈발전기의 효율

풀어보기

5.1 주파수 60 Hz, 극수 44의 동기발전기의 회전자의 직경이 7.5 m일 때, 그 주변 속도는 얼마인가?

5.2 최근의 우리나라의 화력 발전소에 있어서 대용량의 2극 발전기가 넓게 채용되었다. 그 이유를 말해보시오. 터빈발전기에 있어서의 2극기의 단위 용량을 제한하는 인자는 무엇으로 있는지를 설명하라.

5.3 우산 모양 수차발전기의 특징을 약술하라.

5.4 수소냉각방식의 이점이 어떠한 경우에 이용되는지를 설명하라.

5.5 3상 동기발전기에 대하여 단절권을 이용해 계자속의 제 5 조 하부에 의한 유도기전력을 제외하려면 권선피치를 어떻게 선택하면 좋은가?

5.6 동기조상기에 의해 송전선로를 시충전하는 경우, 이것이 자기 여자 현상을 일으키지 않기 위해(때문에) 필요한 단락비를 요구하는데, 다만, 주파수를 f(Hz), 송전선로의 전선 1선 당의 정전용원을 C[F], 조상기의 정격출력을 Q[kVA], 조상기의 정격 전압은 V[V], 포화 계수를 σ로 해, 이것은 주어진 것으로 한다.

5.7 3상 동기발전기의 선을 연결함은 일반적으로 Y접속으로서 Λ접속을 사용하지 않고, 또, 단상 변압기의 3상 선을 연결함에는 Y-Y접속을 사용하지 않는다. 그 이유를 말하라.

5.8 정격이 10,000 V, 500 A, 역률 90%의 3상 동기발전기에 대해서 다음의 질문에 대답하라. 다만, 합선비는 1.3으로 하여 전기자저항은 무시하는 것으로 한다.

(1) 정격출력(kW)은 얼마인가?

(2) 동기리액턴스(Ω)는 얼마인가?

(3) 전압변동률(%)은 얼마인가?

5.9 전기자 1상의 저항 및 동기리액턴스가 각각 r_a및 x_s로 상전압이 V, 정격 전류가 I가 되는 원통형 3상 동기발전기의 벡터도를 그려 전압변동률의 식을 유도하라. 다음에 정격출력 7,000 kVA, 정격전압 6,600 V, $r_a = 0.1\ \Omega$, $x_s = 4\ \Omega$의 발전기의 전부하 뒤진역률 0.8에 대한 전압변동률을 구하라.

5.10 돌극 발전기의 벡터도를 그려 정격전압 V_n, 정격전류 I_n, 역률 $\cos\phi$의 경우의 전압변동률을 구하라. 다만, 직축 동기리액턴스는 x_d, 횡축 동기리액턴스는 x_q이며, 전기자저항은 무시한다.

5.11 돌극형 3상 동기발전기의 단자전압을 V, 무부하 유도기전력을 E_0, 부하전류를 I, 내부 상차각을 δ로서 전압·전류의 벡터도를 그리고 이러한 제량에 의해서 출력을 나타내는 식을 이끌어 정여자·정전압으로 발전기를 운전할 때의 출력의 변화는 내부 상차각 δ의 변화에게만 의존하는 것을 증명하라. 다만, 전기자권선의 직축 동기리액턴스를 x_d, 횡축 동기리액턴스를 x_q로 하고 저항은 무시한다.

5.12 3상 동기발전기의 동기임피던스를 단위법으로 나타내면, 그 역수가 단락비와 동일해지는 것을 무부하 포화곡선과 3상 합선 곡선의 관계로부터 설명하라.
또, 다음의 3상 동기발전기의 단락비 및 동기임피던스를 구하라. 정격출력 10,000 kV, 정격전압 11 kV, 3상 영구 합선 전류 600 A.

5.13 동기전동기의 제동권선의 작용에 대해 말하라.

5.14 다음의 [　　　] 안에 적당한 답을 기입하라.

동기발전기의 안정도를 향상시키려면 [　　　]를 크게 하는 것, [　　　] 리액턴스를 작게 하는 것, 회전자의 [　　　] 효과를 크게 하는 것, 회전자에 [　　　]를 마련하는 것, 또한 여자회로에 [　　　] 방식을 채용하는 것 등이 주된 대책이라고 할 수 있다.

5.15 다음의 [　　　] 안에 적당한 답을 기입하라.

동기발전기의 운전에는 안정도를 고려하는 것이 중요하고, 이 안정도에는 [　　　] 안정도와 [　　　] 안정도가 있어 전자는 부하가 서서히 증가했을 경우 안정인 운전을 유지할 수 있을 때 합을 말하며, 그 극한에 있어서의 전력을 [　　　] 전력이라고 한다. 또한 후자는 운전중의 부하의 급격한 변동, 선로의 개폐, 선로 고장 등이 생겨도 [　　　]하지 않고 다시 평형을 되찾아 안정인 운전을 계속할 수 있을 때 합을 말하며 그 극한에 있어서의 전력을 [　　　] 전력이라고 한다.

5.16 정격 130 kW, 3,000 V, 60 Hz의 3상 동기전동기가 무한대 모선에 접속되어 운전되고 있다. 그 동기화 힘의 최대치는 전기각 1도에 대해 15 kW이다.

(1) 정상상태 안정 극한전력은 몇 kW인가?

(2) 무부하 운전중에 갑자기 일정한 부하를 더했을 때, 차이를 일으키지 않는 부하의 최대치는 몇 kW인가?
단, 모든 손실은 무시해 비돌극기로서 취급하는 것으로 한다.

참고치
$\sin 40° = 0.643$ $\sin 41° = 0.656$
$\sin 42° = 0.669$ $\sin 43° = 0.682$
$\sin 44° = 0.695$ $\sin 45° = 0.707$
$\sin 46° = 0.719$ $\sin 47° = 0.731$
$\sin 48° = 0.743$ $\sin 49° = 0.755$
$\sin 50° = 0.766$

5.17 3상 동기전동기가 리액턴스 x_t의 송전선로의 수전단에 접속되어 있다. 발전기의 무부하 전압을 E_0', 전동기의 무부하 유도기전력을 E_0, 각각의 동기리액턴스를 x_{1s}, x_{2s}로 하면 전동기의 정상상태 안정의 극한전력은 얼마인가?

5.18 동기발전기의 합선 사고 때, 속응여자를 이용하면 무엇이기 때문에 과도 안정도가 증가하는지를 설명하시오.

5.19 동기기의 난조는 어떤 경우에 일어나는가? 이것을 방지하는 방법을 설명하시오.

5.20 동기기의 손실을 감속법으로 측정하는 경우, 입력을 끊은 후 t_1초에 있어서의 회전속도를 N_1 [rpm], t_2초 후의 속도를 N_2 [rpm]로 하면, 시간 t_1과 t_2로의 사이에 이르는 동안의 평균 손실은 다음 식이 되는 것을 증명하라.

$$W = 1.37 \times 10^{-6} GD^2 \frac{N_1^2 - N_2^2}{t_2 - t_1} \text{ [kW]}$$

여기서 GD^2: 바퀴효과 [kgf·m^2]
(G는 회전체의 질량 [kg], D는 회전체의 반경 [m]의 2배)

5.21 동기발전기가 2회선의 송전선로에 접속되어 있다. 그 1회선이 고장 났을 때, 선택 차단하여 속응여자를 실시해 1회선으로 송전을 계속하는 경우, 발전기의 과도 안정도는 어떻게 되는지 고찰하라.

부 록

첨부 1. 공냉형 회전기의 온도상승한도(JIS C 4004-1980에 의함)

(단위: ℃)

항목	회전기 부분	A종 절연			E종 절연			B종 절연			F종 절연			H종 절연		
		온도계법	저항법	매입온도계법	온도계법	저항법	매입온도계법	온도계법	저항법	매입온도계법	온도계법	저항법	매입온도계법	온도계법	저항법	매입온도계법
1	5000kW(또는 kVA) 이상 또는 철심의 길이 1m 이상 교류기의 전기자 권선	–	60	60[1]	–	75	75[1]	–	80	80[1]	–	100	100[1]	–	125	125[1]
2 (a) (b) (c)	5000kW(또는 kVA) 미만에서 철심의 길이 1m 미만 교류기의 전기자 권선 3,4 항목 이외의 직류여자를 갖는 교류기 또는 직류기의 계자권선 정류자를 갖는 회전자의 전기자 권선	50[1]	60	–	65[1]	75	–	70[1]	80	–	85[1]	100	–	105[1]	125	–
3	직류여자를 갖는 원통형회전자의 계자권선	–	–	–	–	–	–	–	90	–	–	100	–	–	–	–
4 (a)	이층 이상의 저저항 계자권선 및 보상권선	60	60	–	75	75	–	80	80	–	100	100	–	125	125	–
(b)	나도체 또는 바니스 처리를 한 단층권선[12]	65	65	–	80	80	–	90	90	–	110	110	–	135	135	–
5	절연된 단락권선	60	–	–	75	–	–	80	–	–	100	–	–	125	–	–
6	절연되어 있지 않은 단락권선	이 부분의 온도는 어떤 상황에서도 근접하는 절연물 이외의 재료에 손상을 주지 않는 온도로 한다.														
7	권선에 접촉되지 않은 철심, 또는 그 외의 부분															

8	권선에 접촉하는 철심 또는 그 외의 부분	60	–	–	75	–	–	80	–	–	100	–	–	125	–	–
9	정류자 및 슬립링[3]	60	–	–	70	–	–	80	–	–	90[4]	–	–	100[4]	–	
10	베어링(자냉식)	표면에서 측정 시 40℃, 베어링 금속에 온도계 소자를 집어넣고서 측정 시 45℃, 내열성이 좋은 윤활제를 사용하는 경우에는 표면에서 측정 시 55℃, 단, 수냉식 베어링 또는 특수 내열 윤활제를 사용 시에는 당사자 사이의 협정에 따른다.														

[주의] (1) 고전압은 보정이 적용되는 항목이다.

(2) 다층권의 계자권선에서도 하층 권선이 냉각 모체에 접촉하는 때도 포함한다.

(3) 온도상승에 적합한 절연이 설치되어 있을 때 9번 항의 온도상승은 허락된다. 단, 정류자 또는 슬립링이 권선에 접촉하고 있는 경우에는 권선 절연 종류의 온도상승을 초과해서는 안 된다.

(4) 90℃ 및 100℃의 온도상승을 허락하는 경우에는 브러시 품질의 선택을 특히 주의한다.

첨부 2. 방향성 규소강판의 성질(JIS C 2553-1986에 의함)

<table>
<tr><th>종류</th><th>공칭 두께
[mm]</th><th>밀도(1)
[kg/dm³]</th><th>철손(2)
$W_{17/50}$ [W/kg]</th><th>자속밀도
B_s [T]</th><th>점적률
[%]</th></tr>
<tr><td>30 P 110</td><td rowspan="5">0.30</td><td rowspan="10">7.65</td><td>1.10 이하</td><td rowspan="2">1.85 이상</td><td rowspan="5">95.5 이상</td></tr>
<tr><td>30 P 120</td><td>1.20 이하</td></tr>
<tr><td>30 G 130</td><td>1.30 이하</td><td rowspan="2">1.78 이상</td></tr>
<tr><td>30 G 140</td><td>1.40 이하</td></tr>
<tr><td>30 G 150</td><td>1.50 이하</td><td>1.75 이상</td></tr>
<tr><td>35 P 125</td><td rowspan="5">0.35</td><td>1.25 이하</td><td rowspan="2">1.85 이상</td><td rowspan="5">96.0 이상</td></tr>
<tr><td>35 P 135</td><td>1.35 이하</td></tr>
<tr><td>35 G 145</td><td>1.45 이하</td><td rowspan="2">1.78 이상</td></tr>
<tr><td>30 G 155</td><td>1.55 이하</td></tr>
<tr><td>30 G 165</td><td>1.65 이하</td><td>1.75 이상</td></tr>
</table>

주의 (1) 밀도는 시험판의 단면적을 계산하는데 이용한다.
(2) 철손 $W_{17/50}$은 주파수 50Hz, 최대자속밀도 1.7T 경우일 때 철손을 나타낸다.
(3) 자속밀도 B_s는 자화력 800A/m에서의 자속밀도를 나타낸다.

첨부 3. 유입식 및 건식변압기의 온도상승 한도(JEC-204-1978에 의함)

(a) 유입식 변압기의 온도상승 한도

변압기 부분		온도측정방법	온도상승 한도 [K]
권선	기름 자연순환 시	저 항 법	55
	기름 강제순환 시	저 항 법	60
기름	본체 탱크 내에 기름이 직접 외부공기와 접촉하는 경우	온 도 계 법	50
	본체 탱크 내에 기름이 직접 외부 공기와 접촉하지 않는 경우	온 도 계 법	55
철심 그 외의 금속 부분의 절연물의 접촉하는 표면		온 도 계 법	근접절연물이 손상되지 않는 온도

(b) 건식변압기의 온도상승 한도

변압기 부분	온도측정방법	절연의 종류	온도상승 한도 [K]
권 선	저 항 법	A	55
		E	70
		B	75
		F	95
		H	120
철심표면	온도계법		근접절연물이 손상되지 않는 온도

첨부 4. 임펄스 전압시험에 견디는 설계의 유입식 변압기권선 선로 단자의 절연계급과 시험전압
(JEC-204-1978에 의함)

공칭전압[kV]	절연계급	뇌임펄스시험[kV]		교류시험전압 [kV]
		전파	절단파	
3.3	3A	45	50	16
3.3	3B	35	–	10
6.6	6A	60	65	22
6.6	6B	45	–	16
11	10A	90	100	28
	10B	75	–	28
22	20A	150	165	50
	20B	125	–	50
33	30A	200	220	70
	30B	170	–	70
66	60	350	385	140
77	70	400	440	160
110	100	550	605	230
154	140	750	825	325
187	140	750	825	325
220	170	900	970	395
275	200	1,050	1,150	460
500	500L	1,550	1,705	750

[주의] 공칭전압 184kV 이하에서는 비 유효접지계통으로 하며, 공칭전압 187[kV] 이상에서는 유효접지계통으로 접속되어 있는 변압기에 각각 연결한다.

첨부 5. 건식변압기 및 임펄스전압시험에 견딜 수 있도록 설계하지 않은 유입식 변압기권선 선로단자의 교류시험전압(JEC-204-1978 에 의함)

공칭전압[kV]	시험전압[kV]
0.22 이하	2
0.22 초과 1.1 이하	4
1.1 초과 3.3 이하	10
6.6	16
11	25
13.2	30
16.5	38
22	50
33	70

[주의] 건식변압기는 일반적으로 낙뢰를 맞는 빈도가 낮고, 직격 낙뢰와 간접 낙뢰를 고려할 필요가 없는 장소에 설치된다. 따라서 특별히 지정되지 않는 한, 임펄스 전압 시험은 고려하지 않는 것을 표준으로 한다.

첨부 6. (전기설비에 관한 기술기준을 정하는 법 16조에 의한다.)

권선의 종류	시험전압	시험방법
1. 최대사용전압 7,000V 이하의 권선	최대사용전압의 1.5배의 전압 (500V 미만인 경우, 500V)	시험되는 권선과 그 외의 권선, 철심 및 외함 사이에 시험전압을 연속으로 10분간 가한다.
2. 최대사용전압 7,000V 초과 15,000V 이하의 권선에서 중성점 접지식 전로(중성선을 갖는 것은 그 중성선에 다중접지하는 것으로 제한함)에 접속하는 권선	최대사용전압의 0.92배의 전압	
3. 최대사용전압 7,000V 초과 60,000V 이하의 권선(2번째 내용을 제외함.)	최대사용전압의 1.25배의 전압 (10,500V 미만에서는 10,500V로 한다.)	
4. 최대사용전압이 60,000V를 초과하는 권선에서 중성점 비접지식 전로(전위변성기를 이용하여 접시하는 것을 포함함.)에 접속하는 권선	최대사용전압 1.25배의 전압	
5. 최대사용전압이 60,000V를 초과하는 권선(Y-결선 또는 스코트결선으로 제한함)에서 중성점 접지식 전로(전위변성기를 이용하여 접지하거나 6번째 내용을 제외함)를 접속하고, Y-결선의 권선에서는 그 중성점을, 스코트결선의 권선에서는 T자 권선과 주권선의 접속점으로 피뢰기를 설치하는 권선	최대사용전압의 1.1배의 전압 (75,000V 미만에서는 75,000V로 한다.)	시험되는 권선의 중성점 단자(스코트결선에 있어서는 T자 권선과 주권선의 접촉점 단자. 이하의 항에서는 같다.) 이외의 임외의 1단자, 그 외의 권선(그 권선이 2개 이상이면 각각의 권선)의 임의의 1단자, 철심 및 외함을 접지하고, 시험되는 권선의 중성점 단자 이외의 각 단자에 3상 교류의 시험전압을 연속으로 10분간 가한다. 단, 3상 교류 시험전압을 가하기 어려운 경우 시험되는 권선의 중성점 단자 및 접지되는 단자 이외의 1단자와 대지 사이에 단상 교류 시험전압을 연속으로 10분간 가하고, 더불어 중성점 단자와 대지 사이에 최대사용전압의 0.64배(스코트결선에서는 0.96배)를 10분간 가할 수 있다.

6. 최대사용전압이 170,000V를 초과하는 권선(Y-결선으로 제한한다) 이 권선에 있어서 중성점 직접 접지식 전로에 접속하고 그 중성점에 피뢰기를 설치하는 권선	최대사용전압의 0.72배의 전압	시험되는 권선의 중성점 단자, 그 외 권선(그 외의 권선이 2개 이상이면, 각각의 권선)의 임의의 1단자, 철심 및 외함을 접지하고 시험되는 권선의 중성점 단자 이외의 임의의 1단자와 대지 사이에 시험전압을 연속으로 10분간 실시하고 중성점 단자와 대지 사이에 최대사용전압의 0.3배의 전압을 연속으로 10분간 가한다.
7. 최대사용전압이 170,000V를 초과하는 권선(Y-결선으로 제한한다)으로 중성점 직접 접지식 전로에 접속하여 그 중성점을 직접 접지하는 권선	최대사용전압의 0.64배 전압	시험되는 권선의 중성점 단자, 그 외 권선(그 외의 권선이 2개 이상이면 각각의 권선)의 임의의 1단자, 철심 및 외함을 접지하고 시험되는 권선의 중성점 단자 이외의 임의의 1단자와 대지 사이에 시험전압을 연속으로 10분간 가한다.
8. 그 외의 권선	최대사용전압의 1.1배 전압(75,000V 미만일 경우에는 75,000V)	시험 되는 권선과 그 외 권선, 철심 및 외함 사이에 시험전압을 연속으로 10분간 가한다.

찾아보기

정가 17,000원

전기기기공학 I

2014년 1월 15일 초판 인쇄
2014년 1월 25일 초판 발행

저　자 : 尾本義一 · 多田隈　進 · 山下英男 · 山本充義, 米山信一
역　자 : 한양대학교 에너지변환연구실
발행자 : 우명찬 · 송　준
발행처 : 홍릉과학출판사
주　소 : ㊐ 142-885 서울시 강북구 인수봉로 50길 10
등　록 : 1976년 10월 21일 제5-66호
전　화 : 999-2274~5, 903-7037
팩　스 : 905-6729
ISBN : 979-11-5600-017-4

hongpub@hongpub.co.kr
www.hongpub.co.kr

역자와의 협의하에 인지생략